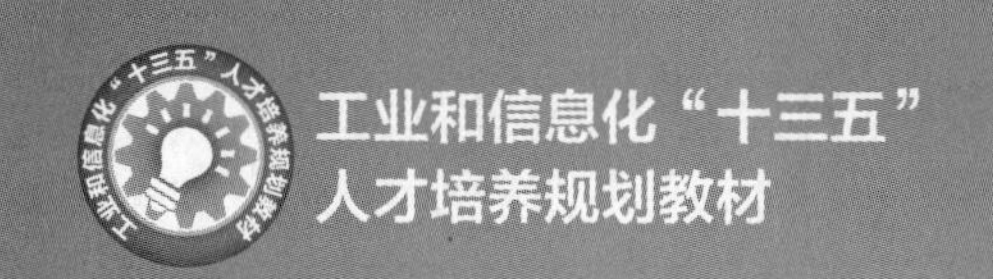

服务器虚拟化
技术与应用

Server Virtualization Technology and Application

王中刚 薛志红 项帅求 ◎ 主编
朱俊 魏林 吴小香 ◎ 副主编

人民邮电出版社
北京

图书在版编目（CIP）数据

服务器虚拟化技术与应用 / 王中刚，薛志红，项帅求主编. -- 北京 : 人民邮电出版社，2018.6（2021.11重印）
工业和信息化“十三五”人才培养规划教材
ISBN 978-7-115-47773-6

Ⅰ. ①服… Ⅱ. ①王… ②薛… ③项… Ⅲ. ①服务器－高等学校－教材 Ⅳ. ①TP368.5

中国版本图书馆CIP数据核字(2018)第090562号

内 容 提 要

本书主要以业界领先的 VMware vSphere 为例，讲解服务器虚拟化平台的部署和运维。全书共10章，内容包括虚拟化基础、虚拟实验环境搭建、ESXi 主机部署、vCenter Server 管理平台部署、虚拟网络配置、存储配置、虚拟机迁移（vMotion）、分布式资源调度（DRS）、高可用性（vSphere HA）和虚拟容错（vSphere FT），以及虚拟化环境监控。本书内容丰富，注重实践性和可操作性，对每个知识点都有相应的操作示范，便于读者快速上手。

本书可作为高校计算机类专业的虚拟化技术教材，也可作为 vSphere 虚拟化系统管理人员的参考书，还可作为各类培训班的教材。

◆ 主　　编　王中刚　薛志红　项帅求
　副 主 编　朱　俊　魏　林　吴小香
　责任编辑　左仲海
　责任印制　马振武

◆ 人民邮电出版社出版发行　　北京市丰台区成寿寺路 11 号
　邮编　100164　　电子邮件　315@ptpress.com.cn
　网址　http://www.ptpress.com.cn
　山东华立印务有限公司印刷

◆ 开本：787×1092　1/16
　印张：19　　　　　　2018 年 6 月第 1 版
　字数：439 千字　　　2021 年 11 月山东第 10 次印刷

定价：49.80 元

读者服务热线：(010)81055256　印装质量热线：(010)81055316
反盗版热线：(010)81055315
广告经营许可证：京东市监广登字 20170147 号

前 言 FOREWORD

虚拟化是一种可以降低 IT 开销，提高效率和敏捷性的有效方式，代表当前 IT 技术的一个重要发展方向，并在多个领域得到广泛应用。服务器、存储、网络、桌面和应用的虚拟化技术发展很快，并与云计算不断融合。服务器虚拟化主要用于组建和改进数据中心，是核心的虚拟化技术，也是云计算的基础，更是数据中心企业级应用的关键。随着大数据、云计算等新兴技术的发展，数据中心的重要性日益突出，越来越多的用户选择服务器虚拟化技术进行数据中心建设和运维。从某种程度上讲，服务器虚拟化解决方案的优劣决定了数据中心的成败。

目前，我国很多高校中与计算机相关的专业，陆续将服务器虚拟化作为一门重要的专业课程。为了帮助教师比较全面、系统地讲授这门课程，使学生能够熟练地掌握服务器虚拟化平台的部署和运维，我们几位长期在高校从事计算机专业教学的教师共同编写了本书。

本书内容系统全面，内容丰富，结构清晰。在内容编写方面注意难点分散、循序渐进；在文字叙述方面注意言简意赅、重点突出；在实例选取方面注意实用性和针对性。作为应用型教材，原理部分尽量使用表格和示意图，部署、配置与管理部分含有大量动手实践内容，直接给学生进行示范。

考虑到 VMware vSphere 产品是服务器虚拟化的首选解决方案，本书以该软件为例讲解服务器虚拟化技术和实现方法。全书共 10 章，按照从基础到应用，从基本功能到高级功能的逻辑进行组织。第 1 章是全书的基础部分，在讲解虚拟化背景知识的同时，对 vSphere 虚拟化做了总体介绍。考虑到服务器虚拟化实际部署对硬件环境的要求非常高，为便于实验，第 2 章介绍基于桌面产品 VMware Workstation 组建虚拟实验环境。第 3、4 章分别介绍 vSphere 的两个核心组件——ESXi 和 vCenter Server。前者是一个基本的虚拟化管理程序，将物理服务器配置为能够运行虚拟机的 vSphere 主机，实现单台主机的虚拟化环境，可以说是计算资源虚拟化；后者是多 ESXi 主机的集中化管理平台，是实现规模应用的完整虚拟化平台。这两章都讲解了虚拟机的部署和管理，除了环境不同，功能也有差别。第 5、6 章介绍网络和存储这两种虚拟化基础设施，涉及网络虚拟化和存储虚拟化。第 7～9 章讲解虚拟化高级功能，包括所有高级功能的基础技术：虚拟机迁移、用于负载平衡和故障切换的分布式资源调度、支持从中断中快速恢复业务运行的高可用性，以及保持业务连续可用性的虚拟机容错。第 10 章讲解虚拟化环境的日常监控。

由于时间仓促，加之编者水平有限，书中难免存在不足之处，敬请广大读者批评指正。

编　者

2017 年 10 月

目 录 CONTENTS

第1章 虚拟化基础

虚拟化是一种可以为不同规模的企业降低 IT 开销、提高效率和敏捷性的最有效方式，代表当前 IT 技术的一个重要发展方向，并在多个领域得到广泛应用。服务器、存储、网络、桌面和应用的虚拟化技术发展很快，并与云计算不断融合。服务器虚拟化主要用于组建和改进数据中心，是最核心的虚拟化技术，也是云计算的基础技术，更是数据中心企业级应用的关键。作为全书的基础部分，本章讲解虚拟化的概念、应用和类型，解释与虚拟化密切相关的虚拟机、数据中心和云计算技术，介绍了主流的企业级虚拟化解决方案。本书主要以业界领先的虚拟化平台软件 VMware vSphere 为例讲解服务器虚拟化技术，最后对 vSphere 虚拟化做了总的说明。

1.1 虚拟化概念和应用

虚拟化是一个广义的术语，这里的重点是 IT 领域的虚拟化，目的是快速部署 IT 系统，提升性能和可用性，实现运维自动化，同时降低拥有成本和运维成本。

1.1.1 什么是虚拟化

虚与实是相对的，虚拟化是指计算元件在虚拟的而不是真实的基础上运行，用“虚”的软件来替代或模拟“实”的服务器、CPU、网络等硬件产品。虚拟化也是为一些组件创建基于软件的或虚拟（而不是物理）的表现形式的过程。

虚拟化将物理资源转变为具有可管理性的逻辑资源，以消除物理结构之间的隔离，将物理资源融为一个整体。虚拟化可以有效简化基础设施的管理，增加 IT 资源的利用率和能力，比如服务器、网络或存储。

虚拟化是一种简化管理和优化资源的解决方案。虚拟化将原本在真实环境中运行的计算机系统或组件转移到虚拟环境中运行，使其不受资源实现、地理位置、物理装配等的限制。按逻辑方式管理资源，便于实现资源的自动化调配，方便各种虚拟化系统有效地共享硬件和软件资源。

虚拟机是指通过软件模拟的具有完整硬件系统的计算机，从理论上讲完全等同于实体的物理计算机，可以安装运行自己的操作系统和应用程序。虚拟机完全由软件组成，本身不含任何硬件组件。服务器的虚拟化是指将服务器的物理资源抽象成逻辑资源，让一台服务器变成若干台相互隔离的虚拟服务器。

虚拟化的所有资源都透明地运行在各种各样的物理平台上。操作系统、应用程序和网络中的其他计算机无法分辨虚拟机与物理计算机。虚拟化通过逻辑资源对用户隐藏不必要的细节，用户使用虚拟化系统不用关心物理设备的配置和部署。例如，在一台计算机上运行多台虚拟出来的虚拟机，每台虚拟机都有各自的 CPU、内存和磁盘等系统资源，用户感觉不到这是由一台计算机实现的。

虚拟化可以在虚拟环境中实现真实环境中的全部或部分功能。通过对硬件和软件的划分和整合，虚拟化技术可以完全或部分模拟物理系统，将资源整合或划分成一个或多个运行环境。

1.1.2 虚拟化的优势

虚拟化具有物理系统所没有的独特优势，具体表现在以下几个方面。

- 提高利用效率。将一台物理机的资源分配给多台虚拟机，有效利用闲置资源。通过将基础架构进行资源池化，打破一个应用一台物理机的藩篱，大幅提升资源利用率。
- 便于隔离应用。为隔离应用，数据中心经常使用一台服务器一个应用的模式。而通过服务器虚拟化提供的应用隔离功能，只需要很少几台物理服务器就可以建立足够多的虚拟服务器来解决这个问题。
- 节约总体成本。使用虚拟化技术将物理机变成虚拟机，减少物理机的数量，大大削减了采购计算机的数量，同时相应的使用的空间和能耗都变小了，从而降低 IT 总成本。
- 灵活性和适应性。通过动态资源配置提高 IT 对业务的灵活适应力，支持异构操作系统的整合，支持老旧应用的持续运行，减少迁移成本。
- 高可用性。大多数服务器虚拟化平台都能够提供一系列物理服务器无法提供的高级功能，比如实时迁移、存储迁移、容错、高可用性，还有分布式资源管理，用来保持业务延续和增加正常运行时间，最大限度地减少或避免停机。
- 灾难恢复能力。硬件抽象功能使得对硬件的需求不再锁定在某一厂商，在灾难恢复时就不需要寻找同样的硬件配置环境；物理服务器数量减少，在灾难恢复时需要的工作会少得多；多数企业级的服务器虚拟化平台会提供发生灾难时帮助自动恢复的软件。
- 提高管理效率。基于虚拟化平台的高效管理工具，一个管理员可以轻松管理大量服务器的系统运行环境。管理员可以实现整个系统的单点控制，一次性完成系统的安装、配置、调度、扩容和升级工作，剩下的日常监控管理和维护还可以依赖自动化运维工具。
- 简化数据中心管理，构建软件定义数据中心。

1.1.3 虚拟化的应用

虚拟化一方面用于计算领域，包括虚拟化数据中心、分布式计算、服务器整合、高性能应用、定制化服务、私有云部署、云托管提供商等。另一方面的应用主要是测试、实验和教学培训，例如软件测试和软件培训。

1.2 虚拟化类型

虚拟化涉及的面很广，技术门类多，可以按不同标准进行分类。

1.2.1 按虚拟化实现层次分类

1. 硬件虚拟化

硬件虚拟化就是通过软件来实现一台标准计算机的硬件配置，如 CPU、内存、硬盘、声卡、显卡和光驱等，使其成为一台虚拟的裸机。在该虚拟机上可以像在物理计算机上一样安装和运行多种操作系统。

具体的实现方法是，先在操作系统中安装一个硬件虚拟化软件，通过该软件虚拟出虚拟机，再在虚拟机上安装操作系统。这种虚拟化技术为虚拟机分配的硬件资源要占用实际硬件的资源，对性能影响较大。

2. 基于操作系统的虚拟化

这种虚拟化技术以一个操作系统为母体复制出多个系统。复制出的虚拟系统与原系统相比，除了标识符不同外，其他完全相同。

操作系统虚拟化虚拟出来的系统只能与原系统相同，它们之间的关联性强，更改原系统也会更改虚拟出来的系统；原系统损坏，则虚拟出来的系统也会波及。

与硬件虚拟化相比，操作系统虚拟化更灵活、更方便，性能损耗也更低。

3. 基于应用程序的虚拟化

上述两种虚拟化旨在虚拟一个完整的、真实的操作系统，而应用程序虚拟化虚拟出来的操作系统更为小巧，只包含为保证应用程序正常运行而虚拟出的系统的关键部分，如注册表和系统盘环境。

具体的实现方法通常是，先安装虚拟化软件以建立一个虚拟化环境，然后通过网络将应用软件接收到虚拟化环境中，这样就可使用该应用软件了。

典型的应用场景是企业将软件打包后通过网络分发到若干计算机上，不用安装即可使用，从而降低企业 IT 总成本。

1.2.2　按实现技术分类

根据虚拟化实现技术分为以下两种类型，其中全虚拟化是未来虚拟化技术的主流。

1. 全虚拟化（Full Virtualization）

全虚拟化模拟出来的虚拟机的操作系统是与底层的硬件完全隔离的，虚拟机中所有的硬件资源都是通过虚拟化软件基于硬件来模拟的。代表产品有 VMware ESXi 和 KVM。

这样就为虚拟机提供了完整的虚拟硬件平台，包括 CPU、内存和外设，支持运行任何理论上可在真实物理平台上运行的操作系统，为虚拟机的配置提供了最大程度的灵活性。每台虚拟机都有一个完全独立和安全的运行环境，虚拟机中的操作系统也不需要做任何修改，并且易于迁移。在操作全虚拟化的虚拟机的时候，用户感觉不到它是一台虚拟机。

由于虚拟机的资源全部都需要通过虚拟化软件来模拟，因此会损失一部分的性能。

2. 半虚拟化（Para Virtualization）

半虚拟化的架构与全虚拟化基本相同，需要修改虚拟机中的操作系统来集成一些虚拟化方面的代码，以减小虚拟化软件的负载。代表产品有 Microsoft Hyper-V 和 Xen。

这种方案整体性能会更好，因为修改后的虚拟机操作系统承载了部分虚拟化软件的工作。不足就是，由于要修改虚拟机的操作系统，所以用户可感知使用的环境是虚拟化环境，而且兼容性比较差，用户体验也比较差，因为要获得集成虚拟化代码的操作系统。

Xen 是一个典型的例子。操作系统作为虚拟服务器在 Xen Hypervisor 上运行之前，必须在内核层面进行某些改变。因此，Xen 适用于 BSD、Linux、Solaris 及其他开源操作系统，但不适合 Windows 这些专有的操作系统进行虚拟化处理，因为它们不公开源代码，所以无法修改其内核。

1.2.3 按虚拟化对象分类

根据虚拟化对象，可以分为以下几种类型。

1. 服务器虚拟化

服务器虚拟化是指将服务器的物理资源抽象成逻辑资源，让一台服务器变成若干台相互隔离的虚拟服务器，如图 1-1 所示。这样就不再受限于物理上的界限，CPU、内存、磁盘、I/O 等硬件变成可以动态管理的“资源池”，从而提高资源的利用率，简化系统管理，实现服务器整合，改善 IT 对业务变化的适应性。

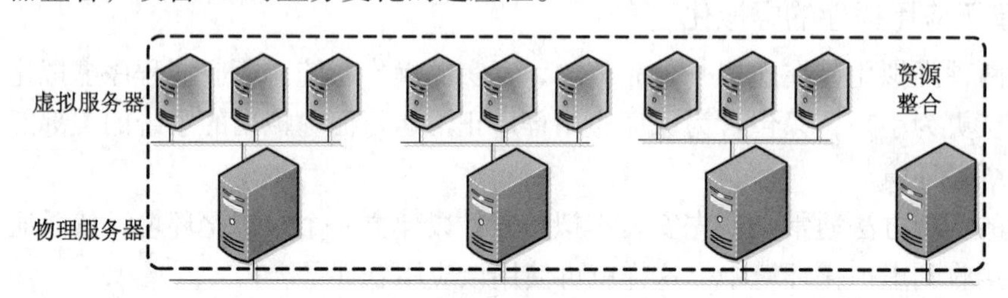

图 1-1　服务器虚拟化

目前 x86 体系服务器的设计存在局限性，每次只能运行一个操作系统和应用，即使是小型数据中心，也必须部署大量服务器，而且服务器的容量利用率通常不到 15%，多数实际利用率只有 7%～12%，这不仅导致了服务器数量剧增，还增加了复杂性，无论以哪种标准衡量，都十分低效。服务器虚拟化则是提高服务器利用率最有效的方法。实现服务器虚拟化后，多个操作系统可以作为虚拟机在单台物理服务器上运行，并且每个操作系统都可以访问底层服务器的计算资源，从而解决效率低下问题。接下来将服务器群集聚合为一项集成资源，可以提高整体效率，并可降低成本。服务器虚拟化还可以加快系统部署速度，提高应用性能，改善可用性。

2. 桌面虚拟化

桌面虚拟化是指在服务器上虚拟出多个用户桌面环境，提供给不同用户使用，从而方便管理和维护。桌面虚拟化是对现有桌面管理系统的改进，专注于桌面应用及其运行环境的模拟和分发。每个用户的桌面应用集中部署在服务器上，用户使用不同的终端设备通过网络访问桌面环境，无须在自己的计算机上安装部署。

桌面虚拟化适合企业向分支机构、外包员工、海外员工、使用平板电脑的移动工作人员交付虚拟化桌面和应用，从而降低成本并改进服务。

3. 应用虚拟化

应用虚拟化是指在一台服务器上部署应用虚拟化平台，然后发布不同的应用以提供给不同用户使用，相当于桌面虚拟化的一个子集，而桌面虚拟化相当于发布整个桌面。

4. 存储虚拟化

存储虚拟化就是对存储硬件资源进行抽象，将资源的逻辑映像与物理存储分开，从而为系统和管理员提供简化的、无缝的、一致的资源存取接口。存储虚拟化可以将许多零散的存储资源整合起来，从而提高整体利用率，同时降低系统管理成本。

对于用户来说，虚拟化的存储资源就像是一个存储池，用户不会看到具体的磁盘设备带，也不必关心具体的存储设备。从管理的角度来看，虚拟存储池采取集中化的管理，并根据具体的需求把存储资源动态地分配给各个应用。

5. 网络虚拟化

网络虚拟化以软件的形式完整再现物理网络。应用在虚拟网络上的运行与在物理网络上完全相同。网络虚拟化向已连接的工作负载提供逻辑网络连接设备和服务（逻辑端口、交换机、路由器、防火墙、负载均衡器、VPN 等）。虚拟网络不仅可以提供与物理网络相同的功能特性和保证，而且还具备虚拟化所具有的运维优势和硬件独立性。

1.3 虚拟化与虚拟机

虚拟化使用软件来模拟硬件并创建虚拟计算机系统。虚拟计算机系统被称为虚拟机（Virtual Machine，VM），是一种严密隔离的软件容器，内含操作系统和应用。每个功能完备的虚拟机都是完全独立的，通过将多台虚拟机放置在一台计算机上，可在一台物理服务器或主机上运行多个操作系统和应用，从而实现规模经济并提高效益。

1.3.1 主机与虚拟机

在虚拟化系统中，物理机被称为主机（Host），虚拟机被称为客户机（Guest）。这里解释两个基本概念。

- 主机。它是指物理存在的计算机，又称宿主计算机。主机操作系统是指宿主计算机上的操作系统，在主机操作系统上安装的虚拟机软件可以在计算机上模拟一台或多台虚拟机。

- 虚拟机。它是指在物理计算机上运行的操作系统中模拟出来的计算机，又称虚拟客户机。从理论上讲完全等同于实体的物理计算机。每个虚拟机都可安装自己的操作系统或应用程序，并连接网络。运行在虚拟机上的操作系统称为客户操作系统。

虚拟机通常都有操作系统、虚拟资源和硬件，其管理方式基本与物理机相同。每个虚拟机都具有一些虚拟设备，这些设备可提供与物理硬件相同的功能，并且可移植性更强，更安全，更易于管理。

虚拟机与多启动系统不同。多启动系统在同一时刻只能运行一个系统，在系统切换时需要重新启动计算机。而虚拟机实现了多操作系统的同时运行，可在物理主机上切换到不同的虚拟机，每个虚拟机都有自己的分区和配置，多个虚拟机可以联网。同时运行的虚拟机数量取决于物理主机的硬件配置，主要是 CPU 和内存。多个虚拟机还可以组成虚拟机群集来实现系统高可用性。

1.3.2 虚拟机监控器（Hypervisor）

虚拟化主要是指通过软件实现的方案，常见的体系结构如图 1-2 所示。这是一个直接在物理主机上运行虚拟机管理程序的虚拟化系统。在 x86 平台的虚拟化技术中，这个虚拟机管理程序通常称为虚拟机监控器（Virtual Machine Monitor，VMM），又称为 Hypervisor。它是运行在物理机和虚拟机之间的一个软件层，中间即是 Hypervisor。Hypervisor 可将虚拟机与主机分离开来，根据需要为每个虚拟机动态分配计算资源。

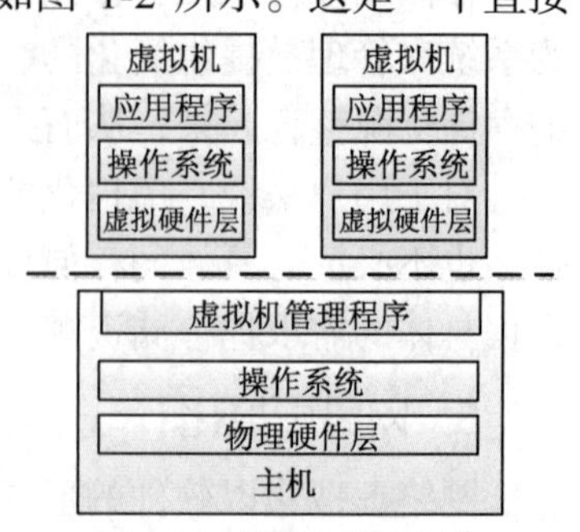

图 1-2 虚拟化体系结构

Hypervisor 基于主机的硬件资源给虚拟机提供了一个虚拟的操作平台并管理每个虚拟机的执行，所有虚拟机独立运行并共享主机的所有硬件资源。Hypervisor 就是提供虚拟机硬件模拟的专门软件。Hypervisor 又可分为两类：原生型和宿主型。

（1）原生型（Native）

原生型又称裸机型（Bare-metal），Hypervisor 作为一个很精简的操作系统（操作系统也是软件，只不过它是一个比较特殊的软件）直接运行在硬件上来控制硬件资源并管理虚拟机。比较常见的有 VMware ESXi 和 Microsoft Hyper-V 等。

（2）宿主型（Hosted）

宿主型又称托管型，Hypervisor 运行在传统的操作系统上，同样可模拟出一整套虚拟硬件平台。比较熟知的为 VMware Workstation 和 Oracle Virtual Box 等。

从性能角度来看，不论是原生型还是宿主型都会有性能损耗，但宿主型比原生型的损耗更大，所以企业生产环境中使用的基本是原生型 Hypervisor，宿主型的 Hypervisor 一般用在实验或测试环境中。

1.3.3 虚拟机文件

与物理机一样，虚拟机是运行操作系统和应用程序的软件计算机。虚拟机包含一组规范和配置文件，这些文件存储在物理机可访问的存储设备上。因为所有的虚拟机都是由一系列文件组成的，所以复制和重复使用虚拟机就变得很容易。通常虚拟机包含以下文件。

1. 虚拟机配置文件

虚拟机配置文件包含虚拟机配置信息，如 CPU、内存、网卡，以及虚拟磁盘的配置信息。创建虚拟机时会同时创建相应的配置文件。更改虚拟机配置后，该文件也会相应地变更。虚拟化软件根据该文件提供的配置信息从物理主机上为该虚拟机分配物理资源。虚拟机配置文件仅包含配置信息，通常使用文本格式或 XML 格式，文件很小。

2. 虚拟磁盘文件

虚拟机所使用的虚拟磁盘，实际上是物理硬盘上的一种特殊格式的文件，模拟了一个典型的基于扇区的硬盘。虚拟磁盘为虚拟机提供存储空间。在虚拟机中，虚拟磁盘被虚拟机当作物理硬盘使用，功能相当于物理机的物理硬盘。虚拟机的操作系统安装在一个虚拟磁盘（文件）中。

虚拟磁盘文件用于捕获驻留在主机内存的虚拟机的完整状态，并将信息以一个明确的磁盘文件格式显示出来。每个虚拟机都从其相应的虚拟磁盘文件启动，并加载到物理主机内存中。随着虚拟机的运行，虚拟磁盘文件可通过更新来反映数据或状态改变。虚拟磁盘文件可以复制到远程存储，提供虚拟机的备份和灾难恢复副本，也可以迁移或者复制到其他服务器。虚拟磁盘也适合集中式存储，而不是存于每台本地服务器上。

由于模拟硬盘，虚拟磁盘文件往往较大。除了可以选择固定大小的磁盘类型外，还可以按需动态分配物理存储空间，更好地利用物理存储空间。

3. 虚拟机内存文件

虚拟机内存文件是包含正在运行的虚拟机的内存信息的文件。当虚拟机关闭时，该文件的内容可以提交到虚拟磁盘文件中。

4. 虚拟机状态文件

与物理机一样，虚拟机也支持待机、休眠等状态，这就需要相应的文件来保存计算机的状态。当暂停虚拟机后，会将其挂起状态保存到状态文件中，由于仅包含状态信息，文件通常不大。

5. 日志文件

虚拟化软件通常使用日志文件记录虚拟机调试运行的情况，这对故障诊断非常有用。

对虚拟机执行某些任务时，会创建其他文件。例如，创建虚拟机快照时，可以捕获虚拟机设置和虚拟磁盘的状况，内存快照还可以捕获虚拟机的内存状况，这些状况将随虚拟机配置文件一起存储在快照文件中。

1.3.4 虚拟机的主要特性

虚拟机实现了应用程序与操作系统和硬件的分离，从而实现了应用程序与平台的无关性。它具有以下特性，这些特性可提供多项优势。

（1）分区

- 在一台物理机上运行多个操作系统。
- 在虚拟机之间分配系统资源。

（2）隔离

- 在硬件级别进行故障和安全隔离。
- 利用高级资源控制功能保持性能。

（3）封装

- 将虚拟机的完整状态保存到文件中。
- 移动和复制虚拟机就像移动和复制文件一样便捷。

（4）独立于硬件

将任意虚拟机调配或迁移到任意物理服务器。

1.3.5 虚拟机的应用

虚拟机现已广泛应用于 IT 行业，下面列举几个主要应用领域。

1. 服务器整合

通过虚拟化软件，在物理服务器上运行多台虚拟机，每台虚拟机代替一个传统的服务器，虚拟服务器共享物理服务器的硬件资源，由虚拟机管理程序负责这些资源的调配。

2. IT 基础设施管理

在物理平台上部署虚拟机，让物理资源逻辑化，便于实现资源管理和分配的自动化。虚拟机与物理硬件隔离，虚拟机之间相互独立，使得虚拟机运行更安全。自动化的虚拟机管理工具降低了 IT 维护难度和成本。

3. 系统快速恢复

虚拟机的快照、备份和迁移功能便于及时恢复系统。

4. IT 测试和实验

使用虚拟机可模拟真实操作系统，做各种操作系统实验和测试。可以基于多种操作系统、多种软件运行环境、多种网络环境做 IT 实验。一些应用系统也可以先在虚拟机上部署和运行测试，成功之后再到生产环境中正式部署。

5. 软件开发与调试

软件开发人员可利用虚拟机实现跨平台的不同操作系统下的应用程序开发，完成整个开发阶段的试运行和调试。

6. 运行老旧系统和软件

一些老旧系统和软件需要特定的运行环境，新的计算机硬件环境无法支持，可以考虑采用兼容早期硬件的虚拟机，通过安装早期版本的操作系统和运行环境解决这个问题。

1.4 虚拟化与数据中心

随着 IT 技术的发展，数据中心的地位越来越重要，而服务器虚拟化技术主导着数据中心的发展。企业自建或租用数据中心来运行自己的业务系统，处理大量的数据。但现有的数据中心的 IT 系统多数是采用传统方式构建的，重心放在保障应用运行的稳定、安全和可靠上，而在资源利用率、绿色环保等方面相对考虑得比较少。使用虚拟化技术改造现有数据中心或建设新的数据中心就成为一种趋势。在数字化转型的推动下，企业及其经营模式正在发生快速、根本性的改变，为了支持这一变革，也必须转变数据中心。在新一代数据中心中，虚拟化无所不在，服务器、网络、存储、安全等都要利用虚拟化技术。

1.4.1 传统数据中心

1. 数据中心概述

数据中心是一整套复杂的设施，不仅仅包括计算机系统和与之配套的设备（如通信和存储系统），还包含冗余的数据通信连接、环境控制设备、监控设备，以及各种安全装置。企业的中心机房是数据中心，但是数据中心不一定以机房的形式呈现。对外提供服务的数据中心都是基于 Internet 网络基础设施的，称为 IDC（Internet Data Center）。

数据中心是企业的业务系统与数据资源进行集中、集成、共享、分析的场地、工具、流程等的有机组合。从应用层面看，包括业务系统、基于数据仓库的分析系统；从数据层面看，包括操作型数据和分析型数据，以及数据的整合流程；从基础设施层面看，包括服务器、网络、存储和整体 IT 的运行及维护服务。

数据中心可以通过运行应用系统来处理业务数据，也可以通过运行 IT 基础设施集中提供计算、存储或其他服务，还可以用于数据备份。

一个作为企业计算中心的传统数据中心如图 1-3 所示。企业应用需要多台服务器支持，每台服务器运行一个单一的组件，这些组件有数据库、文件服务器、应用服务器、中间件，以及其他的各种配套软件。其以网络存储的形式提供集中的存储支持，另外配有机房配套设施，如 UPS 电源。

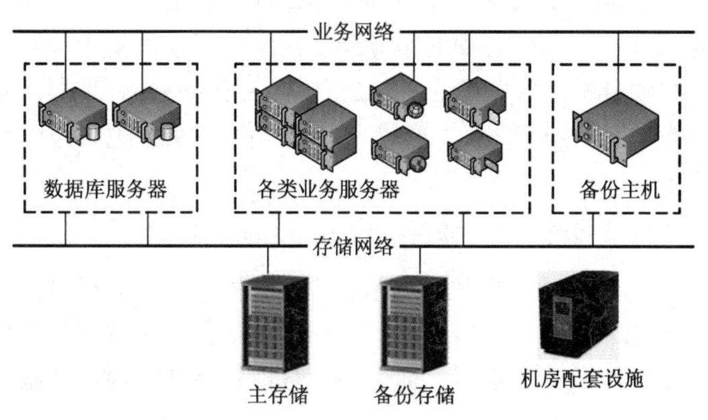

图 1-3 传统的数据中心

2. 传统数据中心存在的问题

传统数据中心架构设计落后，构成复杂且难以管理，主要存在以下问题。

- 能源成本消耗过大，能源利用率低，浪费现象严重。
- 服务器等硬件设备利用率过低。主要原因是，各个业务部门在提出业务应用需求时都在单独规划、设计其业务应用的运行环境，并且是按照最大业务规模的要求进行系统容量的规划和设计的。
- 资源调配困难。根据业务系统的各自要求建设的应用系统彼此相对独立，很难从 IT 基础架构整体的角度考虑资源分配及使用的合理性。计算资源与底层物理设备的绑定使得资源的动态分配非常困难。由于没有动态的资源共享和容量管理机制，资源一旦分配给某个应用系统，就相对固化了，很难再进行调配。
- 管理和运维自动化程度不高，效率低，成本高。传统数据中心的资源配置和部署过程多采用人工方式，没有相应的管理平台支持，没有自动部署能力，存在大量重复性工作。设备扩容和应用交付的时间过长，不能快速响应业务需求。数据中心服务器和各种设备的数量及类型较多，也不利于 IT 部门进行统一管理与维护。
- 风险和意外频发，安全性、高可用性和业务持续性需求难以保证。

3. 新一代数据中心

为解决上述问题，提出了新一代数据中心的解决方案，目的是建设一个整合的、标准化的、虚拟化的、自动化的适应性基础设施架构和高可用计算环境。它提供优化的 IT 服务管理，通过模块化软件实现自动化 7×24 小时无人值守的计算与服务管理能力，并以服务流水线的方式提供共享的基础设施、信息与应用等 IT 服务，能够持续改进和提高服务。很多最新的 IT 技术，会应用到新一代数据中心中，如服务器、网络和存储的虚拟化，以及刀片技术、智能热量技术、智能散热技术等。

1.4.2 软件定义数据中心

传统数据中心的构建采用孤立的基础架构层、专用硬件和分散管理，导致部署和运维工作相当复杂，而且 IT 服务和应用的交付速度较慢。软件定义数据中心（Softwares Defined Data Center，SDDC）这个概念由 VMware 公司于 2012 年首次提出，指通过软件实现整个数据中心内基础设施资源的抽象化、池化部署和管理，满足定制化、差异化的应用和业务需求，有效交付云服务。数据中心中的服务器、存储、网络及安全等资源可以通过软件进行定义，并且能够自动分配这些资源。SDDC 的核心思想是将处理器、网络、存储和可能的中间件等资源进行池化，按需调配，形成完全虚拟化的基础架构。从功能架构上，SDDC 可分为以下 4 个部分。

1. 软件定义计算（Software Defined Compute，SDC）

SDC 将计算能力以资源池的形式提供给用户，并根据应用需要灵活地进行计算资源调配。服务器虚拟化是 SDC 的核心技术之一，但 SDC 不仅仅实现了服务器虚拟化，还将这种能力扩展到物理服务器及应用容器，通过相关管理、控制实现物理服务器、虚拟机以及容器的统一管理、调度等。

2. 软件定义存储（Software Defined Storage，SDS）

SDS 是一种数据存储方式，目的是把存储应用程序与物理的数据存储基础设施分离，将硬件存储资源整合起来，并通过软件定义这些资源，保证系统的存储访问能在一个精准的水平上更灵活地管理。它利用存储虚拟化软件，将物理设备中的各种形式的存储抽象为虚拟共享存储资源池，通过虚拟化层进行存储管理，可以按照用户的需求，将存储池划分为许多虚拟存储设备，并可以配置个性化的策略进行管理，跨物理设备实现灵活的存储使用模型。

3. 软件定义网络（Software Defined Network，SDN）

SDN 是一种通过将网络控制功能与转发功能分离来实现控制可编程的新兴网络体系结构。SDN 对网络进行抽象以屏蔽底层复杂度，为上层提供简单的、高效的配置与管理。它将网络控制层从网络设备转移到外部计算设备，使得底层的基础设施对于应用和网络服务而言是透明抽象的，网络可被视为一个逻辑的或虚拟的实体。SDN 旨在实现网络互联和网络行为的定义及开放式的接口，从而支持未来各种新型网络体系结构和新型业务的创新。

4. 一体化管理软件

SDDC 提供基于策略的智能数据中心管理软件来自动实施和管理完全虚拟化的数据中心，从而大幅简化监管和运维。借助一体化管理平台，可以跨物理地域、异构基础架构和混合云来集中监控和管理所有应用。不论是在物理、虚拟还是在云环境中部署和管理工作负载，都可尽享统一的管理体验。也可以将云操作系统（Cloud OS）作为 SDDC 的中枢，对计算、存储、网络资源依据策略进行自动化调度与统一管理、编排和监控，并为用户提供服务。

1.4.3　虚拟数据中心

虚拟数据中心（Virtual Data Center，VDC）这个概念首先是由 VMware 在 2012 年阐述软件定义数据中心时提出的，软件定义就是一种虚拟化技术。

VDC 是将云计算概念运用于数据中心的一种新型的数据中心形态，是新一代数据中心的一种解决方案。VDC 可以通过虚拟化技术将物理资源抽象整合，动态进行资源分配和调度，实现数据中心的自动化部署，并将大大降低数据中心的运营成本。

虚拟化技术在数据中心发展中占据越来越重要的地位，不仅包括传统的服务器和网络的虚拟化，而且衍生出 I/O 虚拟化、桌面虚拟化、统一通信虚拟化。如图 1-4 所示，VDC 是数据中心完全虚拟化，将所有硬件（包括服务器、存储器和网络）整合成单一的逻辑资源，从而提高系统的使用效率和灵活性，以及应用软件的可用性和可测量性。

目前对数据中心服务器、网络、存储等设备进行虚拟化部署已经非常普遍，但还远远达不到数据中心应用时完全不用关心基础设施的目标，完全自动化配置还不现实。虽然应用部署还无法完全脱离物理硬件，但是高度虚拟化是趋势，至少现在的虚拟化应用在设备的利用率和管理效率方面大大提升。对图 1-3 所示的传统数据中心进行虚拟化改造，形成一个初级的虚拟数据中心，如图 1-5 所示。

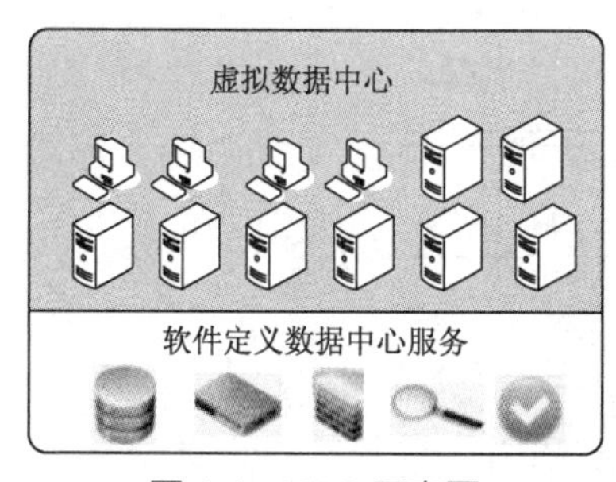

图 1-4　VDC 示意图

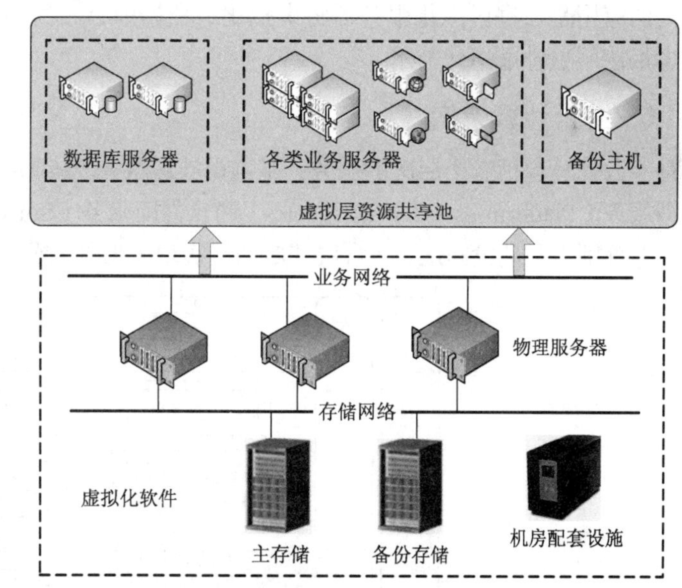

图 1-5　用虚拟化技术构建虚拟数据中心

1.5　虚拟化与云计算

云计算可以说是虚拟化技术的升级版。通过在数据中心部署云计算技术，可以完成多数据中心之间的业务无感知迁移，并可为公众同时提供服务，此时数据中心就成为云数据中心。云计算与虚拟化并非是一回事，云计算旨在通过 Internet 按需交付共享资源，利用虚拟化可以实现云计算的所有功能。服务器虚拟化不是云，而是基础架构自动化或者数据中心自动化，它并不需要提供基础设施服务。无论是否位于云环境之中，都可以首先将服务器虚拟化，然后迁移到云计算平台，以提高敏捷性，并增强自助服务。

1.5.1 云计算的概念

传统模式下，企业建立一套 IT 系统不仅仅需要购买硬件等基础设施，还要有买软件的许可证，需要专门的人员维护。当企业的规模扩大时，还要继续升级各种软硬件设施以满足需要。计算机等硬件和软件本身并非用户真正需要的，它们仅仅是完成工作的工具。为满足用户的真正需求，提出软硬件资源租用服务。而云计算（Cloud Computing）就是这样的服务，其最终目标是将计算、服务和应用作为一种公共设施提供给公众，使人们能够像使用水、电、煤气和电话那样使用计算机资源。

云（Cloud）是网络、互联网的一种比喻说法。云计算是以服务的方式提供虚拟化资源的模式，将以前的信息孤岛转化为灵活高效的资源池和具备自我管理能力的虚拟基础架构，从而以更低的成本和更好的服务的形式提供给用户。云计算意味着，IT 的作用正在从提供 IT 服务逐步过渡到根据业务需求优化服务的交付和使用。

云计算系统的平台管理技术能够使大量的服务器协同工作，方便进行业务部署和开通，快速发现和恢复系统故障，通过自动化、智能化的手段实现大规模系统的可靠运营。虚拟化是构建云基础架构不可或缺的关键技术之一。服务器虚拟化技术可用于云计算，一种常见的应用是通过虚拟化服务器将虚拟化的数据中心搬到私有云。当然，一些主流的公有云也都使用这种虚拟化技术。

1.5.2 云计算架构

云计算包括 3 个层次的服务：基础设施即服务（Infrastructure-as-a-Service，IaaS），平台即服务（Platform-as-a-Service，PaaS）和软件即服务（Software-as-a-Service，SaaS）。这 3 种服务分别在基础设施层、平台层和应用层实现，共同构成云计算的整体架构，如图 1-6 所示。

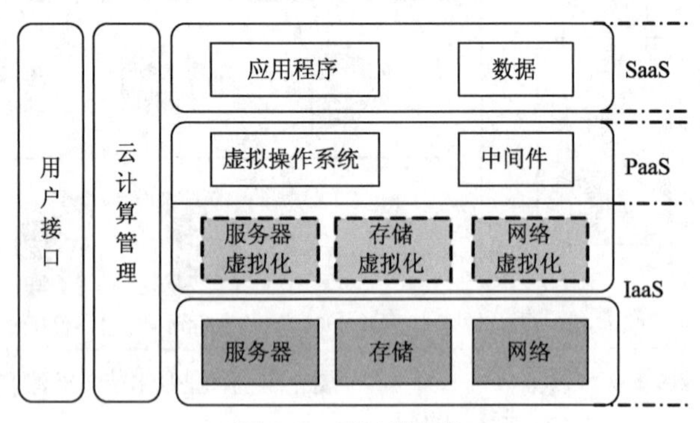

图 1-6 云计算架构

1. IaaS（基础设施即服务）

这种模式将数据中心、基础设施等硬件资源通过 Internet 分配给用户。企业或个人可以远程访问云计算资源，包括计算、存储，以及应用虚拟化技术所提供的相关功能。无论是最终用户、SaaS 提供商还是 PaaS 提供商，都可以从基础设施服务中获得应用所需的计算能力。目前具有代表性的 IaaS 服务产品有亚马逊（Amazon）的 EC2 云主机和 S3 云存储、国内的阿里云和百度云服务等。

2. PaaS（平台即服务）

PaaS 可将一个完整的计算机平台，包括应用设计、应用开发、应用测试和应用托管，作为一种服务提供给客户。在这种服务模式中，客户不需要购买硬件和软件，只需要利用 PaaS 平台，就能够创建、测试和部署应用和服务。与基于数据中心的平台进行软件开发和部署相比，费用要低得多，这是 PaaS 的最大价值所在。目前，PaaS 的典型实例有微软的 Windows Azure 平台、Facebook 的开发平台、国内的新浪 SAE 等。

3. SaaS（软件即服务）

这是一种通过 Internet 提供软件的模式，用户无须购买和安装软件，而是直接通过网络向专门的提供商获取自己所需要的、带有相应软件功能的服务。SaaS 主要面向软件的最终用户，用户无须关注后台服务器和运行环境，只需关注软件的使用。

SaaS 的应用很广，如在线邮件服务、网络会议、网络传真、在线杀毒等各种工具型服务，在线 CRM、在线 HR、在线进销存、在线项目管理等各种管理型服务，以及网络搜索、网络游戏、在线视频等娱乐性应用。微软、Salesforce 等各大软件巨头都推出了自己的 SaaS 应用，用友、金蝶等国内软件巨头也推出了自己的 SaaS 应用。

从云计算架构图看，还包括用户接口（针对每个层次的云计算服务提供相应的访问接口）和云计算管理（对所有层次的云计算服务提供管理功能）这两个模块。

1.5.3　云计算部署模式

对于云提供者而言，云计算可以有 3 种部署模式，即公共云、私有云和混合云。

1. 公共云（Public Cloud）

公共云是面向公众提供的应用和存储等资源，是为外部客户提供服务的云。它所有的服务是供公众使用的，而不是自己用。

对于用户而言，公共云的最大优点是其所应用的程序、服务及相关数据都存放在公共云端，自己无须做相应的投资和建设。目前最大的问题是，由于数据不存储在自己的数据中心，因此其安全性存在一定风险，同时公共云的可用性不受用户控制，存在一定的不确定性。

目前主流的公共云服务有微软 Azure、亚马逊 AWS 和谷歌公共云，以及国内的阿里云。

2. 私有云（Private Cloud）

私有云又称专用云，是为一个组织机构单独使用而构建的，是企业自己专用的云，它所有的服务都不是供公众使用的，而是供自己内部人员或分支机构使用。私有云可部署在企业数据中心的防火墙内，也可以将它们部署在一个安全的主机托管场所。私有云的核心属性是专有资源。

由于私有云部署在企业自身内部，因此其数据安全性、系统可用性、服务质量都可由自己控制。但其缺点是投资较大，尤其是一次性的建设投资较大。

私有云的部署比较适合于有众多分支机构的大型企业或政府部门。随着这些大型企业数据中心的集中化，私有云将成为部署 IT 系统的主流模式。

3. 混合云（Hybrid Cloud）

混合云是公共云和私有云的混合。混合云既面向公共空间又面向私有空间提供服务，可以发挥出所混合的多种云计算模型各自的优势。当用户需要使用既是公共云又是私有云的服务时，选择混合云比较合适。

混合云有助于提供所需的、外部供应的扩展。用公共云的资源扩充私有云的能力，可在工作负荷快速波动时维持服务水平。

混合云的部署方式对提供者的要求较高。

1.6 主流的企业级虚拟化解决方案

目前新兴的云计算领域竞争非常激烈，相对传统的虚拟化也不逊色。虚拟化市场竞争充分，VMware、Microsoft、Red Hat、Citrix 等公司的虚拟化产品不断发展，各有优势。

1.6.1 VMware 虚拟化产品

作为业界领袖，VMware 公司从服务器虚拟化产品做起，现已形成完整的产品线，提供丰富的虚拟化与云计算解决方案，包括服务器、存储、网络、应用程序、桌面、安全等虚拟化技术，以及软件定义数据中心和云平台。下面列举相关的主要虚拟化产品。

1. 服务器虚拟化平台 VMware vSphere

VMware vSphere 是业界领先且最可靠的服务器虚拟化平台和软件定义计算产品，可用来改进传统的数据中心，或创建虚拟数据中心。它用于简化数据中心运维，实现基础架构和应用的最佳性能，是构建所有云计算环境的基础。

vSphere 通过服务器虚拟化整合数据中心硬件并实现业务连续性，将单个数据中心转换为包括 CPU、存储和网络资源的聚合计算基础架构，将基础架构作为一个统一的运行环境来管理，并提供工具来管理该环境中的数据中心。

vSphere 的两个核心组件是 ESXi 和 vCenter Server。ESXi 虚拟化平台用于创建和运行虚拟机和虚拟设备。vCenter Server 服务用于管理网络和池主机资源中连接的多个主机。

vSphere with Operations Management（vRealize Operations Manager 标准版）是企业级的智能运维管理工具，将虚拟化带到了新的高度。

vSphere Data Protection 是基于磁盘的虚拟机备份和恢复解决方案，为虚拟机提供高效、可扩展和简单的数据保护。

2. 网络虚拟化平台 VMware NSX

VMware NSX 是 VMware 的网络虚拟化平台和软件定义网络产品，支持以软件形式创建整个网络，并将其嵌入从底层物理硬件中抽象化的 Hypervisor 层，实现网络连接操作的自动化，消除与基于硬件的网络相关的瓶颈。NSX 提供了全新的网络连接运维模式，可突破当前物理网络障碍，所有网络组件都可在几分钟内完成调配，而无须修改应用。

3. 存储虚拟化产品 VMware vSAN

VMware vSAN（原名 Virtual SAN）是一种软件定义存储技术，将虚拟化技术无缝扩展到存储领域，从而形成一个与现有工具组合、软件解决方案和硬件平台兼容的超融合

（Hyper-Converged Infrastructure，HCI）解决方案。借助 HCI 安全解决方案，vSAN 能进一步降低风险，保护静态数据，同时提供简单的管理和独立于硬件的存储解决方案。

vSAN 是用于软件定义的数据中心的核心构造块。它可汇总主机群集的本地或直接连接容量设备，并创建在 vSAN 群集的所有主机之间共享的单个存储池。

与 NSX 结合使用时，基于 vSAN 的 SDDC 产品体系可将本地存储和管理服务延伸至不同的公共云，从而确保一致的体验。

使用基于服务器的存储为虚拟机创建极其简单的共享存储，从而实现恢复能力较强的高性能横向扩展体系结构，大大降低总体拥有成本。

4. 软件定义中心平台 VMware Cloud Foundation

VMware Cloud Foundation 是一体化的 SDDC 平台，旨在简化 SDDC 和混合云部署，能够将 VMware 的 vSphere、vSAN 和 NSX 整合到一个原生集成的体系中，为私有云和公共云提供企业级云计算基础架构。

它借助 VMware NSX 将超融合基础架构提升到新高度，将其延展到计算和存储之外的网络连接领域，从而增强网络安全性并提高可扩展性。

VMware SDDC Manager 可以对所有的前期和后续任务进行内置的自动化生命周期管理。

5. 企业级云计算管理平台 VMware vCloud Suite

VMware vCloud Suite 是一款集成式产品，整合了 vSphere Hypervisor 和 VMware vRealize Suite 的混合云计算管理平台。借助 VMware 新推出的可移动许可单元，vCloud Suite 可同时构建和管理基于 vSphere 的私有云和多供应商混合云。

除了基本的服务器虚拟化平台 VMware vSphere 之外，vCloud Suite 还包括 VMware vRealize Suite 套件。该套件是专为混合云构建的云计算管理平台，具体包括以下组件。

- vRealize Automation：自动交付个性化基础架构、应用和自定义 IT 服务。
- vRealize Operations：实现 IT 运维管理自动化。
- vRealize Log Insight：实时日志管理和日志分析。
- vRealize Business for Cloud：自动对虚拟化基础架构进行成本核算、使用量计量和服务定价。

6. 虚拟桌面和应用平台 VMware Horizon

VMware Horizon 提供一种精简方法，不仅能够交付、保护和管理虚拟桌面及应用，而且还可以控制成本，并确保终端用户能够随时随地使用任意设备开展工作。它使终端用户能够通过一个数字化工作空间访问其所有虚拟桌面、应用和在线服务。

Horizon Cloud 将云计算的经济优势与超融合基础架构的简便性结合起来，向终端用户快速交付虚拟桌面和应用。

1.6.2 微软 Hyper-V

Hyper-V 是微软推出的企业级虚拟化解决方案。Hyper-V 的设计借鉴了 Xen，管理程序采用微内核的架构，兼顾了安全性和性能的要求。如图 1-7 所示，Hyper-V 底层的 Hypervisor 运行在最高的特权级别下，微软将其称为 ring -1（Intel 将其称为 root mode），而虚拟机的操作系统内核和驱动运行在 ring 0，应用程序运行在 ring 3。这种架构不需要采用复杂的 BT（二进制特权指令翻译）技术，可以进一步提高安全性。由于 Hyper-V 底层的 Hypervisor 代码量很小，不包含 GUI 代码，也不包含任何第三方的驱动，非常精简，所以安全性高。

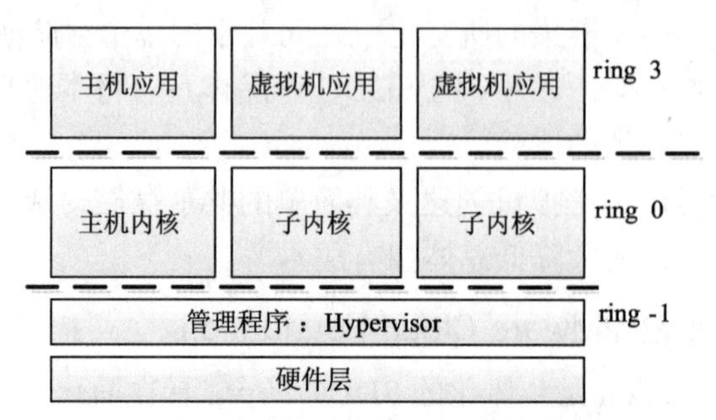

图 1-7 基于微内核的 Hyper-V 管理程序架构

从架构上讲，Hyper-V 只有“硬件—Hyper-V—虚拟机”三层，本身非常小巧，代码简单，且不包含任何第三方驱动，所以安全可靠、执行效率高，能充分利用硬件资源，使虚拟机系统性能更接近真实系统性能。

Hyper-V 首次出现是在 Windows Server 2008 中，可使用 Windows 故障转移群集功能实现 Hyper-V 高可用性，支持在群集间实施快速迁移。Windows Server 2008 R2 为 Hyper-V 增强了一些功能，包括实时迁移、动态虚拟机存储（对热插拔存储器和热移除存储器的支持），以及增强的网络支持。

Windows Server 2012 的 Hyper-V 升级为 3.0 版本，在企业级应用中更具优势，在高可用方面提供更多的解决方案，比如虚拟机复制、基于 SMB 3.0 的共享虚拟机部署、Hyper-V 群集、虚拟机迁移等。

Windows Server 2016 推出的下一代 Hyper-V，新增分立设备分配（DDA）、主机资源保护、虚拟网络适配器与虚拟机内存的“热”变更、嵌套虚拟化（允许在子虚拟机内运行 Hyper-V，从而将其作为主机服务器使用）、生产型虚拟机检查点等功能。

Hyper-V 的优势是与 Windows 服务器集成，在开发、测试与培训领域应用较多。

1.6.3 Linux KVM

KVM（Kernel-based Virtual Machine，基于内核的虚拟机）是一种基于 Linux x86 硬件平台的开源全虚拟化解决方案，也是主流的 Linux 虚拟化解决方案。

KVM 作为 Hypervisor 主要包括两个重要组成部分。一个是 Linux 内核的 KVM 模块，主要负责虚拟机的创建，虚拟内存的分配，VCPU 寄存器的读写，以及 VCPU 的运行。另外一个是提供硬件仿真的 QEMU，用于模拟虚拟机的用户空间组件，提供 I/O 设备模型和访问外设的路径。

KVM 本身只关注虚拟机的调度和内存管理，是一个轻量级的 Hypervisor，很多 Linux 发行版集成 KVM 作为虚拟化解决方案，CentOS 也不例外。KVM 模块本身无法作为一个 Hypervisor 模拟出一个完整的虚拟机，而且用户也不能直接对 Linux 内核进行操作，因此需要借助其他软件来进行，QEMU 就是 KVM 所需的这样一个角色。

KVM 的基本架构如图 1-8 所示。

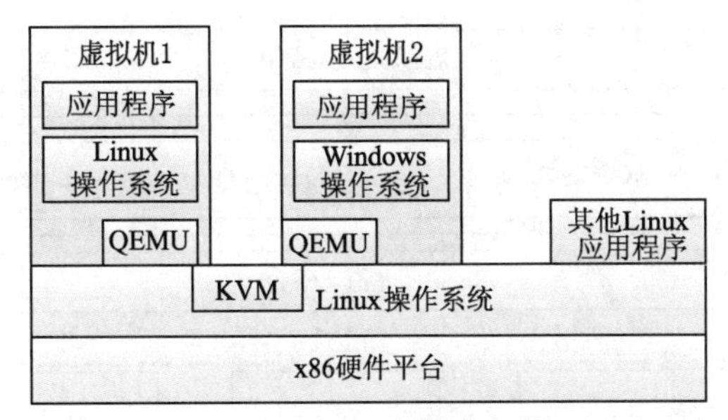

图 1-8 KVM 的基本架构

在 KVM 模型中，每一个虚拟机都是一个由 Linux 调度程序管理的标准进程，可以在用户空间启动客户机操作系统。一个普通的 Linux 进程有两种运行模式：内核和用户。而 KVM 增加了第三种模式——客户模式，客户模式又有自己的内核和用户模式。

KVM 最大的优势是开源，受到开源云计算平台的广泛支持。

1.6.4 Citrix 虚拟化产品

Citrix 即美国思杰公司，是一家致力于云计算虚拟化、虚拟桌面和远程接入技术领域的高科技企业，具有完整的产品线。

XenServer 是一种全面而易于管理的服务器虚拟化平台，基于强大的 Xen Hypervisor 程序之上。Xen 技术被广泛看作是业界部署最快速、最安全的虚拟化软件技术，XenServer 是针对可高效地管理 Windows 和 Linux 虚拟服务器而设计的，实现经济、高效的服务器整合和业务连续性。

Citrix XenDesktop 是一套桌面虚拟化解决方案，可将 Windows 桌面和应用转变为一种按需服务，向任何地点、使用任何设备的任何用户交付。XenClient 支持在移动和离线的状态下轻松使用虚拟桌面。

Citrix XenApp 是一种按需应用交付的解决方案，允许在数据中心对任何 Windows 应用进行虚拟化、集中保存和管理，然后随时随地通过任何设备按需交付给用户。

Citrix CloudPlatform 是面向企业和服务提供商的基础云计算架构。

目前，Citrix 在桌面和应用虚拟化领域中的表现比较突出。

1.7 VMware vSphere 虚拟化基础

vSphere 是完善的 VMware 软件定义数据中心平台的基础。部署 vSphere 之后即可将虚拟化技术无缝延展到存储和网络服务，并自动进行基于策略的调配和管理。vSphere 也是 VMware 构建所有云计算环境的基础。由此可见，vSphere 在 VMware 虚拟化与云计算产品体系中的重要地位。vSphere 主要用于部署和管理数据中心，可以简化数据中心运维，提升业务效率，确保业务连续性，同时降低总成本。本书主要以 VMware vSphere 6.5 为例讲解服务器虚拟化技术，这里对 vSphere 做总体介绍。

1.7.1 VMware vSphere 虚拟化架构

VMware vSphere 构建了整个虚拟基础架构，通过一套应用和基础架构提供一个完整的虚拟化平台，其架构如图 1-9 所示。

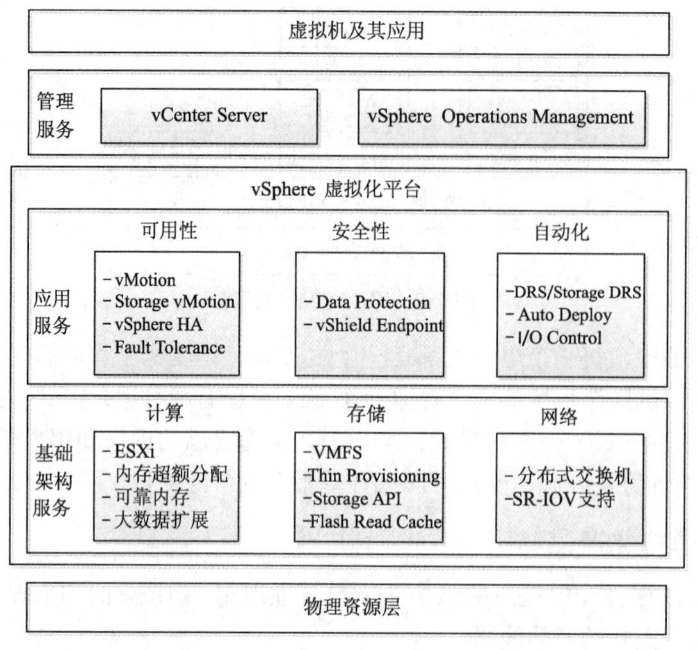

图 1-9 VMware vSphere 虚拟化架构

vSphere 旨在基于物理资源实现虚拟化应用。最底层的是物理资源层，由服务器、存储设备、网络设备等硬件资源组成，通过 vSphere 进行池化管理。

最上层的是虚拟机及其应用，这是 vSphere 要最终实现的目标。虚拟机是运行操作系统和应用程序的软件计算机。每台虚拟机都包含自己的虚拟（基于软件的）硬件，包括虚拟 CPU、内存、硬盘和网络接口卡。通过虚拟化可以将物理资源（如 CPU、内存、存储设备和网络设备）整合到资源池中，再将这些资源池动态、灵活地提供给虚拟机。

物理资源层上面的是 VSphere 虚拟化平台。它又可分为两个层次。第一层是基础架构服务，用于实现计算、存储和网络等基础设施的虚拟化。其中，计算是最基本的，ESXi 是 vSphere 环境中的管理程序，可根据需要动态地为虚拟机提供物理硬件资源，以支持虚拟机的运行。通过管理程序，虚拟机可以在一定程度上独立于基础物理硬件运行。第二层是应用服务，基于基础架构的虚拟化实现增强或扩展应用，如可用性、安全性和自动化。例如，虚拟机迁移时，可以在物理主机间移动虚拟机，或者将虚拟机的虚拟磁盘从一种类型的存储移至另一种存储，而不会影响虚拟机的运行。

这些应用服务需要管理服务的配合。管理服务由 vCenter Server 和 vSphere Operations Management 来提供。vCenter Server 可以实现多台 vSphere 主机的集中化管理，还可以使用多种功能来提高虚拟基础架构的可用性和安全性。而 vSphere Operations Management 的智能运维管理将虚拟化带到了新的高度，实现更高的性能和可用性。

1.7.2 VMware vSphere 的主要功能

VMware vSphere 具有丰富且强大的功能，这里列出其主要功能。

1. 服务器虚拟化

服务器虚拟化，可在同一台服务器上同时运行多个操作系统和应用。CPU 和内存与物理硬件分离，从而创建资源池，按需使用。每个虚拟化应用及其操作系统都被封装在一个称为“虚拟机”且处于隔离状态的单独软件容器中。采用传统方式部署的服务器的容量利用率还不到 15%，每台服务器可同时运行多个虚拟机，从而使大部分硬件容量都能得到高效利用。

2. 数据中心资源共享

vSphere 提供虚拟数据中心作为所有对象的容器，便于从中央位置管理虚拟机模板、vApp、ISO 映像和脚本，可以将内容分组整理到可单独进行配置和管理的内容库中。创建内容库后，即可跨越 vCenter Server 边界共享内容，并可确保整个数据中心的一致性，还可以直接将虚拟机模板部署到主机或群集以获得一致的调配体验。

3. 集中式网络管理

vSphere 支持从一个集中式界面跨多个主机和群集实现虚拟网络连接的调配、管理和监控。vSphere 分布式交换机（Distributed Switch）具有丰富的监控和故障排除功能，包括用于修补和更新网络配置的回滚和恢复功能，以及更新网络配置和模板，实现虚拟网络连接配置的备份和还原。

4. 软件定义存储

通过软件定义的存储模型，虚拟机将成为存储置备的一个单元，可以通过灵活的基于策略的机制进行管理。

基于存储策略的管理（SPBM）是一个框架，可以跨不同的数据服务和存储解决方案〔包括 vSAN 和虚拟卷（Virtual Volumes）〕提供单一控制面板。该框架通过存储策略，使虚拟机的应用程序需求与存储实体提供的功能保持一致。

虚拟卷是一种面向外部存储的集成和管理框架，采用以虚拟机为中心的存储，而不是将存储置于物理基础架构之上。

5. 实时迁移工作负载

使用 vSphere vMotion 无须停机，即可使正在运行的虚拟机在物理服务器之间迁移。虚拟机将保留其网络标识和连接，从而确保无缝迁移。

6. 主动保护工作负载

使用高优先级硬件警报可主动减轻已出现警报迹象的可能发生主机故障的服务器上的工作负载。硬件会通知 vSphere 可能存在的问题，以及相应的补救步骤。根据策略设置，分布式资源调度（DRS）使用 vMotion 将虚拟机从发生警报的服务器移动到安全的服务器上，然后将有问题的服务器置于维护模式。

7. 平衡工作负载

通过将 ESXi 主机分组为资源群集，以及使用分布式资源调度（DRS）按群集均衡工作负载，隔离不同业务部门的计算需求。可以在维护期间自动迁移虚拟机，而无须中断服务。

启用分布式电源管理（DPM）功能，在使用率较低的时候，主机会自动进入待机模式，而在需要的时候，则会恢复到正常运行模式，实现自动节能降耗。

8. 系统高可用性

vSphere HA（高可用性）针对虚拟化环境中的硬件和操作系统故障，提供统一且经济高效的故障转移保护，从而最大限度地降低停机时间。

9. 虚拟机容错

启用 vSphere FT（容错），可在服务器发生故障时继续使用应用。如果出现硬件故障，vSphere FT 会自动触发故障转移，然后创建一个新的辅助虚拟机为应用提供持续保护。

10. 快速部署和调配

可以将保存 vSphere 主机共享的配置中设置数值的主机配置文件附加到一个或多个 vSphere 主机或群集上。主机配置会与主机配置文件进行比较，并报告偏差，从而自动纠正配置偏差。管理员可以创建配置文件，然后与 Auto Deploy（自动部署）配合使用，快速部署和调配多个 vSphere 主机，不需要专用脚本或人工配置。

11. 按优先级为虚拟机分配资源

vSphere Network I/O Control（NIOC）和 vSphere Storage I/O Control（SIOC）可监控网络和存储，并根据设定的规则和策略自动将资源分配给优先级高的应用。

12. 保护虚拟机和数据

利用虚拟化技术，保护 IT 环境，并简化数据及系统的备份和恢复。使用 vSphere Data Protection，可以满足备份时段与恢复时间目标，高效利用存储和网络资源，轻松保护 IT 基础架构中的每一款应用。

13. 智能运维管理和自动化

vSphere with Operations Management 具有监控并管理运行状况和性能、规划并优化容量、根据应用性能智能安置工作负载并重新均衡、利用预测分析获取智能警报并确保安全及强化合规性的功能。

1.7.3 VMware vSphere 的高可用性

IT 组织需要确保关键业务应用和数据免受各种原因造成的停机影响。传统应用级群集相关的解决方案成本高昂，往往只能保护少数关键业务，而且难以实施和管理。vSphere 以简单、经济、高效的方式确保所有应用的可用性，从而实现业务连续性，同时避免了高成本和复杂性。具体可以实现以下 3 个可用性目标。

- 消除常用维护操作造成的计划内停机。
- 提供独立于硬件、操作系统和应用的更高可用性。
- 通过虚拟机自动重启功能，从操作系统及服务器故障中迅速恢复。

1. 减少计划内停机

本地系统维护导致的计划内停机是造成 IT 环境内停机的首要原因。维护应尽量安排在晚上或周末执行，以最大限度地降低对业务的影响。VMware vSphere 通过执行实时迁移和升级，消除计划内停机并随时执行系统维护，从而减轻 IT 负担，这样不会对服务造成影响。

- vSphere vMotion 能够利用对服务器、存储和网络连接的全面虚拟化，将正在运行的整个虚拟机从一个服务器瞬间转移到另一个服务器。

- vSphere Storage vMotion 具备跨异构存储阵列实时迁移虚拟机磁盘文件的能力，可全面保障事务的完整性和应用的可用性。

2. 预防计划外停机并迅速实现故障恢复

由于应用级群集的复杂性和成本问题，一般只有少数应用会得到这些解决方案的保护。在传统 IT 环境中，当发生操作系统或服务器级别的故障时，就会导致大多数未受保护的应用无法避免计划外停机。VMware 提供了一系列功能，以简单且经济高效的方式，为在 VMware vSphere 上运行的所有应用提供可用性保障。

- vSphere Fault Tolerance（FT）通过创建与主实例保持虚拟锁步的虚拟机实时卷影实例，使应用在服务器发生故障的情况下也能够继续可用。
- vSphere High Availability（HA）在检测到服务器硬件或客户操作系统故障时，会在可用服务器上自动重启虚拟机，从而减少应用停止运行的情况。
- vSphere Application High Availability 凭借应用级监控和自动修复功能，与 vSphere High Availability 的功能相得益彰。

1.7.4 VMware vSphere 数据中心的组成

VMware vSphere 架构由软件和硬件两方面组成。典型的 VMware vSphere 数据中心组成如图 1-10 所示。基本物理组成包括计算服务器、存储网络和阵列、IP 网络、管理服务器和管理客户端。软件包括 ESXi 和 vCenter Server，以及实现不同功能的其他软件组件。

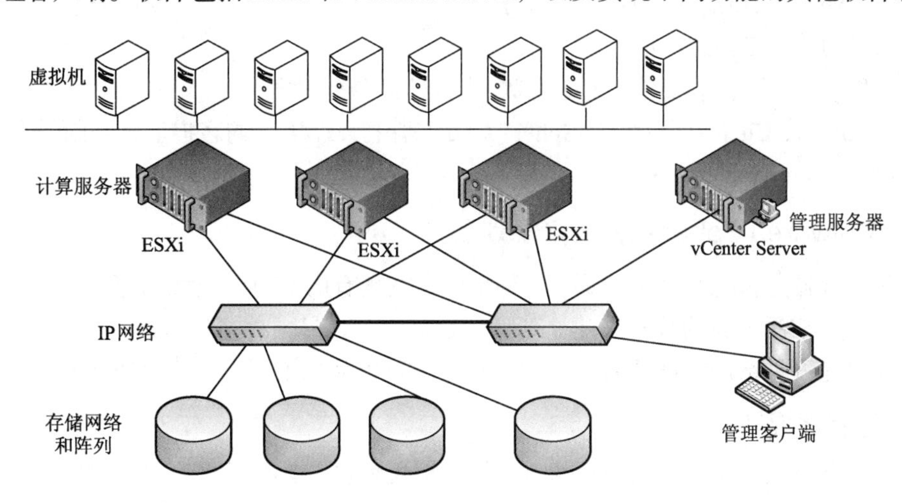

图 1-10　VMware vSphere 数据中心组成

1. 计算服务器

计算服务器是运行 ESXi 的业界标准 x86 服务器。ESXi 软件在硬件（裸机）上直接安装运行，主要为虚拟机提供 CPU 计算能力和内存等资源，并运行虚拟机。每台计算服务器在虚拟环境中均称为独立主机。可以将许多配置相似的 x86 服务器组合在一起，并与相同的网络和存储子系统连接，以便提供虚拟环境中的资源集合（群集）。

2. 存储网络和阵列

存储是虚拟化的基础，用于存放大量虚拟化数据。存储资源由 vSphere 分配，这些资源在整个数据中心的虚拟机之间共享。vSphere 支持光纤通道 SAN 阵列、iSCSI SAN 阵列和 NAS 阵列等主流存储技术，以满足不同数据中心的存储需求。

3. IP 网络

IP 网络是连接各种资源和对外服务的通道。每台计算服务器都可以有多个物理网络适配器，为整个 vSphere 数据中心提供高带宽和可靠的网络连接。

4. 管理服务器

管理服务器提供基本的数据中心服务，如访问控制、性能监控和配置功能。它将各个计算服务器中的资源统一在一起，使这些资源在整个数据中心中的各虚拟机之间共享。vCenter Server 充当管理服务器，为数据中心提供单一控制点，对虚拟机和虚拟机主机（ESXi 主机）进行操控。

5. 管理客户端

客户端通过联网设备连接到虚拟机的管理服务器，用来进行资源的部署和调配，或向虚拟机发出控制命令等。vSphere 提供 4 种客户端界面。

- vSphere Web Client：可以通过网络访问 vCenter Server 的 Web 应用程序，是用于连接和管理 vCenter Server 实例的主界面。
- VMware Host Client：一个基于 Web 的应用程序，可用于管理未连接到 vCenter Server 系统的单台 ESXi 主机。
- vSphere 命令行：用于配置 ESXi 主机的命令行界面。
- vSphere Client：新版的 vSphere Client 基于 HTML 5 的客户端，并附带有 vCenter Server 及 vSphere Web Client。

1.7.5 VMware vSphere 虚拟化规划要点

实施服务器虚拟化有两种情形。一种情形是在现有的 IT 基础设施上升级改造，调整已有硬件设备，或添加新的设备来建立新型的数据中心；另一种情形是建设全新的虚拟数据中心。无论是哪种情形，都要做好虚拟化规划，可以从以下几个方面进行规划。

1. 服务器规划

物理服务器主要用来承载虚拟机，根据虚拟机配置（所需资源）、用途和数量来决定服务器的配置和数量。在实际生产环境中，要考虑为系统预留容量，不能让物理服务器满载运行，通常需要预留 30%或更高比例的资源容量。

服务器规划时，应重点考虑服务器的 CPU 和内存系统资源。对于 CPU，建议将物理 CPU 与虚拟 CPU 按照 1∶10～1∶4 的比例进行规划。例如，服务器具有两个 8 核的 CPU，按照 1∶4 可以虚拟出 64 个虚拟 CPU，如果每个虚拟机需要 4 个虚拟 CPU，则可以创建 16 个虚拟机。对于内存，一般每个虚拟机需要 2～4GB 内存，可以根据虚拟机数量估计内存，还应为主机系统本身的运行预留部分内存。具有两个 8 核的 CPU 的服务器一般配置 64GB

内存。

在实际环境中，多数虚拟机的 CPU 利用率不高，往往低于 10%，内存利用率略高一些的情况，也多在 30%以下。这样可以估算出所需的 CPU 和内存，计算公式为：

CPU 资源=CPU 频率 × CPU 数量 × CPU 利用率

内存资源=内存 × 内存利用率

计算出的资源需求可以是已有系统中的实际需求，也可以是新建系统的预估需求。估算出虚拟机所需的总 CPU 资源和内存资源之后，预留 30%～40%的余量，初步算出服务器的配置和数量。例如，虚拟机实际所需的 CPU 资源总量为 60GHz，拟配 CPU 频率 3.0GHz，需要 20 个 CPU 核心，考虑到预留，大约需要 30 个 CPU 核心，保险起见，两个 8 核的 CPU 的服务器需要配 3 台。实际需要总内存 120GB 左右，考虑到余量，可配 240GB 内存，每台服务器配 96GB 内存较为合适。

至于硬盘空间，服务器只需保证基本运行即可，虚拟机所用硬盘可由存储规划来解决。

对于现有的服务器，可以考虑增加内存、网卡，加配冗余电源。采购新的服务器时，除了 CPU 和内存外，要配置多块网卡、冗余电源，如果使用本地存储，还要配置磁盘阵列。

2. 存储规划

选择存储方案时，尽量不要使用本地存储，而是采用存储设备（网络存储），因为虚拟机保存在共享的网络存储中，才能实现动态迁移、高可用性或容错等高级功能。

虚拟机不使用本地存储时，服务器可以考虑配置固态硬盘（SSD）来运行 VMware ESXi 系统。

服务器数量较少时，可以配置 SAS HBA 接口（传输速度可达 6Gbit/s），在支持直接（DAS）连接的 SAS 存储系统上存储虚拟机，这种存储可向多台 ESXi 主机提供共享访问。服务器数量较多时，优先选择 FC HBA 接口（传输速度可达 8Gbit/s），使用光纤存储作为虚拟化平台的集中存储平台。

选择存储设备要考虑存储容量、磁盘类型和性能。存储容量至少是所需容量的两倍。虚拟化环境很多时候要求考虑磁盘的 IOPS（Input/Output Operations Per Second），即每秒进行读写（I/O）操作的次数，多用于数据库等场合，衡量随机访问的性能。存储端的 IOPS 性能和主机端的 I/O 是不同的，IOPS 是指存储每秒可接收多少次主机发出的访问，主机的一次 I/O 需要多次访问存储才可以完成。IOPS 决定延迟的大小。每个物理硬盘能处理的 IOPS 是有限制的，如 10000 转和 15000 转的硬盘的 IOPS 上限分别为 100 次和 150 次。通常，每个虚拟服务器的 IOPS 为 10～30，普通虚拟机为 5 个左右。同时运行 50 个虚拟服务器时，IOPS 至少需要 1000 次，采用 10000 转 SAS 硬盘至少 10 块。

存储设备还要考虑接口带宽和数量，大多需要配置冗余接口。

3. 网络规划

作为支持虚拟机运行的服务器，往往需要更多的网卡（6 个网卡很常见）和更高的网络带宽。例如，负载平衡和故障转移、动态迁移虚拟机都需要专用网络，使用独立的物理网卡。

在虚拟化环境中，物理服务器上运行多个虚拟机，而且支持虚拟机动态迁移，这大大增加了网络流量，对交换机的背板带宽和上行链路带宽要求很高。

VMware ESXi 支持在虚拟交换机中划分 VLAN，将物理主机网卡连接到交换机的 Trunk 端口，然后在虚拟交换机上划分 VLAN。在物理网卡不多的情况下，也可以将虚拟机划分到不同的 VLAN 中。

4. 虚拟化架构设计

前面主要是基础设施的规划，在此基础上还要设计虚拟化整体架构，包括数据中心结构设计、ESXi 主机和 vCenter Server 服务器配置、虚拟存储设计、虚拟网络设计。例如，虚拟化网络架构采用标准虚拟交换机，管理网络、vMotion 网络使用同一网络，业务系统使用另外一个网络，所有绑定的网卡分别连接到不同的物理交换机上，以保证网络的冗余。

1.7.6 VMware vSphere 部署流程

VMware vSphere 是一款复杂的产品，需要安装和设置多个组件。VMware vSphere 安装和设置工作流程如图 1-11 所示。

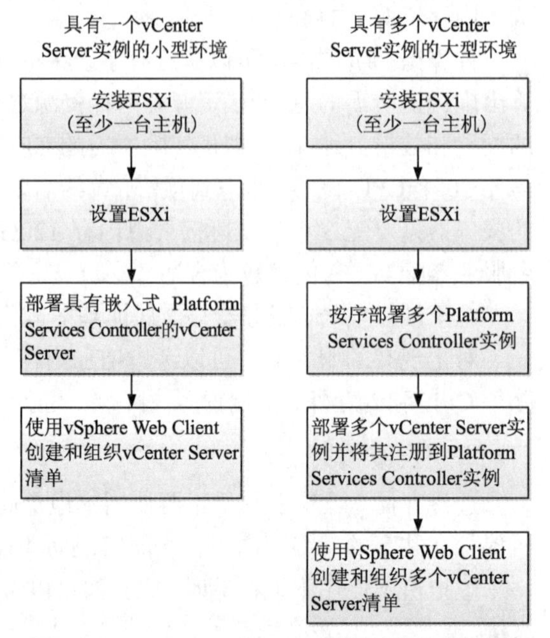

图 1-11 VMware vSphere 安装和设置工作流程

1.8 习题

1. 什么是虚拟化？
2. 简述虚拟化的优势。
3. 按实现技术，虚拟化可以分为哪几种类型？
4. 简述服务器虚拟化的概念和作用。
5. 什么是虚拟机？
6. 虚拟机监控器有什么作用？分为哪两种类型？
7. 解释数据中心和软件定义数据中心的概念。
8. 什么是云计算？云计算包括哪 3 个层次的服务？
9. 简述 vSphere 虚拟化架构。
10. 简述 vSphere 数据中心的组成。
11. 简述 vSphere 的高可用性实现技术。

第2章 基于VMware Workstation部署实验环境

VMware Workstation 是 VMware 公司的个人桌面虚拟化软件产品，旨在提供行业内最稳定及最安全的桌面虚拟化平台。它面向为任何设备、平台或云环境构建、测试或演示软件的 IT 专业人员、开发人员和企业用户，主要用于数据中心设计与测试、多操作系统开发与测试、企业桌面发布、旧版应用程序运行等。VMware Workstation 可在一台 PC 上运行多个操作系统；可针对任何平台进行开发和测试；可连接到 VMware vSphere 数据中心；还可创建一个安全的隔离环境，以运行具有不同隐私设置、工具和网络连接配置的第二个安全桌面，或使用取证工具调查操作系统漏洞。这一切都可以在便携式计算机中部署 VMware Workstation 来实现。作为开发测试平台，它提供最广泛的操作系统支持，甚至可以构建跨平台的云级应用，测试不同的操作系统和浏览器兼容性。本章在介绍 VMware Workstation 部署和使用虚拟机的基础上，讲解如何构建一个虚拟实验室及部署实验环境，为后续章节中的 VMware vSphere 虚拟化部署实验和测试做好准备。

2.1 使用 VMware Workstation 部署虚拟机

VMware Workstation 可以创建完全隔离、安全的虚拟机来封装操作系统及其应用。VMware 虚拟化层将物理硬件资源映射到虚拟机的资源，每个虚拟机都有自己的 CPU、内存、磁盘和 I/O 设备，完全等同于一台标准的 x86 计算机。VMware Workstation 安装在主机操作系统上，并通过继承主机的设备支持来提供广泛的硬件支持。能够在标准 PC 上运行的任何应用都可以在 VMware Workstation 上的虚拟机中运行。

2.1.1 VMware Workstation 的安装

VMware Workstation 产品涵盖 Windows、Linux 和 Mac 操作系统，其中 Mac 版本称为 VMware Fusion。VMware Workstation 版本升级到 12.0 时改称为 VMware Workstation Pro。下面以 Windows 版本的 VMware Workstation 12 Pro 为例进行讲解。

1. 系统要求

（1）硬件要求

- 64 位 x86 Intel Core 2 双核处理器或同等级别的处理器，AMD Athlon 64 FX 双核处理器或同等级别的处理器。
- 1.3GHz 或更快的核心速度。
- 至少 2GB 内存，建议 4GB。

● VMware 本身需要 1.2GB 可用磁盘空间，每个虚拟机都需要额外的硬盘空间。

（2）主机操作系统

Windows 版本的 VMware Workstation 12 Pro 要求主机上运行 64 位操作系统，支持 Windows 7～Windows 10、Windows Server 2008、Windows Server 2012。

（3）客户操作系统

支持多达 200 多种客户操作系统，包括 32 位的 Windows 和 Linux 系统。

2. 安装 VMware Workstation

除了 VMware vSphere Client 和 VMware vCenter Converter Standalone 之外，VMware Workstation 不能与其他 VMware 产品安装在同一主机系统上。如果已经安装其他 VMware 产品，则必须先将它们卸载才能安装 VMware Workstation。

以管理员身份登录 Windows 主机系统（这里为 64 位的 Windows 7），运行 VMware Workstation 的 Windows 安装程序，启动 VMware Workstation 12 Pro 安装向导，根据提示进行操作即可。当出现“自定义”界面时，建议选中“增强型键盘驱动程序”复选框，重启系统后此功能才能有效。

3. VMware Workstation 界面及基本操作

VMware Workstation 主界面如图 2-1 所示，提供了菜单栏、工具栏、多个窗格、选项卡、状态栏来管理虚拟机。每台虚拟机都相当于在主机系统中以窗口模式运行的独立计算机，在 VMware Workstation 界面中，可以与虚拟机进行互动，管理虚拟机的运行，从一个虚拟机切换到另一个虚拟机。

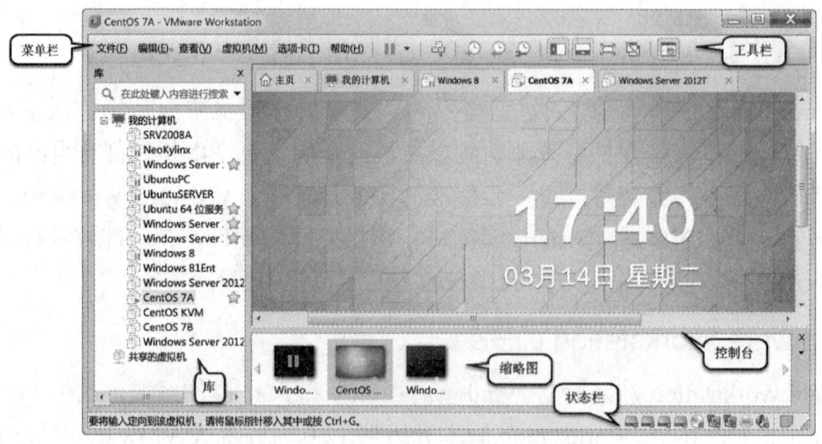

图 2-1 VMware Workstation 主界面

左侧的“库”窗格用来查看和选择由 VMware Workstation 管理的虚拟机、文件夹和远程主机。默认情况下会显示所有项，右击库中的一个节点（虚拟机、文件夹或远程主机），弹出相应的快捷菜单，可以执行常见操作。

右侧窗格显示若干选项卡，选择库中的项目，VMware Workstation 就会在右侧窗格中创建一个相应的虚拟机选项卡。默认会显示两个特殊的选项卡：一个是“主页”选项卡，使用其中的链接可以创建虚拟机，打开虚拟机，连接到远程服务器，连接到 VMware 云；

另一个是“我的计算机”选项卡，显示当前所有的虚拟机列表，可以通过右键菜单对其中的虚拟机进行管理操作。

虚拟机选项卡用来查看和管理相应的虚拟机。对于处于已关机或挂起状态的虚拟机，虚拟机选项卡中出现的是摘要视图，如图 2-2 所示，用于显示配置信息和虚拟机状态的摘要信息，可以进行虚拟机硬件和选项设置，以及创建或修改虚拟机描述。对于处于活动状态的虚拟机，虚拟机选项卡中出现的是控制台视图，如图 2-3 所示，与物理计算机的监视器显示得十分相似。将鼠标指针移动到该控制台中，或者按<Ctrl>+<G>组合键，用户可以在此像操作物理计算机一样操作虚拟机。单击工具栏中的控制台视图按钮，或者从“查看”菜单中选择“控制台视图”命令，可以在控制台视图与摘要视图之间来回切换。

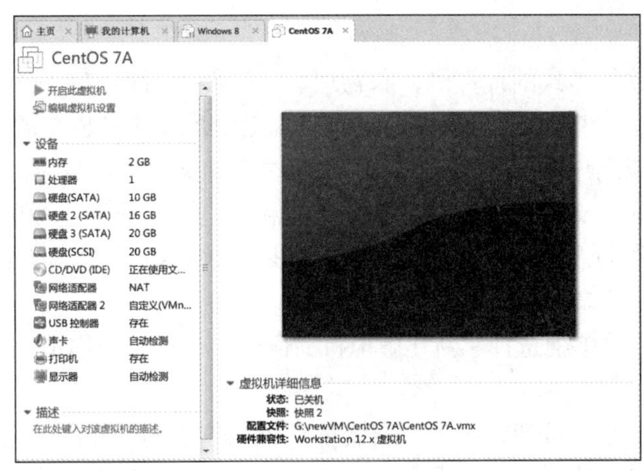

图 2-2　虚拟机摘要视图

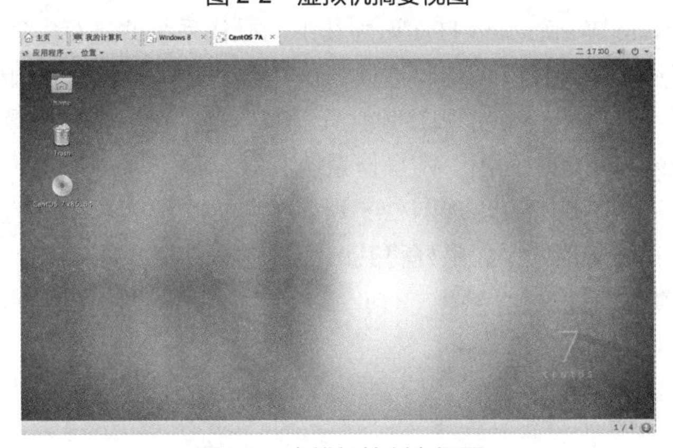

图 2-3　虚拟机控制台视图

虚拟机选项卡下面显示的是缩略图栏，当虚拟机处于活动状态时，缩略图会及时更新以显示虚拟机的实际内容；当虚拟机被挂起时，缩略图为虚拟机挂起时的屏幕截图。单击缩略图可以显示虚拟机的摘要或控制台视图，可以在虚拟机之间快速切换。

整个 VMware Workstation 界面最底部的是状态栏，可以使用状态栏上的图标来查看消息，并对硬盘、CD/DVD 驱动器和网络适配器等设备执行操作。将鼠标指针悬停在状态栏中的图标上时，可以查看其名称；单击或右击可移动设备图标，可以连接设备或断开设备连接，或者编辑设备设置；单击消息日志图标可以查看消息日志。

顶部的菜单栏提供最全面的功能操作选项，菜单项是否可用取决于当前所选操作的对象，例如某项操作在虚拟机的当前状态下不支持，“虚拟机”主菜单中的相应菜单项将不可用。

工具栏提供一组用于常用操作的按钮，如开机、关机、挂起、重启、快照、全屏等。

VMware Workstation 还提供键盘快捷键，用于与 Workstation 或虚拟机进行交互，大多数可用键盘快捷键都会列在菜单中关联命令的右侧。在 Windows 客户机中按<Ctrl>+<Alt>+<Insert>组合键（用于代替<Ctrl>+<Alt>+<Delete>组合键），进入 Windows 安全菜单，可执行登录、切换用户、注销、更换密码等任务。

2.1.2 创建虚拟机

虚拟机是一种软件形式的计算机，和物理机一样能运行操作系统和应用程序。在创建虚拟机之前，需要做一些准备工作，如确定客户机操作系统的安装方式，选择虚拟网络（交换机）类型，选择虚拟磁盘类型，决定内存大小，是否自定义硬件设置等。VMware Workstation 提供新建虚拟机向导，支持两种配置类型：典型和自定义。典型虚拟机是一种快捷方式，能以最少的操作步骤创建虚拟机；自定义虚拟机是一种高级方式，需要自定义各类虚拟机资源。这里以创建一个典型的虚拟机进行命令。

（1）从“文件”菜单中选择“新建虚拟机”命令，启动新建虚拟机向导，选中“典型”选项。

（2）单击“下一步”按钮，出现“安装客户机操作系统”界面，选择客户机操作系统的安装来源。用户可以选择使用物理光盘或使用 ISO 映像来安装操作系统，这将进入简易模式，接下来 VMware Workstation 自动识别其中的操作系统并进行安装。

这里选中“稍后再安装操作系统”选项，这样会创建一个具有空白磁盘的虚拟机。

（3）单击“下一步”按钮，出现图 2-4 所示的界面，选择客户机操作系统及版本。如果客户机操作系统未在列表中列出，则操作系统和版本都选择“其他”选项。

（4）单击“下一步”按钮，出现图 2-5 所示的界面，输入虚拟机的名称，设置安装位置。默认位置在“我的文档”中，最好将其改为其他文件夹，并保证有足够的硬盘空间。

图 2-4 选择客户机操作系统

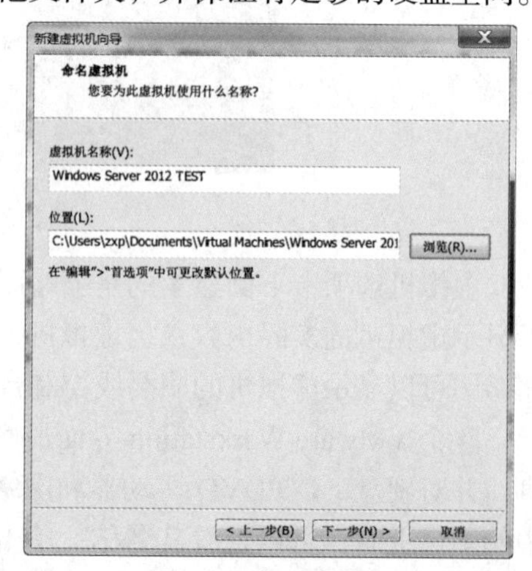

图 2-5 命名虚拟机

（5）单击“下一步”按钮，出现图 2-6 所示的界面，设置虚拟磁盘的大小，并指定是否将磁盘拆分为多个文件。

（6）单击“下一步”按钮，出现“已准备好创建虚拟机”界面，给出目前的虚拟机配置清单，可根据需要单击“自定义硬件”按钮，弹出相应的对话框进行自定义硬件配置。

（7）单击“完成”按钮创建虚拟机。

至此，新建的虚拟机显示在库中，处于已关机状态，如图 2-7 所示。

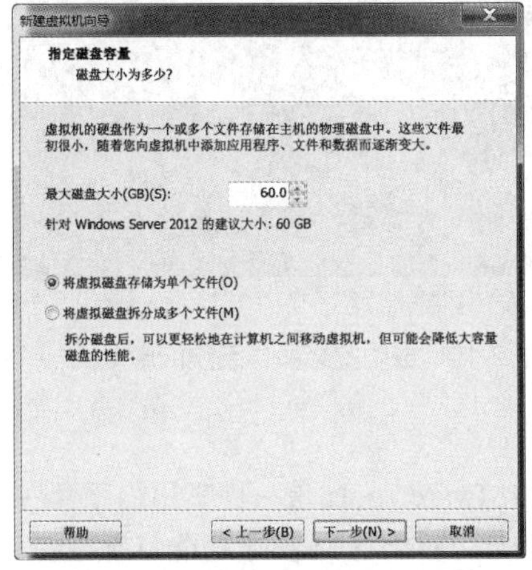

图 2-6 为虚拟机设置磁盘容量

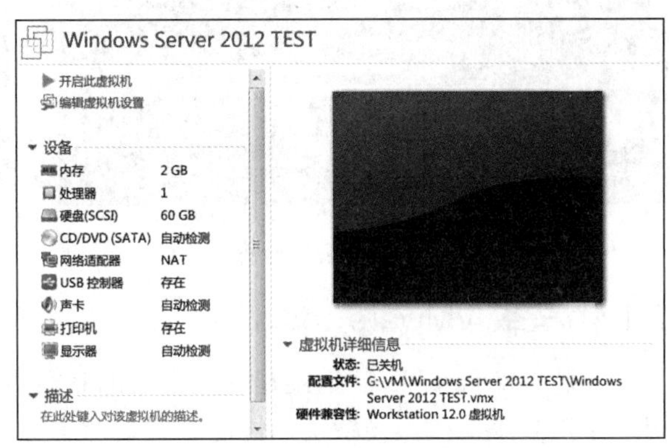

图 2-7 新建的虚拟机

2.1.3 在虚拟机上安装操作系统

前面使用向导创建虚拟机时，如果没有安装任何操作系统，则该虚拟机相当于一台裸机。虚拟机是一种软件形式的计算机，与物理机一样能运行操作系统和应用程序。在虚拟机中安装操作系统与在物理计算机中安装基本相同。可以通过安装程序光盘或 ISO 映像文件安装虚拟机操作系统，也可以使用 PXE 服务器通过网络连接安装客户机操作系统。

这里以从 ISO 映像文件安装为例进行讲解，这也是最为常见的方式。首先设置启动光盘，单击“编辑虚拟机设置”选项打开相应的窗口，将虚拟机中的 CD/DVD 驱动器配置为指向要安装的操作系统的 ISO 映像文件（这里为 Windows Server 2012 R2 的 ISO 文件），并将该驱动器配置为启动时连接，如图 2-8 所示。

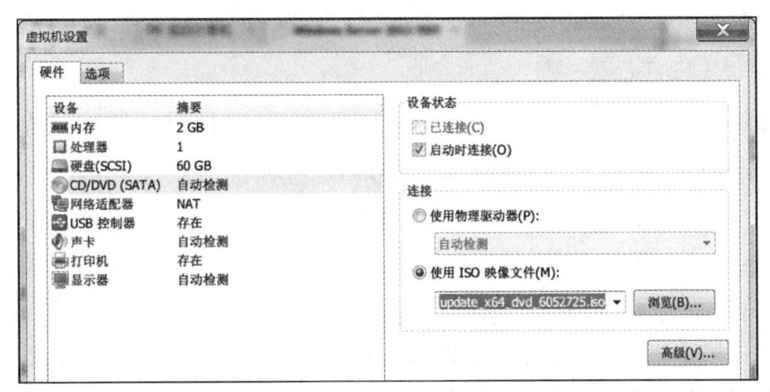

图 2-8 设置从 ISO 映像文件启动

开启虚拟机，虚拟机加载安装文件后进入安装过程，如图 2-9 所示，根据提示在虚拟机控制台中完成安装。完成安装后，控制台中显示当前正在运行安装了操作系统的虚拟机，如图 2-10 所示。接下来应当安装 VMware Tools。

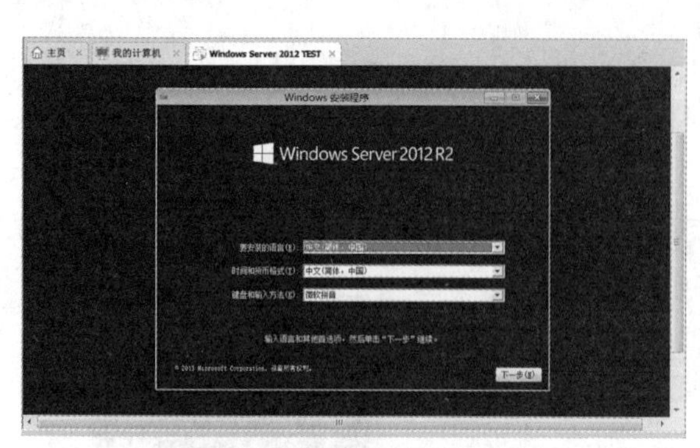

图 2-9　虚拟机安装操作系统

图 2-10　成功安装操作系统的虚拟机

2.1.4　安装 VMware Tools

安装 VMware Tools 是创建新虚拟机的必需步骤。VMware Tools 是一种实用程序套件，可用于提高虚拟机操作系统的性能，改善对虚拟机的管理。许多 VMware 功能只有在安装 VMware Tools 之后才可用。注意，应在激活操作系统许可证之前安装 VMware Tools。

VMware Tools 的安装程序是以 ISO 映像文件的形式提供的。ISO 映像文件对虚拟机操作系统来说就像 CD-ROM。不同类型的客户机操作系统，如 Windows、Linux，都有一个 ISO 映像文件。执行安装或升级 VMware Tools 的命令时，虚拟机的第一个虚拟 CD-ROM 驱动器会自动临时连接到相应虚拟机操作系统的 VMware Tools 的 ISO 文件。

不同的操作系统，VMware Tools 的安装过程也不同。这里以在 Windows 虚拟机中安装 VMware Tools 为例。确认虚拟机操作系统正在运行，从 VMware Workstation 的“虚拟机”菜单中选择“安装 VMware Tools”命令，自动将 VMware Tools 的 ISO 文件装载到虚拟 CD-ROM 驱动器。如果在虚拟机中为 CD-ROM 驱动器启用了自动运行，则将启动 VMware Tools 安装向导。如果未启用光驱自动运行，则打开虚拟 CD-ROM 驱动器，运行 setup.exe 来启动安装向导。根据提示完成安装，并重新启动虚拟机。

2.1.5　虚拟机 BIOS 设置

虚拟机可以与物理机一样进行 BIOS 设置。VMware 虚拟机环境下的默认开机界面停留时间可能太短，不便于通过按快捷键进入 BIOS 设置界面。解决的方法是，编辑相应的虚拟机配置文件（.vmx），该文件位于创建虚拟机时设置的安装位置，在末尾加上 bios.forceSetupOnce ="TRUE"或者 bios.bootDelay = "xxxx"（单位毫秒）。例如，bios.bootDelay = "5000"，即开机界面停留 5s。

虚拟机重新开机之后，将显示开机界面，如图 2-11 所示。按<F2>键进入 BIOS 设置界面；按<F12>键从网络启动操作系统；按<Esc>键进入启动菜单，可调整启动选项。

虚拟机的 BIOS 设置界面如图 2-12 所示，可以在此调整 BIOS 选项。

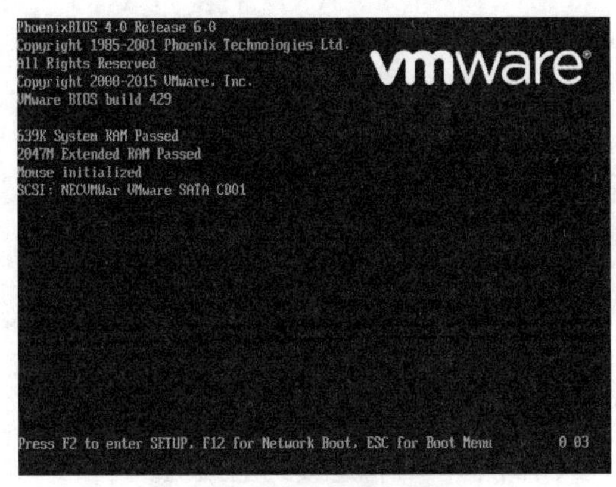

图 2-11　虚拟机开机界面

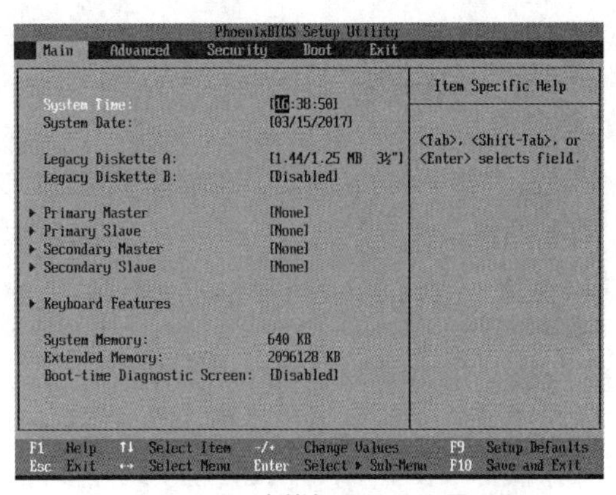

图 2-12　虚拟机 BIOS 设置界面

2.1.6　虚拟机硬件设备管理

用户可以向虚拟机添加设备，包括 DVD 和 CD-ROM 驱动器、USB 控制器、虚拟或物理硬盘、并行/串行端口、通用 SCSI 设备和处理器，还可以修改现有硬件设备的设置。

选择虚拟机，然后从“虚拟机”菜单中选择“设置”命令，打开的对话框如图 2-13 所示，在“硬件”选项卡中选择要修改的硬件，在右侧窗格中编辑修改即可。

要添加新的硬件，单击“添加”按钮启动添加硬件向导，如图 2-14 所示，选择要添加的硬件类型，根据提示完成硬件添加即可。

图 2-13　修改硬件设置

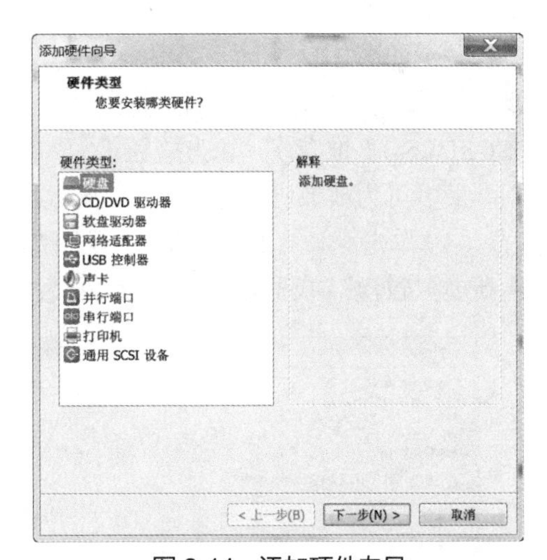

图 2-14　添加硬件向导

值得一提的是，VMware Workstation 支持设备的热插拔功能，即虚拟机正在运行时，可以添加或移除声卡、网卡、硬盘等设备，这对于测试工作带来了极大的方便。

不能在虚拟机运行时降低内存。

在虚拟机中可使用可移动设备，如DVD/CD-ROM驱动器、USB设备，以及智能卡读卡器等。要连接可移动设备，选择虚拟机，然后从“虚拟机”菜单中选择“可移动设备”命令，选择设备，然后选择“连接”命令即可。

某些设备无法用于主机系统和虚拟机操作系统，也无法被多个虚拟机操作系统同时使用。虚拟机嵌套不支持硬件的物理传递，虚拟机中的虚拟机不能直接使用主机上的设备。

将USB设备连接到虚拟机更为简单。在虚拟机运行时，其窗口就属于活动窗口。如果将USB设备插入到主机系统，设备将默认连接到虚拟机而非主机。如果连接到主机系统的USB设备未在虚拟机开机时连接到虚拟机，则必须手动将该设备连接到虚拟机。

2.1.7 配置和维护虚拟硬盘

硬盘是计算机最重要的硬件之一。虚拟硬盘是虚拟化的关键，虚拟硬盘为虚拟机提供存储空间。在虚拟机中，虚拟硬盘的功能相当于物理硬盘，被虚拟机当作物理硬盘使用。

虚拟硬盘由一个或一组文件构成，在虚拟机操作系统中显示为物理磁盘。这些文件可以存储在主机系统或远程计算机上。每个虚拟机从其相应的虚拟磁盘文件启动并加载到内存中。随着虚拟机的运行，虚拟磁盘文件可通过更新来反映数据或状态改变。

新建虚拟机向导可创建具有一个硬盘的虚拟机。用户可以向虚拟机中添加硬盘，从虚拟机中移除硬盘，以及更改现有虚拟硬盘的设置。这里介绍为虚拟机创建一个新的虚拟硬盘。

（1）选择一个虚拟机，从“虚拟机”菜单中选择“设置”命令，在弹出的对话框中单击“添加”按钮启动添加硬件向导。

（2）如图2-14所示，从“硬件类型”列表中选择“硬盘”选项。

（3）单击“下一步”按钮，出现图2-15所示的界面，选择磁盘类型。这里选择“SCSI（S）（推荐）”单选按钮。

最多可为虚拟机添加60个SCSI设备和120个SATA设备。

（4）单击“下一步”按钮，出现图2-16所示的界面，为虚拟机选择磁盘。这里选择“创建新虚拟磁盘”单选按钮。

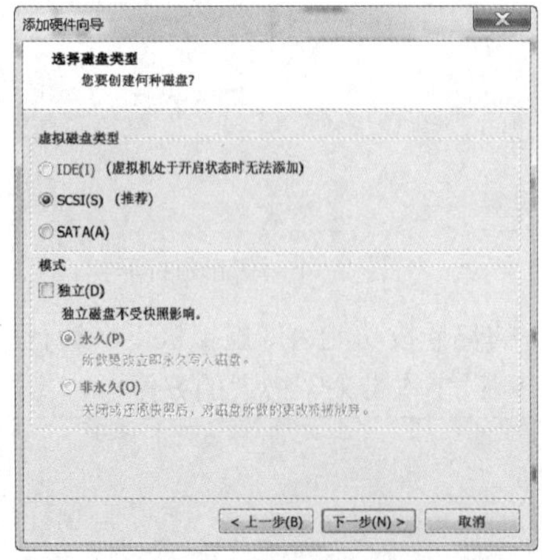

图2-15　选择磁盘类型

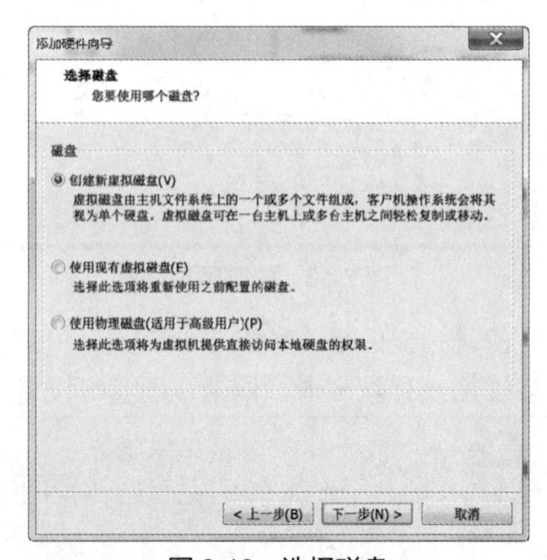

图2-16　选择磁盘

用户也可以选择“使用现有虚拟磁盘”单选按钮，将其连接到当前虚拟机。还可以使用物理磁盘，让虚拟机直接访问主机上的本地硬盘。

（5）单击“下一步”按钮，出现“指定磁盘容量”界面，为虚拟机设置磁盘容量。

可以为虚拟磁盘设置 0.001 GB～8TB 的容量。

默认没有选中“立即分配所有磁盘空间”复选框，虚拟磁盘空间最初会很小，随着数据的添加会不断增长。如果选中该选项，会立即启用所需的物理磁盘空间，这有助于提高性能。

为提高性能，建议选中“将虚拟磁盘存储为单个文件”单选按钮，这要求虚拟磁盘文件存储在没有文件大小限制的文件系统上。

（6）单击“下一步”按钮，指定虚拟磁盘文件名和存储位置。默认与虚拟机文件位于同一文件夹，虚拟磁盘文件名以虚拟机名称开头。

（7）单击“完成”按钮添加新的虚拟硬盘。

新创建的虚拟硬盘将在虚拟机操作系统中显示为新的空白硬盘，如图 2-17 所示，还需要在虚拟机中对其进行分区和格式化。

2.1.8　虚拟机选项设置

用户可以根据需要对虚拟机的选项进行设置，如配置电源选项以配置虚拟机在开机、关机和关闭时的行为。

选择一个虚拟机，从“虚拟机”菜单中选择“设置”命令，在打开的对话框中切换到“选项”选项卡，如图 2-18 所示，查看和修改选项设置。

这里介绍一下增强型键盘功能。启用该功能可更好地处理国际键盘和带有额外按键的键盘，尽可能快速地处理原始键盘输入，绕过 Windows 按键处理和任何尚未出现在较低层的恶意软件，从而提高安全性。例如，按下<Ctrl>+<Alt>+<Delete>组合键，只有虚拟机操作系统会做出反应。只有虚拟机关机时，才能更改此选项。如图 2-18 所示，在“选项”选项中设置该选项，建议选择“在可用时使用(推荐)”选项。

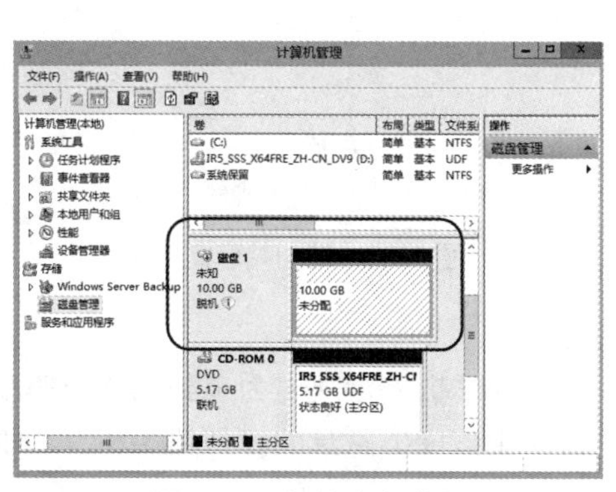

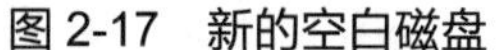

图 2-17　新的空白磁盘

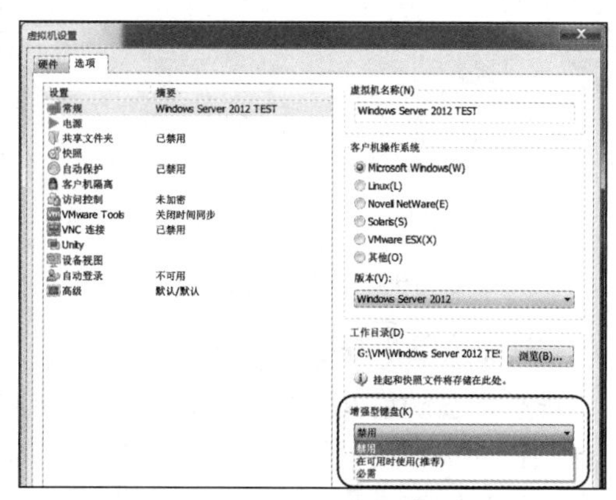

图 2-18　设置虚拟机选项

2.2　VMware Workstation 虚拟机的使用

在虚拟机控制台中操作虚拟机与操作物理机基本相同，这里重点介绍针对虚拟机的操作，如虚拟机快照、虚拟机克隆。

2.2.1　在虚拟机与主机系统之间传输文件和文本

在主机系统与虚拟机之间，以及不同虚拟机之间传输文件及文本有多种方法。

1. 使用拖放或复制粘贴功能

用户可以使用拖放功能在主机系统与虚拟机之间及不同虚拟机之间移动文件、文件夹、电子邮件附件、纯文本、带格式文本和图像。

用户可以在虚拟机之间以及虚拟机中运行的应用程序之间剪切、复制和粘贴文本。还可以在主机系统中运行的应用程序和虚拟机中运行的应用程序之间剪切、复制和粘贴图像、纯文本、带格式文本和电子邮件附件。

2. 使用共享文件夹

共享文件夹的目录可位于主机系统中，也可以是主机能够访问的网络目录。要使用共享文件夹，虚拟机必须安装支持此功能的客户机操作系统，Windows XP 及更高版本的 Windows 操作系统、内核版本 2.6 或更高的 Linux 都支持该功能。

首先，配置虚拟机来启用文件夹共享。在“虚拟机设置”对话框中选择“共享文件夹”选项，然后启用它，并从主机系统或网络共享资源中添加一个共享文件夹（添加共享文件夹向导），如图 2-19 所示。

然后，在该虚拟机中查看和访问共享文件夹。例如，在 Windows 客户机中可以像访问网络共享文件夹一样来访问它，如图 2-20 所示。注意，其 UNC 路径为\\Vmware 主机\Shared Folders\共享文件夹名。

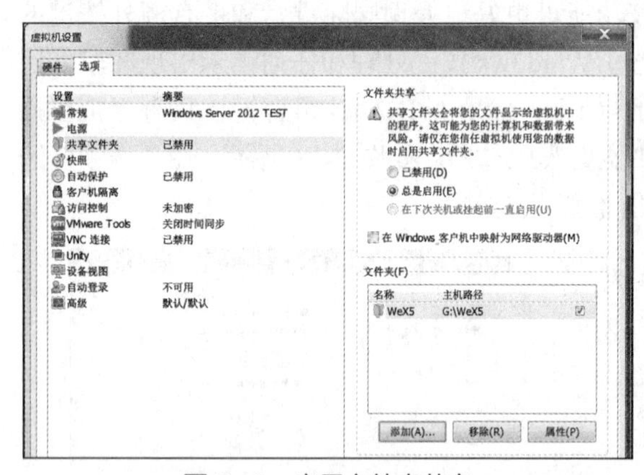

图 2-19　启用文件夹共享

图 2-20　访问共享文件夹

3. 将虚拟磁盘映射到主机系统

将虚拟磁盘映射到主机系统，即将主机文件系统中的虚拟磁盘映射为单独的映射驱动器，无须进入虚拟机就可以连接虚拟磁盘。前提是将使用该虚拟磁盘的虚拟机关机，虚拟磁盘文件未被压缩，且不具有只读权限。

在 VMware Workstation 界面中，从“文件”菜单中选择“映射虚拟磁盘”命令，弹出相应的对话框，执行映射驱动器操作即可。

2.2.2　快照管理

快照可以保持虚拟机在某一个时间点的状态，以便在需要时回到该状态。这个特性也可以帮助用户更好地进行软件测试工作。

快照的内容包括虚拟机内存、虚拟机设置，以及所有虚拟磁盘的状态。恢复到快照时，虚拟机的内存、设置和虚拟磁盘都将返回到拍摄快照时的状态。

用户可以在虚拟机处于开启、关机或挂起状态时拍摄快照。选择要拍摄快照的虚拟机，然后从“虚拟机”菜单中选择“快照”→“拍摄快照”命令，在打开的对话框中设置快照名称，单击“确定”按钮即可完成快照的拍摄。

用户可以使用快照管理器查看虚拟机的所有快照，直接对其进行操作。从“虚拟机”菜单中选择“快照”→“快照管理器”命令即可打开当前虚拟机的快照管理器，如图 2-21 所示。

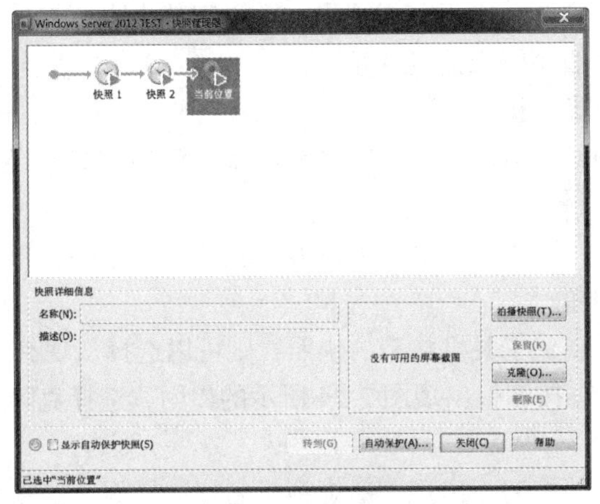

图 2-21　快照管理器

通过“恢复到快照”可将虚拟机恢复到以前的状态。从“虚拟机”菜单中选择“快照”命令，从子菜单项中选择如何恢复，单击列表中的快照将即可恢复到该快照。如果要恢复到父快照，选择“恢复到快照”命令即可。

删除快照时，已保存的虚拟机状态会被删除，将无法再返回到该状态。删除快照不会影响虚拟机的当前状态。

另外可以考虑从快照中排除虚拟磁盘，只让快照保留特定虚拟磁盘的状态。这适合将一些磁盘恢复到快照，但又要保留对其他磁盘所做的所有更改的情形。要启用此功能，需要首先关闭虚拟机，删除现有快照，然后在虚拟机硬件设置界面中选择要排除的驱动器，单击“高级”按钮，弹出图 2-22 所示的对话框，选择“独立”复选框即可。

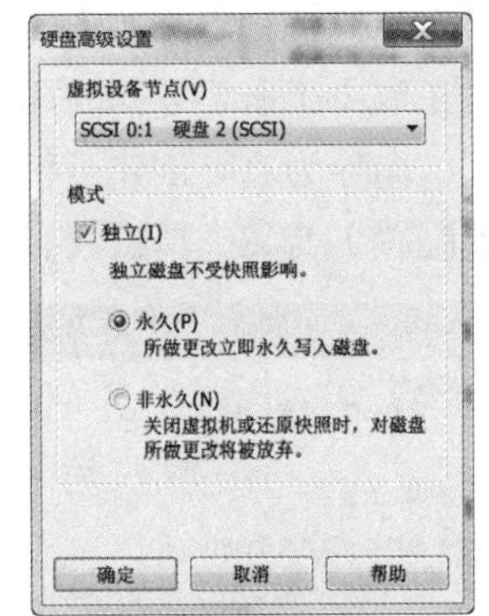

图 2-22　硬盘选择独立模式

2.2.3　虚拟机克隆

创建虚拟机并安装操作系统是一件非常耗时的工作，使用克隆只需安装及配置一次虚拟机系统，就可以快速创建多个安装及配置好系统的虚拟机。当需要将多个相同的虚拟机部署到一个组时，克隆功能非常有用。用户还可以配置一个具有完整开发环境的虚拟机，然后将其作为软件测试的基准配置反复克隆。

克隆是一个已经存在的虚拟机操作系统的一个副本。现有虚拟机被称为父虚拟机。克隆操作完成后，克隆会成为单独的虚拟机。对克隆所做的更改不会影响父虚拟机，对父虚拟机的更改也不会出现在克隆中。克隆的 MAC 地址和 UUID 将不同于父虚拟机。

虚拟机克隆有以下两种类型。

- 链接克隆。实时与父虚拟机共享虚拟磁盘的虚拟机副本。链接克隆是通过父虚拟机的快照创建而成的，因此节省了磁盘空间，多个虚拟机可以使用同一个软件。链接克隆必须能够访问父虚拟机，否则将无法使用。
- 完整克隆：虚拟机的完整独立副本。克隆后，它不会与父虚拟机共享任何数据。对完整克隆执行的操作完全独立于父虚拟机。由于完整克隆不与父虚拟机共享虚拟磁盘，因此完整克隆的表现一般要好于链接克隆。

下面介绍如何克隆虚拟机。

（1）选择要克隆的父虚拟机，然后从“虚拟机”菜单中选择“管理”→“克隆”命令，启动克隆虚拟机向导。

（2）单击“下一步”按钮，出现图 2-23 所示的界面，选择克隆源。这里选择“虚拟机中的当前状态”单选按钮。

如果该虚拟机之前创建了关机状态的快照，则可以选择从现有快照中创建克隆。

（3）单击“下一步”按钮，出现图 2-24 所示的界面，选择克隆类型。这里选择“创建链接克隆”单选按钮。

（4）单击“下一步”按钮，出现“新虚拟机名称”界面，设置克隆虚拟机的名称和虚拟机文件的存放位置。

（5）单击“完成”按钮，开始创建克隆，结束之后单击“关闭”按钮退出向导。

创建链接克隆非常快，过程中还会创建一个快照。完整克隆需要的时间长一些，具体时长取决于所要复制的虚拟磁盘的大小。

向导为克隆创建了新的 MAC 地址和 UUID，其他配置信息（如虚拟机名称和静态 IP 地址配置）与父虚拟机没有任何差别，还需要进一步调整和修改。

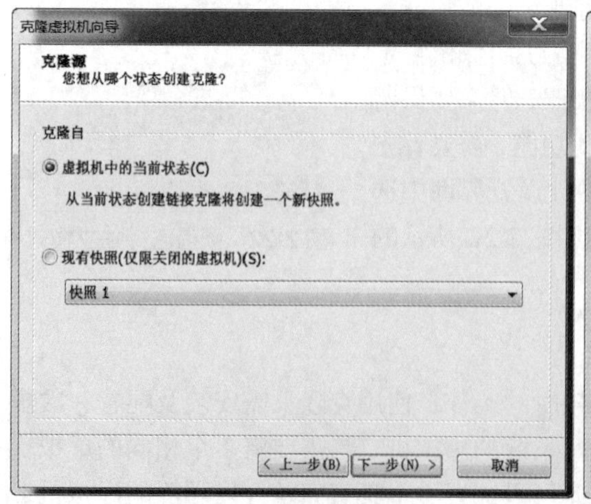

图 2-23　选择克隆源

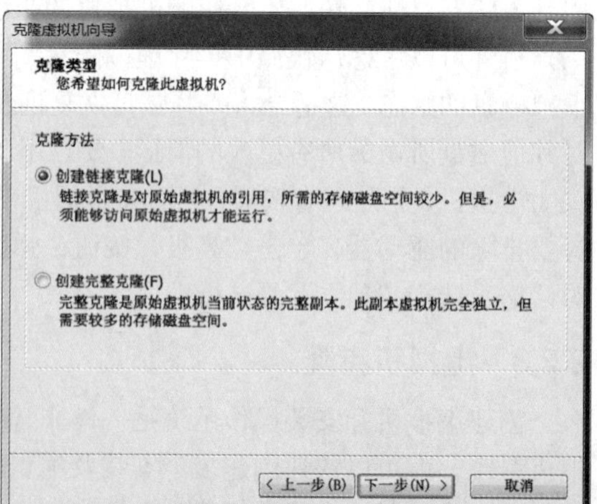

图 2-24　选择克隆类型

2.2.4　虚拟机导出与导入

OVF 是一种虚拟机打包和分发格式，具有独立于平台、高效、可扩展、开放的特点。它包含所需虚拟磁盘和虚拟硬件配置（CPU、内存、网络连接设备和存储设备）的完整列表。可以说将虚拟机导出为 OVF 格式，相当于制作虚拟机模板。

首先确认虚拟机未加密且已处于关机状态，然后从“文件”菜单中选择“导出为 OVF”命令，弹出相应的对话框，设置 OVF 文件名称和保存目录，单击“保存”按钮开始 OVF 导出过程，状态栏指示导出进度。

导出文件格式也可改为 OVA。两种格式大致相同，只是 OVA 文件是将虚拟磁盘和虚拟机文件以及 mf 文件（验证 VM 相关配置）全部打包在一起，OVF 文件是将虚拟磁盘和 mf 文件分开保存。

用户可以在 VMware Workstation 中导入 Windows XP Mode、OVF 和 Windows Virtual PC 格式的虚拟机，将其转换为 VMware 运行时格式（VMX），并在 Workstation 中运行。例如，要导入 OVF 格式的虚拟机，从“文件”菜单中选择“打开”命令，浏览到 OVF 或 OVA 文件，然后单击“打开”按钮，设置虚拟机名称和虚拟机文件目录，再单击“导入”按钮即可。成功导入 OVF 虚拟机后，虚拟机会出现在虚拟机库中。

2.3　VMware Workstation 虚拟网络

VMware Workstation 可在一台物理计算机上组建若干虚拟网络，模拟完整的网络环境，非常便于测试网络应用。本书的学习和实验需要搭建多种网络环境，建议使用 VMware Workstation 组建虚拟网络。

2.3.1　虚拟网络组件

与物理网络一样，要组建虚拟网络，也必须有相应的网络组件。在 VMware Workstation 安装过程中，已在主机系统中安装了用于所有网络连接配置的软件，在 VMware 虚拟网络中，各种虚拟网络组件由此软件来充当。

1. 虚拟交换机

如同物理网络交换机一样，虚拟交换机用于连接各种网络设备或计算机。在 Windows 主机系统中，VMware Workstation 最多可创建 20 个虚拟交换机，一个虚拟交换机对应一个虚拟网络。虚拟交换机又称为虚拟网络，其名称为 VMnet0、VMnet1、VMnet2，以此类推。VMware Workstation 预置的虚拟交换机映射到特定的网络。

2. 虚拟机虚拟网卡

创建虚拟机时自动为虚拟机创建虚拟网卡（虚拟适配器），一个虚拟机最多可以安装 10 个虚拟网卡，连接到不同的虚拟交换机。

3. 主机虚拟网卡

VMware Workstation 主机除了可以安装多个物理网卡外，最多也可以安装 20 个虚拟网卡（虚拟适配器）。主机虚拟网卡连接到虚拟交换机以加入虚拟网络，实现主机与虚拟机之间的通信。主机虚拟网卡与虚拟交换机是一一对应的关系，添加虚拟网络（虚拟交换机）

时，在主机系统中自动安装相应的虚拟网卡。

4. 虚拟网桥

通过虚拟网桥，可以将 VMware 虚拟机连接到 VMware 主机所在的局域网中。这是一种桥接模式，直接将虚拟交换机连接到主机的物理网卡上。默认情况下，名为 VMnet0 的虚拟网络支持虚拟网桥。虚拟网桥不会在主机中创建虚拟网卡。

5. 虚拟 NAT 设备

虚拟 NAT 设备用于实现虚拟网络中的虚拟机共享主机的一个 IP 地址（主机虚拟网卡上的 IP 地址），以连接到主机外部网络（Internet）。NAT 还支持端口转发，让外部网络用户也能通过 NAT 访问虚拟网络内部资源。VMware 的虚拟网络 VMnet8 支持 NAT 模式。

6. 虚拟 DHCP 服务器

对于非网桥连接方式的虚拟机，可通过虚拟 DHCP 服务器自动为它们分配 IP 地址。

2.3.2 虚拟网络结构与组网模式

通过使用各种 VMware Workstation 虚拟网络组件，可以在一台计算机上建立满足不同需求的虚拟网络环境。VMware Workstation 虚拟网络结构如图 2-25 所示，这也反映了各个虚拟网络组件之间的关系。

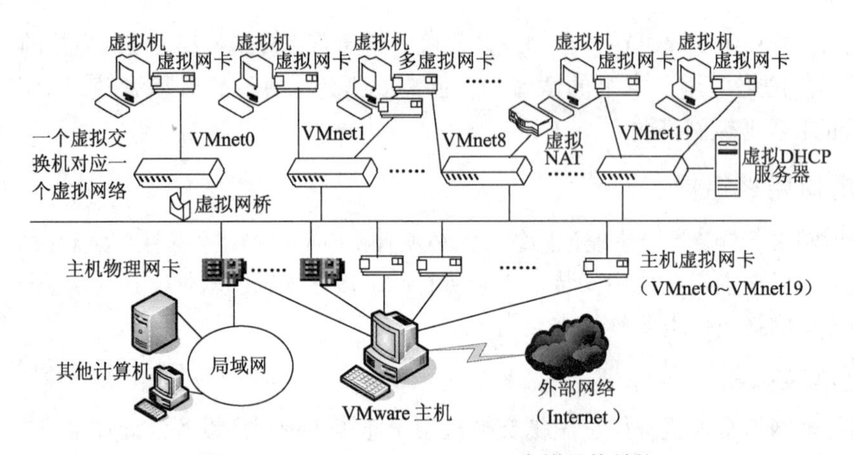

图 2-25 VMware Workstation 虚拟网络结构

一台 Windows 计算机上最多可创建 20 个虚拟网络，每个虚拟网络以虚拟交换机为核心。主机通过物理网卡（桥接模式）或虚拟网卡连接到虚拟交换机，虚拟机通过虚拟网卡连接到虚拟交换机，这样就组成了虚拟网络，从而实现主机与虚拟机、虚拟机与虚拟机之间的网络通信。

在 Windows 主机上，一个虚拟网络可以连接的虚拟设备的数量不受限制。主机和虚拟主机都可连接到多个虚拟网络。每个虚拟网络有自己的 IP 地址范围。

为便于标识虚拟网络，VMware Workstation 将它们统一命名为 VMnet0 ~ VMnet19。每个虚拟交换机对应一个虚拟网络，实际上是通过主机配置对应的虚拟网卡来实现的，这三者的名称都是相同的。虚拟机上的虚拟网卡要连接到某个虚拟网络，也要将其网络连接指向相应的虚拟网络名称。例如，要组建一个虚拟网络 VMnet2，会在主机上添加一个对应于 VMnet2 的虚拟网卡，并确保该虚拟网卡连接到虚拟网络 VMnet2，然后在虚拟机上将虚拟网卡的网络连接指向 VMnet2。

默认情况下，有 3 个虚拟网络由 VMware Workstation 进行特殊配置，它们分别对应 3 种标准的 VMware Workstation 虚拟网络模式，即桥接模式、NAT 模式和仅主机（Host-only）模式。默认，桥接模式网络名称为 VMnet0，NAT 模式网络名称为 VMnet8，仅主机模式网络名称为 VMnet1。这 3 种网络在 VMware Workstation 安装时自动创建。VMnet2 ~ VMnet7、VMnet9 ~ VMnet19 用于自定义虚拟网络。

2.3.3　VMware Workstation 虚拟网络基本配置

采用 VMware Workstation 虚拟组网技术，可以灵活地创建各种类型的网络。组网基本流程如下。

（1）规划网络结构，确定选择哪种组网模式。

（2）在 VMware Workstation 主机上设置虚拟网络，配置相应的虚拟网卡。

（3）根据需要在 VMware Workstation 主机上配置虚拟 DHCP 服务器、虚拟 NAT 设备，以及 IP 子网地址范围。

（4）在 VMware Workstation 虚拟机上配置虚拟网卡，使其连接到相应的虚拟网络。

（5）根据需要为 VMware Workstation 主机配置 TCP/IP。

这里主要介绍在 VMware Workstation 主机和虚拟机上的通用设置。

1．在 VMware Workstation 主机上设置虚拟网络

在一台 Windows 计算机上最多可创建 20 个虚拟网络，在为虚拟机配置网络连接之前，应根据需要在主机上对虚拟网络进行配置，这需要使用虚拟网络编辑器。

在 VMware Workstation 主界面中从“编辑”菜单中选择“虚拟网络编辑器”命令（需要管理员特权），打开图 2-26 所示的“虚拟网络编辑器”对话框，上部区域显示当前已经创建的虚拟网络列表，默认已经创建了 3 个虚拟网络：VMnet0、VMnet1 和 VMnet8。

实际上，每个虚拟网络都与主机上的物理网卡（桥接模式）或虚拟网卡存在一一映射关系，添加虚拟网络的同时在主机上创建对应名称的虚拟网卡。用户可以查看主机的网络连接，如图 2-27 所示，虚拟网络 VMnet1 和 VMnet8 分别与主机上的虚拟网卡 VMnet1 和 VMnet8 连接，VMnet0 没有直接显示，它物理网卡进行桥接。默认的主机虚拟网卡名称有特殊前缀，如 VMware Virtual Ethernet Adapter for VMnet8。

在虚拟网络编辑器中可以添加或删除虚拟网络，或者修改现有虚拟网络配置，如为虚拟网络配置子网（包括子网地址和子网掩码）、DHCP 或 NAT。

这里以添加一个虚拟网络为例。在虚拟网络编辑器中单击“添加网络”按钮，弹出相应的对话框，如图 2-28 所示，从下拉列表中选择要添加的网络名称（例中选择“VMnet2”），单击“确定”按钮，将该虚拟网络添加到虚拟网络编辑器的虚拟网络列表中，如图 2-29 所示。再单击“确定”或“应用”按钮完成虚拟网络的添加，并自动在主机中添加相应的虚拟网卡。如果要删除虚拟网络，主机中对应的虚拟网卡会被自动删除。

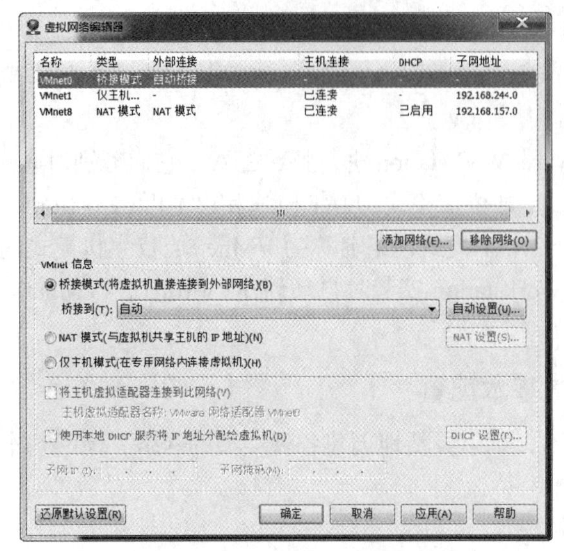

图 2-26 列出现有的虚拟网络

图 2-27 查看主机上的网络连接

图 2-28 添加虚拟网络

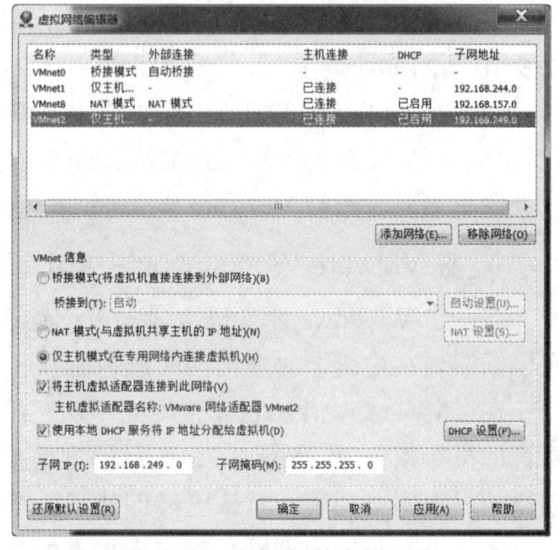

图 2-29 新添加的虚拟网络

在虚拟网络编辑器中从列表中选择一个虚拟网络，可以在下部区域中对其进行配置，单击“确定”或“应用”按钮使配置生效。这里将新添加的虚拟网络设置为仅主机模式，选中“将主机虚拟适配器连接到此网络”复选框，表示将该虚拟网络与虚拟网卡关联起来。在“子网 IP”和“子网掩码”文本框中为该虚拟网络设置 IP 地址范围，一般需要根据需要修改其默认设置。

虚拟网络支持虚拟 DHCP 服务器，为虚拟机自动分配 IP 地址。选中“使用本地 DHCP 服务将 IP 地址分配给虚拟机”复选框以启用 DHCP，然后单击“DHCP 设置”按钮打开图 2-30 所示的对话框，从中可配置和管理该虚拟网络的 DHCP，包括可分配的 IP 地址范围和租期。

对于 NAT 模式的虚拟网络，可以设置 NAT，实现虚拟网络中的虚拟机共享主机的一个 IP 地址连接到主机外部网络。只允许有一个虚拟网络采用 NAT 模式，默认是 VMnet8。如果要将其他虚拟网络设置为 NAT 模式，需要先将 VMnet8 改为其他模式。以 VMnet8 为例，单击“NAT 设置”按钮打开图 2-31 所示的对话框，配置和管理该虚拟网络的 NAT，其中最重要的是“网关”，用于设置所选网络的网关 IP 地址，虚拟机通过该 IP 地址访问到外部网络。

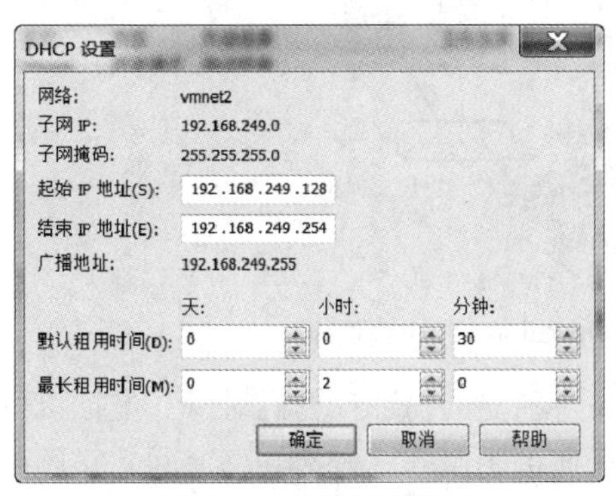

图 2-30　DHCP 设置

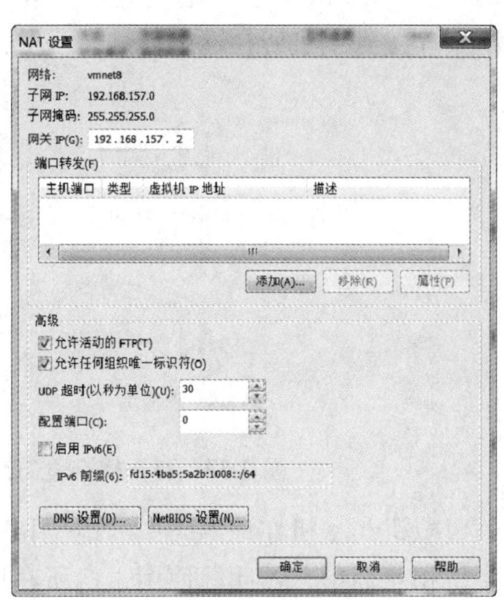

图 2-31　NAT 设置

2．在 VMware Workstation 虚拟机上设置虚拟网卡

使用新建虚拟机向导创建虚拟机时，如果选择自定义方式，可以设置虚拟机要采用的网络类型，如图 2-32 所示。如果选择“不使用网络连接”单选按钮，将不使用网络连接，也不会创建虚拟网卡。而选择典型方式创建虚拟机时，会自动选择 NAT 虚拟网络类型。

通常在创建 VMware Workstation 虚拟机之后，进入虚拟网络设置界面以进一步设置虚拟网卡的属性。在 VMware Workstation 主界面中选中某个虚拟机，从“文件”菜单中选择“设置”命令，打开相应的对话框，在“硬件”选项卡单击“网络适配器”选项，设置网络连接模式，如图 2-33 所示。如果要增加更多的虚拟网卡，在“虚拟机设置”对话框中单击“添加”按钮，根据提示选择“网络适配器”硬件类型，然后设置网络连接类型。

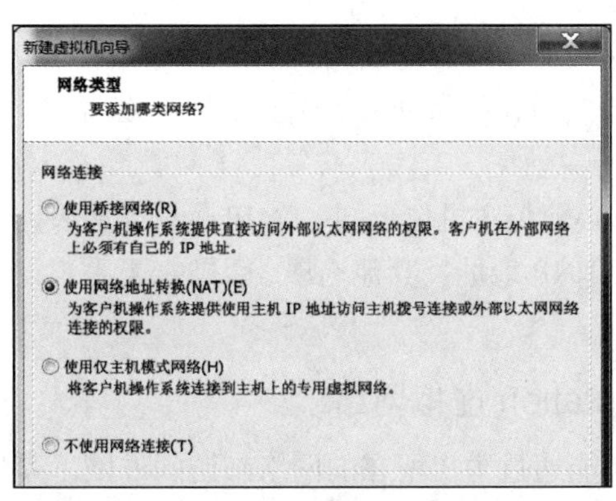

图 2-32　选择网络类型

图 2-33　设置网络连接模式

2.3.4 基于桥接模式组建 VMware Workstation 虚拟网络

基于桥接模式的 VMware Workstation 虚拟网络结构如图 2-34 所示。主机将虚拟网络（默认为 VMnet0）自动桥接到物理网卡，通过网桥实现网络互联，从而将虚拟网络并入主机所在网络。VMware 虚拟机通过虚拟网卡（默认为 VMnet0）连接到该虚拟网络（VMnet0），经网桥连接到主机所在网络。

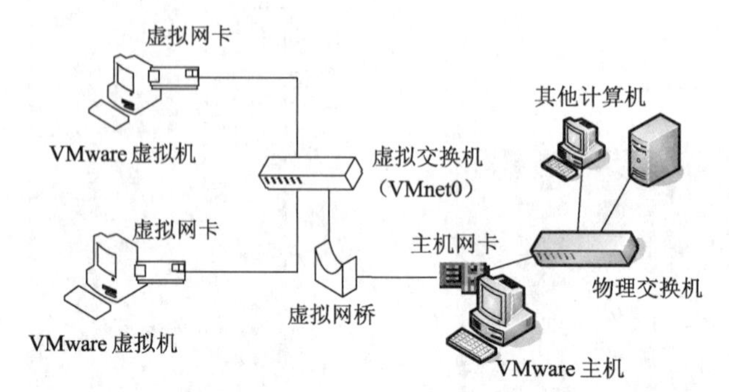

图 2-34　基于桥接模式的 VMware Workstation 虚拟网络结构

虚拟机与主机在该网络中的地位相同，被当作一台独立的物理计算机对待。虚拟机可与主机相互通信，透明地使用主机所在局域网中的任何可用服务，包括共享上网。它还可与主机所在网络上的其他计算机相互通信，虚拟机上的资源也可被主机所在网络中的任何主机访问。

如果主机位于以太网中，则这是一种最容易让虚拟机访问主机所在网络的组网模式。采用这种模式组网，一般要进行以下设置。

（1）在主机上设置桥接

安装 VMware Workstation 时已经自动安装虚拟网桥。默认情况下，主机自动将 VMnet0 虚拟网络桥接到第 1 个可用的物理网卡。一个物理网卡只能桥接一个虚拟网络。如果主机上有多个物理以太网卡，那么也可以自定义其他网桥以连接其他物理网卡。

参见图 2-26，从“桥接到”下拉列表中选择要桥接的物理网卡。默认选择的是“自动”选项，单击“自动设置”按钮可以进一步指定自动桥接的物理网卡（默认的是第 1 块网卡）。

（2）在虚拟机上设置虚拟网卡的网络连接模式

参见图 2-33，将网络连接模式设置为桥接模式，如果要连接到其他桥接模式的虚拟网络，可选择“自定义（U）：特定虚拟网络”单选按钮，并从列表中选择虚拟网络名称。

（3）为虚拟机配置 TCP/IP

此类虚拟机是主机所在以太网的一个节点，必须与主机位于同一个 IP 子网。如果网络中部署了 DHCP 服务器，可以设置虚拟机自动获取 IP 地址及其他选项，否则需要手工设置 TCP/IP。

2.3.5 基于 NAT 模式组建 VMware Workstation 虚拟网络

使用 NAT 模式，就是让虚拟机借助 NAT 功能通过主机所在的网络来访问外网。基于 NAT 模式的 VMware Workstation 虚拟网络结构如图 2-35 所示。选择这种模式，VMware 可以身兼虚拟交换机、虚拟 NAT 设备和 DHCP 服务器 3 种角色。默认情况下，VMware 虚拟机通过网卡 VMnet8 连接到虚拟交换机 VMnet8，虚拟网络通过虚拟 NAT 设备共享 VMware 主机上的虚拟网卡 VMnet8，连接到主机所连接的外部网络（Internet）。

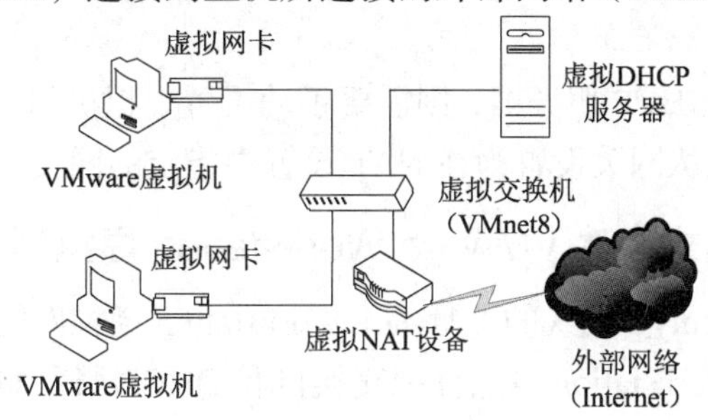

图 2-35　基于 NAT 模式的 VMware Workstation 虚拟网络结构

主机上会配置一个独立的专用网络（虚拟网络 VMnet8），主机作为 VMnet8 的 NAT 网关，在虚拟网络 VMnet8 与主机所连接的网络之间转发数据。可以将虚拟网卡 VMnet8 看作是连接到专用网络的网卡，将主机上的物理网卡看作是连接到外网的网卡，而虚拟机本身则相当于运行在专用网络上的计算机。VMware NAT 设备可在一个或多个虚拟机与外部网络之间传送网络数据，能识别针对每个虚拟机的传入数据包，并将其发送到正确的目的地。

这是一种让虚拟机单向访问主机、外网或本地网络资源的简单方法，但是网络中的其他计算机不能访问虚拟机，而且效率比较低。如果希望在虚拟机中不用进行任何手工配置就能直接访问 Internet，建议采用 NAT 模式。另外，主机系统通过非以太网适配器连接网络时，NAT 将非常有用。采用这种模式组网，一般要进行以下设置。

（1）在主机上设置 DHCP 和 NAT

首先为虚拟网络选择 NAT 模式，然后配置使用虚拟 DHCP 服务器和 NAT 设备。虚拟机可通过虚拟 DHCP 服务器从该虚拟网络获取一个 IP 地址，也可以不使用虚拟 DHCP 服务器。

默认为 NAT 模式虚拟网络启用了 NAT 服务。NAT 设置的网关一定要与虚拟网络位于同一子网，一般采用默认值即可。

也可以将 NAT 模式虚拟网络的 IP 子网设置为主机所在物理网络的 IP 子网。例如，主机物理网卡的 IP 地址为 192.168.1.100/24，可将虚拟网络 IP 的子网设置为 192.168.1.0，将子网掩码设置为 255.255.255.0。

不要与物理子网的 IP 地址发生冲突。

（2）在虚拟机上设置虚拟网卡的网络连接模式

使用新建虚拟机向导创建虚拟机时，默认使用 NAT 模式。

如果要修改连接模式，参见图 2-33，将网络连接模式设置为 NAT 模式。如果选择“自定义（U）：特定虚拟网络”单选按钮，要从列表中选择 NAT 模式虚拟网络的名称。

（3）为虚拟机配置 TCP/IP

主机与虚拟主机之间建立了一个专用网络。默认情况下，虚拟机通过虚拟 DHCP 服务器获得 IP 地址，还有默认网关、DNS 服务器等，这些都可在主机上通过设置 NAT 参数来实现。

如果没有启用虚拟 DHCP 服务器，则需要手动设置虚拟机的 IP 地址、子网掩码、默认网关与 DNS 服务器。默认网关设置为在 NAT 设置中指定的网关。

2.3.6 基于仅主机模式组建 VMware Workstation 虚拟网络

基于仅主机（Host-only）模式的 VMware Workstation 虚拟网络结构如图 2-36 所示。选择这种模式，VMware Workstation 身兼虚拟交换机和 DHCP 服务器两种角色。默认情况下，虚拟机通过网卡 VMnet1 连接到虚拟交换机 VMnet1，主机上的虚拟网卡 VMnet1 连接到虚拟交换机 VMnet1。

虚拟机与主机一起组成一个专用的虚拟网络，但主机所在以太网中的其他主机不能与虚拟机进行网络通信。虚拟机对外只能访问到主机，主机与虚拟机之间以及虚拟机之间都可以相互通信。在默认配置中，这种模式的虚拟机无法连接 Internet。如果主机系统上安装了合适的路由或代理软件，则仍然可以在主机虚拟网卡和物理网卡之间建立连接，从而将虚拟机连接到外部网络。

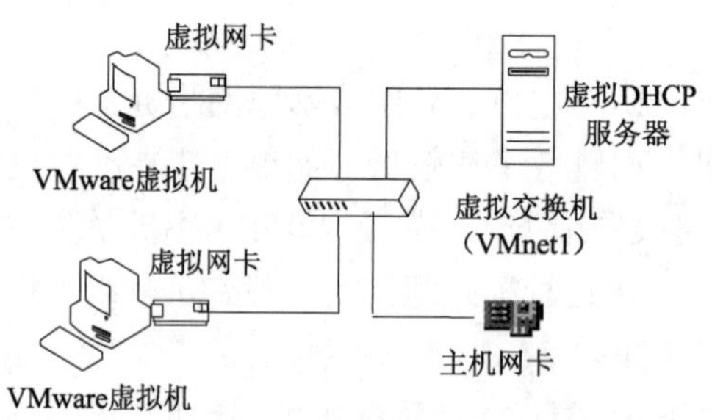

图 2-36 基于仅主机模式的 VMware Workstation 虚拟网络结构

这种模式适合建立一个完全独立于主机所在网络的虚拟网络，以便进行各种网络实验。采用这种模式组网，一般要进行以下设置。

（1）在主机上设置子网 IP 和 DHCP

首先为虚拟网络选择仅主机模式，然后根据需要更改子网 IP 设置。这种模式的网络可使用虚拟 DHCP 服务器为网络中的虚拟机（包括主机对应的虚拟网卡）自动分配 IP 地址。可以在主机上建立多个仅主机模式的虚拟网络。

（2）在虚拟机上设置虚拟网卡的网络连接模式

参见图 2-33，将网络连接模式设置为仅主机模式。如果选择“自定义（U）：特定虚拟网络”单选按钮，要从列表中选择一个仅主机模式虚拟网络的名称。

（3）为虚拟机配置 TCP/IP

默认情况下，虚拟机通过虚拟 DHCP 服务器获得 IP 地址，也可手工设置 IP 地址。

如果要接入 Internet，需要通过主机上的网络共享来实现。

2.3.7 定制自己的 VMware Workstation 虚拟网络

如果要设计一个更复杂的网络，就要进行自定义配置。这分为两种情况：一种是在上述标准模式组网的基础上进行调整更改；另一种是自定义一个或多个虚拟网络。在主机上安装多个物理网卡，在虚拟机上安装多个虚拟网卡，可以创建非常复杂的虚拟网络。虚拟网络可以连接到一个或多个外部网络，也可以在主机系统中完整独立地运行。

2.4 搭建虚拟实验环境

服务器虚拟化部署实战中要涉及多台高配置物理服务器、网络存储和核心交换机，只有少数用户有进行全物理设备实验的环境，多数用户即使拥有 SAN 存储、网络核心交换机和多台服务器的环境，直接用来做实验的机会也不会太多。更多的情形是，使用虚拟化技术组建一个虚拟的实验室以完成实验和测试工作。虚拟实验室的好处很多，如便于操控，适合重复实验、比较实验和模拟故障，配置环境更改便捷等。在学习和实验过程中，原则上能用虚拟环境的尽量使用虚拟环境，待熟练掌握相关理论和技能之后再到物理环境中实际操作。下面以搭建一个最基本的虚拟机在线迁移 VMware 虚拟化平台的实验环境为例进行讲解。

2.4.1 规划网络拓扑

首先，要规划虚拟化部署的网络拓扑结构。如图 2-37 所示，这里设计一个最简单的拓扑结构，能够满足虚拟机在线迁移的需要，只涉及两台 ESXi 主机。这里可以不部署 DNS 服务器，以降低开销。vCenter Server 服务器、两台 ESXi 主机和管理员 PC 都连接到管理网络（交换机 S0）。所有 ESXi 主机的虚拟机通过虚拟机网络（交换机 S1）连接到外部网络，两台 ESXi 主机都连接到 vMotion 网络（交换机 S3）以实现虚拟机的在线迁移。在线迁移需要用到共享存储，两台 ESXi 主机都要接入存储网络（交换机 S2）。共享存储最简单的是 iSCSI 网络存储，可以由磁盘阵列提供，也可以由软件来实现。这些交换机可以是独立的交换机，也可以是同一台交换机上的多个 VLAN。

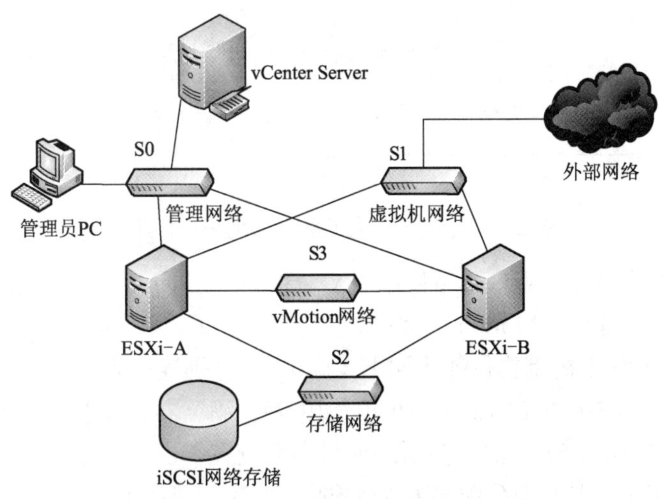

图 2-37 虚拟机在线迁移部署网络拓扑

然后，基于这个网络拓扑设计虚拟实验环境。如果条件允许，推荐在单机上构建虚拟实验环境，这实际上是一种虚拟机嵌套，最为省事，不过单机配置要求较高。由于一些实验室的计算机配置偏低，这就需要多个同学组成实验小组，每台计算机都部署虚拟机，然后联网进行实验。

2.4.2 在单机上组建完整的实验环境

需要准备一台高配置PC或PC服务器搭建虚拟实验环境，必须运行64位操作系统。

1. 单机硬件要求

目前5000元左右的PC应能满足要求。建议配置说明如下。

- CPU：PC的CPU最低应为Intel i5以支持更多的核心，服务器的CPU最低应为Intel Xeon E3。
- 内存：VMware ESXi 和 vCenter Server 对内存的要求较高，确保内存不能低于16GB，建议32GB。
- 硬盘：剩余空间不低于200MB，推荐300TB。
- 网卡：要求不高，因为网络通信主要在虚拟网络中进行。

2. 使用VMware Workstation搭建虚拟化实验环境

VMware产品支持嵌套，使用VMware Workstation搭建实验环境非常方便。首先根据产品实际部署的网络拓扑设计虚拟网络的拓扑结构，确定所需的组网模式。基于上述部署的拓扑设计的实验拓扑结构如图2-38所示。

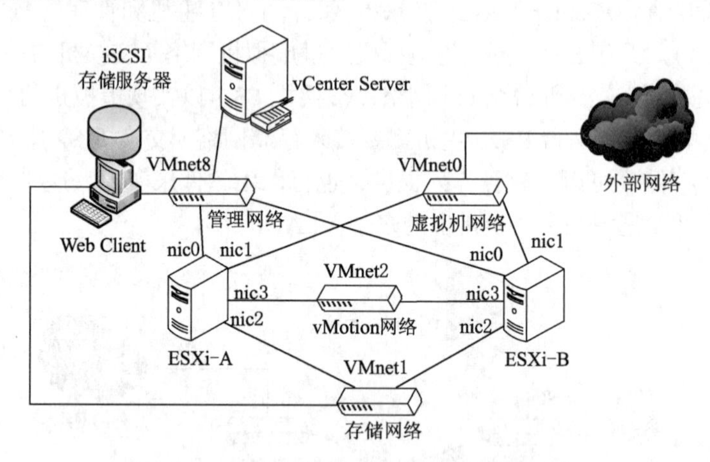

图2-38 虚拟机在线迁移实验网络拓扑结构

最重要的是网络设计。管理网络使用NAT模式（VMnet8），虚拟机网络使用桥接模式（VMnet0），存储网络和vMotion网络都用仅主机模式（默认的VMnet1和自定义的VMnet2）。每台ESXi主机都提供4个网卡（虚拟），分别连接到这4个网络。

为了节省资源，在主机（本机）系统上使用Web浏览器管理VMware虚拟化平台，同时安装相关软件作为iSCSI目的服务器。如果内存较大，也可以建立一台虚拟机充当此角色。实验网络拓扑各节点网卡分配与IP地址规划如表2-1所示。

表 2-1　各节点网卡分配与 IP 地址规划

节　点	VMkernel1 端口/虚拟机端口组	网　卡	所在虚拟网络	IP 地址
ESXi-A	Management Nework	nic0	管理网络（VMnet8）	192.168.10.11
	VM Network1	nic1	虚拟机网络（VMnet0）	
	iSCSI	nic2	存储网络（VMnet1）	192.168.11.11
	vMotion	nic3	vMotion 网络（VMnet2）	192.168.12.11
ESXi-B	Management Nework	nic0	管理网络（VMnet8）	192.168.10.12
	VM Network1	nic1	虚拟机网络（VMnet0）	
	iSCSI	nic2	存储网络（VMnet1）	192.168.11.12
	vMotion	nic3	vMotion 网络（VMnet2）	192.168.12.12
vCenter Server		Ethernet0（本地网卡）	管理网络（VMnet8）	192.168.10.10
主机系统（PC）		VMware Network Adapter VMnet8	管理网络（VMnet8）	192.168.10.1
		VMware Network Adapter VMnet1	存储网络（VMnet1）	192.168.11.1

2.4.3　在多台物理机上搭建完整的实验环境

在同一台 PC 上创建 3 个虚拟机：两台 ESXi 主机和一台 vCenter 服务器虚拟机。这对内存的要求很高，因为 ESXi 6 要求最低内存为 4GB，vCenter Server 6 要求最低内存为 8GB。对于低配置环境，可以考虑变通方案，但要使用 vCenter Server 6，必须至少有一台双 CPU、8GB 内存的计算机。下面介绍两种典型方案。

1．多台物理机上的虚拟机组网

每台物理机上都运行虚拟机，让所有虚拟机通过桥接模式联网。可以通过一个网卡绑定多个 IP 地址来实现多个网络。

这里以两台物理机为例搭建上述虚拟机在线迁移实验环境，网络拓扑如图 2-39 所示。物理机 A 的内存为 16GB，运行两台虚拟机，分别充当 ESXi-A 主机和 vCenter 服务器，并安装 iSCSI 服务器软件，兼做 Web 管理客户端；物理机 B 的内存为 8GB，运行一台虚拟机，充当 ESXi-B 主机。

两台物理机的每个网卡都分配 4 个不同网段的 IP 地址，每个网段分别代表管理网络、存储网络、vMotion 网络和虚拟机网络（如图 2-40 所示）。每台虚拟机以桥接模式连接到物理机所在网络，两台 ESXi 主机配置 4 个网卡并分配不同网段的 IP 地址以连接到上述 4 个网络（如图 2-41 所示），vCenter 服务器配置一个网卡并连接到管理网络。这样所有的虚拟机都能接入相应的网络，以满足实验要求。

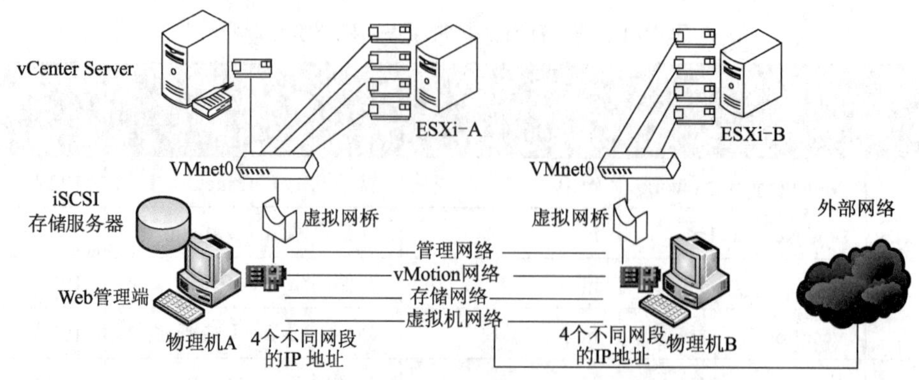

图 2-39　虚拟机在线迁移实验网络拓扑（虚拟机组网）

图 2-40　一个网卡绑定多个 IP 地址

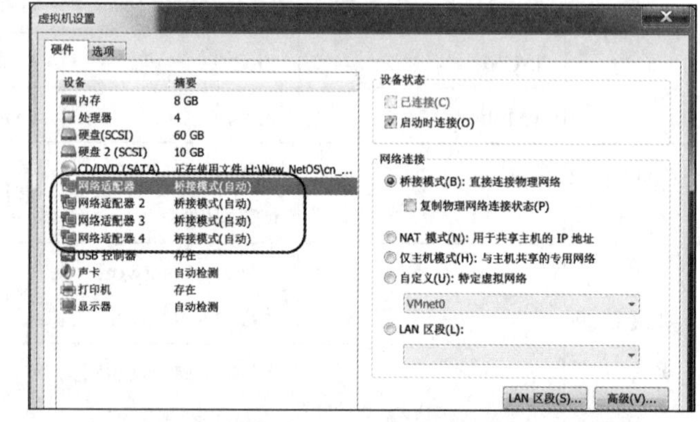

图 2-41　为充当 ESXi 主机的虚拟机配置 4 个网卡

为保证不同物理机上的虚拟机之间及虚拟机与物理机之间正常通信，应确认物理网卡和虚拟机网卡上的防火墙允许所需的通信，最省事的方法是直接关闭防火墙。

2. 物理机上的虚拟机与其他物理机混合组网

如果实在没有较高配置的计算机，可以考虑让一部分物理机运行虚拟机，另一部分物理机直接安装 VMware 产品，通过一个网卡绑定多个 IP 地址实现多个网络。

vCenter Server 6 的硬性要求是 8GB 内存，低于此配置无法安装。

这里以 3 台物理机为例搭建上述虚拟机在线迁移实验环境，网络拓扑如图 2-42 所示。物理机 A 的内存为 8GB，运行一台充当 ESXi-A 主机的虚拟机，并安装 iSCSI 服务器软件，兼做 Web 管理客户端；物理机 B 的内存为 4GB（ESXi 6 最低要求），充当 ESXi-B 主机；物理机 C 的内存为 8GB，充当 vCenter 服务器。

物理机 A 和物理机 B 的网卡都分配了 4 个不同网段的 IP 地址，每个网段分别代表管理网络、存储网络、vMotion 网络和虚拟机网络。物理机 A 上的虚拟机以桥接模式连接到物理机所在网络，ESXi 主机配置 4 个网卡并分配 4 个不同网段的 IP 地址以连接到上述 4 个网络。物理机 C 配置一个网卡并连接到管理网络。这样，虚拟机和物理机上运行的 VMware 角色都能接入相应的网络，以满足实验要求。为保证正常通信，也要确认物理网卡和虚拟机网卡上的防火墙允许所需的通信，测试时可直接关闭防火墙。

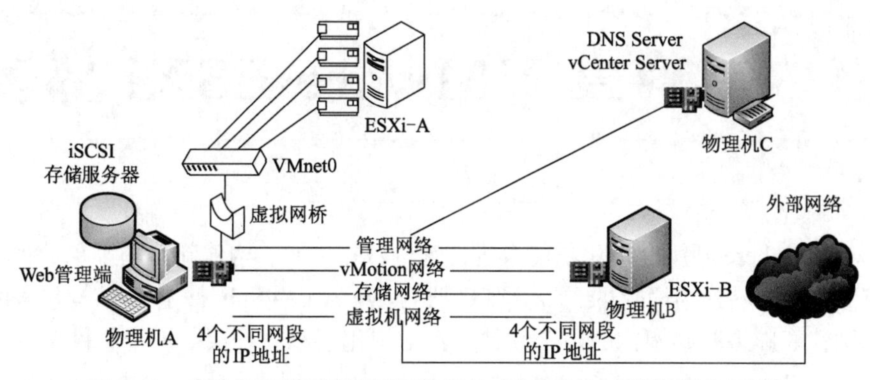

图 2-42 虚拟机在线迁移实验网络拓扑（物理机与虚拟机混合组网）

当然，如果 8GB 内存的 PC 少，全部换成物理机也可以，多个网段也是用一个网卡绑定多个 IP 来实现的。

为简化实验部署，可使用变通方案，即可以减少网络数量，甚至可以将管理网络、存储网络、vMotion 网络和虚拟机网络合并成一个网段。采用变通方案，学生可以分组进行实验，一个小组负责一个实验网络环境。

2.5 习题

1. 简述 VMware Workstation 的特点和用途。
2. 简述虚拟机克隆的两种类型。
3. VMware Workstation 虚拟网络有哪 3 种模式？各有什么特点？
4. 为什么要为虚拟机安装 VMware Tools？
5. 如何进入虚拟机 BIOS 设置界面？
6. 在 64 位操作系统上安装 VMware Workstation Pro，创建一个 Windows Server 2012 R2 虚拟机，并安装相应的操作系统。
7. 在虚拟机上测试 3 种虚拟组网模式配置。

第3章 VMware ESXi 部署

VMware vSphere 利用虚拟化功能改进传统的数据中心，构建新型的虚拟数据中心，并且能够将数据中心转换为简化的云计算基础架构。VMware vSphere 体系结构包含两个核心组件，分别代表虚拟基础架构的两个软件层：虚拟化层和管理层。一个组件是基本的虚拟化管理程序（VMware ESXi 体系结构），安装在计划用于创建 vSphere 主机和实现虚拟机的物理服务器上，ESXi 提供虚拟化功能，将主机硬件作为一组标准化资源进行聚合并提供给虚拟机。另一个组件是名为 VMware vCenter Server 的管理服务器实例，用来实现多台 vSphere 主机的集中化管理，可以在 vCenter Serve 管理的 ESXi 主机上部署和运行虚拟机。VMware vSphere 6.5 内置 Web 客户端管理工具 VMware Host Client，在没有部署 vCenter Server 的情况下可用来管理单台 ESXi 主机。本章首先简单介绍 VMware ESXi 基础，然后讲解 VMware ESXi 的安装和配置，以及单台 ESXi 主机的管理，最后介绍在 ESXi 主机上部署虚拟机的操作。

3.1 VMware ESXi 基础

VMware vSphere 构建整个虚拟基础架构时，首先要在物理服务器上安装 VMware ESXi 体系结构，使其作为 vSphere 主机。ESXi 体系结构紧凑而可靠，并且安装过程简单。

3.1.1 VMware ESXi 简介

VMware ESXi 是用于创建和运行虚拟机的虚拟化平台。通过 ESXi，可以运行虚拟机，安装操作系统，运行应用程序及配置虚拟机。与 VMware Workstation 和 VMware Server 一样，都是虚拟机软件，不同的是，ESXi 简化了虚拟机软件与物理主机之间的操作系统层，直接在裸机上运行，其虚拟化管理层更为精练，性能更好，效率更高。

ESXi 的前身 vSphere ESX 在虚拟化内核中有一个称为控制台操作系统（COS）的管理分区，目的是提供主机管理界面。控制台操作系统集成各种 VMware 管理代理和其他基础架构服务代理，可以使用第三方代理来实现特定功能。ESXi 采用新的架构体系，不再需要 COS，所有 VMware 代理直接在虚拟化内核上运行，基础架构服务也由内核附带模块直接提供，第三方模块经授权后也可以在虚拟化内核上运行。这样，ESXi 的代码非常精练，所占空间很小。

VMware ESXi 又称 VMware vSphere Hypervisor。ESXi 曾经作为免费软件推出，但后来 VMware 将 ESXi 分成了几个不同的版本，只有 ESXi Free 版才是免费的缩减功能的版本。现在 ESXi Free 版已被正式更名为 VMware vSphere Hypervisor。ESXi 不是免费的软件，但是可以到 VMware 官方网站的“VMware vSphere 评估中心”注册账户，并下载 60 天的评估版本 VMware vSphere Hypervisor (ESXi ISO) image (Includes VMware Tools)，这对于学习

和测试 VMware vSphere 基本够用了。

3.1.2 ESXi 部署要求

安装或升级 ESXi 时，系统必须满足特定的硬件和软件要求，这里列出 ESXi 6.5 的要求。

1. ESXi 硬件要求

- 至少具有两个 CPU 内核。
- 支持 2006 年 9 月后发布的 64 位 x86 处理器，包括多种多核处理器。
- 需要在 BIOS 中针对 CPU 启用 NX/XD 位。
- 至少 4GB 的物理内存。建议至少提供 8GB 的内存，以便运行虚拟机。
- 要支持 64 位虚拟机，x64 CPU 必须能够支持硬件虚拟化（Intel VT-x 或 AMD RVI）。
- 一个或多个吉比特以太网控制器，或更快的以太网控制器。
- SCSI 磁盘或包含未分区空间的用于虚拟机的本地（非网络）RAID LUN。
- 对于串行 ATA（SATA），需要一个通过所支持的 SAS 控制器或板载 SATA 控制器连接的磁盘。SATA 磁盘将被视为远程、非本地磁盘，默认情况下只能用作暂存分区。
- 要使用 SATA CD-ROM 设备，必须使用 IDE 模拟模式。

2. ESXi 引导要求

支持从 UEFI（统一可扩展固件接口）引导 ESXi 主机。可以使用 UEFI 从硬盘驱动器、CD-ROM 驱动器或 USB 介质引导系统，可以从大于 2TB 的磁盘进行引导。从 ESXi 6.5 开始，VMware Auto Deploy 支持使用 UEFI 进行 ESXi 主机的网络引导和置备。

安装 ESXi 6.5 之后，如果将引导类型从旧版 BIOS 更改为 UEFI，可能会导致主机无法进行引导，反之亦然。因此，不支持主机引导类型的更改。

3. ESXi 存储要求

ESXi 至少需要容量为 1GB 的引导设备。如果从本地磁盘、SAN 或 iSCSI LUN 进行引导，则需要 5.2GB 的磁盘，以便在引导设备上创建 VMFS（Virtual Machine File System）卷和 4GB 的暂存分区（/scratch）。如果使用较小的磁盘或 LUN，则安装程序将尝试在一个单独的本地磁盘上分配暂存区域，如果找不到本地磁盘，则暂存分区/scratch 将位于 ESXi 主机的 ramdisk 上，并链接至/tmp/scratch，这很不利于性能和内存优化。

由于 USB 和 SD 设备容易对 I/O 产生影响，因此安装程序不会在这些设备上创建暂存分区。在 USB 或 SD 设备上进行安装或升级时，安装程序将尝试在可用的本地磁盘或数据存储上分配暂存区域。虽然 1GB USB 或 SD 设备已经足够用于最小安装，但是还是应使用 4GB 或更大内存的设备。

3.1.3 ESXi 安装方式

安装 ESXi 的前提是能够访问 ESXi 安装程序。ESXi 安装程序可以从 CD/DVD、USB 闪存驱动器、网络（通过 PXE）、远程位置（使用远程管理应用程序）进行引导。结合引导方式，ESXi 支持以下几种安装方式，以满足不同部署规模需求。

1. 交互式 ESXi 安装

这种方式适合不到 5 台 ESXi 主机的小型部署。可以从 CD/DVD、可引导的 USB 设备引导 ESXi 安装程序，或者通过 PXE 从网络中引导安装程序。

2. 脚本式 ESXi 安装

这是一种无须人工干预的安装方式，适合部署具有相同设置的多台 ESXi 主机。ESXi 安装脚本包含主机配置设置，必须存储在主机启动过程中可以访问的位置，如通过 HTTP（HTTPS）、FTP、NFS、CD/DVD 或 USB 可以访问。通常从 PXE、CD/DVD 或 USB 驱动器中引导 ESXi 安装程序。

3. PXE 引导 ESXi 安装程序

可以使用 PXE（预引导执行环境）来引导主机。从 vSphere 6.0 开始，可以从具有 BIOS 的主机或使用 UEFI 的网络接口 PXE 启动 ESXi 安装程序。ESXi 以设计用于安装到 USB 或本地硬盘驱动器的 ISO 格式分发，这可以使用 PXE 解压缩文件并启动。PXE 引导需要一些网络基础设施和具有支持 PXE 功能的网络适配器的机器。PXE 使用 DHCP 和 TFTP（简单文件传输协议）通过网络引导操作系统。

4. vSphere Auto Deploy ESXi 安装

这种方式可以为数百台物理主机部署 ESXi，便于管理员管理大型部署。采用这种方式，可以指定要部署的映像，以及要使用此映像部署的主机。也可以指定应用到主机的主机配置文件，并且为每个主机指定 vCenter Server 位置（数据中心、文件夹或群集）和脚本包。主机由中央 Auto Deploy（自动部署）服务器进行网络引导，启动和配置完成后，主机由 vCenter Server 管理，就像其他 ESXi 主机一样。Auto Deploy 支持以下两种安装。

- 无状态缓存：Auto Deploy 不会在主机磁盘上存储 ESXi 配置或状态。映像配置文件定义主机被配置的映像，其他主机属性通过主机配置文件进行管理。使用 Auto Deploy 进行无状态缓存的主机仍需要连接到 Auto Deploy 服务器和 vCenter Server。
- 有状态的安装：可以为主机配置自动部署，并设置主机，将映像存储到磁盘。在随后的引导中，主机从磁盘引导。

3.2 安装 VMware ESXi

本节以交互式 ESXi 安装为例，实验中采用一台 VMware Workstation 虚拟机作为 ESXi 主机（应用虚拟机嵌套技术），从 CD/DVD 引导 ESXi 安装程序，完成 ESXi 安装。

3.2.1 准备 ESXi 主机

如果条件允许，在服务器上安装 ESXi 是最好的。也可以在 PC 上安装，只是要求 CPU 支持 64 位硬件虚拟化，如 Intel 的 Core I3、I5、I7 系列。对于初学者来说，在虚拟机上安装测试 ESXi 往往更为方便。

这里创建一台用作 ESXi 主机的 VMware Workstation 虚拟机，使用 VMware Workstation 12 Pro 创建和管理虚拟机，将其命名为 ESXi-A。考虑到实验配套，先修改 VMware

Workstation 虚拟网络，将默认的虚拟交换机 VMnet8（NAT 模式）修改为符合实验要求的配置。这里将子网 IP 改为 192.168.10.0（如图 3-1 所示）；在 NAT 设置中，将网关 IP 改为 192.168.10.2（如图 3-2 所示）。

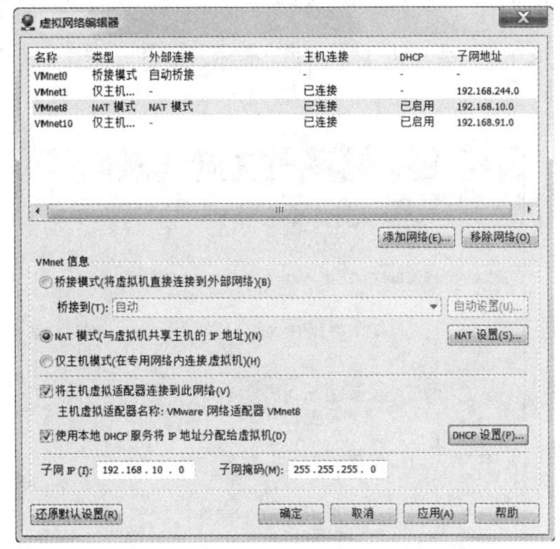

图 3-1 修改 VMnet8 的子网 IP

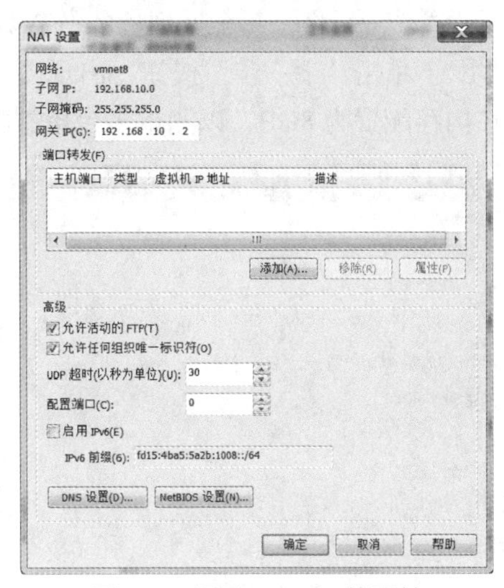

图 3-2 设置 VMnet8 的网关

创建的 VMware Workstation 虚拟机要满足 ESXi 的硬件要求，这里为其配置两个 CPU 和 8GB 内存，具体步骤如下。

（1）打开 VMware Workstation Pro，从“文件”菜单中选择“新建虚拟机”命令，启动新建虚拟机向导，选中“自定义”选项。

（2）单击“下一步”按钮，出现图 3-3 所示的界面，选择虚拟机硬件兼容性，这里选择“Workstation 12.x”选项。

（3）单击“下一步”按钮，出现“安装客户机操作系统”界面，选择客户机操作系统的安装来源。用户可以选择使用物理光盘或使用 ISO 映像来安装操作系统，这里选中“稍后再安装操作系统”选项，这样会创建一个具有空白磁盘的虚拟机。

（4）单击“下一步”按钮，出现图 3-4 所示的界面，选择客户机操作系统及版本。这里选择“VMware ESXi 6”版本。

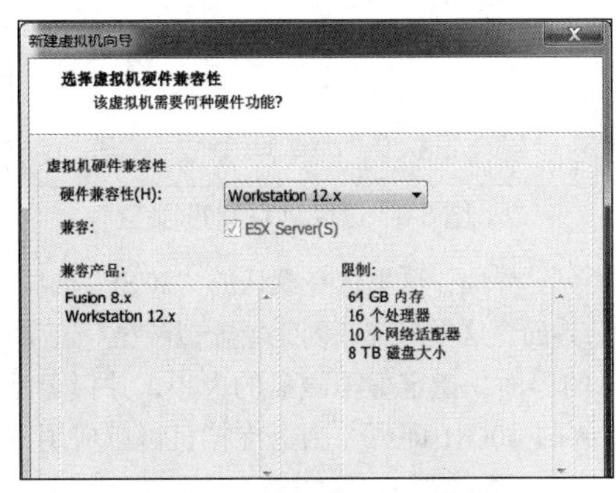

图 3-3 选择虚拟机硬件兼容性

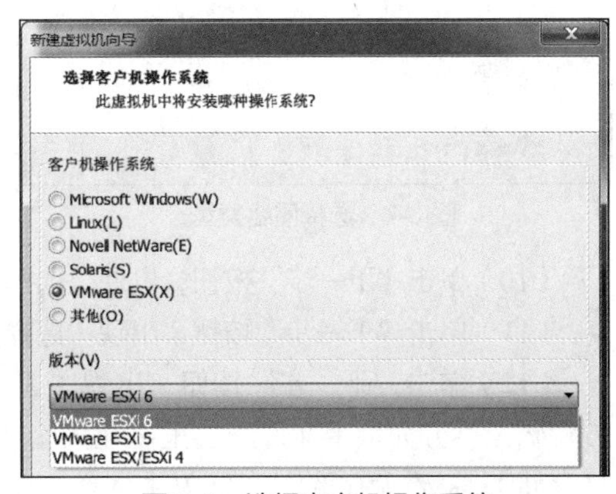

图 3-4 选择客户机操作系统

（5）单击“下一步”按钮，出现“命名虚拟机”界面，输入虚拟机的名称，设置安装位置。默认位置在“我的文档”中，这里将其改为其他文件夹，并保证有足够的硬盘空间。

（6）单击“下一步”按钮，出现图 3-5 所示的界面，配置处理器。这里将“处理器数量”设置为 2，将“每个处理器的核心数量”设置为 1。

（7）单击“下一步”按钮，出现图 3-6 所示的界面，配置内存。最低需要 4GB，这里将在内存配置为 8GB，以测试多台虚拟机。

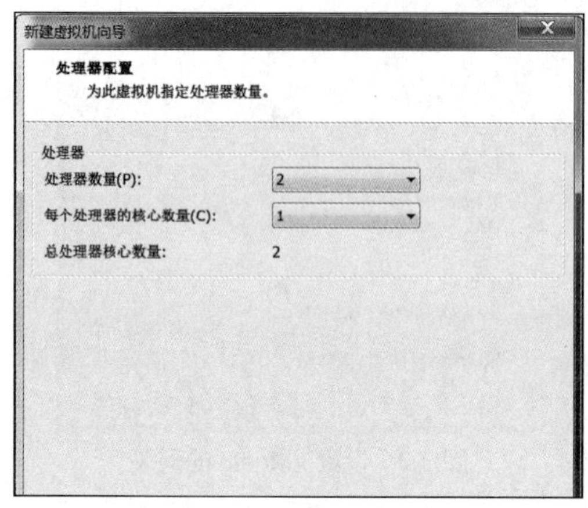

图 3-5　配置处理器

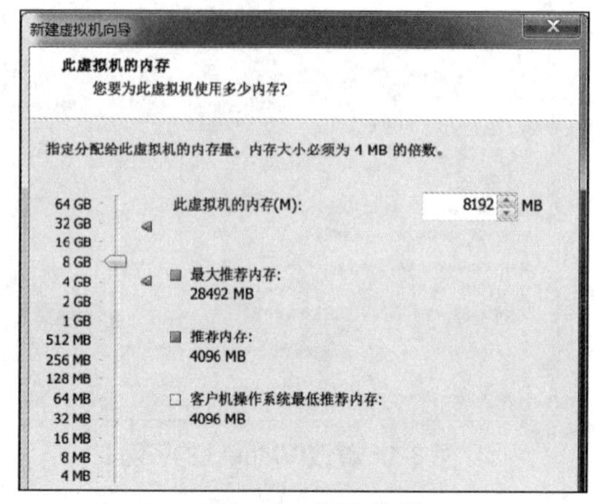

图 3-6　分配内存

（8）单击“下一步”按钮，出现图 3-7 所示的界面，选择网络类型。这里选择“使用网络地址转换(NAT)”单选按钮。

（9）单击“下一步”按钮，出现图 3-8 所示的界面，选择 I/O 控制器类型。这里选择默认的“LSI Logic”单选按钮。

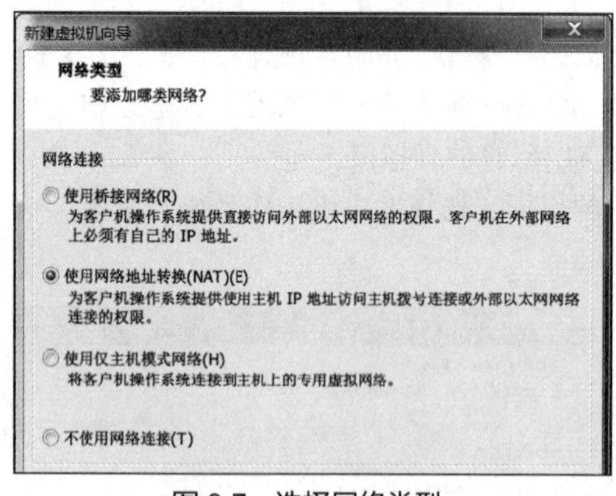

图 3-7　选择网络类型

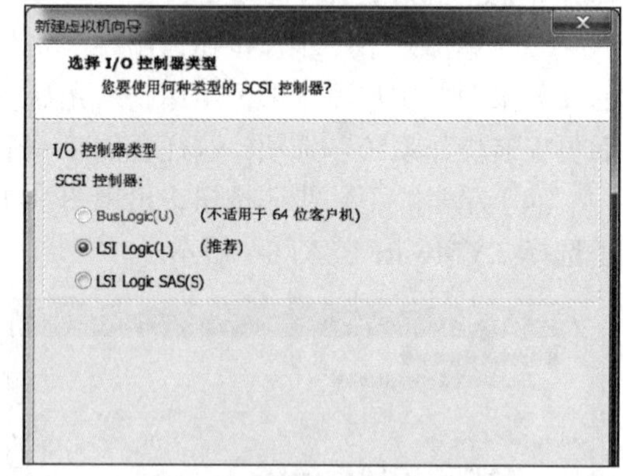

图 3-8　选择 I/O 控制器类型

（10）单击“下一步”按钮，出现“选择磁盘类型”界面，这里选择默认的“SCSI”选项。

（11）单击“下一步”按钮，出现“选择磁盘”界面，这里选择“创建新虚拟磁盘”选项。

（12）单击“下一步”按钮，出现图 3-9 所示的界面，指定虚拟磁盘的大小，并指定是否将磁盘拆分为多个文件。这里磁盘大小使用默认的 40GB 即可（因为虚拟机可以使用共享存储），将磁盘存储为单个文件。

（13）单击“下一步”按钮，出现“指定磁盘文件”界面，设置磁盘文件名称和路径。

（14）单击“下一步”按钮，出现图 3-10 所示的界面，给出目前的虚拟机配置清单。用户可根据需要单击“自定义硬件”按钮，弹出相应的对话框，进行自定义硬件配置。

（15）单击“完成”按钮，完成创建虚拟机。

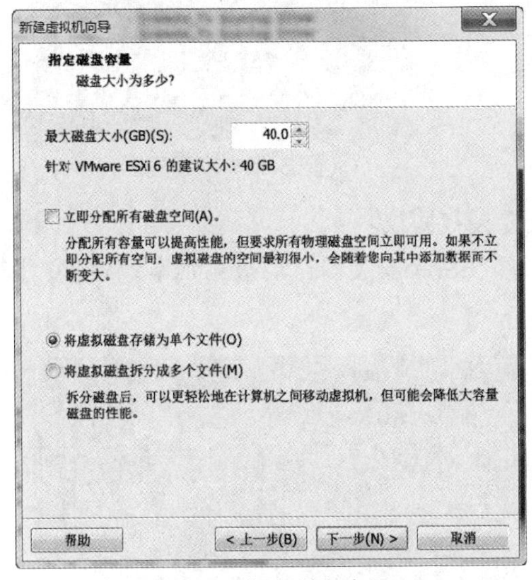

图 3-9　指定磁盘容量

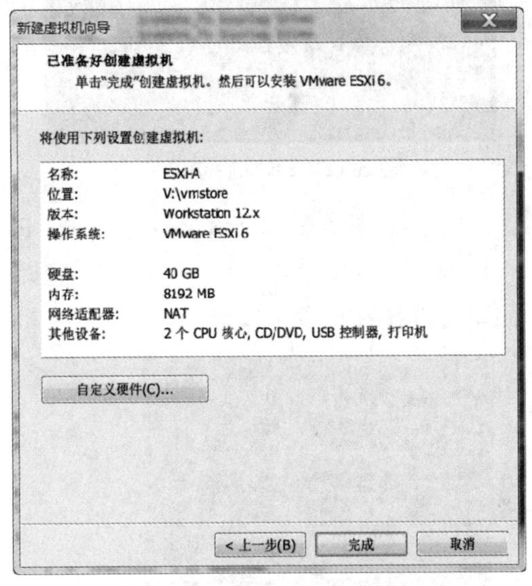

图 3-10　准备好创建虚拟机

至此，新建的虚拟机显示在库中，处于已关机状态。

3.2.2　在主机上安装 VMware ESXi 软件

下面以在 VMware Workstation 虚拟机上安装 VMware ESXi 6.5 为例进行介绍。用户可以从 VMware 官方网站下载相应的评估版，这是 ISO 格式的映像文件。首先设置启动光盘，选择“编辑虚拟机设置”选项打开相应的窗口，将虚拟机中的 CD/DVD 驱动器配置为指向该 ISO 映像文件，并将该驱动器配置为启动时连接，如图 3-11 所示。开启该虚拟机，虚拟机加载安装文件后进入安装过程。

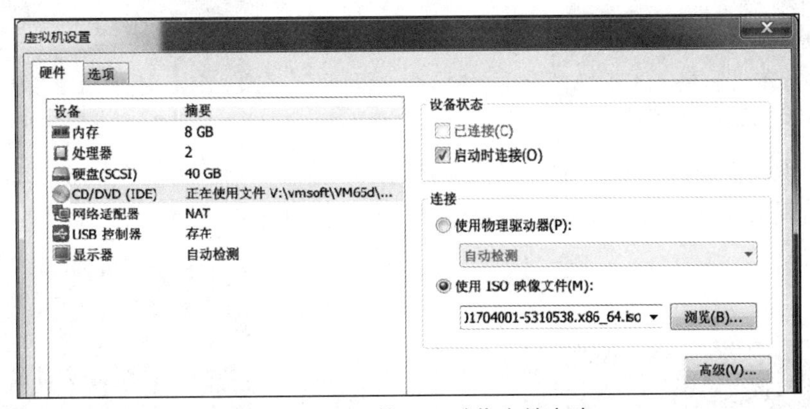

图 3-11　设置从 ISO 映像文件启动

（1）启动菜单如图 3-12 所示，选中第 1 项（安装器），按回车键。

（2）出现图 3-13 所示的欢迎界面，按回车键继续。

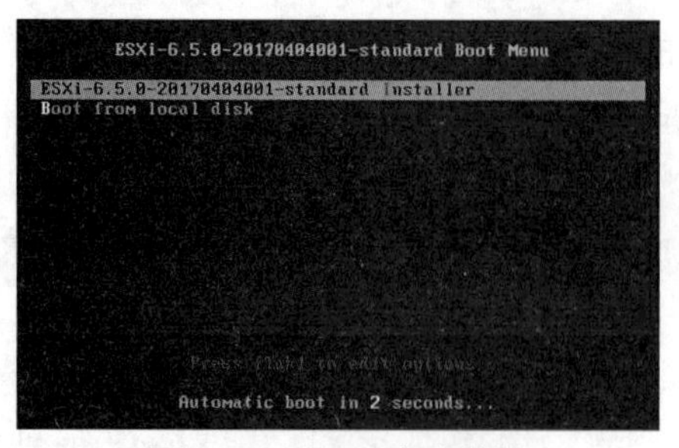

图 3-12　ESXi 启动菜单

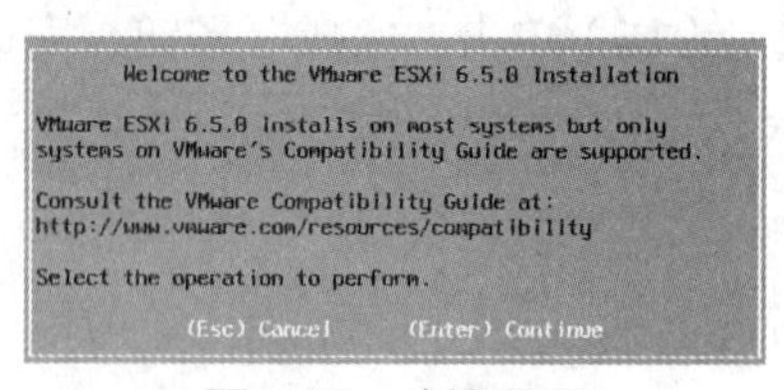

图 3-13　欢迎界面

（3）出现图 3-14 所示的界面，按<F11>键接受授权协议。

（4）出现图 3-15 所示的界面，选择安装位置。ESXi 安装器自动检测到本地硬盘，按回车键选择在该盘上安装。

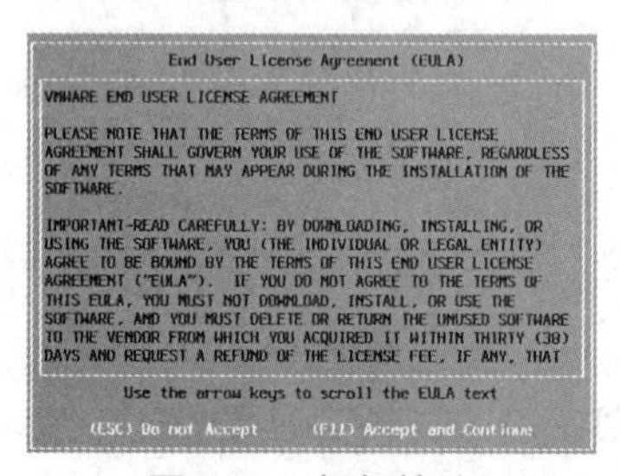

图 3-14　授权协议

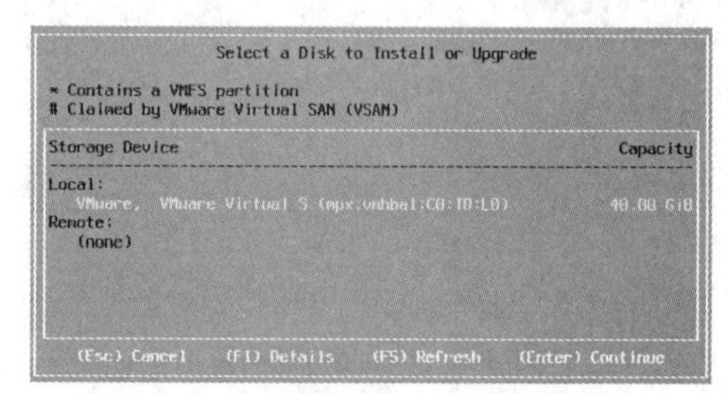

图 3-15　选择安装 ESXi 的位置

（5）出现图 3-16 所示的界面，选择键盘布局，这里选择默认的“US Default”，按回车键继续。

（6）出现图 3-17 所示的界面，输入 root 账号的密码，按回车键。

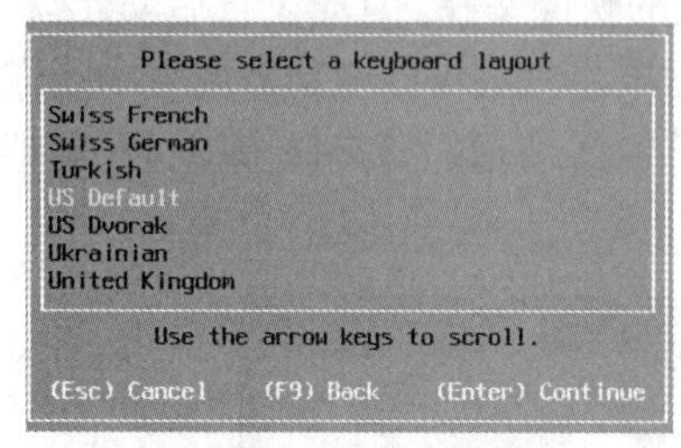

图 3-16　选择键盘布局

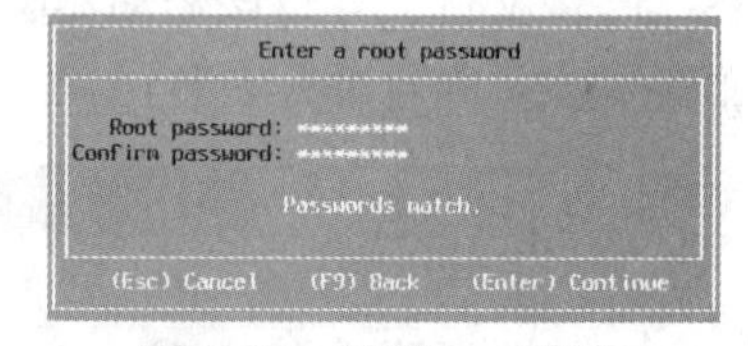

图 3-17　设置 root 密码

（7）出现图 3-18 所示的界面，确认安装选项，按<F11>键开始安装。

（8）出现图 3-19 所示的界面，说明安装完成，按回车键重新启动。

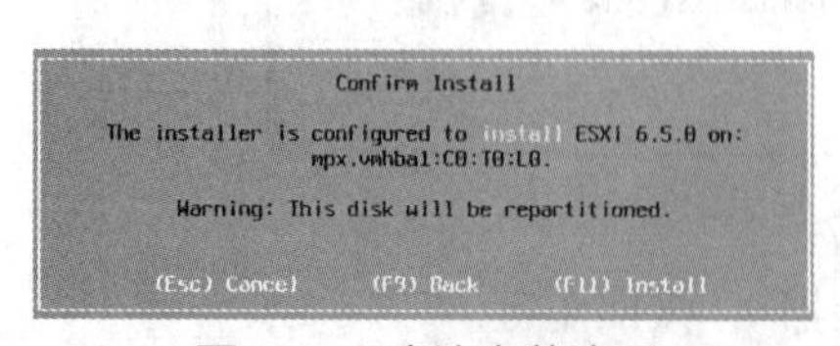

图 3-18　确认安装选项

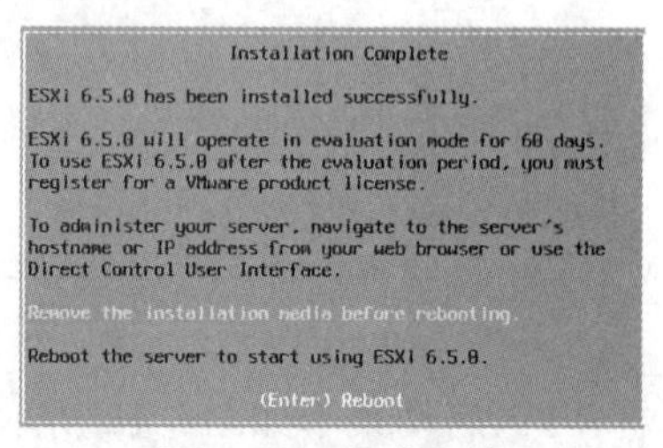

图 3-19　完成安装

VMware ESXi 成功启动后，显示其控制台，如图 3-20 所示。

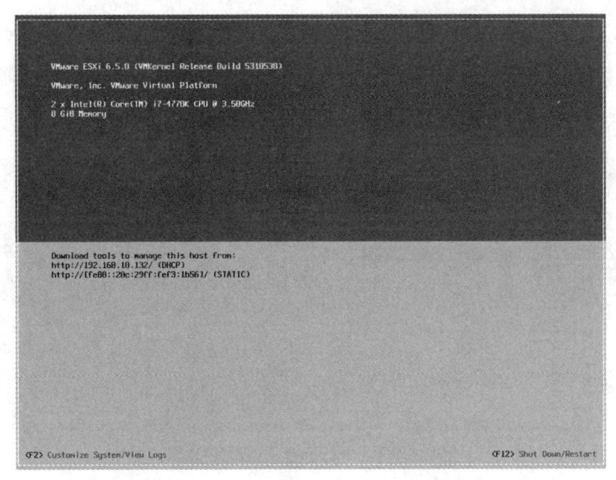

图 3-20　VMware ESXi 控制台

3.3　VMware ESXi 的基本配置管理

VMware ESXi 是基于 Linux 开发的虚拟机系统，是底层系统，本身内嵌操作系统，性能很高，可以达到服务器硬件性能的 95%，可以使用它提供的控制台来进行基本的配置管理。该控制台称为 Direct Console，可译为直接控制台。

3.3.1　进入系统定制界面

ESXi 主机成功启动之后，进入直接控制台初始界面，参见图 3-20，显示当前硬件环境和主机 IP 地址。按<F2>键，弹如图 3-21 所示的界面，输入正确的 root 密码，按回车键进入图 3-22 所示的系统定制（Systme Customization）界面。

该界面左侧显示系统定制命令菜单，右侧是相应的配置管理窗格。除了进行一些基本的配置，如修改密码、配置和测试网络外，还可以查看系统日志。

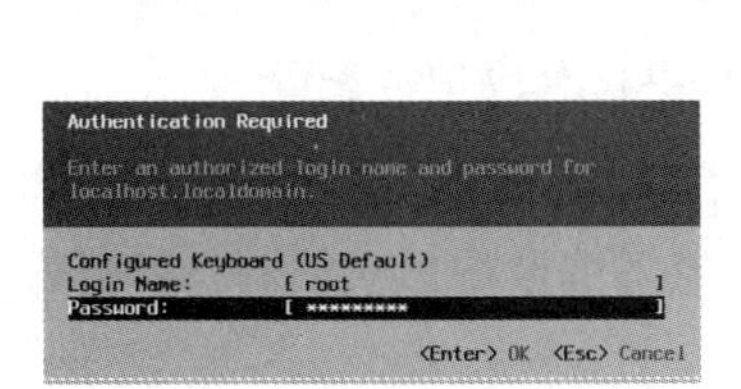

图 3-21　ESXi 身份验证

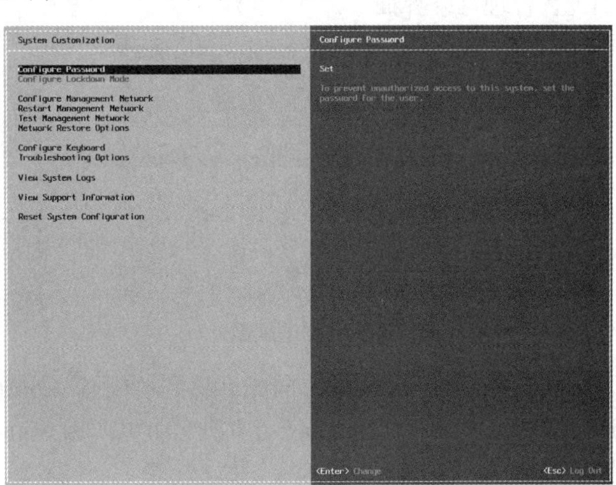

图 3-22　ESXi 系统定制界面

3.3.2 配置管理网络

管理网络是ESXi最基本的网络，用于通过其他主机或节点对ESXi主机进行管理。在直接控制台左侧，将光标移动到“Configure Management Network”选项，右侧窗格中显示当前的管理网络信息，如主机名、IPv4地址和IPv6地址，如图3-23所示。

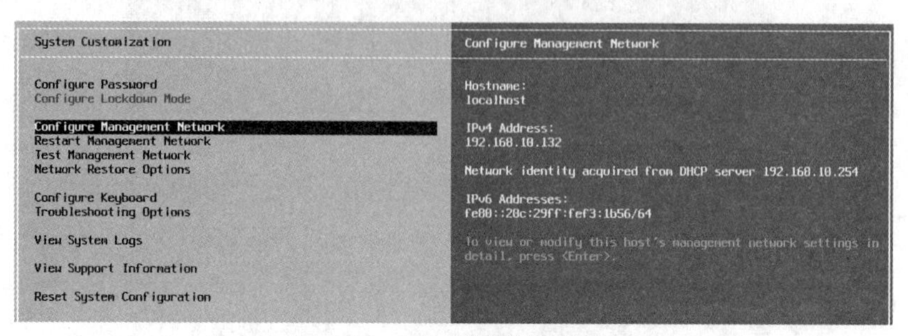

图3-23 显示管理网络信息

要修改管理网络配置，按回车键进入配置管理网络界面，如图3-24所示，左侧列出了相关的配置命令菜单，右侧窗格进行相应的配置。默认显示当前的网络适配器，如果要改变，需要按回车键弹出网络适配器选择界面，如图3-25所示，进行相应操作即可。

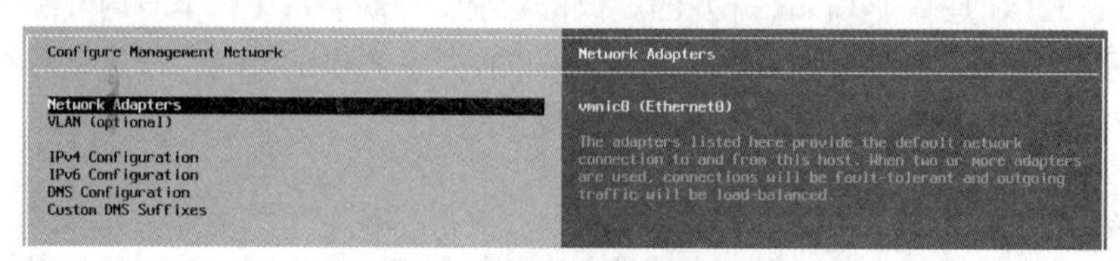

图3-24 配置管理网络界面

结合实验要求，这里修改IPv4配置。将光标移动到“IPv4 Configuration”，按回车键弹出图3-26所示的界面，选择“Set static IPv4 address and network configuration”（静态IPv4网络配置），将“IPv4 Address”（IPv4地址）更改为192.168.10.11，按回车键完成修改，返回配置管理网络界面。

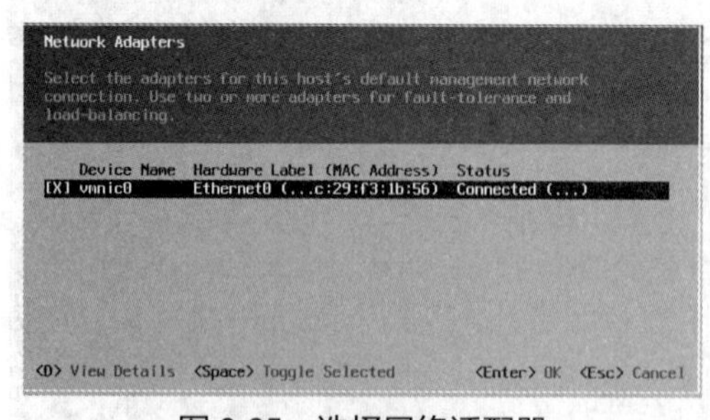

图3-25 选择网络适配器

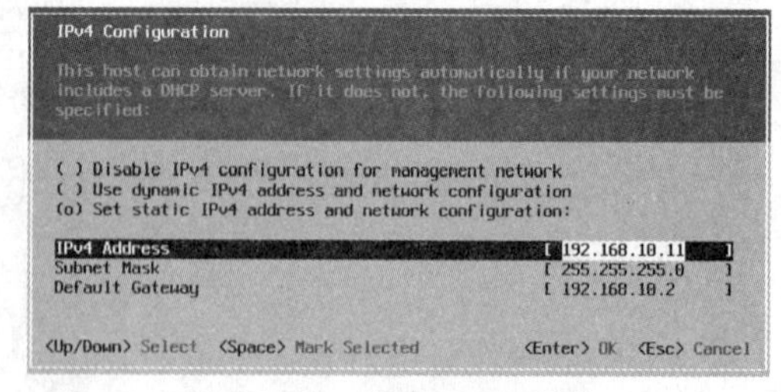

图3-26 修改IPv4配置

接着修改DNS配置。将光标移到“DNS Configuration”选项，按回车键弹出图3-27所示的界面，将“Hostname”（主机名）更改为esxi-a，DNS服务器留待以后修改，按回车键完成修改。

最后修改DNS后缀。将光标移动到“Custom DNS Suffixes”选项，按回车键弹出图3-28所示的界面，在“Suffixes”（后缀）中增加abc.com，按回车键完成修改。

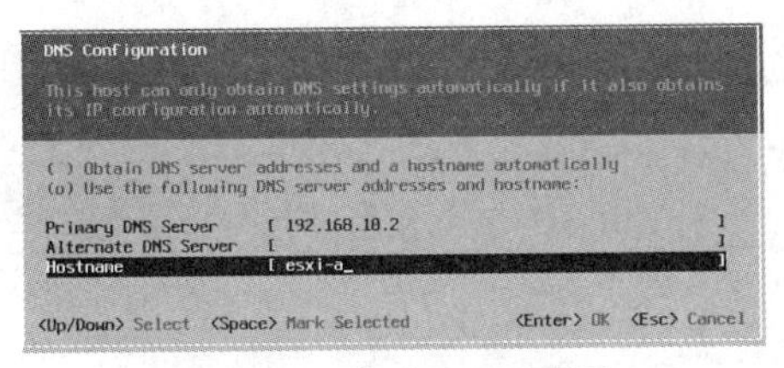

图 3-27 修改 DNS 配置

图 3-28 设置 DNS 后缀

完成管理网络配置修改后，按<Esc>键弹出“Configure Management Network:Confirm”界面，按<Y>键确认修改并重新启动管理网络。回到系统定制界面，可以通过执行“Test Management Network”命令测试管理网络是否正常。

3.3.3 启用 ESXi Shell 和 SSH 访问

VMware ESXi 本身就是一个定制的 Linux 系统，除了 ESXi 直接控制台外，还可以使用命令行进行基本的配置管理。登录到 ESXi Shell，远程管理端可以通过 SSH 登录 ESXi Shell 进行故障排除等操作。

默认情况下，ESXi 主机禁用 ESXi Shell 和 SSH。进入 ESXi 系统定制界面后，将光标移到“Troubleshooting Mode Options”选项，按回车键进入图 3-29 所示的界面，从“Troubleshooting Mode Options”菜单中选择要启用的服务，按回车键启动相应的服务。这里分别启用 ESXi Shell 和 SSH。

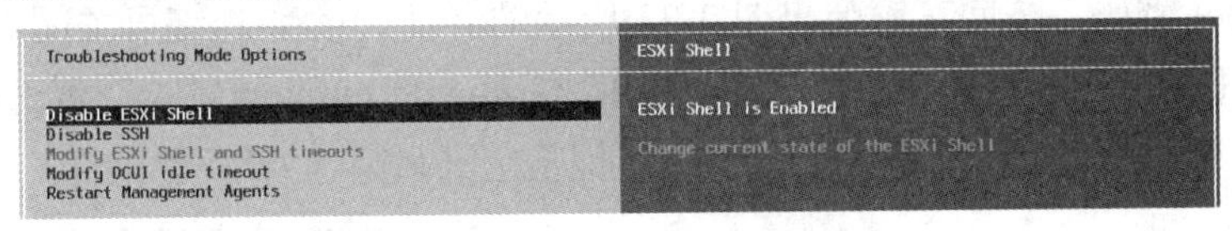

图 3-29 启用 ESXi Shell 和 SSH

用户还可以根据需要选择“Modify ESXi Shell and SSH timeouts”菜单来设置 ESXi Shell 的超时时间。默认 ESXi Shell 的超时时间为 0（禁用）。

启用 ESXi Shell 和 SSH 之后即可登录到命令行界面进行管理操作。如果可以直接访问主机，进入控制台后，按<Alt>+<F1>组合键切换到 ESXi Shell 登录界面，如图 3-30 所示。这与使用 Linux 命令行登录一样。按<Alt>+<F2>组合键切换到 ESXi 控制台。

如果远程连接到 ESXi 主机，则使用 SSH 或其他远程控制台连接到 ESXi 主机上启动会话。这里从 VMware Workstation 虚拟机（ESXi 主机）的物理主机上，使用 SecureCRT 软件（Windows 系统中常使用 PuTTY 作为 SSH 客户端）通过 SSH 登录到 ESXi 主机，如图 3-31 所示。这与 Linux 的 SSH 登录一样。

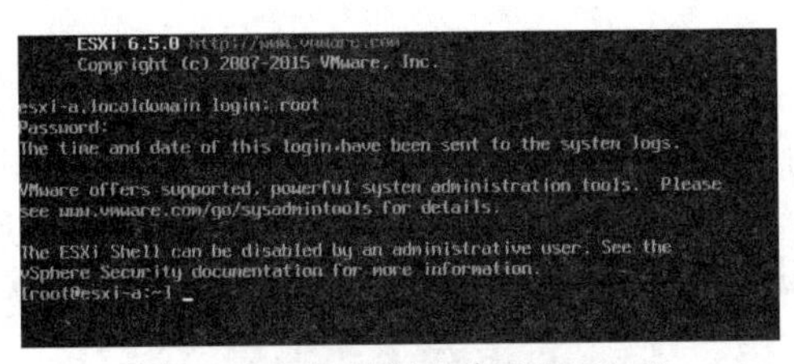

图 3-30 本地登录到 ESXi Shell

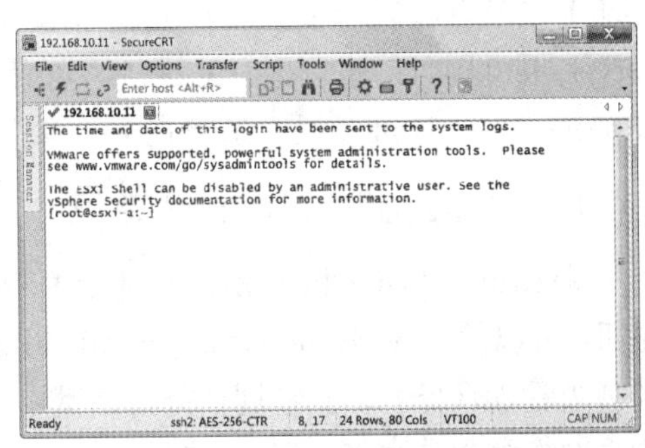

图 3-31 SSH 远程登录到 ESXi Shell

登录 ESXi Shell 仅用于故障排除。

3.3.4 重置系统配置

系统配置的改变可能与各种问题有关，包括连接到网络和设备的问题，可以通过重置系统配置解决这些问题。这种操作将覆盖所有配置更改，例如删除管理员账户（root）的密码，配置更改（如 IP 地址设置和许可证配置）也可能会被删除，然后重新启动主机。

进入 ESXi 系统定制界面后，将光标移到“Reset System Configuration”选项，按回车键进入图 3-32 所示的界面，按<F11>键确认重置系统配置。

为保险起见，建议先使用 vSphere 命令行的 vicfg-cfgbackup 命令备份配置，再进行重置配置。

重置配置不会删除 ESXi 主机上的虚拟机。重置配置默认值后，虚拟机不可见，但是可以通过重新配置存储及重新注册虚拟机使其再次可见。

3.3.5 关闭与重启 ESXi 主机

在 ESXi 控制台主界面中，按<F12>键弹出身份验证（Autentication Required）界面，输入正确的 root 密码，按回车键弹出图 3-33 所示的界面，按<F2>键可关闭 ESXi 主机，按<F11>键可以重启 ESXi 主机。选中“Forcefully terminate running VMs”复选框，在关机或重启时可强制终止 ESXi 主机上正在运行的虚拟机。

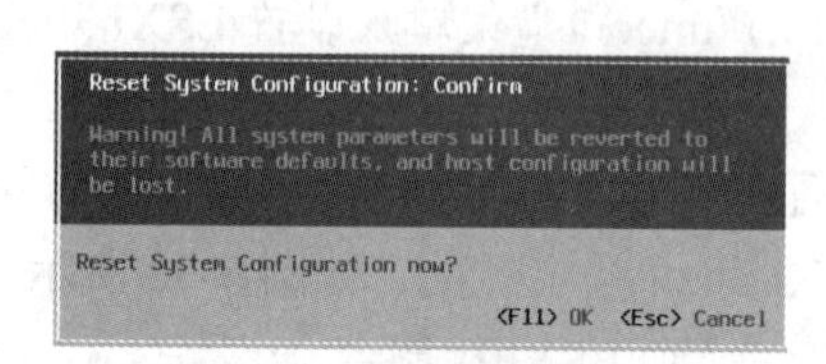

图 3-32 重置系统配置

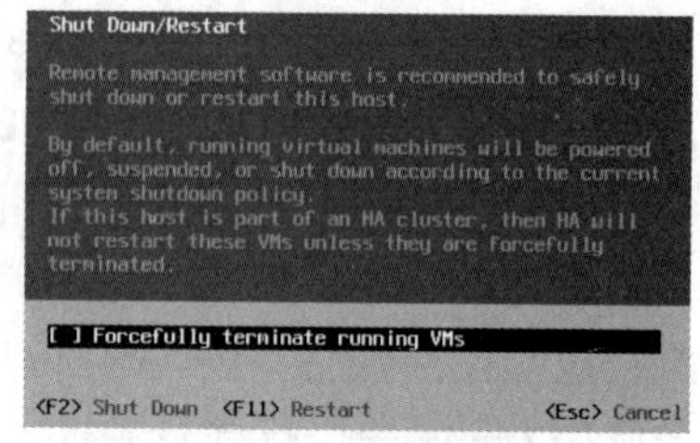

图 3-33 ESXi 关机或重启界面

3.4 使用 VMware Host Client 管理 ESXi 主机

VMware vSphere 6.5 提供单主机客户端管理工具 VMware Host Client（VMware 主机客户端）。在没有部署 vCenter Server 的情况下，可用它来管理单台 ESXi 主机。另外，在 vCenter Server 不可用时，也可用它来进行紧急管理。当然，部署 vCenter Server 之后，应当首选 vSphere Web Client 工具，这将在下一章讲解。

3.4.1 VMware Host Client 登录

VMware Host Client 是一个基于 HTML 5 的 Web 客户端，用来连接和管理单台 ESXi 主机。可以使用 VMware Host Client 在目标 ESXi 主机上执行管理和基本故障排除任务，以及高级管理任务。这些管理任务包括基本虚拟化操作（如部署和配置各种虚拟机）、创建及管理网络和数据存储、ESXi 主机性能优化等。

VMware Host Client 基于 HTML 5，对浏览器有要求，如 IE 浏览器版本不低于 11，谷歌（Google）浏览器版本不低于 50，火狐（FireFox）浏览器版本不低于 45。

每台 ESXi 主机都内置 VMware Host Client 的 HTTP 服务，在 Web 浏览器中输入包含目标 ESXi 主机名或 IP 地址的 URL 地址，格式为 http://host-name/ui 或 http://host-IP-address/ui。这里为 https://192.168.10.11/ui，首次访问会提示安全问题，继续访问即可。

当出现图 3-34 所示的登录界面时，输入登录 ESXi 主机的用户名和密码，单击“登录”按钮，出现 VMware Host Client 初始界面，如图 3-35 所示。

图 3-34　VMware Host Client 登录界面

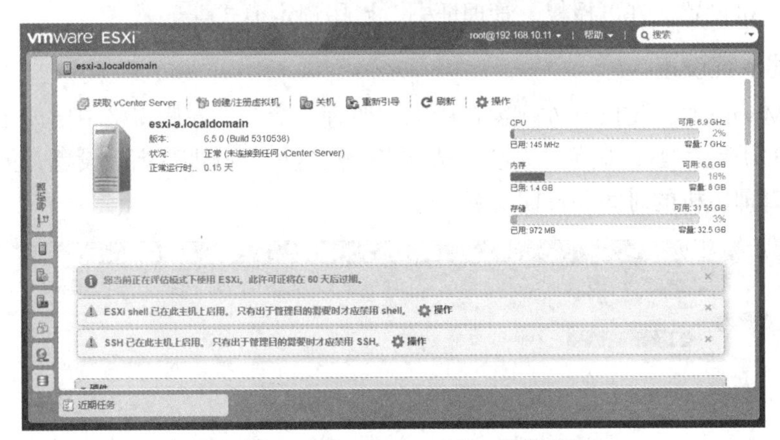

图 3-35　VMware Host Client 初始界面

初始界面导航器是折叠的，单击左侧的“导航器”按钮展开导航器，出现图 3-36 所示的界面。通过导航器可以对主机进行管理，也可对主机上的虚拟机、存储和网络进行管理。默认显示主机的基本信息，并提供常用的主机操作按钮，其中，单击“操作”按钮可以展开一个菜单。

要退出 VMware Host Client 界面，可以单击 VMware Host Client 界面顶部的用户名（这里为 root@192.168.10.11），然后从下拉菜单中选择“注销”命令，这样就关闭了 VMware Host Client 会话，但并不影响目标 ESXi 主机的运行。

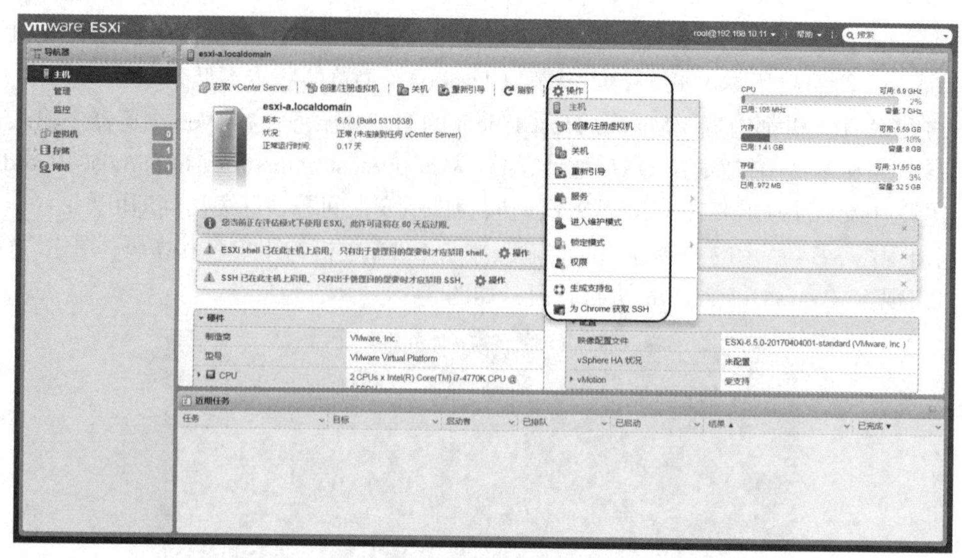

图 3-36　展开导航器的 VMware Host Client 界面

3.4.2　使用 VMware Host Client 进行主机管理

下面介绍使用 VMware Host Client 对 ESXi 主机进行管理操作。在 ESXi 控制台上的管理操作功能，同样也可以在这里执行。VMware Host Client 还提供更丰富的主机管理功能，如配置高级主机设置、许可授权、管理证书、启用锁定模式等。

1. 管理系统设置

选择 VMware Host Client 左侧窗格中的“管理”命令，右侧窗格中出现相应的管理界面，如图 3-37 所示，默认显示“系统”选项卡，在这里可以进行高级设置，更改自动启动配置，进行管理主机的时间和日期配置。

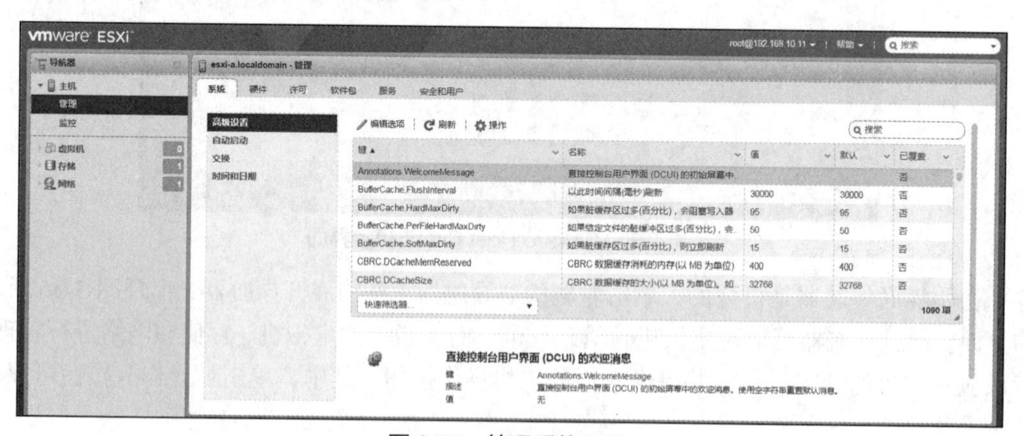

图 3-37　管理系统设置

2. 管理 ESXi 主机授权

安装 ESXi 时的默认许可证为评估模式。评估模式许可证在 60 天后过期。评估模式许可证提供最高 vSphere 产品版本的一组功能。对于 ESXi 主机，许可证或评估期限到期将导致与 vCenter Server 断开连接。所有已启动的虚拟机将继续运行，但在关闭虚拟机后无法启动虚拟机。

切换到“许可”选项卡，选择“分配许可证”选项，输入许可证密钥，然后单击“检查许可证”按钮，最后单击“分配许可证”按钮以保存更改。

3. 监控 ESXi 主机

选择 VMware Host Client 左侧窗格中的“监控”命令，右侧窗格中出现相应的监控界面，可以监控主机运行状况，并查看性能图表、事件、任务、系统日志和通知。

4. 进入维护模式

执行系统升级、核心服务配置、增加内存等特定任务时，需要将 ESXi 主机设置为维护模式。要将主机置于维护模式下，主机上运行的所有虚拟机都必须关闭电源，或者迁移到不同的主机。

在 VMware Host Client 界面中选择左侧窗格中的“主机”命令，右键单击该主机，或者单击“操作”按钮，从弹出的菜单中选择“进入维护模式”命令，弹出图 3-38 所示的对话框，单击“是”按钮即可进入维护模式。置于维护模式之后，可以在上一菜单中选择“退出维护模式”命令，返回正常模式。

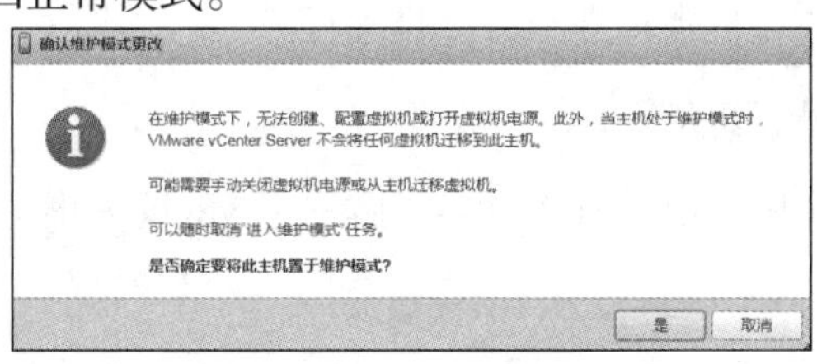

图 3-38　进入维护模式

5. 进入锁定模式

要提高 ESXi 主机的安全性，可以将其置于锁定模式。在锁定模式下，默认必须通过 vCenter Server 执行操作。vSphere 6.0 及更高版本的锁定模式分为正常锁定模式和严格锁定模式。

在正常锁定模式下，DCUI（Direct Console User Interface）服务保持活动状态。如果失去与 vCenter Server 系统的连接，并且 vSphere Web Client 访问不可用，则特权账户 root 可以登录到 ESXi 主机的直接控制台界面并退出锁定模式。这种模式下，只有“异常用户”列表中的账户（适用于执行特定任务的服务账户）或主机 DCUI.Access 高级选项中定义的用户才可以访问 ESXi 直接控制台。

在严格锁定模式下，停止 DCUI 服务。如果与 vCenter Server 的连接丢失，并且 vSphere Web Client 不再可用，则 ESXi 主机将不可用，除非启用了 ESXi Shell 和 SSH 服务，并定义了“异常用户”。如果无法恢复与 vCenter Server 系统的连接，则必须重新安装主机。如果主机上具有管理员角色，那么即使在严格的锁定模式下，ESXi Shell 和 SSH 访问也是可行的。

在 VMware Host Client 界面中选择左侧窗口中的“主机”命令，右键单击该主机，或者单击“操作”按钮，从弹出的菜单中选择相应锁定模式，如图 3-39 所示。

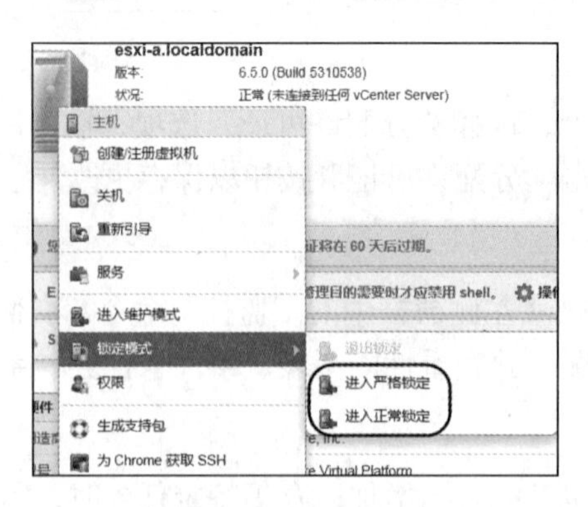

图 3-39　进入锁定模式

3.5 在 ESXi 主机上部署虚拟机

虚拟机是虚拟基础设施的关键组件。可以将虚拟机配置为物理计算机，并可以执行与物理计算机相同的任务。虚拟机还支持物理计算机不支持的特殊功能。部署 ESXi 之后，即可在 ESXi 主机上创建和运行虚拟机。可以使用 VMware Host Client 在 ESXi 主机上创建、注册和管理虚拟机，并进行日常管理和故障排除任务。

3.5.1 vSphere 虚拟机简介

开始创建和管理虚拟机之前，有必要再了解一下 vSphere 虚拟机。

1. 虚拟机文件

vSphere 虚拟机包含一组规范和配置文件，并由主机的物理资源提供支持。每个虚拟机都有一些虚拟设备，这些设备可提供与物理硬件相同的功能，并且可移植性更强、更安全，且更易于管理。

虚拟机包含若干个文件，这些文件存储在存储设备上。关键文件包括配置文件（.vmx）、虚拟磁盘文件（.vmdk）、虚拟机 BIOS 或 EFI 配置文件（.nvram）和日志文件（.log），还有一些操作性过程文件，如虚拟机快照（.vmsd）、虚拟机快照数据文件（.vmsn）、虚拟机交换文件（.vswp）和虚拟机挂起文件（.vmss）。其中，.nvram 文件的格式即 NVRAM（Non-Volatile Random Access Memory），可译为非易失性存储器，是指断电之后所存储的数据不丢失的随机访问存储器。

2. 虚拟机组件

vSphere 虚拟机通常都有操作系统、VMware Tools、虚拟资源和硬件。其管理方式基本与物理机的管理方式相同。

在虚拟机上安装客户机操作系统的方法与在物理机上安装操作系统的方法相同，必须获取包含操作系统安装文件的 CD/DVD-ROM 或 ISO 映像。

VMware Tools 是一套实用程序，能够提高虚拟机客户机操作系统的性能，并增强虚拟机的管理。使用 VMware Tools，可以更好地控制虚拟机界面。

默认情况下，ESXi 为虚拟机提供模拟的硬件。虚拟硬件包括 BIOS 和 EFI、可用虚拟 PCI 插槽、CPU 最大数量、最大内存配置，以及其他特性。

例如，虚拟机主板使用基于以下芯片的 VMware 专用设备。

- Intel 440BX AGPset 82443BX 主桥/控制器。
- Intel 82371AB (PIIX4) PCI ISA IDE Xcelerator。
- National Semiconductor PC87338 ACPI 1.0 和 PC98/99 兼容 SuperI/O。
- Intel 82093AA I/O 高级可编程中断控制器。

虚拟机支持下列主要网卡类型。

- E1000E：Intel 82574 吉比特以太网网卡的模拟版本。E1000E 是 Windows 8 和 Windows Server 2012 的默认适配器。
- E1000：Intel 82545EM 吉比特以太网网卡的模拟版本，其驱动程序在大多数较新的客户机操作系统中都可用，包括 Windows XP 及更高版本，Linux 2.4.19 版本及更高版本。
- VMXNET/VMXNET 2/ VMXNET 3：高性能准虚拟化网卡，需要 VMware Tools 支持。
- SR-IOV 直通：具有 SR-IOV 支持的物理网卡上的虚拟功能表示形式。

并非所有的硬件设备都可用于虚拟机，虚拟机兼容性设置决定哪些硬件功能对于虚拟机可用。

3. 虚拟机兼容性

创建虚拟机或升级现有虚拟机时，可使用虚拟机兼容性设置选择可运行虚拟机的 ESXi 主机版本。兼容性设置可确定适用于虚拟机的虚拟硬件，相当于适用于主机的物理硬件。新虚拟硬件的功能通常随主要或次要 vSphere 版本每年发布一次。

每个虚拟机兼容性级别至少支持 5 个主要或次要 vSphere 版本。例如，与 ESXi 3.5 及更高版本兼容的虚拟机可在 ESXi 3.5、ESXi 4.0、ESXi 4.1、ESXi 5.0、ESXi 5.1、ESXi 5.5、ESXi 6.0 和 ESXi 6.5 上运行。最新的 ESXi 6.5 及更高版本的虚拟机（硬件版本 13）与 ESXi 6.5 兼容，次新的 ESXi 6.0 及更高版本的虚拟机（硬件版本 11）与 ESXi 6.0 和 ESXi 6.5 兼容。

4. 虚拟磁盘置备格式

创建虚拟磁盘时会进行两个置备操作：分配空间和置零。所谓置零，就是擦除物理设备上的数据。根据分配空间和置零的不同操作，vSphere 虚拟机的虚拟磁盘有以下 3 种置备（Provisioning）格式可供选择。如图 3-40 所示，创建了一个 40GB 的虚拟磁盘，存储了 10GB 数据，说明了这 3 种格式的差别。

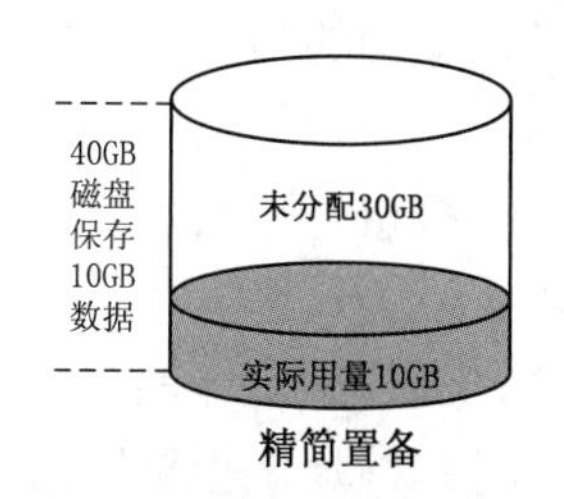

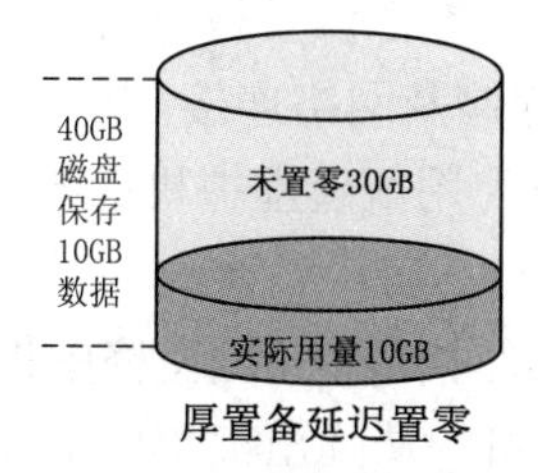

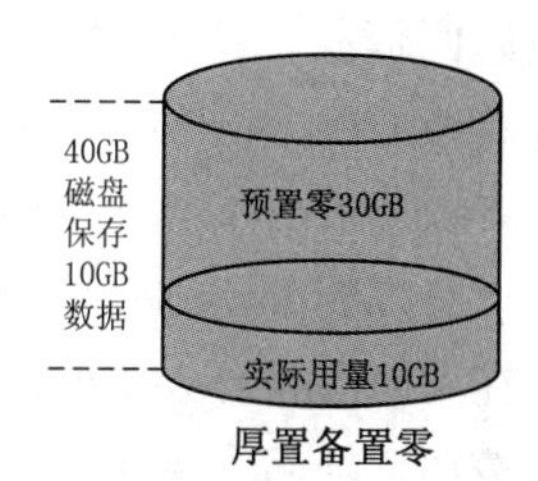

图 3-40 虚拟磁盘置备格式

（1）精简置备（Thin Provision）

精简置备的磁盘创建时不会立刻分配指定大小的空间，而是指定最大空间，占用空间大小根据实际使用量计算，即用多少占多少，需要增加的时候会检查是否超过限额。例如，创建了一个 40GB 的虚拟磁盘，在其中存储 10GB 数据时只占用了 10GB，以后磁盘需要更多空间，可以不断增长，直至占用全部 40GB 的置备空间。

当有虚拟机对虚拟磁盘进行 I/O 操作时，系统会首先在存储中分配所需的空间，然后将要写入的空间置零，最后进行写入操作。

其优点是，I/O 操作不频繁时，磁盘性能较好，且创建磁盘所需时间短；不足是，当有频繁 I/O 操作时，磁盘性能会有所下降。

这种格式适合磁盘 I/O 操作不频繁，I/O 压力较小的业务应用，如 DNS 服务器、DHCP 服务器。另外，在实验和测试环境中，使用这种格式可节省磁盘空间。

（2）厚置备延迟置零（Thick Provision Lazy Zeroed）

在这种格式下，虚拟磁盘在创建时就分配指定大小的空间，只是不会擦除物理设备上保留的任何数据，以后执行写操作时会先按需置零。例如，创建了一个 40GB 的虚拟磁盘，在其中存储 10GB 数据时就分配 40GB 空间，其中 10GB 空间先置零再写入，剩余的空间仍然没有置零。

这种格式的磁盘性能和创建所需时间都较为适中，适合 I/O 压力适中的应用，如 Web 服务器、邮件服务器、虚拟桌面等。在生产环境中，多数情况下可选择这种格式。

（3）厚置备置零（Thick Provision Eager Zeroed）

在这种格式下，虚拟磁盘在创建时就分配指定大小的空间，并同时将物理设备上保留的所有数据全部置零，也是提前置零。例如，创建了一个 40GB 的虚拟磁盘，全部空间预先置零，在其中存储 10GB 数据时就分配 40GB 空间，其中 10GB 数据不用再置零，而是直接写入。

使用这种格式创建磁盘所需的时间会更长，但能够降低 I/O 延迟，磁盘性能最好，适合 I/O 压力较大，写入任务繁重的应用，如数据库服务器、FTP 服务器等。对于使用 vSphere FT 虚拟机容错的情况，则必须使用这种格式。

3.5.2 创建虚拟机

创建虚拟机时，将其与特定的数据存储相关联，并选择操作系统和虚拟硬件选项。在打开虚拟机电源之后，它随着工作负载的增加而动态地消耗资源，或者随着工作量的减少而动态地返回资源。每个虚拟机都有虚拟设备提供与物理硬件相同的功能。虚拟机从其运行的主机获取 CPU 和内存，访问存储及网络连接。

在 VMware Host Client 中可以使用新建虚拟机向导创建虚拟机，下面介绍虚拟机创建过程（拟运行 Windows Server 2012 R2）。

（1）在 VMware Host Client 界面中选择左侧窗格中的“主机”命令，单击“创建/注册虚拟机”按钮，或者右键单击该主机，从弹出菜单中选择“创建/注册虚拟机”命令，启动新建虚拟机向导。首先选择创建类型，如图 3-41 所示，这里选中“创建新虚拟机”选项。

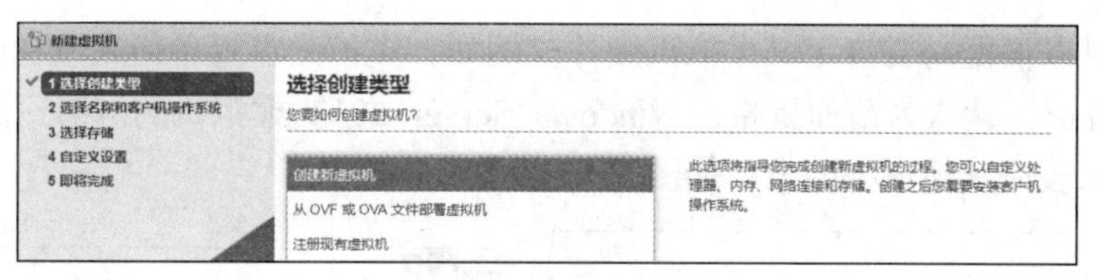

图 3-41 选择创建类型

（2）单击“下一页”按钮进入“选择名称和客户机操作系统”界面，设置如图 3-42 所示。创建新的虚拟机时，应为虚拟机提供唯一的名称。

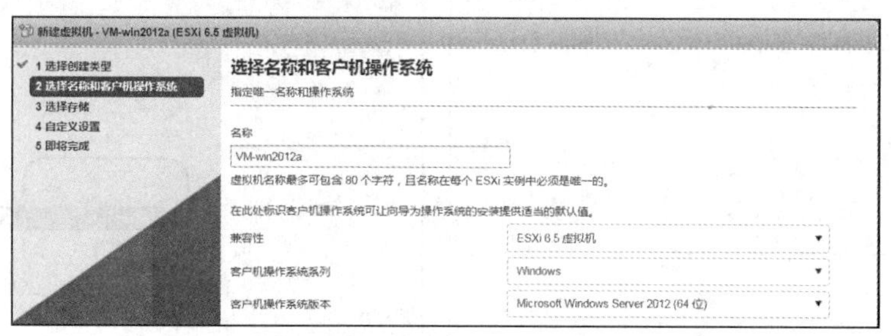

图 3-42 选择名称和客户机操作系统

（3）单击“下一页”按钮进入“选择存储”界面，设置如图 3-43 所示。这里的数据存储区或数据存储集群用于存储虚拟机配置文件和所有虚拟磁盘。

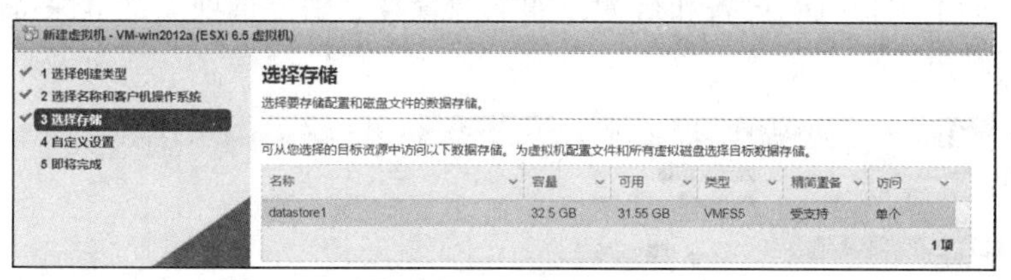

图 3-43 选择存储

（4）单击“下一页”按钮进入“自定义设置”界面，首先是虚拟硬件设置，如图 3-44 所示。

图 3-44 虚拟硬件设置

用户还可以根据需要自定义虚拟机硬件。例如，虚拟磁盘置备格式应在创建时设置，如图 3-45 所示，默认为精简置备；Windows Server 2012 虚拟机的网络适配器默认选择 E1000e，可以改成其他虚拟网卡，如图 3-46 所示。

图 3-45　虚拟磁盘设置

图 3-46　虚拟网卡设置

（5）单击“虚拟机选项”按钮，切换到图 3-47 所示的界面，查看和修改虚拟机选项。虚拟机选项决定了虚拟机的设备和行为，如电源管理、引导选项。这里保持默认设置，以后可根据需要修改。

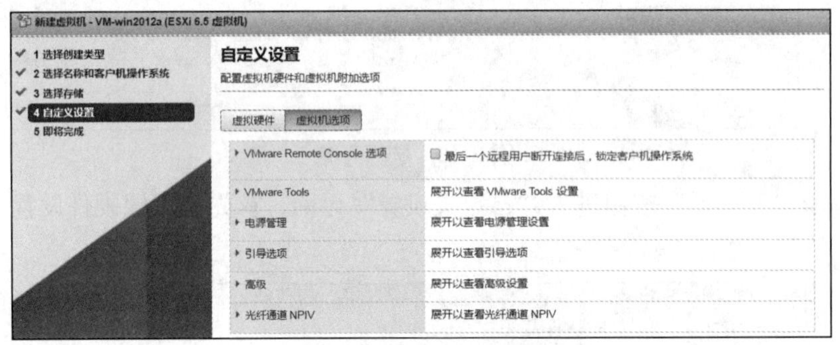

图 3-47　虚拟机选项设置

（6）单击“下一页”按钮进入“即将完成”界面，列出虚拟机上述配置选项，确认后单击“完成”按钮。

新创建的虚拟机将出现在虚拟机列表中，并在 VMware Host Client 中自动注册。在 VMware Host Client 界面中选择左侧窗格中的“虚拟机”命令，打开虚拟机列表，如图 3-48 所示。

图 3-48　虚拟机列表

3.5.3　配置虚拟机

除了在虚拟机创建过程中自定义设置虚拟硬件和虚拟机选项外，虚拟机创建之后，甚至安装客户机操作系统之后，还可以添加或配置大多数虚拟机属性。在 VMware Host Client 中打开虚拟机列表，单击要配置的虚拟机，出现图 3-49 所示的界面。该界面列出了该虚拟机的基本信息和硬件配置，可以查看详细的现有硬件配置。

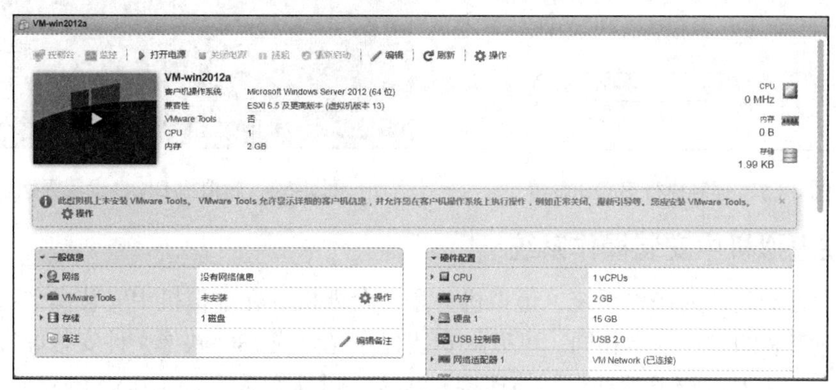

图 3-49　查看虚拟机信息

单击“编辑”按钮弹出编辑设置界面，如图 3-50 所示，可以添加或删除虚拟机的硬件。单击“虚拟机选项”按钮，可以修改相应选项。

图 3-50　配置虚拟机硬件

3.5.4　虚拟机 BIOS 设置

虚拟机可以与物理机一样进行 BIOS 设置。ESXi 上的虚拟机通过虚拟机选项设置，在“强制执行 BIOS 设置”项中选中“虚拟机下次引导时，强制进入 BIOS 设置画面”复选框，如图 3-51 所示。

虚拟机重新开机之后，将显示开机界面。按<F2>键进入 BIOS 设置界面；按<F12>键从网络启动操作系统；按<Esc>键进入启动菜单，可调整启动选项。虚拟机的 BIOS 设置界面如图 3-52 所示，可以在此调整 BIOS 选项。

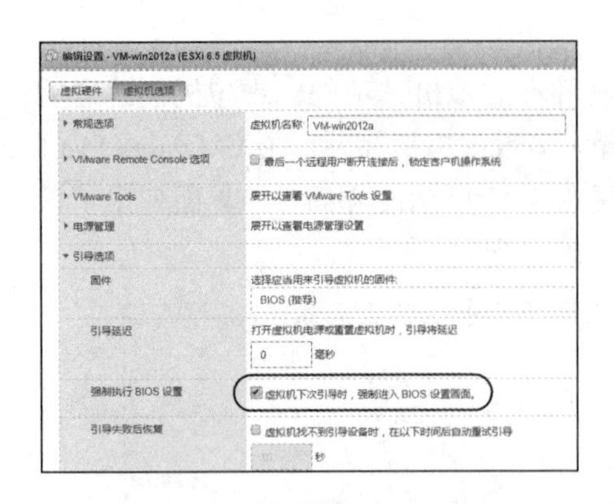

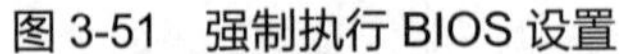

图 3-51　强制执行 BIOS 设置

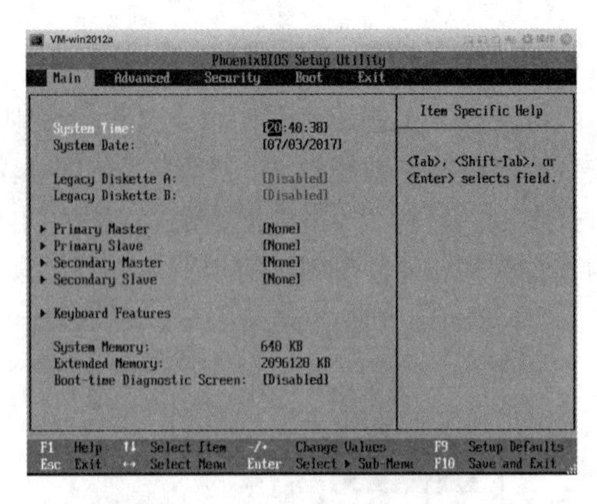

图 3-52　虚拟机 BIOS 设置界面

3.5.5　在虚拟机中安装操作系统

如果没有安装任何操作系统，虚拟机只是一台裸机。在虚拟机中安装操作系统与在物理计算机中安装的过程基本相同。可以从安装程序光盘或 ISO 映像文件安装虚拟机操作系统，也可以使用 PXE 服务器通过网络连接安装客户机操作系统。使用 VMware Host Client，可以安装和管理虚拟机的客户机操作系统。这里以安装 Windows Server 2012 R2 系统为例，需要提前准备该系统安装所用的 ISO 映像文件。

这里，在虚拟机硬件设置中将 CD/DVD 驱动器设置为主机设备（默认设置），即使用 ESXi 主机的光驱设备，参见图 3-50。由于这里的 ESXi 主机本身也是一台 VMware WorkStation 虚拟机，所以首先设置引导光盘。在 VMware Workstation 中打开该虚拟机（ESXi 主机）的虚拟机设置窗口，将虚拟机中的 CD/DVD 驱动器配置为指向要安装的操作系统的 ISO 映像文件（例中为 Windows Server 2012 R2 的 ISO 文件），并将该驱动器配置为启动时连接，如图 3-53 所示。

在 VMware Host Client 界面中展开左侧窗格中的“虚拟机”节点，单击要安装操作系统的虚拟机（这里为 VM-win2012a），右侧窗格中显示该虚拟机信息，单击左上角的控制台缩略图，开启虚拟机。虚拟机加载安装文件后进入安装过程，如图 3-54 所示，根据提示在虚拟机控制台中完成安装。完成安装后，控制台中显示当前正在运行安装了操作系统的虚拟机。

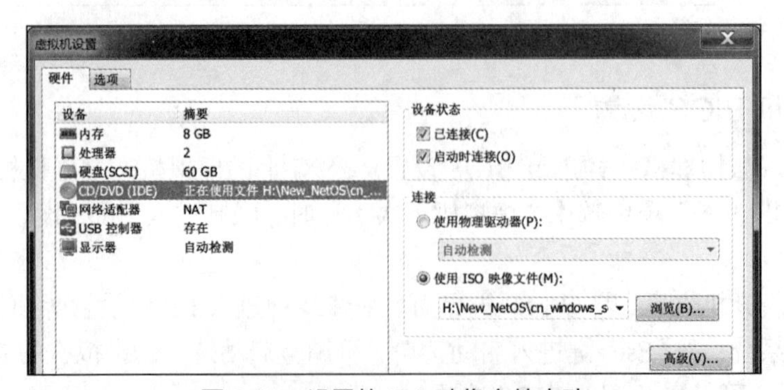

图 3-53　设置从 ISO 映像文件启动

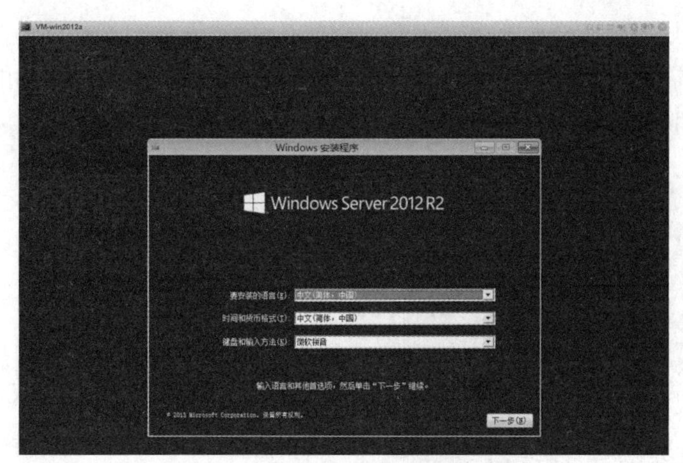

图 3-54 在虚拟机中安装操作系统

3.5.6 在 vSphere 虚拟机中安装 VMware Tools

安装 VMware Tools 是创建新虚拟机的必需步骤，具体方法已在上一章的 2.1.4 小节介绍过，这里不再赘述，这里完成 VMware Tools 安装并重启虚拟机之后，虚拟机信息中会显示 VMware Tools 已安装并且运行，如图 3-55 所示。

之后还可以根据需要进行 VMware Tools 升级。

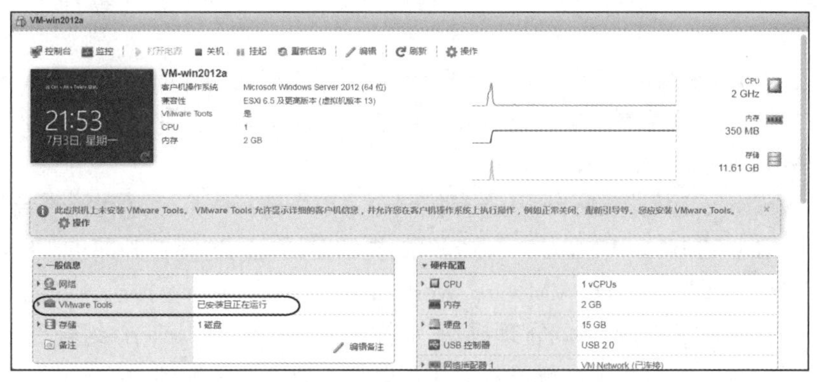

图 3-55 显示 VMware Tools 已安装并且运行

3.5.7 使用虚拟机控制台

虚拟机控制台用来访问虚拟机的桌面。VMware Host Client 支持多种控制台，可以使用浏览器控制台或启动远程控制台（VMware Remote Console，VMRC）访问虚拟机，并在虚拟机上执行不同的任务，如进行操作系统设置，运行应用程序等。

1. 使用浏览器控制台

使用浏览器控制台的好处是无须安装其他软件。在虚拟机信息界面中提供浏览器控制台的缩略图。单击该缩略图将打开浏览器控制台，如果处于关机状态还将同时启动虚拟机。如图 3-56 所示，单击浏览器控制台右上角的“操作”按钮，弹出菜单，可以对虚拟机执行各种操作。例如，按<Ctrl>+<Alt>+<Delete>组合键可登录系统。如果要按其他键，可从“客户机操作系统”子菜单中选择“发送键值”命令。

用户还可以从浏览器的新选项卡中打开控制台，或者从浏览器的新窗口中打开控制台。在虚拟机信息界面单击“控制台”按钮弹出相应的菜单，选择控制台，如图 3-57 所示。与虚拟机处于关机状态时不同，这里不能选择“打开浏览器控制台”命令。

图 3-56　浏览器控制台

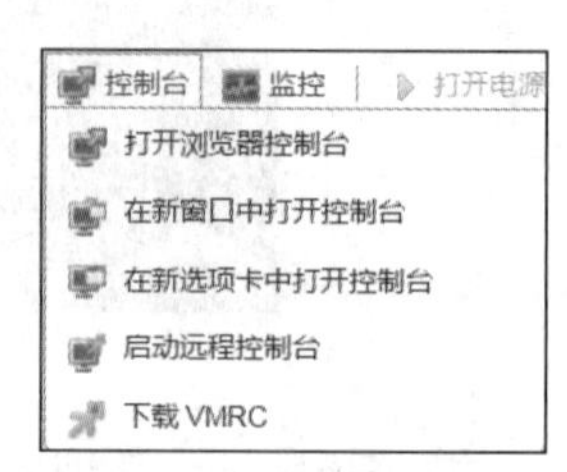

图 3-57　选择控制台

2. 启动远程控制台

ESXi 6.0 之前的所有版本都不支持浏览器控制台。浏览器控制台功能有限，不支持附加本地硬件。而 VMware 远程控制台（VMRC）可提供更为完善的控制台功能，使用它的前提是要下载并安装它，可以从选择控制台菜单（见图 3-57）中选择“下载 VMRC”命令。

实际上，VMware 桌面产品 VMware Workstation、VMware Fusion 或 VMware Player 都可以作为 VMware 远程控制台客户端使用，如果系统中安装了其中一种，那么就不需要下载并安装 VMRC 了。

要安装 VMware 远程控制台，从选择控制台菜单中选择“启动远程控制台”命令，弹出“要打开 URL：VMware VMRC Protocol”的提示对话框，选择打开即可。根据提示设置 ESXi 登录账户和密码，这里在 VMware Workstation 中远程访问虚拟机，如图 3-58 所示。这样，就可以对虚拟机执行更多的管理操作，如按<Ctrl>+<Alt>+<Insert>组合键可登录系统，在虚拟机设置中对硬件和选项进行设置，还可以将本地硬件添加到虚拟机中。

在独立的 VMware 远程控制台操作虚拟机的界面如图 3-59 所示。

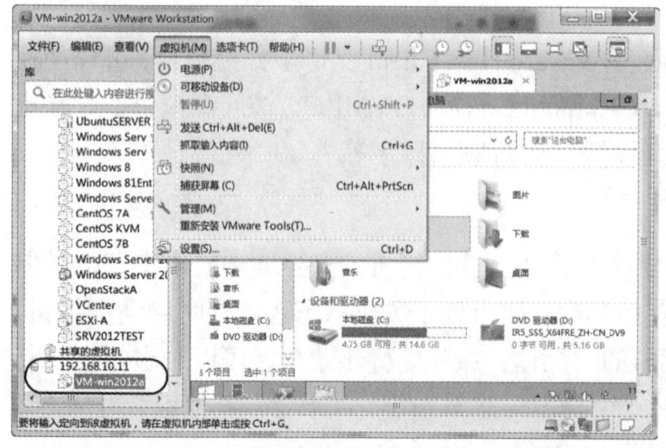

图 3-58　VMware Workstation 用作远程控制台

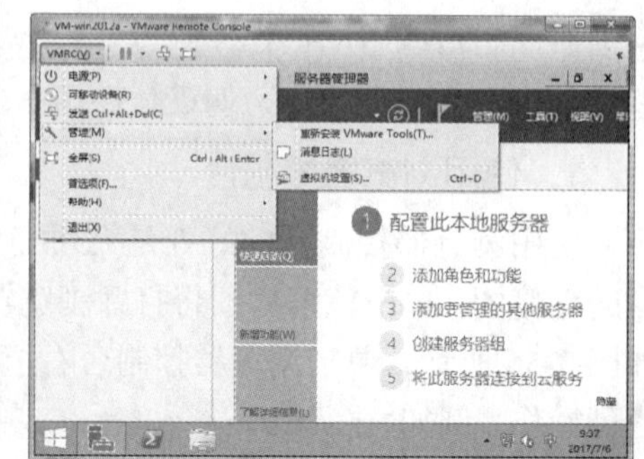

图 3-59　独立的远程控制台操作虚拟机的界面

3.5.8　在虚拟机中使用硬件设备

用户可以向 ESXi 虚拟机添加实际的硬件设备，包括 DVD 和 CD-ROM 驱动器、USB 控制器、虚拟或物理硬盘、并行/串行端口、通用 SCSI 设备和处理器，还可以修改现有硬件设备的设置。这些设备可以连接到 ESXi 主机，也可以连接到管理端。由于这些设备是真实的物理设备，所以与前面所讲的虚拟机硬件不同。

下面以使用 U 盘为例进行介绍，例中涉及虚拟机嵌套。首先插入一个 U 盘，然后打开该虚拟机（不管它是否运行）的编辑设置对话框，单击“虚拟硬件”按钮，在“添加其他设备”选项卡中弹出相应的设备菜单，从中选择“USB 设备”，如图 3-60 所示，则新的 USB 添加到该虚拟机中，单击“保存”按钮。此时在虚拟机中就可以访问该 U 盘，如图 3-61 所示。

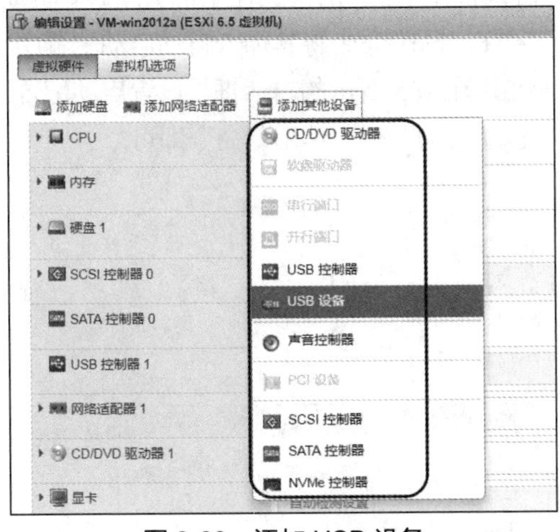

图 3-60　添加 USB 设备

图 3-61　在虚拟机中访问主机 U 盘

使用 VMware 远程控制台访问移动设备更为方便，还可以动态插拔。以 VMware Workstation 为例，从“虚拟机”主菜单中选择“可移动设备”，再从其下的子菜单中设置连接或断开光驱、网卡及移动磁盘等设备，如图 3-62 所示。本例中有可以访问的移动磁盘，如图 3-63 所示。

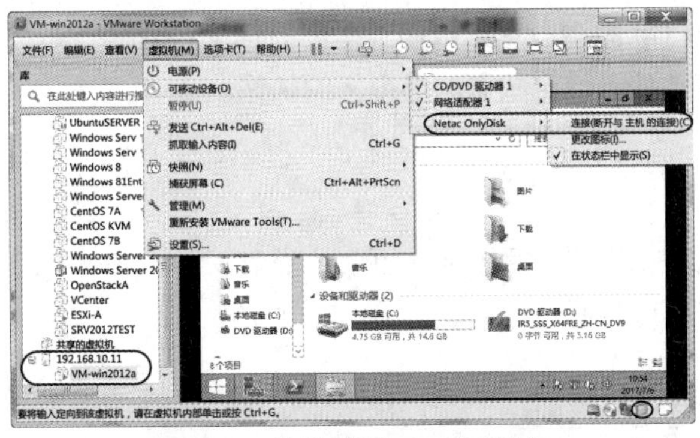

图 3-62　连接或断开可移动设备

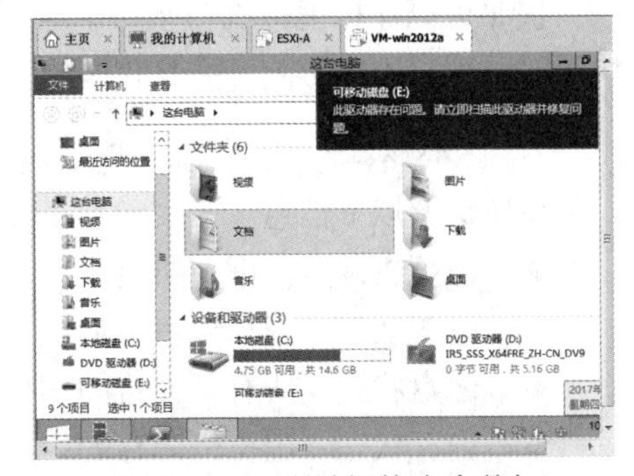

图 3-63　可以访问的移动磁盘

3.5.9　管理虚拟机

在 VMware Host Client 中创建虚拟机后，可以在虚拟机上执行不同的管理任务，如从主机中删除虚拟机，从数据存储中删除虚拟机，将其注册等。

选择 VMware Host Client 清单中的“虚拟机”命令，将显示可用虚拟机的列表。右击要管理的虚拟机，将弹出相应的管理操作菜单，如图 3-64 所示。也可以选中某虚拟机，单击“操作”按钮，可弹出同样的管理操作菜单。还可以在虚拟机控制台中使用这些管理操作菜单（参见图 3-56）。需要注意的是，虚拟机运行时和关机时的可用操作菜单不同。

从主机中删除虚拟机有两种情形。一是执行“取消注册”命令，意味着 VMware Host Client 清单不再显示该虚拟机，但它仍然保留在数据存储上。二是执行删除命令，意味着不但从清单中删除虚拟机，而且从数据存储中删除虚拟机中的所有文件，包括配置文件和虚拟磁盘文件。

用户可以设置虚拟机自动启动，即随 ESXi 主机启动而自动启动，ESXi 主机关闭时则自动关闭。从虚拟机的管理操作菜单中选择“自动启动”→“Enable”命令将其加入自动启动配置中，再根据需要选择“自动启动”→“Configure”命令，弹出图 3-65 所示的对话框，设置启动配置，一般保持默认值即可。如果要取消自动启动，选择“自动启动”→“禁用”命令即可。

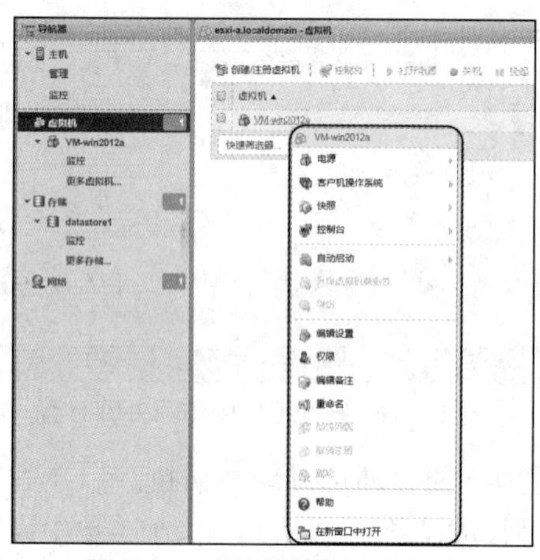

图 3-64　虚拟机管理操作菜单

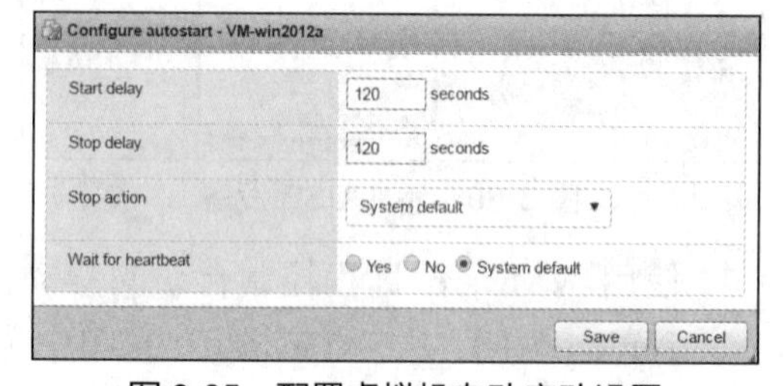

图 3-65　配置虚拟机自动启动设置

3.5.10　使用快照管理虚拟机

快照可以保持虚拟机在某一个时间点的状态和数据，以便在需要时回到该状态。生成快照时虚拟机不受影响，并且仅复制并存储处于给定状态的虚拟机的映像。

1. 快照概述

快照保留以下信息。

- 虚拟机设置。虚拟机目录，包括在拍摄快照后添加或更改的磁盘。
- 电源状态。虚拟机可以通电、关机或挂起。
- 磁盘状态。所有虚拟机的虚拟磁盘状态。
- 内存状态。虚拟机内存的内容，这是可选的。

快照层次结构是具有一个或多个分支的树。层次结构中的快照具有父子关系。在线性进程中，除最后一个快照外，都有一个父快照和一个子快照。最后一个快照，没有子快照。每个有子快照的父快照都可以有多个子节点。可以还原到当前父快照，或者还原快照树中的任何父或子快照，并从该快照创建更多快照。每次还原快照并拍摄另一个快照时，都会创建分支或子快照。

生成快照通过为每个连接的虚拟磁盘或虚拟 RDM（裸磁盘映射）创建一系列增量磁盘来保留特定时间点的磁盘状态，并通过创建内存文件可选地保留内存和电源状态，并在快照管理器（Snapshot Manager）中创建一个表示虚拟机状态和设置的快照对象，同时创建一个额外的.vmdk 磁盘文件。

2. 使用 VMware Host Client 管理快照

在 VMware Host Client 中可以查看虚拟机的所有快照，并使用快照管理器管理快照。虚拟机正在运行时或已关机时，都可以生成快照。从虚拟机的管理操作菜单中选择“快照”→“生成快照”命令，弹出图 3-66 所示的对话框。从中为快照命名，选择是否生成内存的快照，单击“生成快照”按钮，即可生成虚拟机当前状态的快照。

从虚拟机的管理操作菜单中选择“快照”→“管理快照”命令，将打开快照管理器，如图 3-67 所示，可以查看、还原、删除和编辑已有快照。

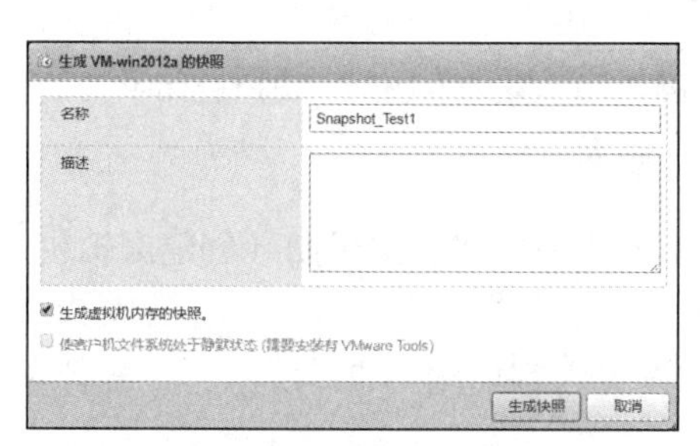

图 3-66　生成虚拟机快照对话框

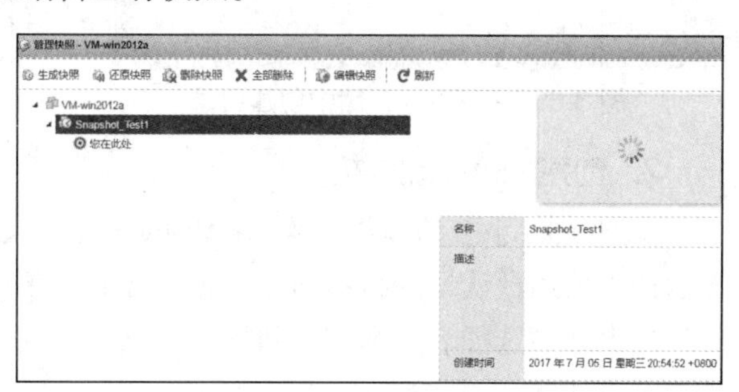

图 3-67　快照管理器

3.5.11　监控虚拟机

在 VMware Host Client 中可以监控虚拟机的各种性能，并跟踪虚拟机上发生的操作（日志）。选择左侧窗格中的“虚拟机”命令，从列表中单击一个虚拟机，展开清单中的虚拟机，然后单击“监控”按钮，可以查看虚拟机的性能、事件、任务、日志和通知信息，如图 3-68 所示。

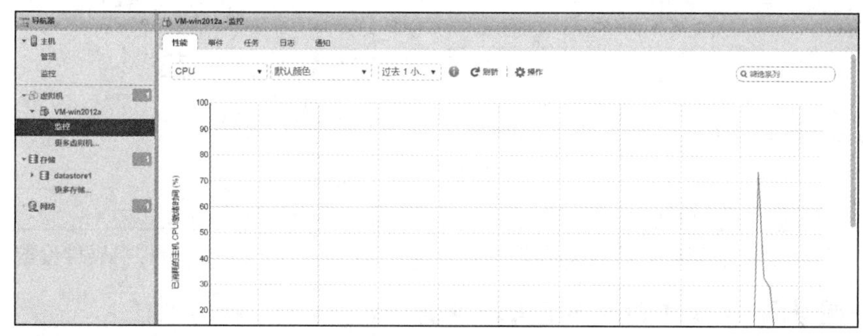

图 3-68　监控虚拟机

3.5.12　部署 Linux 虚拟机

这里再介绍一下 Linux 虚拟机的部署过程，操作系统以 CentOS 7 为例。前面在安装 Windows 操作系统时，从 ESXi 主机的光驱启动安装，这里采用另一种方式，将操作系统的 ISO 文件上传到 ESXi 存储中，从虚拟机的虚拟光驱引导安装程序。

1. 将操作系统 ISO 文件上传到 ESXi 存储

提前准备好 CentOS 7 的安装 ISO 文件。在 VMware Host Client 中选择左侧窗格中的“存储”命令，从列表中单击一个数据存储（这里为 datastore1），展开清单中的数据存储，然后单击“数据存储浏览器”按钮，选中要管理的数据存储，单击“创建目录”按钮，弹出“新建目录”对话框，命名目录，再单击“创建目录”按钮，如图 3-69 所示。

接着在数据存储浏览器中选中刚创建的目录，单击“上载”按钮，从弹出的文件选择对话框中选择要上传的 ISO 文件，单击“打开”按钮，文件开始上传直至完毕，如图 3-70 所示。

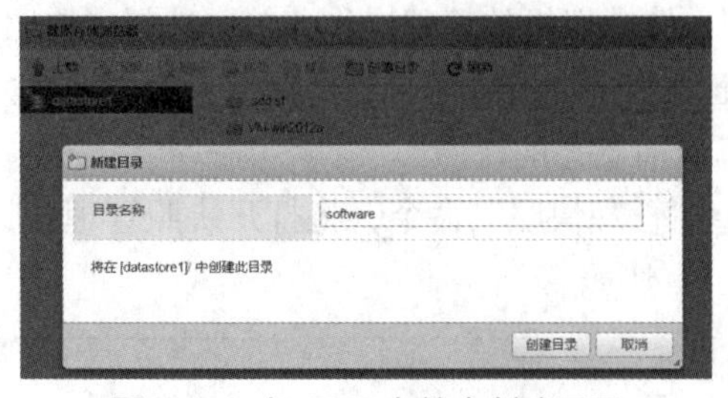

图 3-69　在 ESXi 存储中创建目录

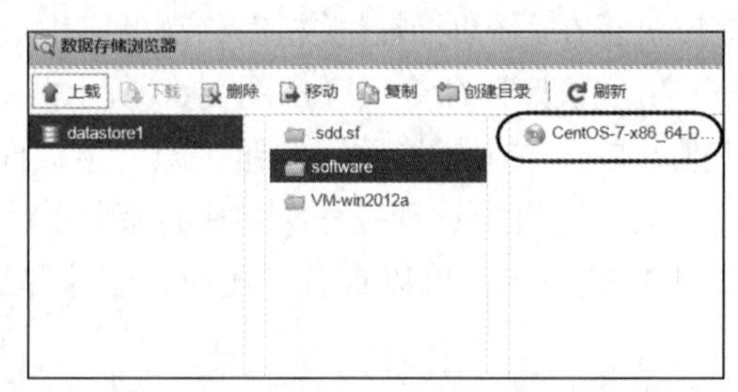

图 3-70　将文件上传到 ESXi 存储中

2. 创建 Linux 虚拟机

参照 3.5.2 小节的操作步骤，在 VMware Host Client 中使用新建虚拟机向导创建虚拟机，多数选项采用默认设置，不同的设置主要有以下两处。

当出现“选择名称和客户机操作系统”界面时，设置内容如图 3-71 所示，主要针对 CentOS 7 设置。

当出现“自定义设置”界面时，设置内容如图 3-72 所示。这里将 CD/DVD 驱动器设置为“数据存储 ISO 文件”，并指定之前上传的 ISO 文件。

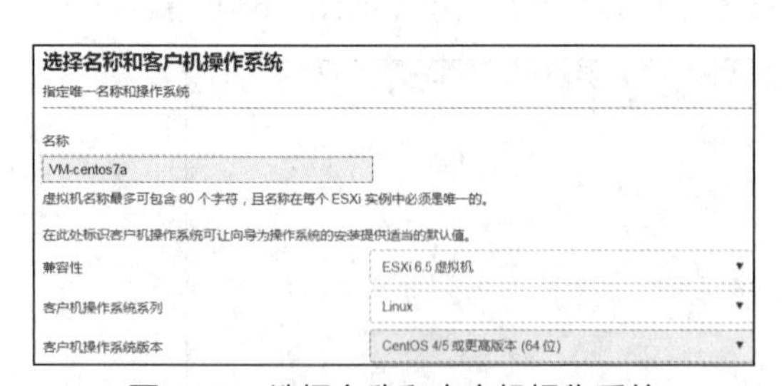

图 3-71　选择名称和客户机操作系统

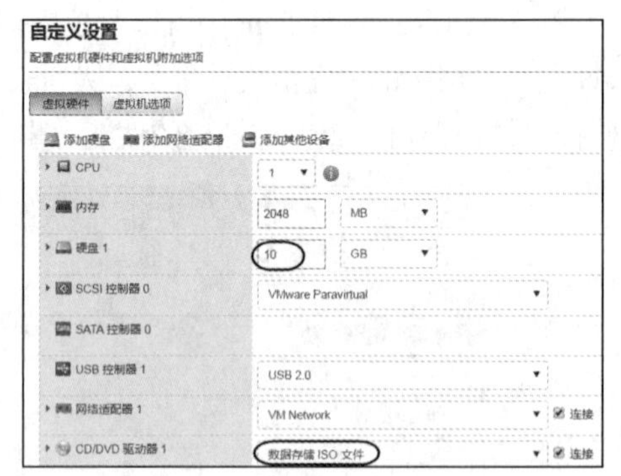

图 3-72　虚拟机硬件设置

3. 在虚拟机中安装 CentOS 7 操作系统

这里参照 3.5.5 小节的介绍，使用 VMware Host Client 安装客户机操作系统。选择左侧窗格中的“虚拟机”命令，单击要安装操作系统的虚拟机（这里为 VM-CentOS7a），右侧窗格中显示该虚拟机信息，单击左上角的控制台缩略图，开启虚拟机。虚拟机加载安装文件后进入安装过程，如图 3-73 所示，根据提示在虚拟机控制台中完成安装。完成安装后，

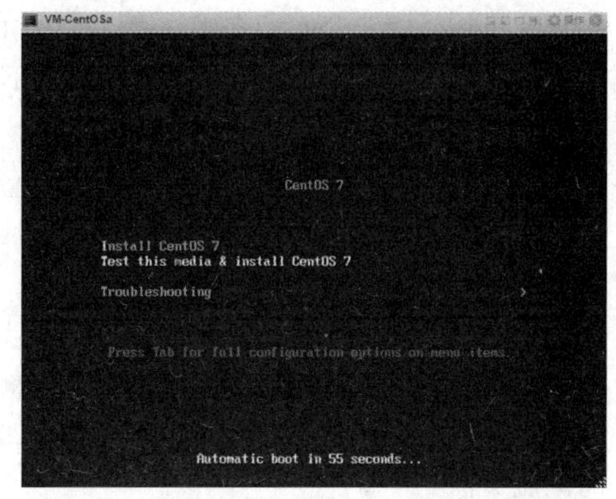

图 3-73　在虚拟机中安装 CentOS 7 操作系统

控制台中显示当前正在运行安装了操作系统的虚拟机。

安装 VMware Tools 是创建新虚拟机的必需步骤。Linux 操作系统安装 VMware Tools 要复杂一些，这里以常用的 Linux 版本 CentOS 7 为例，具体介绍如下。

（1）确认 Linux 在运行后，在虚拟机控制台（默认为浏览器控制台）中单击右上角的“操作”按钮，从“客户机操作系统”菜单中选择“安装 VMware Tools”命令，自动将 VMware Tools 的 ISO 文件装载到虚拟 CD-ROM 驱动器。

（2）以 root 账户登录到 Linux 系统，将 VMwareTools-x.xx-x.tar.gz（不同版本的 x 值不一样）复制到临时文件夹中。

（3）进入终端界面，解压该文件，解压后的文件置于 vmware-tools-distrib 文件夹下。

（4）执行命令 cd vmware-tools-distrib 进入该文件夹，再执行命令./wmware-install.pl，当出现交互提示时一直按回车键。

（5）安装完毕，重新启动系统即可正常使用 VMware Tools 的功能。虚拟机信息中会显示 VMware Tools 已安装并且运行，如图 3-74 所示。

图 3-74　显示 VMware Tools 已安装并且运行

3.5.13　将 ESXi 时钟与 NTP 服务器同步

计算机的时钟非常重要，许多应用都依赖计算机和服务器的时钟。如果时钟不同步，时间敏感的应用（如 SSL 证书）可能会出现问题。vSphere 虚拟机的时钟依赖于 ESXi 主机，安装 ESXi 之后，需要调整 ESXi 主机的时间配置，通常将 ESXi 时钟与 NTP（Network Time Protocol）服务器进行同步。可以使用内部网络的 NTP 服务器，如果能够访问 Internet，则可以直接使用 Internet 提供的 NTP 服务器。

1. 部署 NTP 服务器

为便于实验，这里直接在 VMware Workstation 虚拟机（ESXi 主机）的物理主机上部署一个 NTP 服务器，统一 vSphere 网络（相关主机作为 Workstation 虚拟机）的系统时间。该物理主机运行 Windows 7 操作系统，可以利用其内置的 W32Time 服务架设一台 NTP 服务器。默认情况下，Windows 计算机要作为 NTP 客户端工作，必须通过修改注册表使其作为 NTP 服务器。

（1）打开注册表编辑器，展开 HKEY_LOCAL_MACHINE\SYSTEM\CurrentControlSet\Services\W32Time\TimeProviders\NtpServer 节点，将 Enabled 键值由默认的 0 改为 1，表示启用 NTP 服务器。

（2）在注册表编辑器中继续将 HKEY_LOCAL_MACHINE\SYSTEM\CurrentControlSet\Services\W32Time\Config 节点下的 AnnounceFlags 键值改为 5，这样强制该主机将它自身宣布为可靠的时间源，从而使用内置的 CMOS 时钟。默认值 a（十六进制）表示采用外部的时间服务器。

（3）以管理员身份打开命令行，执行命令 net stop w32time&&net start w32time，先停止再启动 W32Time 服务。

（4）在命令行中执行 services.msc 命令，打开服务管理单元（或者从计算机管理控制台中打开该管理单元），设置 W32Time 服务启动模式为自动。

（5）NTP 服务的端口是 123，使用的是 UDP 协议。如果启用防火墙，则允许 UDP 123 端口访问。用户可以打开“高级安全 Windows 防火墙”对话框，设置相应的入站规则。也可以管理员身份打开命令行，执行以下命令来添加该规则。

```
    netsh advfirewall firewall add rule name= NTPSERVER dir=in action=allow
protocol=UDP localport=123
```

至此，设置的 NTP 服务器可以提供时间服务。

2. 将 ESXi 时钟与 NTP 服务器同步

对于 ESXi 6.5 主机，可以通过 VMware Host Client 设置 NTP，下面以此为例进行介绍。当然，也可以在命令行中用 vicfg-ntp vCLI 命令进行设置。

（1）启动 VMware Host Client，登录并连接到 ESXi 主机。

（2）选择左侧窗格中“主机”节点下面的“管理”选项，再选择“系统”选项卡中的“时间和日期”选项，显示当前的时间配置，如图 3-75 所示。

（3）单击“编辑设置”按钮，弹出图 3-76 所示的对话框，选中“使用 Network Time Protocol（启用 NTP 客户端）”单选按钮，在“NTP 服务器”文本框中输入要同步的一个或多个 NTP 服务器的 IP 地址（或完全限定域名），这里设置为前面设置的内部 NTP 服务器 192.168.10.1。根据需要设置 NTP 服务启动策略。最后单击“确定”按钮。

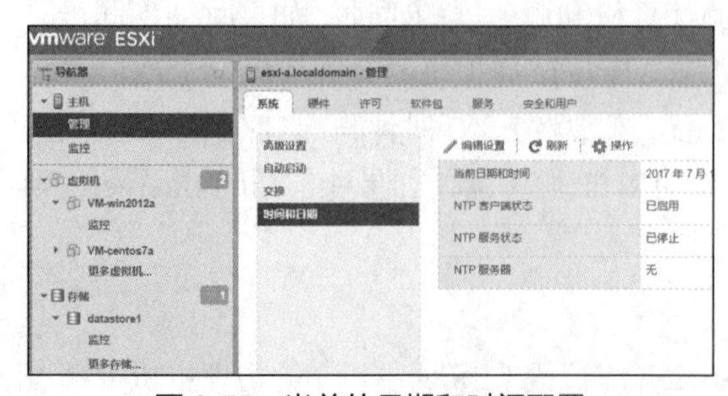

图 3-75　当前的日期和时间配置

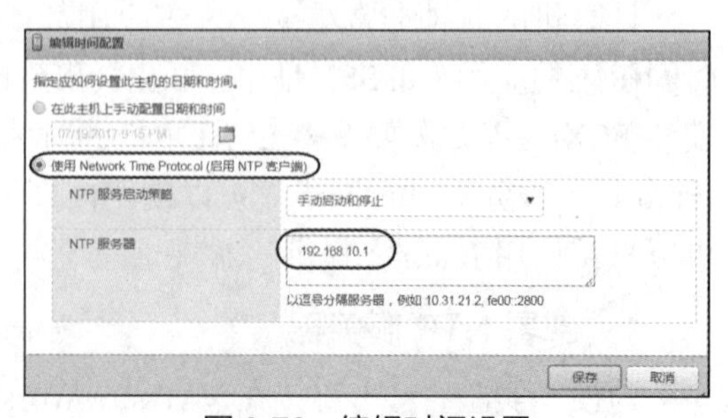

图 3-76　编辑时间设置

为便于对比时间，可以先手动配置日期和时间。

（4）单击“刷新”按钮，此时时间并未同步，这是因为 NTP 服务没有运行。单击“操作”按钮，选择“NTP 服务”→“启动”命令使之运行，如图 3-77 所示。如果还未同步，再选择“NTP 服务”→“重新启动”命令，则时间与 NTP 服务器同步。

3. 将虚拟机的时钟与 ESXi 主机同步

与 VMware Workstation 一样，可以使用 VMware Tools 让 ESXi 虚拟机与 ESXi 主机时间同步，前提是在客户机中安装 VMware Tools。默认设置并没有启用时间同步，可以编辑虚拟机的设置。如图 3-78 所示，在“虚拟机选项”中选中“同步客户机时间与主机时间”复选框，这样只要主机的时钟不出问题，虚拟机的时间就不会出现问题，误差应该在 10s 之内。

图 3-77　管理 NTP 服务

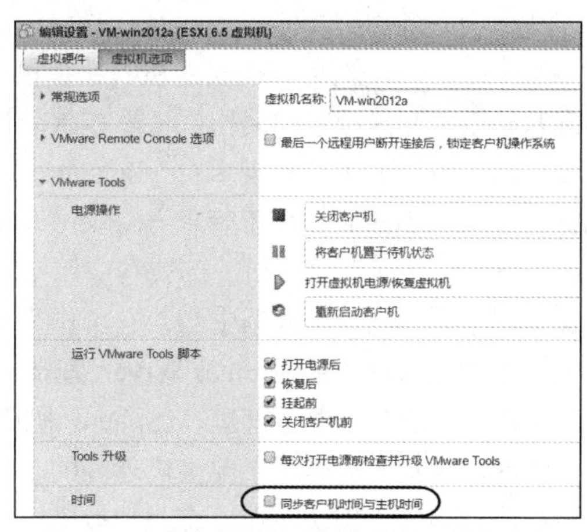

图 3-78　将虚拟机的时钟与 ESXi 主机同步

3.6 习题

1. 简述 VMware ESXi 的功能和特点。
2. VMware ESXi 有哪几种安装方式？
3. 简述 ESXi 主机维护模式与锁定模式。
4. 简述 vSphere 虚拟机兼容性。
5. vSphere 虚拟磁盘置备有哪几种格式？各有什么特点？适合哪类应用？
6. vSphere 虚拟机控制台有哪几种？
7. 为什么要将 ESXi 时钟与 NTP 服务器同步？
8. 参照 3.2 节的内容，准备一台 ESXi 主机（建议使用 VMware Workstation 虚拟机），安装 VMware ESXi 软件。
9. 参照 3.3.2 小节的内容，登录到 ESXi 主机的直接控制台，配置管理网络。
10. 参照 3.4 节的内容，通过浏览器登录到 ESXi 主机的 VMware Host Client 界面，熟悉基本操作。
11. 参照 3.5 节的内容，在主机上分别创建一台 Window Server 2012 R2 虚拟机和一台 CentOS 7 虚拟机，并安装 VMware Tools。

第4章 vCenter Server 部署

vCenter Server 位于 VMware vSphere 虚拟化基础架构的管理层，与 VMware ESXi 配套使用，可以池化和管理多个 ESXi 主机的资源，是实现规模应用和高级功能的基础。作为充当连接到网络的 ESXi 主机的中心管理员，vCenter Server 用于管理虚拟机和 ESXi 主机的运行。数据中心的高级功能，如实时迁移虚拟机、高可用性和容错（vSphere FT）等，都需要 vCenter Server 支持。vCenter Server 提供了许多功能，可以使用这些功能来监控和管理物理基础架构和虚拟基础架构。部署 ESXi 只是搭建了单台 vSphere 主机的虚拟化环境，部署 vCenter Server 才能实现多台 vSphere 主机集中化运行，以及管理的完整虚拟化平台。vSphere Web Client 是用于管理 vSphere 环境各个方面的主要界面，可用于管控 vCenter Server、ESXi 主机和虚拟机。部署和应用 vCenter Server，首先要创建和组织虚拟对象的清单，必须至少创建一个数据中心，它可作为所有清单对象的容器。

本章首先简单介绍 vCenter Server 基础，然后依次讲解 vCenter Server 的安装、管理客户端的使用、清单创建与管理、vSphere 虚拟机部署与管理，以及 vSphere 权限管理。上一章介绍的虚拟机部署是基于单主机环境的，本章讲解基于 vCenter Server 环境部署虚拟机，部署方法更多，管理功能强，支持虚拟机模板，还可以使用 vApp 管理多层应用程序。

4.1 vCenter Server 基础

vCenter Server 为虚拟机和主机的管理、操作、资源配置和性能评估提供了一个集中的平台，管理员可以用它来集中配置、管理和监控虚拟基础架构，并实现自动化和安全管理。

4.1.1 vCenter Server 的主要功能

vCenter Server 提供了 ESXi 主机管理、虚拟机管理、模板管理、虚拟机部署、任务调度、统计与日志、警报与事件管理等功能，还支持数据中心高级功能，如虚拟机实时迁移（vSphere vMotion）、分布式资源调度（vSphere DRS）、高可用性（vSphere HA）和容错（vSphere FT）等。

4.1.2 vCenter Server 组件与服务

vCenter Server 有以下两种版本。

- vCenter Server for Windows：基于 Windows 系统的应用程序。
- vCenter Server Appliance：基于 Linux 系统的预配置的虚拟机。

1. 组件和服务概述

vCenter Server for Windows 和 vCenter Server Appliance 安装中包含以下组件和服务。

- VMware Platform Services Controller 基础架构服务组：包含 vCenter 单点登录（Single

Sign-On，SSO）、许可证服务、查找服务（Lookup Service）和 VMware 证书颁发机构。

● vCenter Server 服务组：包含 vCenter Server、vSphere Web Client、vSphere Auto Deploy （自动部署）和 vSphere ESXi Dump Collector（转储收集器）。vCenter Server for Windows 还包含 VMware vSphere Syslog Collector（日志收集器）。vCenter Server Appliance 还包含 VMware vSphere Update Manager Extension 服务。

2. vCenter 单点登录与 Platform Services Controller

vCenter 单点登录身份验证服务为 vSphere 软件组件提供安全身份验证服务。使用 vCenter 单点登录，vSphere 组件可通过安全的令牌交换机制相互通信，而不是要求每个组件分别与 Active Directory 等目录服务进行身份验证。vCenter 单点登录构建了在安装或升级过程中注册 vSphere 解决方案和组件的内部安全域（例如 vsphere.local），从而提供基础架构资源。vCenter 单点登录可以通过它自己的内部用户和组对用户进行身份验证，也可以连接到受信任的外部目录服务（如 Microsoft Active Directory）对用户进行身份验证。

从 vSphere 6.0 开始，vCenter Server 及其服务都必须在 VMware Platform Services Controller 中绑定。Platform Services Controller（PSC），通常译为平台服务控制器。之前的 vSphere 版本，SSO 随着 vSphere 升级，一些其他产品以 SSO 作为认证源，如果 vSphere 没有升级，SSO 就不能及时升级。现在，PSC 提供包括 SSO 在内的一系列服务，PSC 独立于 vSphere 进行升级，在其他任何依赖 SSO 的产品之前完成升级。

vCenter Server Appliance 对应的 PSC 版本称为 Platform Services Controller Appliance，也是以 Linux 虚拟机的形式运行的。

3. vSphere 域、域名和站点

每个 PSC 都与 vCenter 单点登录域相关联。域名默认为 vsphere.local，但是可以在安装第一个 PSC 时进行更改。域确定本地认证空间。可以将域拆分成多个站点，并将 PSC 和 vCenter Server 实例分配到一个站点。站点是逻辑结构，但通常对应于地理位置。

安装 PSC 时会提示创建 vCenter 单点登录域或加入现有域，不能更改 PSC 或 vCenter Server 实例所属的域。

可以将 PSC 域组织到逻辑站点。VMware Directory Service 中的站点是用于在 vCenter 单点登录域中对 PSC 实例进行分组的逻辑容器。在 PSC 故障转移期间，vCenter Server 实例与同一站点中的其他 PSC 相关联。安装或升级 PSC 时，将提示输入站点名称。

4. 可选 vCenter Server 组件

可选 vCenter Server 组件随基本产品打包和安装，但可能需要单独的许可证。这些可选组件用于实现 vCenter Server 高级功能，列举如下。

● vMotion：虚拟机在 ESXi 主机之间实时迁移。vCenter Server 集中协调所有 vMotion 活动。

● Storage vMotion：在不会中断服务的前提下，将正在运行的虚拟机的磁盘和配置文件从一个数据存储移至另一个数据存储。该功能需要在虚拟机的主机上获得许可。

● vSphere HA：实现主机群集的高可用性，提供快速恢复。如果一台主机出现故障，则该主机上运行的所有虚拟机都将立即在同一群集的其他主机上重新启动。

- vSphere DRS：平衡所有主机和资源池中的资源分配及功耗。vSphere DRS 还包含 DPM（分布式电源管理）功能。
- Storage DRS：平衡存储资源分配。
- vSphere Fault Tolerance（FT）：虚拟机容错。通过创建和维护等同于主要虚拟机的辅助虚拟机来提供虚拟机的连续可用性，辅助虚拟机在发生故障切换时持续替换主要虚拟机。

这些组件可实现虚拟机高效自动化的资源管理及高可用性，将在后续章节中重点讲解。

4.1.3 vCenter Server 和 PSC 部署类型

在部署 vCenter Server Appliance 或安装 vCenter Server for Windows 之前，必须确定适合环境的部署模型，即选择嵌入式 PSC 还是外部 PSC。选择嵌入式 PSC，与 PSC 捆绑在一起的所有服务与 vCenter Server 服务一起部署在同一个服务器上。选择外部 PSC，PSC 与 vCenter Server 安装在不同的服务器上，而且必须先安装 PSC，再使用 PSC 实例注册 vCenter Server 实例。下面简单介绍典型的部署类型。

1. 使用嵌入式 PSC 部署 vCenter Server

如图 4-1 所示，这是一种独立的部署类型，拥有自己的具有单个站点的 vCenter 单点登录域，适用于小型环境，不能将其他 vCenter Server 或 PSC 实例加入到此 vCenter 单点登录域。这种部署类型具有以下优点。

- vCenter Server 和 PSC 之间不通过网络连接，不会因连接和名称解析问题而导致中断。
- 安装 vCenter Server 需要较少的 Windows 许可证。
- 可以管理较少的虚拟机或物理服务器。

不足之处，是每个产品都有一个 PSC，会消耗更多的资源。

2. 使用外部 PSC 部署 vCenter Server

部署 PSC 实例时，可以创建一个 vCenter 单点登录域，或者将其加入现有的 vCenter 单点登录域。加入的 PSC 实例会复制其基础设施数据，如身份验证和许可信息，并可跨越多个 vCenter 单点登录站点。可以使用一个外部 PSC 实例注册多个 vCenter Server 实例，如图 4-2 所示，将 PSC 安装在一个虚拟机或物理主机上，并且该 PSC 注册的 vCenter Server 实例安装在其他虚拟机或物理主机上。

图 4-1 使用嵌入式 PSC

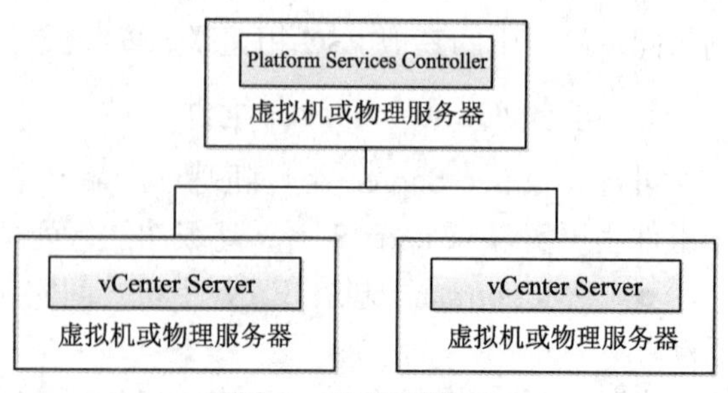

图 4-2 使用外部 PSC

这种部署类型适用于大型环境，突出的优点是，PSC 实例中的共享服务所消耗的资源更少。不足之处正好与前一种部署类型的优点相反，列举如下。

- vCenter Server 和 PSC 之间的连接可能具有连接和名称解析问题。
- 安装 vCenter Server 需要更多的 Windows 许可证。
- 必须管理更多的虚拟机或物理服务器。

3. 混合操作系统环境

用户还可以在 Windows 与 Linux 混合操作系统环境中部署 PSC 与 vCenter Server 实例。Windows 上使用外部 PSC 的混合操作系统环境如图 4-3 所示，使用外部 Platform Services Controller Appliance 的混合操作系统环境如图 4-4 所示。

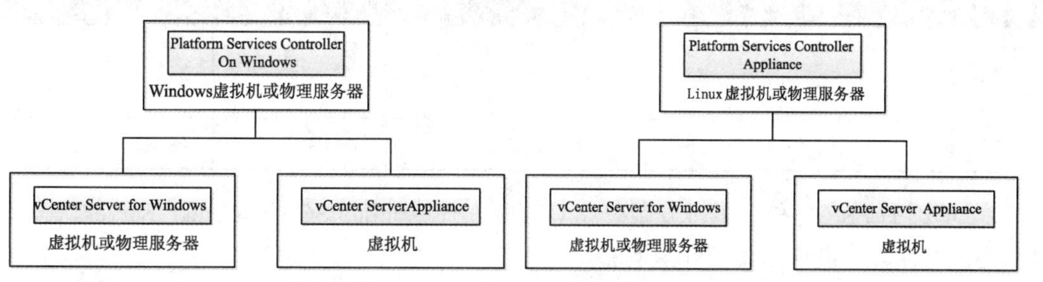

图 4-3 Windows 上使用外部 PSC　　图 4-4 使用外部 Platform Services Controller Appliance

4.2 安装 vCenter Server

在规划和实施 vSphere 虚拟化环境时，需要选择 vCenter Server 部署方案来管理 vSphere 环境，方案确定后就要实施 vCenter Server 的安装。

4.2.1 选择 vCenter Server 安装方案

可以在 Windows 虚拟机或物理服务器上安装具有嵌入式或外部 PSC 的 vCenter Server（这是 Windows 版，可称为 vCenter Server for Windows），也可以部署具有嵌入式或外部 PSC 的 vCenter Server Appliance。

对于 vCenter Server for Windows，可以将 vCenter Server 和 PSC 安装在同一虚拟机或物理服务器上，也可以在不同的虚拟机或物理服务器上进行安装。当安装 vCenter Server 中使用嵌入式 PSC 时，vCenter Server 和 PSC 在同一虚拟机或物理服务器上运行。使用外部 PSC 安装 vCenter Server 时，首先应在一个虚拟机或物理服务器上安装包含所有必需服务的 PSC，然后将 vCenter Server 及其组件安装到另一个虚拟机或物理服务器上。

vCenter Server Appliance 是预配置的基于 Linux 运行的虚拟机，针对 vCenter Server 及其组件进行了优化。可以在 ESXi 5.5 或更高版本的主机上部署 vCenter Server Appliance 或 PSC 设备，或者通过 vCenter Server 5.5 或更高版本的清单在 ESXi 主机或 DRS 群集上部署。可以部署 PSC 设备，然后向该 PSC 设备注册 vCenter Server Appliance 的外部部署和 Windows 安装。

考虑到实验环境，下面以使用嵌入式 PSC 安装 vCenter Server for Windows 为例，版本选择 vCenter Server 6.5。

4.2.2 vCenter Server for Windows 的安装要求

在 Windows 服务器上安装 vCenter Server 和 PSC，系统必须满足特定的软硬件要求。

1. 硬件要求

Windows 系统上安装 vCenter Server 和 PSC 的最低建议硬件要求如表 4-1 所示。

表 4-1 vCenter Server for Windows 6.5 最低建议硬件要求

	PSC	微型环境（最多 10 个主机，100 个虚拟机）	小型环境（最多 100 个主机，1000 个虚拟机）	中等环境（最多 400 个主机，4000 个虚拟机）	大型环境（最多 1000 个主机，10000 个虚拟机）	超大型环境（最多 1000 个主机，10000 个虚拟机）
CPU 数量	2	2	4	8	16	24
内存	4GB	10GB	16GB	24GB	32GB	48GB

除了单独的 PSC 之外，其他安装是指具有嵌入式或外部 PSC 的 vCenter Server。这里使用 8GB 内存成功进行了微型环境实验。

2. 存储要求

安装 vCenter Server 时，系统必须满足最低存储要求。存储要求取决于安装的部署模型。单独的外部 PSC 至少需要 4GB 存储空间，具有嵌入式 PSC 或外部 PSC 的 vCenter Server 至少需要 17GB。

3. 软件要求

vCenter Server 中需要 64 位操作系统，Windows Server 版本最低是 Windows Server 2008 SP2，且必须安装最新的更新和修补程序。64 位系统 DSN 要求 vCenter Server 连接到外部数据库。

4. 数据库要求

每个 vCenter Server 实例都必须有自己的数据库，用于存储和组织服务器数据。对于最多 20 台主机和 200 台虚拟机的环境，可以使用 vCenter Server 安装期间捆绑的 PostgreSQL 数据库。更大的部署环境，则需要外部数据库。

5. 所需端口

VMware 使用指定的端口进行通信。对于内置防火墙，安装程序将在安装或升级过程中打开这些端口。对于自定义防火墙，必须手动打开所需端口。vCenter Server 所需端口有 22、53、80、88、389、443、514、636、902、1514、2012～2015、2020、5480、6500～6502、7080、7081、7444、8200、8201、8300、8301、9443、11711、11712、12721。

6. DNS 要求

用户可以在具有固定 IP 地址和公网 DNS 名称的主机上安装或升级 vCenter Server。运行 vCenter Server 系统的 Windows 服务器应分配静态 IP 地址和主机名。该 IP 地址必须具有有效 DNS 注册。安装 vCenter Server 和 PSC 时，必须提供完全限定的域名（FQDN），或正在执行安装或升级的主机的静态 IP。建议使用 FQDN。如果计划对虚拟机或物理服务器使用 FQDN，则必须验证 FQDN 是否可解析。

4.2.3 使用嵌入式 PSC 安装 vCenter Server for Windows

这里将具有嵌入式 PSC 的 vCenter Server 安装在同一台虚拟机或物理服务器上。

1．准备工作

（1）下载 vCenter Server 安装程序 ISO 文件。该文件包括 vCenter Server（Windows 版）和相关的 vCenter Server 组件及支持工具。用户可到官网下载 60 天的评估版。

（2）准备 vCenter Server 数据库以进行安装。小型应用直接使用捆绑的 PostgreSQL 数据库，无须安装外部数据库。

（3）准备 vCenter Server 服务器。

为方便介绍，这里在虚拟机上部署 vCenter Server。准备一台 VMware Workstation 虚拟机，为其配置两个 CPU、8GB 内存和 40GB 硬盘，网络类型使用网络地址转换（NAT）。安装 Windows Server 2012 R2 操作系统。该 Windows 服务器不能是 Active Directory 域控制器，也不能运行 DNS 服务。

从 vSphere 6.5 开始，vCenter Server 支持混合的 IPv4 和 IPv6 环境。为简化部署过程，这里只用 IPv4，没有使用部署 DNS，而是直接使用静态 IP 地址。这里该机的 IP 地址为 192.168.10.10（子网掩码 255.255.255.0），默认网关 192.168.10.2。

（4）在 vSphere 网络上同步时钟。验证 vSphere 网络上的所有组件是否时钟同步。

上一章末尾在讲解将 ESXi 时钟与 NTP 服务器同步时，部署了内部的 NTP 服务器，这里只需要通过“日期和时间”对话框，将时间服务器设置为该内部 NTP 服务器即可，如图 4-5 所示。这样，vCenter Server 服务器就在 vSphere 网络上同步时钟了。

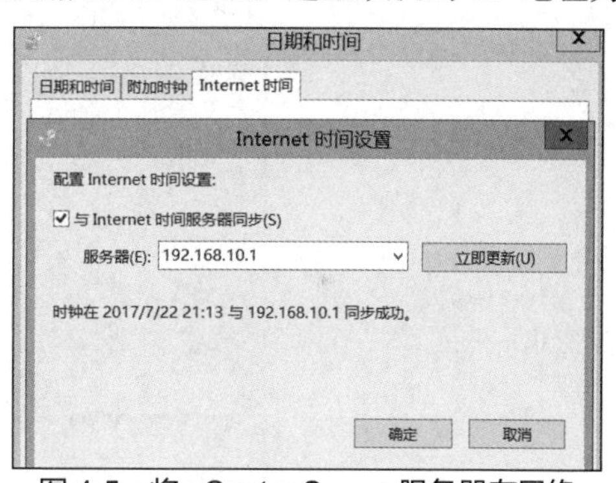

图 4-5　将 vCenter Server 服务器在网络上同步时钟

2．安装过程

（1）在虚拟机（拟充当 vCenter Server 服务器）上将光驱设置为 vCenter Server 安装程序 ISO 文件，运行其中的 autorun.exe 文件，启动安装程序。

（2）出现图 4-6 所示的对话框，选择“适用于 Windows 的 vCenter Server”选项，然后单击“安装”按钮。

（3）根据安装向导提示查看欢迎页面并接受许可协议。

（4）当出现图 4-7 所示的界面时，选中“vCenter Server 和嵌入式 Platform Services Controller”单选按钮，然后单击“下一步”按钮。

（5）出现图 4-8 所示的界面，设置系统名称，单击“下一步”按钮。建议使用 FQDN，这需要 DNS 支持。这里仅限于实验用途，使用更为简单的静态 IP 地址。

注意

部署后无法更改系统名称，否则必须卸载 vCenter Server 并重新安装。

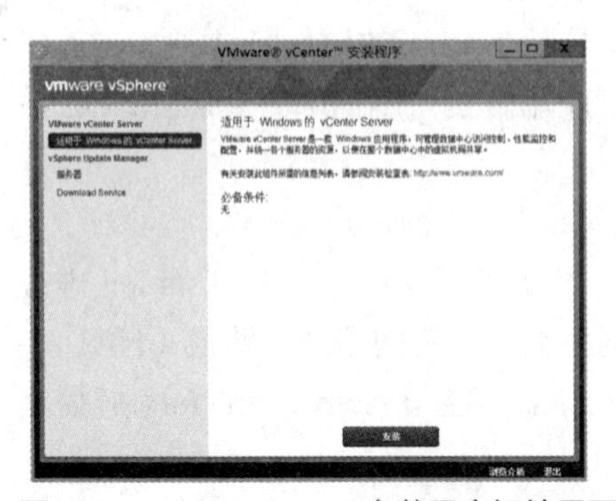

图 4-6　vCenter Server 安装程序初始界面

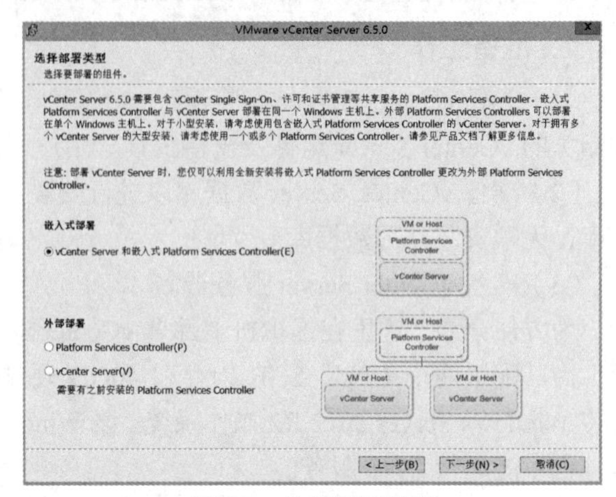

图 4-7　选择部署类型

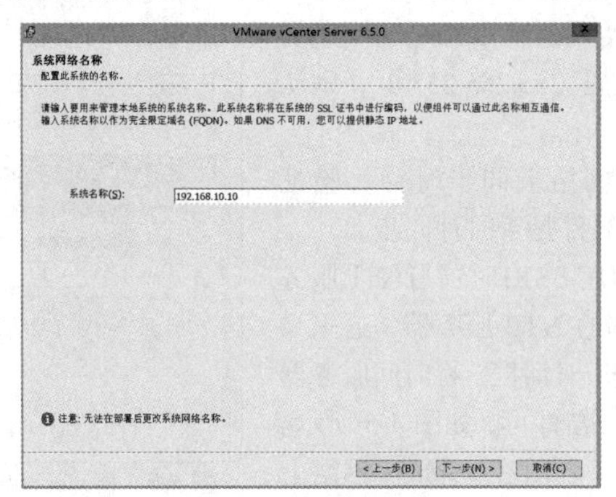

图 4-8　设置系统名称

（6）出现图 4-9 所示的界面，设置 vCenter 单点登录域，单击“下一步”按钮。

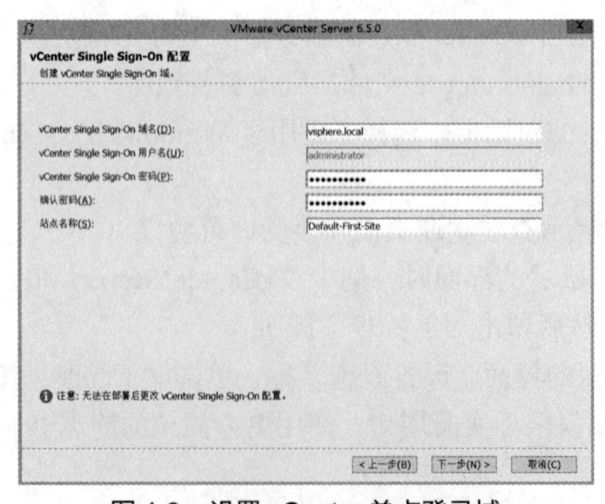

图 4-9　设置 vCenter 单点登录域

这里域名采用默认的 vsphere.local，关键是设置 vCenter Single Sign-On 用户名（例中为 administrator）的密码。密码最少 8 位，必须同时包含大写字母、小写字母、数字和特殊字符。安装 vCenter Server 之后，管理员可以 adminstrator@your_domain_name（即 SSO 域名）的身份登录到 vCenter Single Sign-On 和 vCenter Server。

（7）出现图 4-10 所示的界面，设置 vCenter Server 服务账户，单击“下一步”按钮。

从 vSphere 6.5 开始，vCenter Server 服务不再是 Windows 服务控制管理器下的独立服务，而是作为 VMware Service Lifecycle Manager 服务的子进程运行。

此处采用默认设置，vCenter Server 的服务使用 Windows 本地系统账户运行，这样可防止使用 Windows 集成身份验证连接到外部数据库。

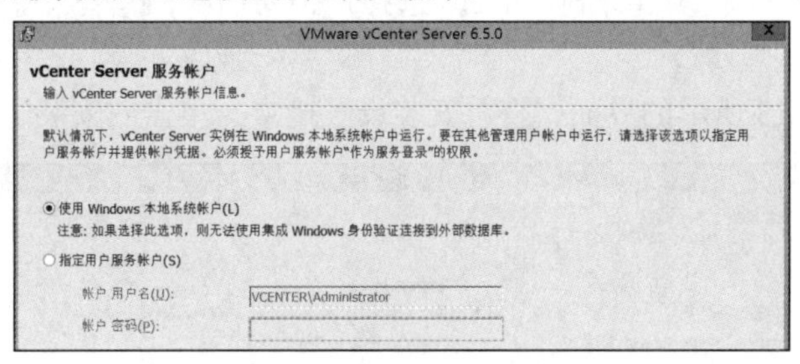

图 4-10　设置 vCenter 服务账户

（8）出现图 4-11 所示的界面，选择要使用的数据库，单击“下一步”按钮。

鉴于实验，这里使用嵌入式数据库（PostgreSQL），通常适用于小规模部署。如果使用外部数据库，需要提前准备好设置外部数据库的 DSN（数据来源名称）的用户名和密码。

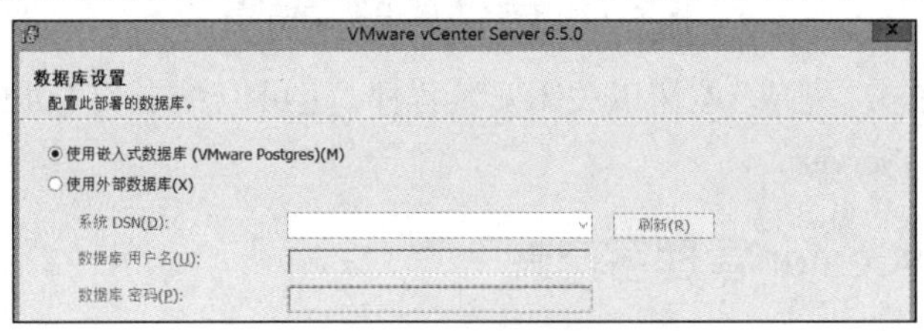

图 4-11　选择要使用的数据库

（9）出现图 4-12 所示的界面，配置各组件的端口，单击“下一步”按钮。

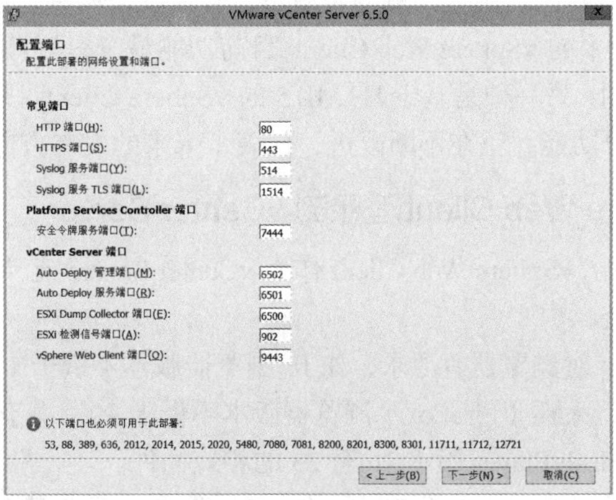

图 4-12　配置端口

最好采用默认端口号，如果有其他服务使用默认端口号，应在这里输入备用端口号。

确保端口 80 和 443 是空闲和专用的，以便 vCenter 单点登录可以使用这些端口。否则应在安装过程中使用自定义端口。

界面底部还给出一个端口列表，确保这些端口不被其他服务所占用。

（10）出现“目标目录”界面，选择安装路径，单击“下一步”按钮。

这里保持默认设置，也可根据需要更改默认目标文件夹。

（11）出现“客户体验改善计划”界面，选择是否要加入，这里保持默认设置，单击“下一步”按钮。

（12）出现图 4-13 所示的界面，查看安装设置摘要，单击“安装”按钮开始安装。

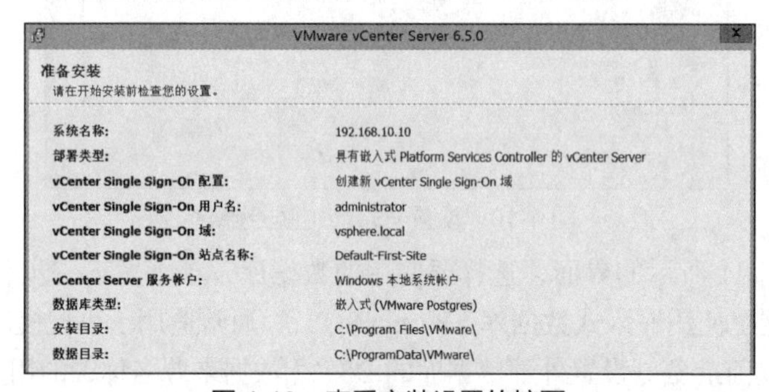

图 4-13　查看安装设置的摘要

安装完成后，单击“完成”按钮以关闭安装程序。也可以单击“启动 vSphere Web Client”按钮登录到 vCenter Server。

4.3 使用 vCenter 管理客户端

vSphere 6.5 对 vCenter Server 管理客户端进行了重大更改，以前的 VMware vSphere Client（用 C#语言编写的传统应用程序）已不再适用，但仍然支持 vSphere 5.5 和 6.0。从 vSphere 6.5 开始，不再提供传统客户端的新版本，转而支持两种基于浏览器的客户端。一种是基于 Flash/Flex 技术的 vSphere Web Client，目前功能最全，是首选的 vCenter 管理工具，也适合生产环境中使用；另一种是基于 HTML 5 的 vSphere Client，具有 vSphere Web Client（Flash /Flex）的一部分功能，正在不断改进，代表了未来的发展方向，目前适合测试用。

4.3.1 使用 vSphere Web Client 登录到 vCenter Server

从 vSphere 6.0 开始，vSphere Web Client 作为 vCenter Server 或 vCenter Server Appliance 部署的一部分进行安装。

vSphere Web Client 对浏览器有要求，如 IE 浏览器版本不低于 10.0.19，谷歌（Google）浏览器版本不低于 34，火狐（FireFox）浏览器版本不低于 39。由于基于 Flash /Flex 技术，它还需要安装 Adobe Flash Player 版本 16 至 23 的相应插件。

vCenter Server 内置 vSphere Web Client 的 HTTP 服务，要访问它，只需在 Web 浏览器

中输入包含目标vCenter服务器域名或IP地址的URL地址即可，格式为https://vcenter_server_fqdn/vsphere-client或https://vcenter_server_ip_address/vsphere-client。

这里为https://192.168.10.10/vsphere-client，首次访问会提示安全问题，继续访问即可。不同的浏览器版本提示的安全信息不尽相同，以Google Chrome为例，首先提示“您的链接不是私密链接”，单击“高级”链接，再单击“继续前往”选项，出现图4-14所示的界面，输入在vCenter Server上具有权限的用户的凭据（首次登录使用vCenter Single Sign-On管理员账户，这里为administrator@vsphere.local），然后单击“登录”按钮。

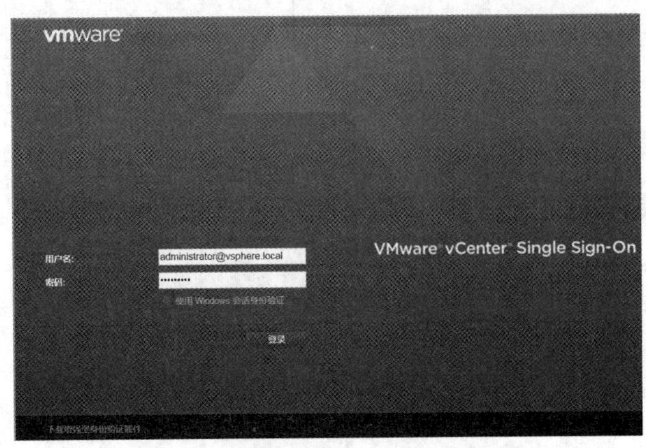

图4-14 vSphere Web Client登录界面

成功登录，将显示相应vCenter Single Sign-On实例的Web管理界面，即vSphere Web Client初始界面，如图4-15所示，可以对该实例进行配置和管理。

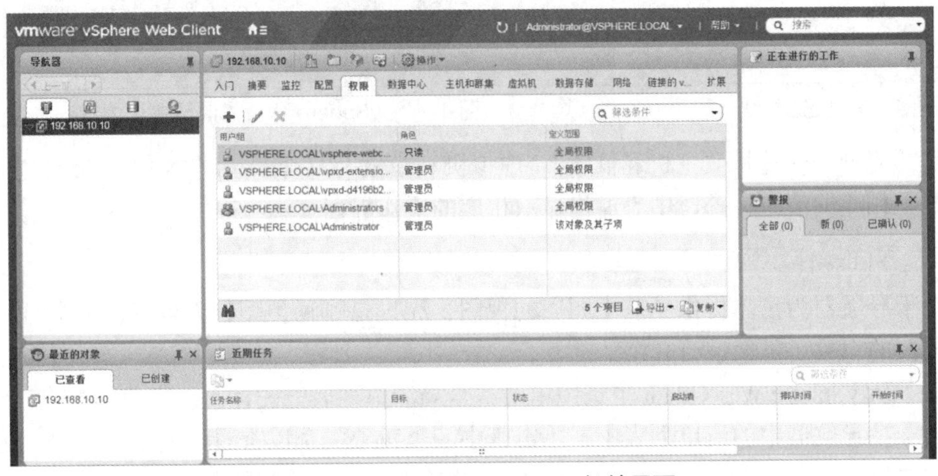

图4-15 vSphere Web Client初始界面

登录vCenter Server之后，如果需要注销，单击vSphere Web Client初始界面顶部的用户名，然后选择“注销”命令即可。

4.3.2 使用vSphere Web Client界面

用户可以使用vSphere Web Client管理整个vSphere虚拟化平台。

1. 操作界面概述

使用 vSphere Web Client 登录 vCenter Server 之后，左侧窗格中显示的是导航器，用于浏览和选择操作对象；中心窗格显示的是相应的操作界面，该界面既可以对已选对象执行操作，又可以选择对象。两个窗格中的有些功能是重合的。

在 vSphere 6.5 中，初始界面显示的默认视图是主机和群集，而不是主页。这是一个层次清单树，通过“主机和群集”（图标 ）、“虚拟机和模板”（图标 ）、“存储”（图标 ）和“网络”（图标 ）这 4 种视图来显示不同类别的父对象和子对象的分层排列效果。可以根据需要在不同的类别之间切换，再展开树状节点依次选择不同层级的对象。

vSphere Web Client 界面顶部提供一个快捷操作按钮 ，单击它将弹出一个快捷菜单，如图 4-16 所示。选择“主页”命令，导航器中也将显示相同的功能列表，中心窗格显示主页内容，如图 4-17 所示。

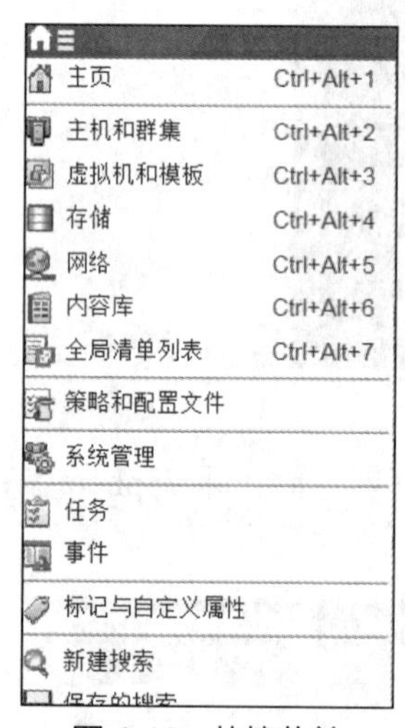

图 4-16 快捷菜单

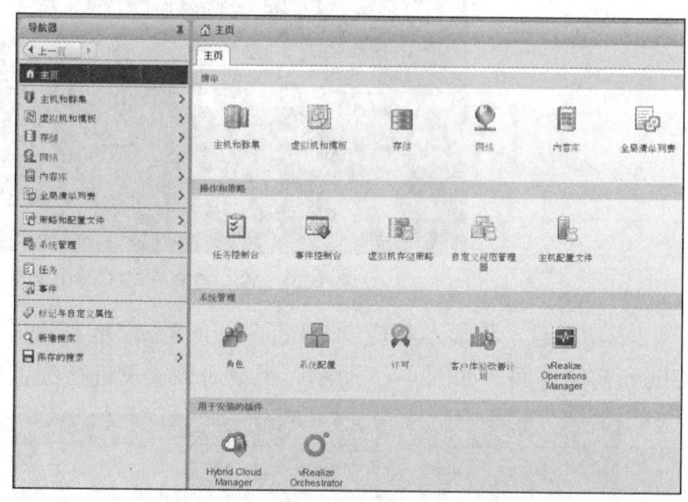

图 4-17 vSphere Web Client 主页内容

从功能列表中选择“主机和群集”“虚拟机和模板”“存储”和“网络”命令，导航器中将显示相应的清单视图，中心窗格显示相应的操作界面。

2. 界面操作示范

由于导航器为清单提供了基于图表的视图，无论是哪种类型，都可以从一个对象导航到其相关的对象。下面进行介绍。

（1）从 vSphere Web Client 主页中单击“全局清单列表”图标。

（2）在导航器中的清单列表中，单击其中一个对象类别以查看该类型的对象。例如，单击“主机”对象以查看 vSphere Web Client 清单中的主机，如图 4-18 所示。

（3）单击列表中的对象，在中心窗格中显示有关该对象的信息，如图 4-19 所示。

（4）再次单击列表的该对象，打开该对象并将其导入到导航器的顶部，并在其下方显示相关的对象类别（在图 4-18 所示的界面中单击中心窗格中的“主机”对象，也会出现相同的界面）。如图 4-20 所示，打开主机可以查看与此主机关联的资源池、虚拟机、vApp、数据存储、网络、分布式交换机和分布式端口组。

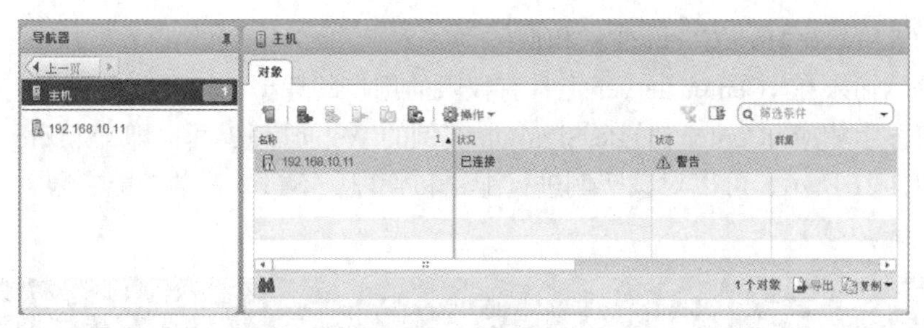

图 4-18　查看主机

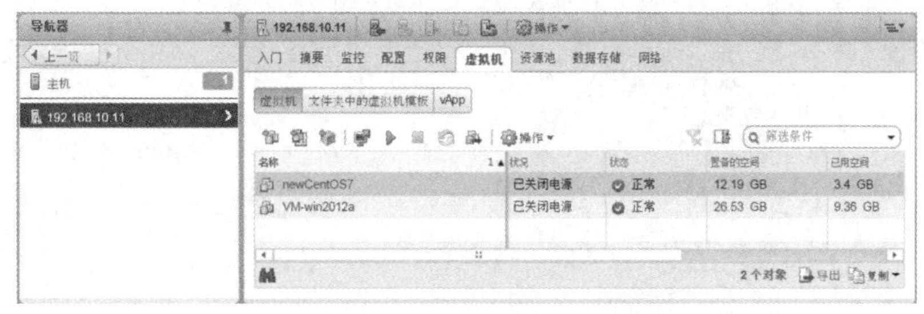

图 4-19　在中心窗格中显示对象的信息

图 4-20　打开对象

（5）要访问其他信息和操作，选择中心窗格中的选项卡。基本的选项卡有“入门”（查看介绍信息并访问基本操作）、“摘要”（查看对象的基本状态和配置）、“监控”（查看对象的报警、性能数据、资源分配、事件和其他状态信息）、“配置”（配置设置、报警定义、标签和权限）。还有一些选项卡与所选择的对象有关，例如，如果选择“主机”对象，可以看到的选项卡还有“虚拟机”“资源池”“数据存储”和“网络”。

3. 自定义用户界面

用户可以根据需要自定义 vSphere Web Client 的外观以增强操作体验；可以重新排列 vSphere Web Client 用户界面中的边栏，通过定制用户界面来移动内容区域上的边栏和导航窗格；可以通过选择隐藏或显示不同的边栏来自定义用户界面；也可以通过更改 webclient.properties 文件来禁用定制的用户界面功能，禁用相关对象选项卡。

4.3.3　使用基于 HTML 5 的 vSphere Client 登录到 vCenter Server

考虑到 HTML 5 代表未来的发展方向，vSphere 6.5 发布了一个基于 HTML 5 的 Web 客户端版本，名称为 vSphere Client。vSphere Client 是 vCenter Server 的一部分，安装后即可使用。要访问它，只需在 Web 浏览器中输入包含目标 vCenter 服务器域名或 IP 地址的 URL 地址即可，格式为 https://vcenter_server_fqdn/ui 或 https://vcenter_server_ip_address/ui，与上

一章介绍的 VMware Host Client 非常相似。

根据提示输入在 vCenter Server 上具有权限的用户的凭据，然后单击“登录”按钮。成功登录，将显示相应 vCenter Single Sign-On 实例的 Web 管理界面，即 vSphere Client 初始界面，如图 4-21 所示，可以对该实例进行配置和管理。不过，目前功能有限，还不能胜任全部操作任务。

图 4-21 基于 HTML 5 的 vSphere Client 初始界面

4.4 vCenter Server 清单创建与管理

大型 vSphere 部署可能包含若干具有复杂主机、群集、资源池和网络的虚拟数据中心，较小的 vSphere 实现也可能需要具有复杂拓扑的单个虚拟数据中心。无论虚拟环境如何，要部署和应用 vCenter Server，首先要创建和组织虚拟对象的清单。

4.4.1 vCenter Server 清单概述

这里清单的英文为“Inventory”，也可以译为库存，用于组织和管理 vSphere 对象，目的是支持虚拟机运行。

虚拟数据中心是完成运行虚拟机的全功能环境所需的所有清单对象的容器，是 vCenter Server 最高层次的容器（除文件夹外），必须至少创建一个数据中心。可以将主机、文件夹或群集添加到数据中心。

群集（Cluster，也可译为“集群”）是一组主机。创建群集是为了整合多个主机和虚拟机的资源，提高可用性，进行更灵活的资源管理。当主机添加到群集时，主机的资源将成为群集资源的一部分。群集管理其中所有主机的资源。

文件夹是包含其他文件夹或一组相同类型的对象的通用容器，目的是对对象进行分组，方便层次化管理。可以为不同类型的对象创建不同类型的文件夹，如主机和群集文件夹、网络文件夹、存储文件夹、虚拟机和模板文件夹。文件夹层次不受限制，数据中心也可以加入到文件夹中。

可以在数据中心、文件夹或群集对象下添加主机。如果主机包含虚拟机，则这些虚拟机将与主机一起添加到清单中。

接下来介绍最基本的 vCenter Server 清单对象操作，其他对象的操作在后面具体讲解。

4.4.2 创建数据中心

可以通过创建多个数据中心来组织环境集，如为企业中的每个组织单位创建一个数据中心，也可以仅创建一个数据中心。

打开 vSphere Web Client 界面，导航到可创建数据中心的 vCenter Server 服务器，有多种途径创建数据中心。可在右键快捷菜单中选择“新建数据中心”命令（如图 4-22 所示）；也可以打开 vCenter Server 对象，在中心窗格中切换到“数据中心”选项卡，执行“新建数据中心”命令，在弹出的“新建数据中心”对话框中为它命名（这里命名为 Datacenter），然后单击“确定”按钮，如图 4-23 所示。

图 4-22 快捷菜单

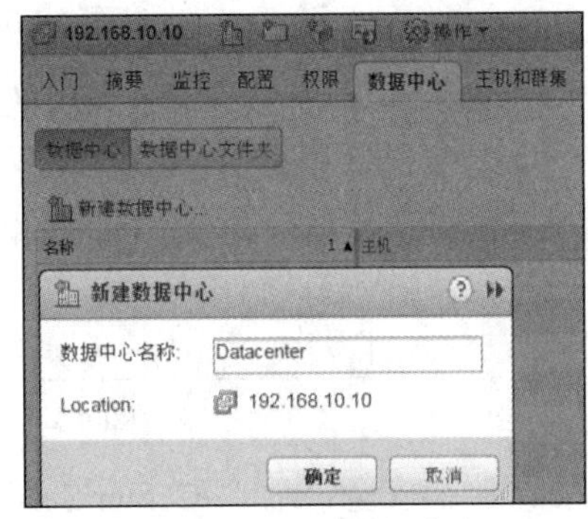

图 4-23 新建数据中心

中心窗格的“数据中心”选项卡给出新建的数据中心的列表，如图 4-24 所示。

图 4-24 新建的数据中心列表

切换到“入门”选项卡，提示接下来的基本操作是向数据中心添加主机、创建群集、创建新虚拟机、添加数据存储和创建 Distributed Switch，如图 4-25 所示。

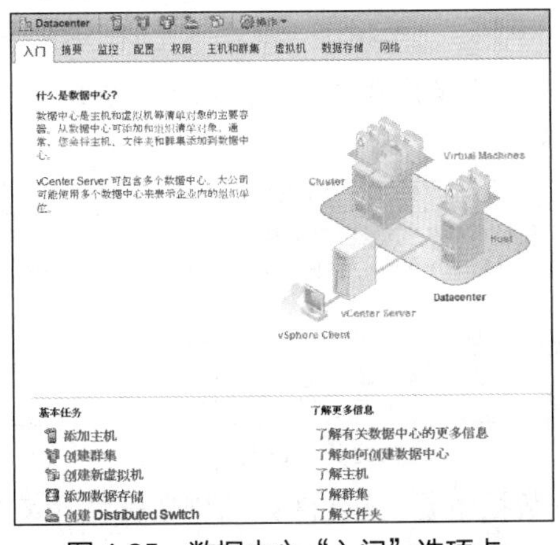

图 4-25 数据中心“入门”选项卡

4.4.3 将 ESXi 主机加入数据中心

用户可以在数据中心、文件夹或群集对象下添加主机，这里介绍将主机添加到数据中心。

（1）在 vSphere Web Client 界面中导航到某数据中心。

（2）右击该数据中心，然后选择“添加主机”命令，启动相应的向导。

（3）如图 4-26 所示，输入主机的名称或 IP 地址，然后单击“下一步”按钮。

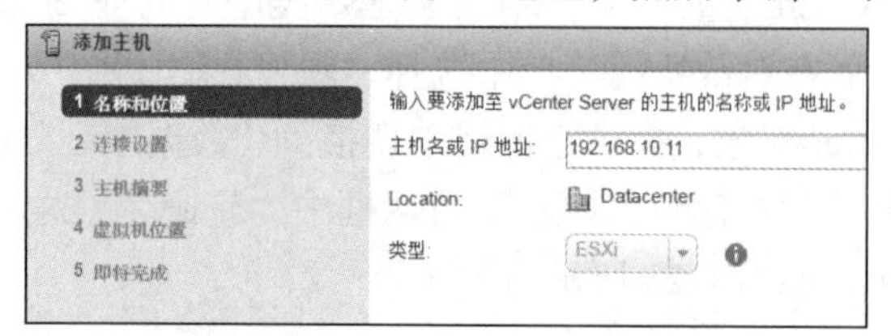

图 4-26　输入主机的名称和位置

（4）如图 4-27 所示，输入主机的管理账户信息并单击“下一步”按钮。

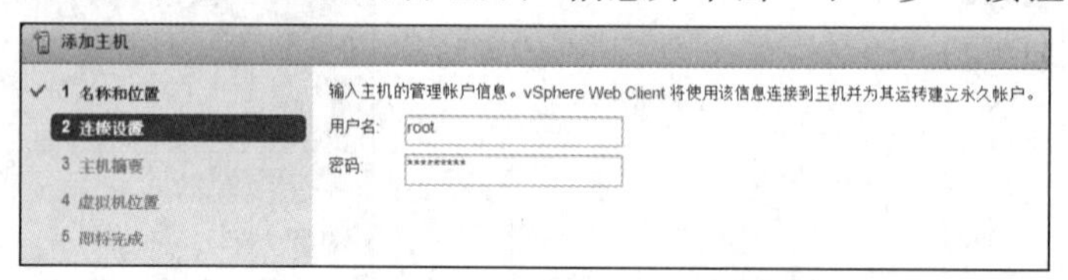

图 4-27　输入主机的管理账户信息

如果弹出安全警示“vCenter Server 的证书存储无法验证该证书”，则单击“是”按钮。

（5）如图 4-28 所示，查看主机摘要，然后单击“下一步”按钮。

（6）如图 4-29 所示，分配许可证。在“许可证”列表中选择已有的许可证。如果没有许可证，单击“+”图标创建新的许可证。然后单击“下一步”按钮。

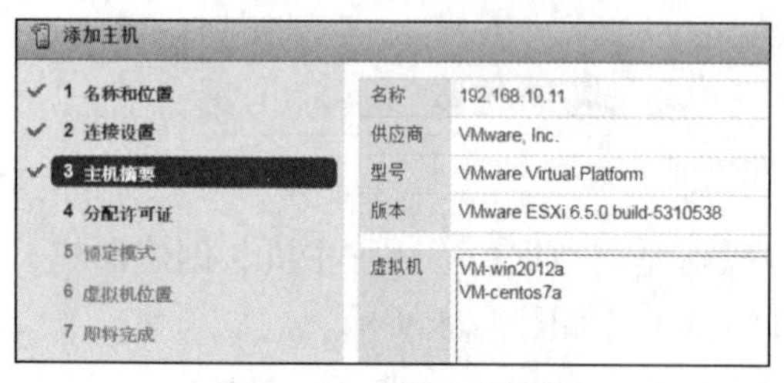

图 4-28　查看主机摘要

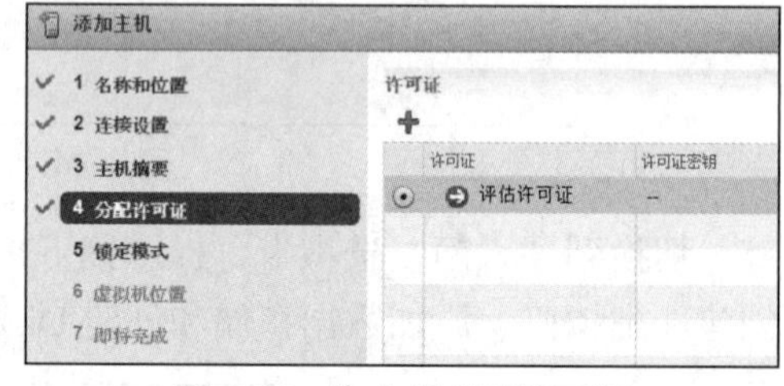

图 4-29　为主机分配许可证

（7）如图 4-30 所示，选择锁定模式选项以禁用管理员账户的远程访问。一般保持默认的禁用选项，然后单击“下一步”按钮。

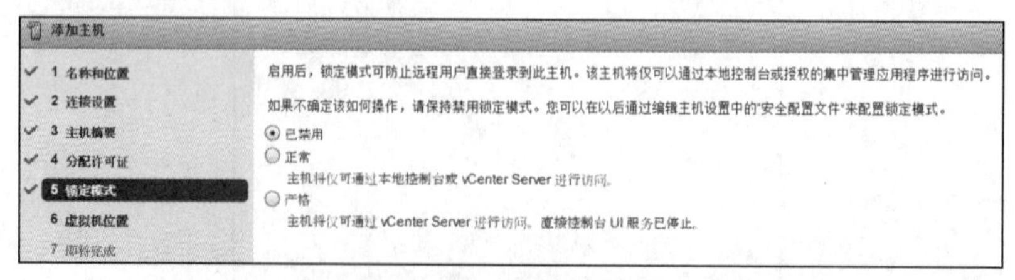

图 4-30　选择锁定模式

（8）如果将主机添加到数据中心（或文件夹），则要选择驻留在主机上的虚拟机的位置。如图 4-31 所示，这里选择默认的数据中心，然后单击“下一步”按钮。

（9）如图 4-32 所示，在“即将完成”界面中显示要添加的主机的设置摘要信息，确认后单击“完成”按钮。

图 4-31　设置虚拟机位置

图 4-32　查看主机设置的摘要信息

至此，主机 ESXi-A（192.168.10.11）已经添加到数据中心，如图 4-33 所示。用户可以根据需要进行查看和操作该主机。

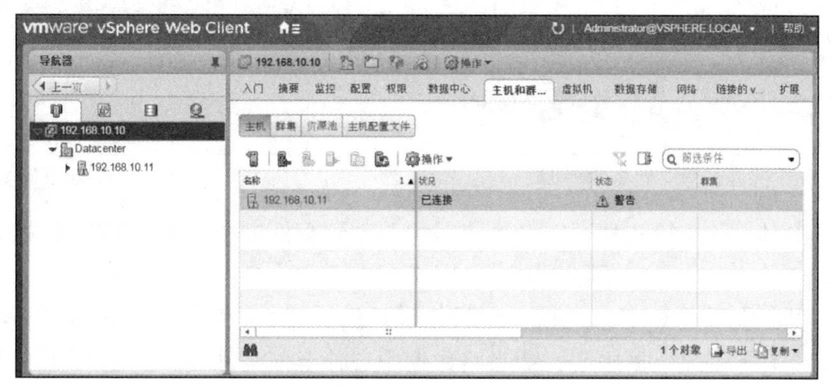

图 4-33　添加到数据中心的 ESXi 主机

4.4.4　创建群集

群集用于管理其中所有主机的资源。vSphere 高可用性（HA）、vSphere 分布式资源调度（DRS）和 VMware 虚拟 SAN 等高级功能都依赖于群集，这也是群集最重要的价值。

用户可以在数据中心或数据中心内的文件夹下创建群集。下面介绍操作方法。在 vSphere Web Client 界面中导航到某数据中心，右击该数据中心，然后选择“新建群集”命令，弹出图 4-34 所示的对话框，为群集指定名称，然后根据需要选择群集功能，这里保持默认设置，暂不启用任何功能，单击“确定”按钮完成群集的创建。

完成群集创建之后，可以根据需要进一步配置，如图 4-35 所示，切换到“配置”选项卡，执行相应操作任务。当然最重要的工作是将 ESXi 主机添加到群集，步骤与将 ESXi 主机添加到数据中心相似，只是同一台主机不能同时加入到数据中心和群集。

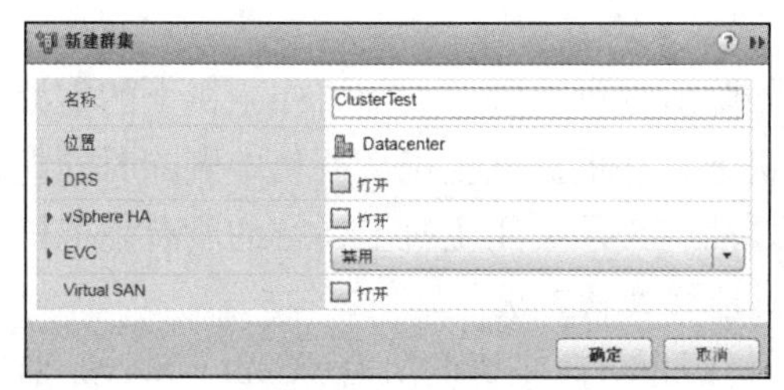

图 4-34　新建群集

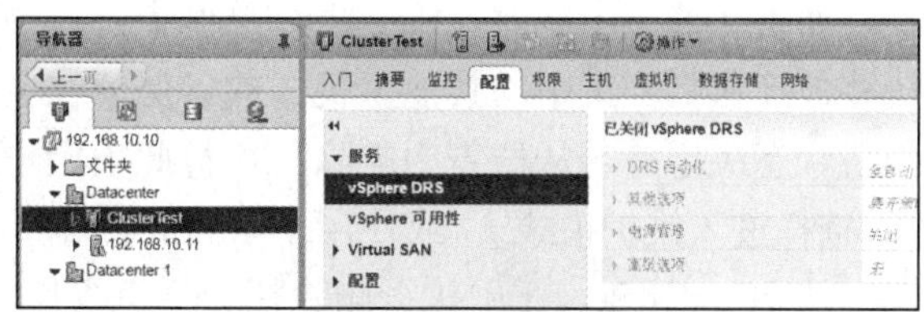

图 4-35　配置群集

4.4.5 创建文件夹

使用文件夹可以对相同类型的对象进行分组，以便管理。用户可以在数据中心或其他文件夹（作为文件夹的父对象）下创建文件夹。在导航器中，右击文件夹的父对象，选择“新建文件夹”命令以创建文件夹。

如果在数据中心下面创建文件夹，则选择要创建的文件夹的类型，如图 4-36 所示，这里选择“新建虚拟机和模板文件夹”命令。如图 4-37 所示，在弹出的对话框中为文件夹命名，然后单击“确定”按钮。

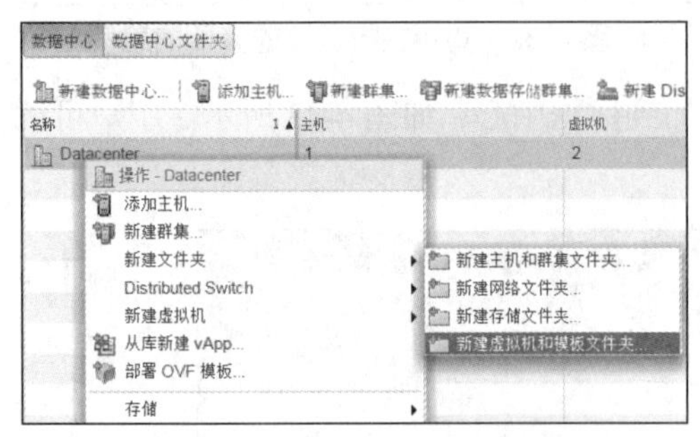

图 4-36　选择新建文件夹的类型

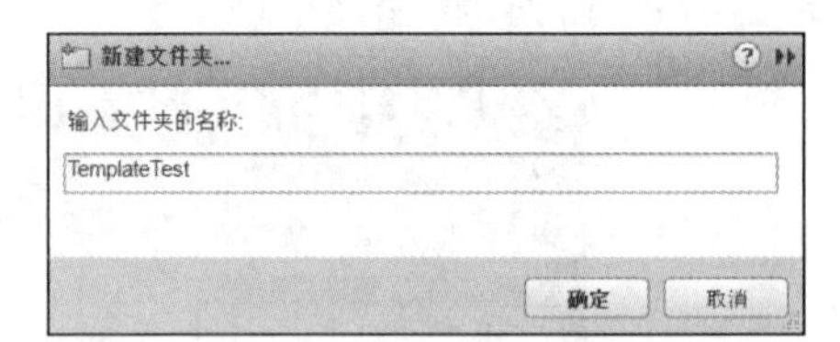

图 4-37　新建文件夹

通过右击对象并选择“移至”命令将对象移动到文件夹中，只需浏览并选择文件夹作为目标位置。

用户可以在最顶层（vCenter Server 服务器下面）创建文件夹用于分组管理数据中心，然后在该文件夹下创建数据中心，或者将数据中心移至该文件夹。但是不能在群集中创建文件夹，也不能将群集置于某文件夹中。

4.4.6 管理 vCenter Server 中的主机

VMware Host Client 只能用于单台 ESXi 主机的管理，而 vSphere Web Client 可以管理 vCenter Server 中的所有 ESXi 主机。要访问所管理的主机的完整功能，前提是将主机连接到 vCenter Server 系统，也就是将 ESXi 主机添加到数据中心或群集。

如图 4-38 所示，在 vSphere Web Client 界面中导航到要添加的 ESXi 主机，这里为 ESXi-A（192.168.10.11），单击它，可以在中心窗格中查看其信息，对其进行配置管理操作。单击“操作”按钮，弹出相应的快捷菜单（或者在导航器中右击该主机），根据任务需要选择命令。大部分操作命令与 VMware Host Client 相同。

通过“连接”命令及其子命令可以断开并重新连接 vCenter Server 系统管理的主机。断开托管主机只是临时挂起 vCenter Server 执行的所有监视活动，托管主机及其关联的虚拟机保留在 vCenter Server 清单中。

如果从群集中删除主机，将从总群集资源中扣除所提供的资源。部署在主机上的虚拟机将被迁移到群集中的其他主机，或者保留在主机上，并根据该主机从群集中删除时的虚拟机状态决定是否从群集中删除。执行此项操作之前，必须关闭主机上运行的所有虚拟机（可选择进入维护模式），或使用 vMotion 将虚拟机迁移到新主机。

从 vCenter Server 中执行删除托管主机操作，将停止对该主机的所有 vCenter Server 监视和管理，并从 vCenter Server 环境中删除该托管主机及其关联的虚拟机。如果主机是群集的一部分，则必须将其置于维护模式，再执行删除操作。完成之后，vCenter Server 将所有关联的处理器和迁移许可证的状态返回到可用状态。

图 4-38 配置和管理 vCenter Server 中的主机

4.5 vSphere 虚拟机部署与管理

与 VMware Host Client 工具相比，vSphere Web Client 的虚拟机部署和管理功能更为强大，能支持虚拟机的大规模高效部署和管理。下面介绍基于 vCenter Server 环境部署与管理 vSphere 虚拟机，涉及模板、vApp 和内容库。

4.5.1 部署虚拟机

VMware 提供多种方法配置 vSphere 虚拟机，具体采用的方法取决于基础架构的规模和类型，以及要实现的目标等因素。用户可以创建单个虚拟机并在其上安装操作系统，然后将该虚拟机用作克隆其他虚拟机的模板。部署和导出存储在开放虚拟机格式的虚拟机、虚拟设备和 vApp，可以使用预配置的虚拟机。模板是虚拟机的主要副本，用于创建和部署多个虚拟机，这样能够大大提高效率。如果要部署许多类似的虚拟机，则克隆虚拟机可以节省时间。用户还可以将虚拟机克隆到模板，保留虚拟机的主副本，以便创建其他模板。

用户可以在数据中心、文件夹、群集、资源池或主机等清单对象中创建虚拟机。在 vSphere Web Client 界面中导航到要创建虚拟机的对象，右击它启动新建虚拟机向导，首先需要选择创建类型，如图 4-39 所示，然后根据提示完成相应类型的虚拟机的创建，下面分别介绍。

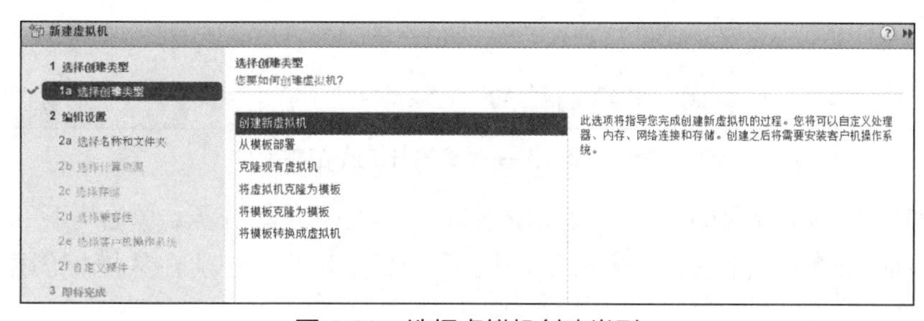

图 4-39 选择虚拟机创建类型

1. 创建新虚拟机

如果虚拟机需要具有特定操作系统和硬件配置，则可以创建单一的虚拟机，这种情况没有模板可依赖，也不能采用克隆方法，需要自行配置虚拟硬件（包括处理器、硬盘和内存）。创建虚拟机之后，还需要安装客户机操作系统和 VMware Tools，这样才能完成虚拟机部署。在虚拟机中安装客户机操作系统与将其安装在物理计算机中的操作基本相同。完整的操作过程请参见使用 VMware Host Client 工具创建虚拟机。

2. 将虚拟机克隆为模板

创建虚拟机后，可将其克隆为模板，还可以更改模板。例如，在客户机操作系统中安装其他软件，同时保留原始虚拟机。

用户可以右击清单中虚拟机的有效父对象，打开新建虚拟机向导，选择“将虚拟机克隆为模板”类型，单击“下一步”按钮，再选择要依据的虚拟机（如图 4-40 所示），根据提示完成其余操作，具体参见下面的操作步骤。

也可以先选择一台虚拟机，将它克隆为模板。这里以此为例进行介绍。

（1）如图 4-41 所示，右击清单中的某虚拟机，选择“克隆”→“克隆为模板”命令。

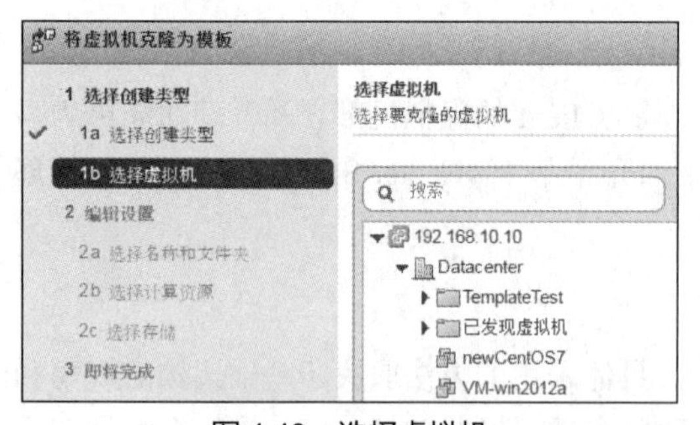

图 4-40 选择虚拟机

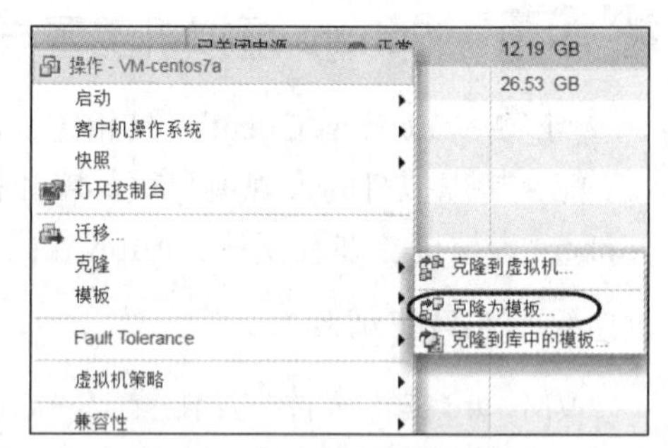

图 4-41 执行克隆为模板命令

（2）打开图 4-42 所示的界面，为该模板指定名称，选择模板的位置（数据中心或虚拟机文件夹），单击“下一步”按钮。

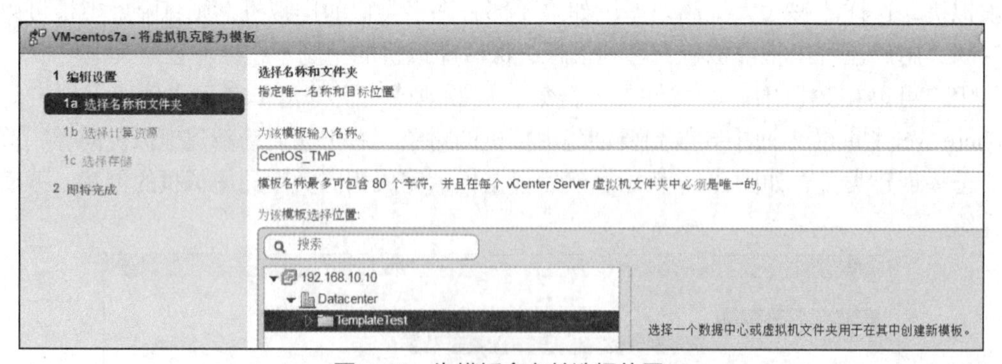

图 4-42 为模板命名并选择位置

（3）出现图 4-43 所示的界面，为该模板选择主机或群集资源，单击“下一步”按钮。该模板必须向 ESXi 主机注册。主机处理模板的所有请求，必须在从模板创建虚拟机时运行。

图 4-43 为虚拟机模板选择资源

（4）出现图 4-44 所示的界面，为该模板选择数据存储（该模板的虚拟磁盘的数据存储位置），单击“下一步”按钮。

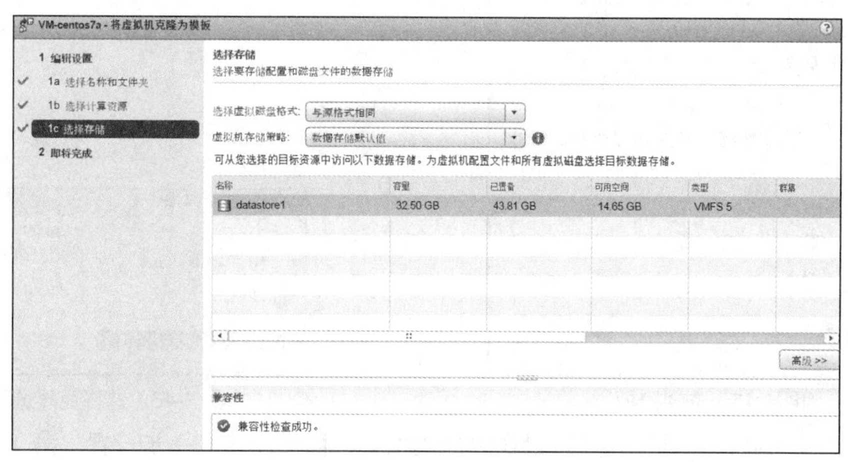

图 4-44 为虚拟机模板选择数据存储

（5）在“即将完成”界面中显示模板设置摘要信息，确认后单击“完成”按钮。

3. 将模板克隆为模板

创建模板后，要保留模板的原始状态，可将其克隆到模板，也就是将模板复制到模板中。启动该任务有两种方法：一种是通过清单中的任何对象打开新建虚拟机向导，选择“将模板克隆为模板”类型；另一种是浏览导航到指定的模板，右击该模板并选择“克隆为模板”命令。详细的操作步骤不再赘述。

4. 将模板转换成虚拟机

创建模板后，无法修改该模板。要更改现有模板，必须将其转换为虚拟机，从中进行所需的编辑修改，再将虚拟机转换回模板。另外，如果不再需要将某模板用于部署虚拟机，则还可以将它转换为虚拟机。

将模板转换为虚拟机也有两种方法：一种是通过清单中的任何对象打开新建虚拟机向导，选择“将模板转换为虚拟机”类型；另一种是浏览导航到指定的模板，右击该模板并选择“转换为虚拟机”命令。

5. 从模板部署虚拟机

有了虚拟机模板，则可以考虑从模板部署虚拟机。将创建的虚拟机是该模板的副本，具有配置好的虚拟硬件、软件和其他属性。

启动这项任务有两种方法：一种通过从清单中的任何对象打开新建虚拟机向导，选择“从模板部署”类型；另一种是浏览导航到指定的模板，右击该模板并选择“从此模板新建虚拟机”命令。以第 1 种方法为例，从模板部署虚拟机的后续步骤如下。

（1）如图 4-45 所示，选择要使用的模板，单击“下一步”按钮。

此界面还提供了 3 个选项，分别表示自定义虚拟机的客户机操作系统，在部署之前配置虚拟机的硬件，创建完成之后启动虚拟机。如果采用第 2 种方法，这些选项则在“选择克隆选项”界面中专门提供，如图 4-46 所示。为简化实验，这里保持默认设置，不选中其中任何选项。

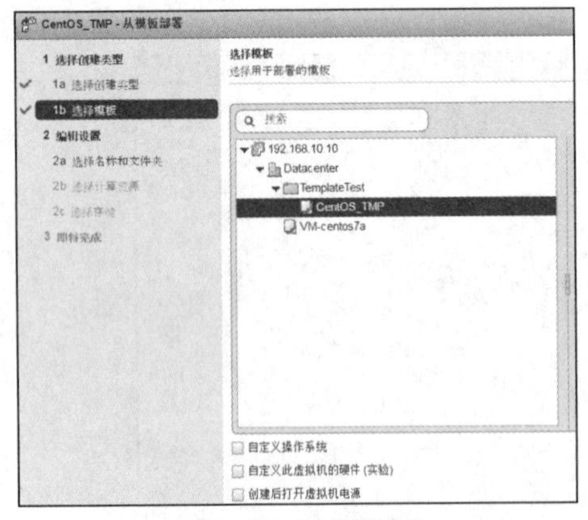

图 4-45　选择模板

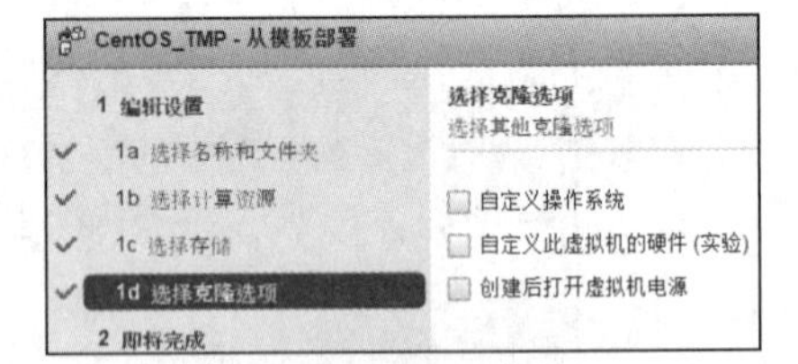

图 4-46　选择克隆选项

选中选项之后，向导将在后续操作中提供相应界面供用户进一步设置。第 1 个选项用于在创建过程中自定义操作系统以更改属性，例如计算机名称、网络和许可证设置，以防止部署具有相同设置的虚拟机时可能导致的冲突。第 2 个选项可配置虚拟机硬件，例如，创建虚拟机时默认会选择虚拟磁盘，使用此选项可以使用新建设备添加新硬盘，选择现有磁盘或添加 RDM 磁盘。

（2）出现“选择虚拟机名称和文件夹”界面，为该虚拟机指定名称，选择虚拟机的位置（数据中心或虚拟机文件夹），单击“下一步”按钮。

（3）出现图 4-47 所示的界面，选择要运行的虚拟机的主机、群集、vApp 或资源池，单击“下一步”按钮。

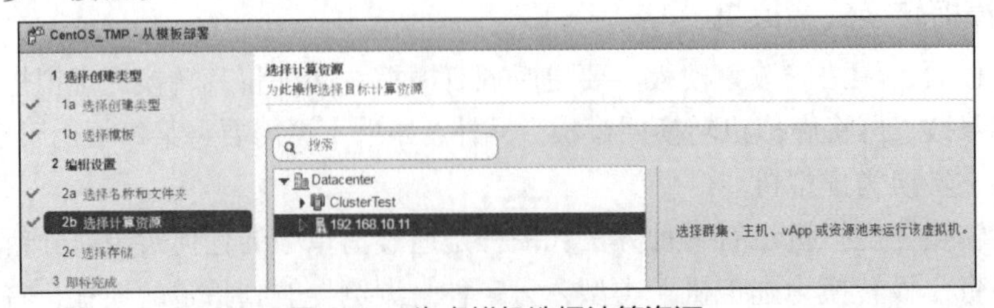

图 4-47　为虚拟机选择计算资源

（4）出现“选择存储”界面，为该虚拟机选择数据存储，单击“下一步”按钮。

（5）在“即将完成”界面中显示虚拟机设置摘要信息，确认后单击“完成”按钮。

6. 克隆虚拟机

克隆虚拟机将创建一个虚拟机，它是源虚拟机的一个副本。新虚拟机具有与源虚拟机配置相同的虚拟硬件、软件和其他属性。启动这项任务有两种方法：一种是通过清单中的任何对象打开新建虚拟机向导，选择“克隆现有虚拟机”类型；另一种是浏览导航到指定的虚拟机，右击该虚拟机并选择“克隆到虚拟机”命令。

4.5.2 部署 OVF 和 OVA 模板

OVF（Open Virtual Format）是一种支持跨产品和平台交换虚拟设备的文件格式，OVA（Open Virtual Appliance）则是 OVF 的一种分发文件格式。可以从 OVF 和 OVA 模板中导出虚拟机、虚拟设备和 vApp，也可以在相同或不同的环境中部署 OVF 或 OVA 模板。在以前的 vSphere 版本中，需要安装客户端集成插件才能部署和导出 OVF 或 OVA 模板，而 vSphere 6.5 则不再需要安装该插件。

1. OVF 和 OVA 格式及模板

OVF 格式是一种开源的文件规范，它描述了一个开源、安全、有效、可拓展的便携式虚拟打包及软件分布格式。它是一个文件包一般由.ovf 文件、.mf 文件、.cert 文件、.vmdk 文件和.iso 文件共同组成。这种文件包可作为不同虚拟机之间的一个标准可靠的虚拟文件格式，实现不同虚拟机之间的通用性。

而 OVA 格式则是一个单一的 OVF 文件打包格式，包含一个 OVF 包中的所有文件类型。这种单一的文件格式使得它非常便携。

OVF 和 OVA 格式具有以下优点。

- 文件被压缩，便于快速下载。
- 在 vSphere Web Client 中要验证导入前的 OVF 或 OVA 文件，确保它与预期的目标服务器兼容。如果设备与所选主机不兼容，则无法导入，并显示错误消息。
- 可以封装多层应用程序和多个虚拟机。

2. 导出 OVF 模板

OVF 模板将虚拟机或 vApp 的状态捕获到自包含的包中。导出 OVF 或 OVA 模板就是基于现有虚拟机或 vApp 生成该格式的模板。

（1）在 vSphere Web Client 界面中导航到某虚拟机（或 vApp），然后选择“模板”→“导出 OVF 模板”命令，弹出相应的对话框。

（2）如图 4-48 所示，在“名称”框中输入模板的名称，根据需要在“注释”框中输入描述信息，如果选中“启用高级选项”复选框，将提供有关 BIOS UUID、MAC 地址、额外配置等高级选项，只是这些选项限制可

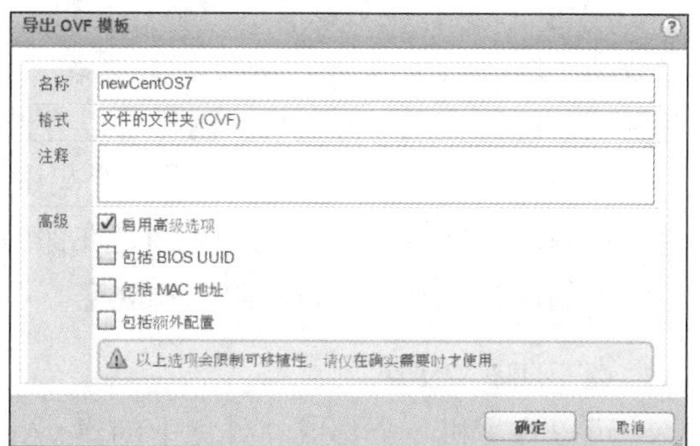

图 4-48 导出 OVF 模板

移植性。

（3）完成设置后，单击“确定”按钮。

系统将提示保存与模板（.ovf、.vmdk、.mf）关联的每个文件。

3. 部署 OVF 或 OVA 模板

部署 OVF 或 OVA 模板就是基于此模板创建虚拟机或 vApp，类似于从模板部署虚拟机。使用 vSphere Web Client 可以基于可访问的本地文件系统中或者远程 Web 服务器（URL）上的 OVF 及 OVA 模板部署虚拟机。

右击要在其中部署虚拟机的清单对象（如数据中心、文件夹、群集、资源池或主机），选择“部署 OVF 模板”命令，启动相应的向导，“选择模板”界面如图 4-49 所示，首先要指定源 OVF 或 OVA 模板所在的位置（路径）。对于位于远程服务器上的源模板，支持的 URL 源是 HTTP 和 HTTPS。对于本地的源，需要选择与 OVF 模板或 OVA 文件关联的所有文件（如.ovf、.vmdk 等文件）。单击“下一步”按钮，根据提示完成其余步骤，可参考从模板部署虚拟机。

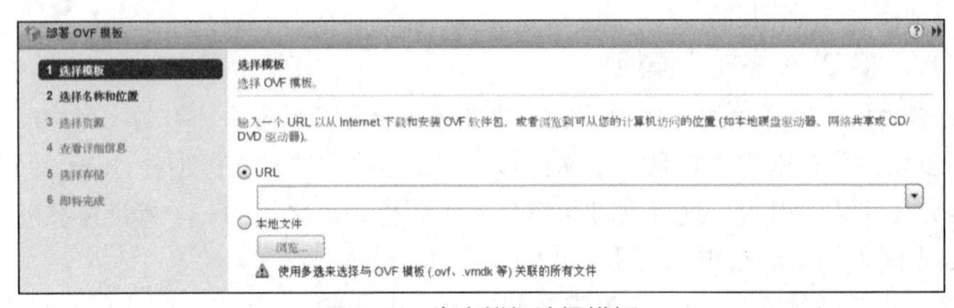

图 4-49 为虚拟机选择模板

4.5.3 使用 vApp 管理多层应用程序

vSphere vApp 是用于对应用程序进行打包和管理的格式，适合管理多层应用。

1. 理解 vApp 与资源池

vApp 是用于存储一个或多个虚拟机的容器，可以设置 CPU、内存资源分配、IP 分配策略，用于同时执行资源管理和某些其他管理活动。在 vApp 上执行的任何操作（如克隆或关闭），都会影响 vApp 容器中的所有虚拟机。vApp 元数据驻留在 vCenter Server 数据库中，因而 vApp 可以分布在多个 ESXi 主机上。

vApp 可以看作是多层应用服务器的集合。例如，由 Web 服务器、中间件服务器和后台数据库服务器组成一个 Web 应用系统，作为一个 vApp，可以集中在一起进行资源分配和管理，比如，同时开关机。这样可以方便地部署多套相同的三层架构的 Web 应用系统。

资源池（Resource Pool）则是一个集中分配资源的“池”，主要是对“池”里的服务器进行资源的集中管理和分配，特别是在保留一定的资源及限制过量使用资源方面，但对资源池中的虚拟机并没有特别限制和规定。

2. 创建 vApp

可以在主机、群集或文件夹中创建 vApp。

（1）在 vSphere Web Client 界面中浏览到支持 vApp 创建的对象（这里选择一个 ESXi

主机），右击它，选择“新建 vApp”→“新建 vApp”命令，启动相应的向导。

（2）如图 4-50 所示，首先选择“创建新 vApp”类型，然后单击“下一步”按钮。

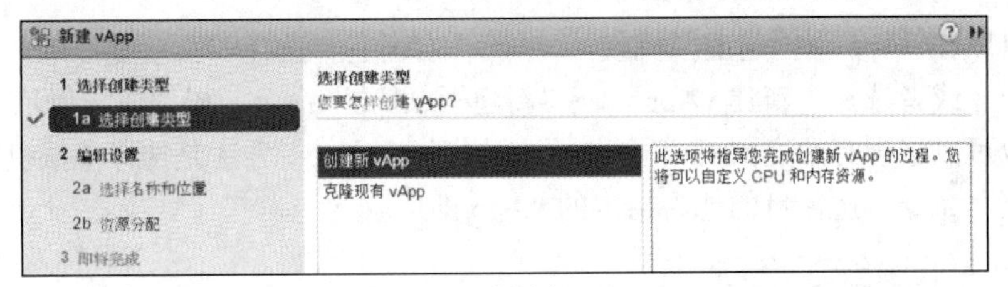

图 4-50　创建新 vApp

（3）如图 4-51 所示，在“vApp 名称”框中输入 vApp 的名称，为 vApp 选择位置（这里选择一个数据中心），然后单击“下一步”按钮。

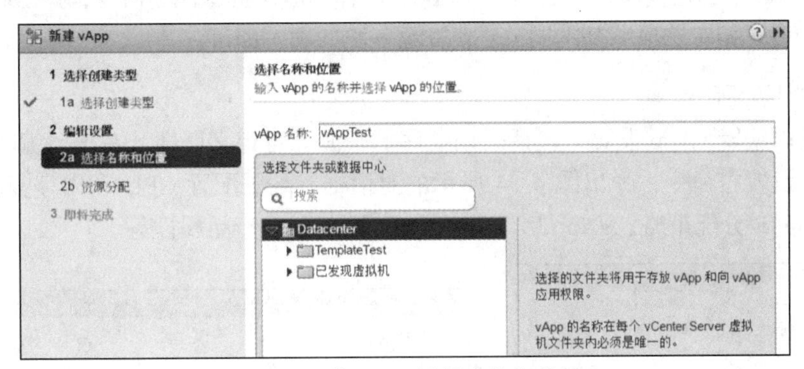

图 4-51　为 vApp 选择名称和位置

（4）如图 4-52 所示，设置资源分配选项，这里保持默认值，然后单击“下一步”按钮。

“CPU 资源”区域的选项决定如何将 CPU 资源分配给此 vApp。“份额”指定此 vApp 所拥有的 CPU 份额相对于父级的总 CPU 份额的数；“预留”指定为此 vApp 预留的 CPU 资源；“预留类型”设置是否可扩展；“限制”设置此 vApp 的 CPU 分配的上限。

“内存资源”区域的选项决定如何将内存资源分配给此 vApp。

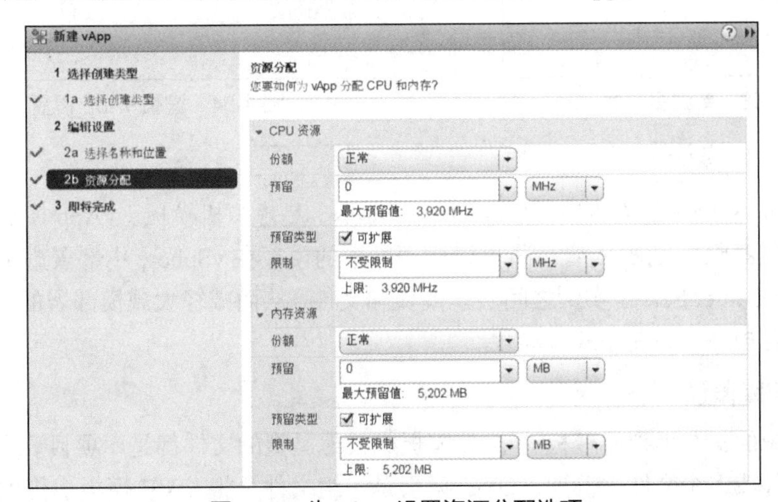

图 4-52　为 vApp 设置资源分配选项

（5）在“即将完成”界面中显示 vApp 设置摘要信息，确认后单击“完成”按钮。

3. 在 vApp 中添加虚拟机或子 vApp

用户可以在 vApp 中创建虚拟机或子 vApp，右击它，选择“新建虚拟机”→“新建虚拟机”命令，或者选择“新建 vApp”→“新建子 vApp”命令，根据向导提示操作即可。

用户也可以将现有的虚拟机或子 vApp 添加到 vApp 中，方法是选择虚拟机或子 vApp，执行“移至”命令，选择目的地为指定的 vApp 即可。

4. 在 vApp 中创建资源池

资源池用于集中分配资源，可按层次结构对独立主机、群集或 vApp 的可用 CPU 和内存资源进行分配。

要在 vApp 中创建资源池，右击该 vApp，选择“新建资源池”命令，弹出图 4-53 所示的对话框，设置相应选项（基本同 vApp 资源分配选项）即可。

5. 编辑 vApp 设置

用户可以编辑 vApp 设置，包括启动顺序、资源和自定义属性。右击要编辑的 vApp，选择“编辑设置”命令，弹出图 4-54 所示的对话框，除了配置 CPU 和内存资源外，还可以配置 vApp IP 分配策略、vApp 启动和关闭选项、vApp 产品属性等。

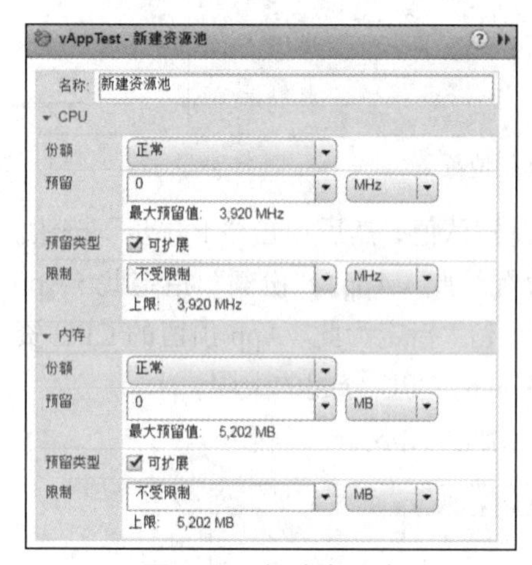

图 4-53 新建资源池

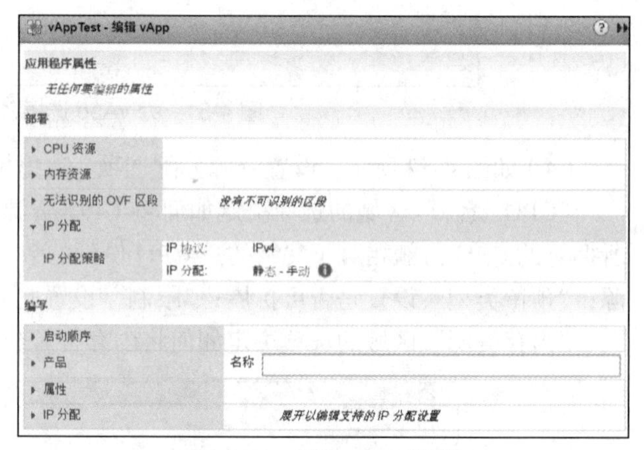

图 4-54 编辑 vApp 设置

4.5.4 使用内容库

VMware vSphere 的内容库（Content Libraries）是虚拟机模板、vApp 模板和其他类型的文件的容器对象。vSphere 管理员可以使用库中的模板在 vSphere 中部署虚拟机和 vApp。可以在多个 vCenter Server 实例之间共享模板和文件，从而减轻大规模部署的工作负载，实现一致性、合规性、高效率和自动化。

1. 内容库概述

内容库中的每个虚拟机模板、vApp 模板或其他类型的文件都是库项目。一个项目可以包含单个文件或多个文件。例如，OVF 模板是一组文件，将 OVF 模板上传到库时，实际上会上传与模板关联的所有文件（.ovf、.vmdk 和.mf），但是在 vSphere Web Client 界面中，内容库中只列出.ovf 文件。

可以创建以下 3 种类型的内容库。

- 本地内容库：只能在创建它的 vCenter Server 实例中访问本地内容库。
- 发布内容库：库的内容可用于其他 vCenter Server 实例。
- 订阅内容库：用于订阅已发布的库。可以在已发布库所在的 vCenter Server 实例或不同的 vCenter Server 系统中创建订阅库。订阅的库将自动同步到定期发送的源库，以确保订阅库的内容是最新的。使用订阅库，只能使用其内容，只有已发布库的管理员才可以管理模板和文件。

2. 创建内容库

要使用内容库，首先要创建内容库。

（1）在 vSphere Web Client 导航器中单击顶部的快捷操作按钮 ，从弹出的菜单中选择“内容库”命令，或者打开主页，再选择“内容库”选项。

（2）切换到“对象”选项卡，单击“创建新内容库”按钮启动相应的向导。

（3）如图 4-55 所示，在“名称”框中输入内容库的名称，根据需要在“备注”框中输入描述信息，然后单击“下一步”按钮。

（4）如图 4-56 所示，选择要创建的内容库的类型。这里选择本地内容库。

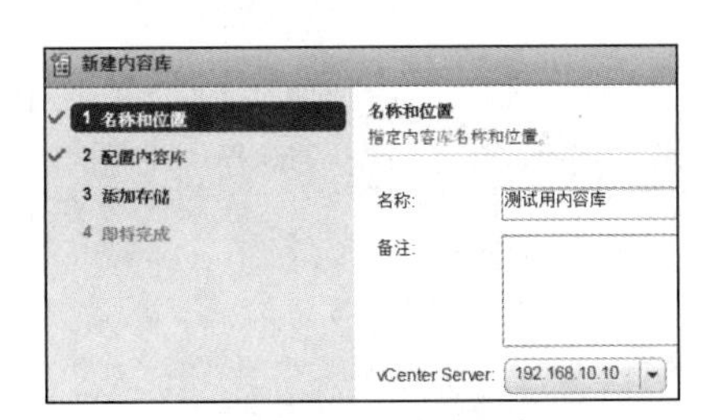

图 4-55　新建内容库

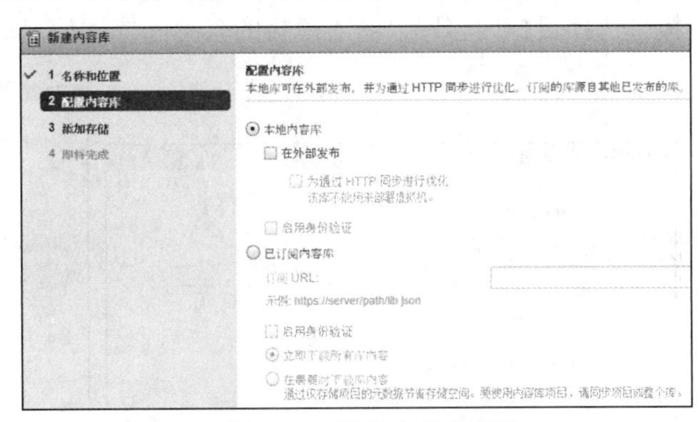

图 4-56　选择内容库类型

（5）如图 4-57 所示，为内容库指定存储。用户可以从已有的数据存储中选择一个，也可以输入保存此库内容的远程存储位置。这里选择已有的存储。

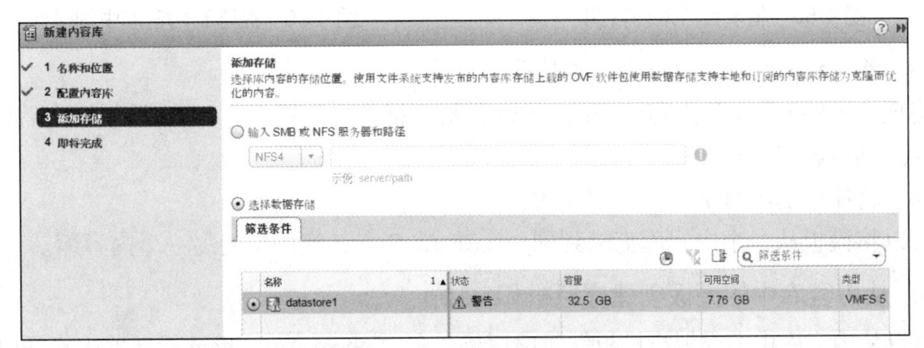

图 4-57　为内容库指定存储

（6）在“即将完成”界面中显示内容库设置的摘要信息，确认后单击“完成”按钮。

3. 向内容库中添加内容

创建内容库之后，还需要向库中添加内容。可添加的内容通常是 OVF 模板（用于配置新虚拟机），还可以是其他文件，如 ISO 映像、脚本和文本文件。

（1）将项目导入到内容库

用户可以将本地或 Web 服务器上的虚拟机模板和 vApp 项目导入内容库。在 vSphere Web Client 导航器中打开内容库，右击要管理的内容库，然后选择“导入项目”选项，打开图 4-58 所示的对话框，在“源”区域中选择“URL”（远程服务器上）或“本地文件”单选按钮，此处选择“本地文件”单选按钮，单击“浏览”按钮导航到要从本地系统导入的文件。导入 OVF 模板时，首先选择 OVF 文件（.ovf），接下来系统将提示选择其他参考文件，如.vmdk 和.mf 等文件。在“目标”区域输入项目的名称和描述，然后单击“确定”按钮。

（2）将虚拟机或虚拟机模板克隆到内容库中的模板

用户可以将 vCenter Server 清单中的虚拟机或虚拟机模板克隆到内容库中的模板。在 vSphere Web Client 界面中浏览要操作的虚拟机或虚拟机模板，右击它，选择“克隆”→“克隆到库中的模板”命令，打开图 4-59 所示的对话框，从中确定是新建模板还是更新现有模板，选择目标内容库，输入模板的名称和描述信息。

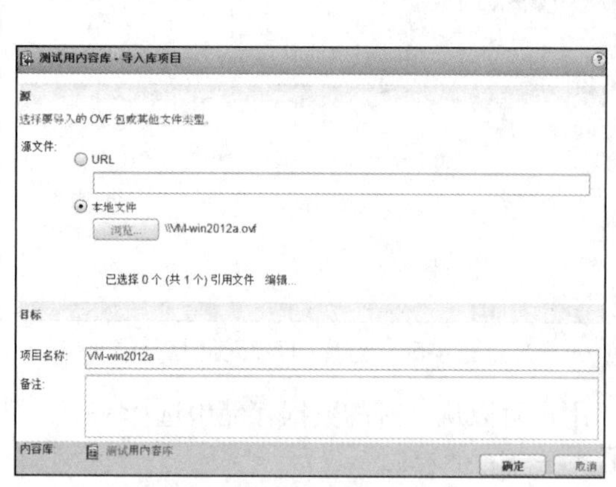

图 4-58 将项目导入内容库

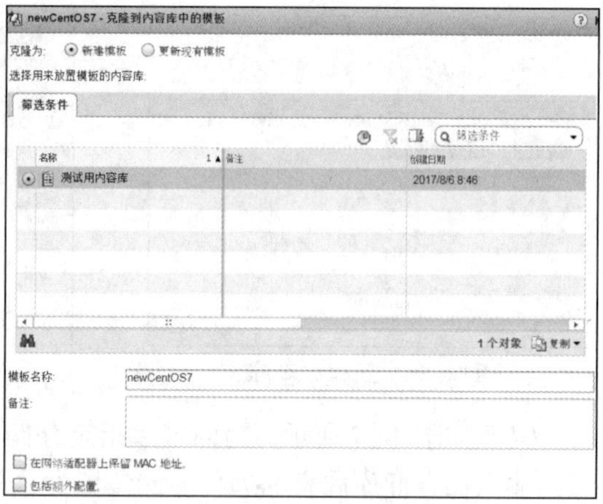

图 4-59 克隆到内容库中的模板

（3）将 vApp 克隆到内容库中的模板

将现有 vApp 复制到内容库中的 vApp 模板，操作方法同上。vApp 被压缩之后以 OVF 格式导出到内容库。

（4）将库中的项目从一个库复制到另一个库

可以将模板从一个内容库克隆到同一 vCenter Server 实例中的另一个内容库。

4. 从内容库中的模板创建虚拟机和 vApp

可以从内容库中的虚拟机模板创建虚拟机。在 vSphere Web Client 导航器中打开内容库，选择要操作的内容库，切换到“模板”选项卡，如图 4-60 所示，右击要操作的虚拟机模板，然后选择“从此模板新建虚拟机”命令，启动相应的新建虚拟机向导，根据提示完成即可。

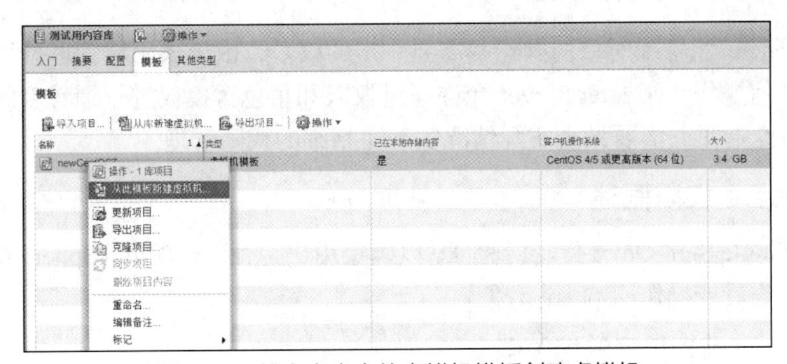

图 4-60 从内容库中的虚拟机模板创建虚拟机

也可以使用内容库中的 vApp 模板创建新的 vApp。

4.5.5 配置虚拟机

虚拟机的配置主要涉及硬件配置和虚拟机选项配置。在 vSphere Web Client 界面中导航到要设置的虚拟机，右击它，选择“编辑设置”命令，弹出图 4-61 所示的对话框，从中即可进行相应的设置。这些操作上一章已经介绍过，此处不再重复。

4.5.6 操作虚拟机

在 vSphere Web Client 中可以管理属于主机或群集的单个虚拟机或一组虚拟机。虚拟机管理操作可分为以下两大类。

- 在 vSphere Web Client 界面中直接对虚拟机进行管理操作。从虚拟机的快捷菜单中选择相应的命令，如启动或关闭虚拟机、生成和管理快照、重命名、从清单中删除、从磁盘删除（彻底删除）等。
- 打开虚拟机的控制台，进入控制台进行操作。从虚拟机的快捷菜单中选择“打开控制台”命令，弹出图 4-62 所示的对话框，选择要使用的控制台类型（Web 控制台或远程控制台），单击“继续”按钮即可。在控制台上可以更改客户机操作系统设置，使用应用程序，浏览文件系统，监控系统性能。

在 vSphere Web Client 中，虚拟机的大部分管理操作与 VMware Host Client 类似，上一章已经介绍过。

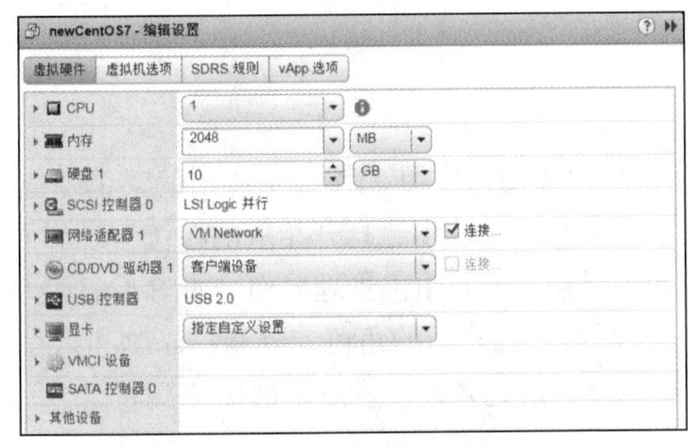

图 4-61 虚拟机设置

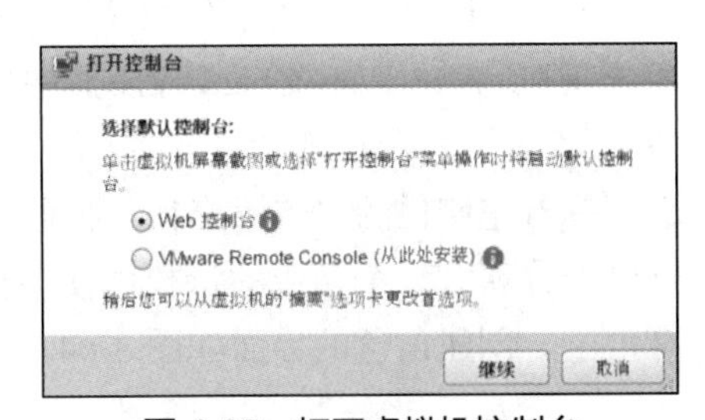

图 4-62 打开虚拟机控制台

4.6 vSphere 权限管理

上述 vSphere 组件和对象的操作都需要一定的权限，由于采用域管理员用户登录，因此可以进行任何操作。vCenter Server 允许通过权限和角色对授权进行细粒度的控制。实际部署中，为安全起见，需要结合实际情况实现更精细的权限管理。

4.6.1 vSphere 权限概述

vCenter Single Sign-On 支持身份验证，以确定用户是否可以访问 vSphere 组件。每个用户还必须有权查看或操作 vSphere 对象。

1. vSphere 管理权限的相关概念

- 权限（Permissions）：vCenter Server 对象层次结构中的每个对象都具有关联权限。每个权限都为一个组或用户指定其对该对象的权限。
- 用户和组（Users and Groups）：在 vCenter Server 系统上，可以将权限分配给经过身份验证的用户或经过身份验证的用户组。用户通过 vCenter 单点登录进行身份验证。用户和组必须在 vCenter 单点登录正用于身份验证的身份来源（Indentity Source）中定义。使用身份来源中的工具定义用户和组，例如 Active Directory。
- 特权（Privileges）：特权是细粒度的访问控制。可以将这些权限分组到角色中，然后映射到用户或组。
- 角色（Roles）：角色是一组特权。角色允许管理员根据用户执行的一系列典型任务分配对象的权限。默认角色（如管理员）是在 vCenter Server 上预定义的，无法更改。其他角色，如资源池管理员，是预定义的示例角色。可以创建自定义角色，也可以通过克隆和修改示例角色创建自定义角色。

2. vCenter Server 权限模型

vCenter Server 系统的权限模型依赖于为对象层次结构中的对象分配权限。每个权限给予一个用户或组一组特权，即所选对象的角色。例如，可以在对象层次结构中选择一个 ESXi 主机，并将一个角色分配给一组用户。该角色为这些用户赋予该主机相应的权限。

默认情况下，只有 vCenter Single Sign-On 域的管理员用户（默认为 administrator@vsphere.local）才有权登录到 vCenter Server 系统。可以添加新的用户，通过选择一个对象（如虚拟机或 vCenter Server 系统），并为用户或组的该对象分配角色，为用户或组授予权限。

4.6.2 vSphere 角色与全局权限管理

在 vSphere Web Client 导航器中单击顶部的快捷操作按钮 ，从弹出的菜单中选择“系统管理”命令，或者打开主页，再选择“系统管理”选项，打开相应的系统管理界面。

单击左侧栏的“访问控制”下面的“角色”链接，进入角色管理界面。如图 4-63 所示，可以查看现有每个角色的特权和使用情况。在此可以创建新的角色，复制、修改和删除已有角色。创建角色的界面如图 4-64 所示，从中设置角色名称，重点是选择特权。

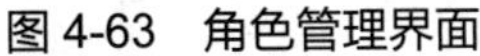
图 4-63　角色管理界面

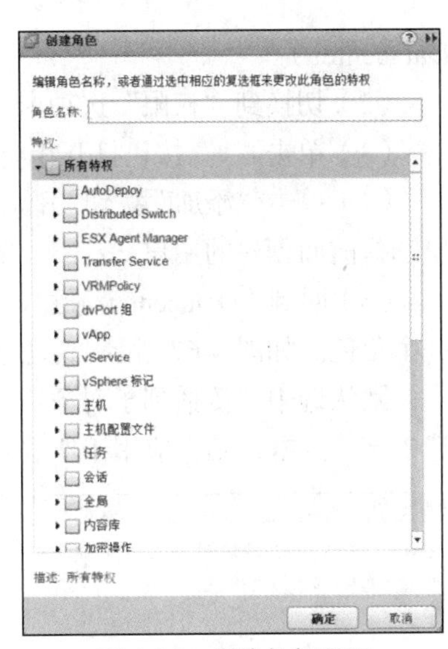

图 4-64　创建角色界面

单击左侧栏的“访问控制”下的“全局权限”链接，进入全局权限管理界面。

可以为层次结构级别不同的对象分配权限，例如，可以向主机对象或包含所有主机对象的文件夹对象分配权限，请参阅权限的分层继承。还可以将权限分配给全局根对象，以将权限应用于所有解决方案中的所有对象，请参阅全局权限。

4.6.3　vSphere 用户与组管理

在 vSphere Web Client 界面打开系统管理界面，单击左侧栏的“Single Sign-On”下面的“用户和组”链接，进入用户与组管理界面。如图 4-65 所示，可以查看现有每个用户、组的信息。在此可以创建新的用户，这里创建一个名为“zxp”的用户。默认在域 vsphere.local 创建。从“域”下拉列表中选择其他域，例如 vCenter 服务器本身所在的域。

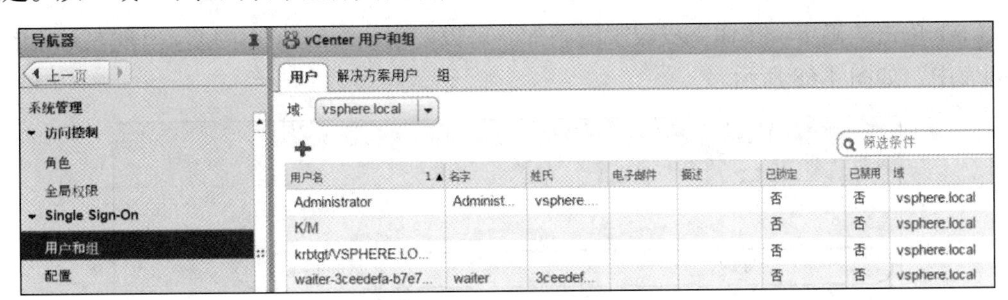

图 4-65　用户与组管理界面

系统内置了许多组，可以根据需要在组中添加成员。

4.6.4　为 vSphere 对象分配权限

创建用户和组并定义角色后，必须将用户和组及其角色分配给相关的 vSphere 对象。可以将对象移到文件夹并设置文件夹的权限，同时为多个对象分配相同的权限。下面介绍为一个数据中心添加权限。

（1）在 vSphere Web Client 导航器中浏览到要为其分配权限的对象（这里为

Datacenter）。

（2）切换到“权限”选项卡，可以查看当前已分配的权限列表。

（3）单击“+”按钮打开相应的“Datacenter-添加权限”对话框。

（4）单击“添加”按钮，弹出图 4-66 所示的对话框，选择要分配权限的用户或组。这里选择前面创建的用户“zxp”，单击“确定”按钮。

（5）回到“Datacenter-添加权限”对话框，从“分配的角色”下拉列表中为该用户选择一个角色。如图 4-67 所示，这里选择“只读”角色，可查看该角色包含的特权列表。

默认选中“传播到子对象”复选框，该角色应用于所选对象及其所有子对象。如果不选中该复选框，则仅应用于所选对象，不会传播到子对象。

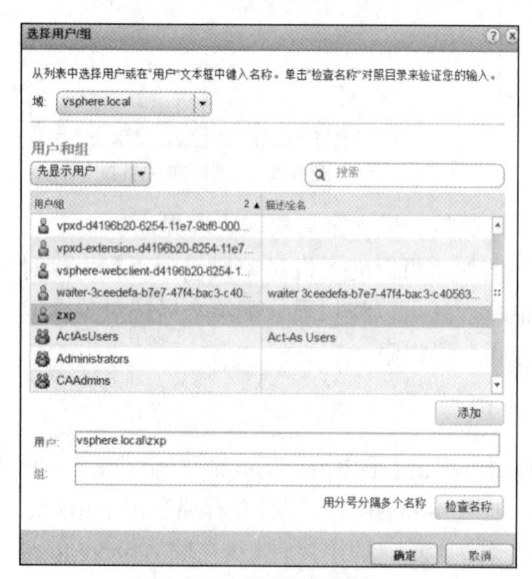

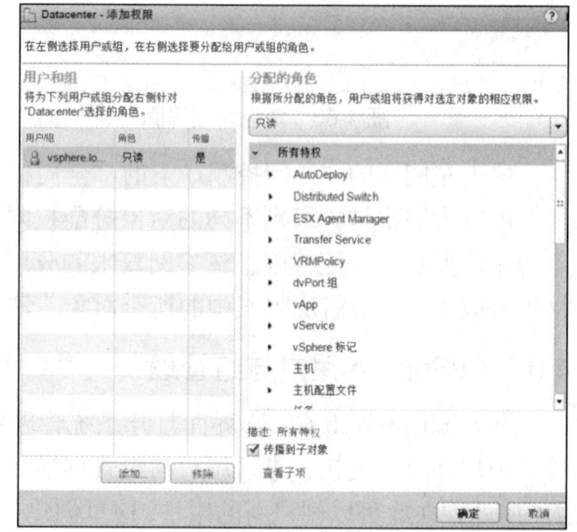

图 4-66　选择用户或组　　　　图 4-67　分配角色

（6）单击“确定”按钮完成权限的添加。可以发现，添加的权限已经出现在对象的权限列表中，如图 4-68 所示。

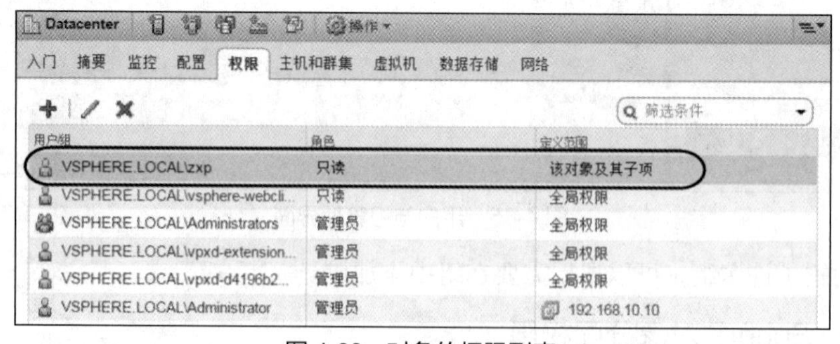

图 4-68　对象的权限列表

接下来可以进一步测试权限设置。以 zxp@vsphere.local 用户身份登录，可以发现 Datacenter 对象下面的许多操作不能执行了，如图 4-69 所示，这表明权限设置生效。

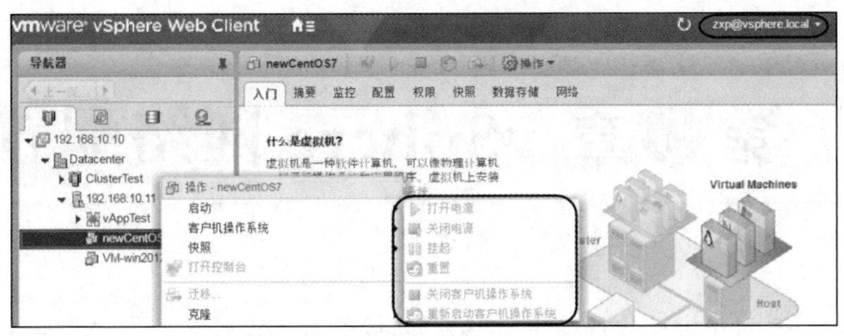

图 4-69 测试对象的权限分配

4.7 习题

1．简述 vCenter Server 的主要功能。

2．PSC 包括哪些组件和服务？vCenter Server 及其服务是否要在 PSC 中进行绑定？

3．vCenter Server 和 PSC 部署类型主要有哪几种？

4．vSphere 6.5 对 vCenter Server 管理客户端有哪些改进？

5．简要介绍 vCenter Server 清单。

6．简述 OVF 和 OVA 模板。

7．vApp 与资源池有何不同？

8．什么是内容库？

9．参照 4.2 节的讲解，准备一台 Windows 服务器，使用嵌入式 PSC 安装 vCenter Server for Windows。

10．参照 4.4 节的讲解，依次完成创建数据中心、将主机加入数据中心、创建群集和创建文件夹的操作。

11．尝试将一个虚拟机克隆为模板，再从该模板创建一台新的虚拟机。

12．尝试将一个虚拟机导出为 OVF 模板，再通过该模板部署虚拟机。

第5章 vSphere 网络配置

在VMware vSphere虚拟化环境中，网络是重要的基础设施之一。与VMware Workstation相比，VMware vSphere具有更强大的网络功能，配置和管理也要复杂得多。ESXi主机与虚拟机之间，虚拟机与物理网络之间的通信都需要虚拟网络支持。vSphere网络的主要功能有两个：一是将虚拟机连接到物理网络；二是提供特殊的VMkernel端口，为ESXi主机提供通信服务，支持ESXi主机管理访问、vMotion虚拟机迁移、网络存储访问、虚拟机容错、vSAN等高级功能。vSphere虚拟网络的核心组件是虚拟交换机，它分为标准交换机和分布式交换机两种类型。通过虚拟交换机可建立虚拟网络。本章介绍虚拟交换机的基础知识，分别介绍标准交换机和分布式交换机的配置及管理。

5.1 vSphere 网络概述

vSphere网络的概念和相关基础知识对深入了解和配置虚拟网络至关重要。

5.1.1 vSphere 网络类型

vSphere网络涉及以下3种类型。

- 物理网络（Physical Network）：指为使物理机之间能够相互收发数据，在物理机之间建立的网络。VMware ESXi 运行于物理机之上，ESXi主机之间通过物理网络连接。
- 虚拟网络（Virtual Network）：指在物理机上运行的虚拟机为互相之间发送和接收数据而建立逻辑连接所形成的网络。在添加网络时可将虚拟机连接到创建的虚拟网络。
- 不透明网络（Opaque Network）：指由vSphere之外的独立实体创建和管理的网络。例如，由软件定义网络产品VMware NSX创建和管理的逻辑网络，在vCenter Server中显示为nsx.LogicalSwitch类型的不透明网络。可以选择一个不透明网络作为虚拟机网络适配器的后盾。管理这类网络要使用与不透明网络关联的管理工具，例如VMware NSX Manager或VMware NSX API管理工具。

本章主要介绍虚拟网络。

5.1.2 vSphere 虚拟交换机及其组成

物理交换机用于管理物理网络上计算机之间的网络流量，是物理网络的核心。一个交换机有多个端口，每个端口都可与网络上的一台计算机或其他交换机连接，可将多个交换机连接在一起以形成更大的网络。可以根据所连接的计算机的需求对每个端口进行配置，交换机了解到哪台主机连接到哪个端口，并利用该信息将流量转发到正确的计算机。

与物理交换机用于连接各种网络设备或计算机一样，vSphere 虚拟交换机用于实现ESXi主机、虚拟机与外部网络的通信，其功能类似于二层交换机。它在网络第二层工作，能够保存 MAC 地址表，能基于 MAC 地址转发数据帧。

vSphere 虚拟交换机还支持 VLAN 配置，支持 IEEE 802.1Q 中继。但是，它没有物理交换机所提供的高级功能，例如，不提供命令行接口（CLI），不支持生成树协议（STP）等。

vSphere 虚拟交换机的基本组成如图 5-1 所示。端口和端口组是虚拟机上的逻辑对象。与物理交换机一样，vSphere 虚拟交换机也有端口，一个虚拟交换机默认有 120 个端口。一个虚拟交换机中可以创建一个或多个端口组（Port Group），每个端口组有自己特定的配置，如 VLAN、流量控制。

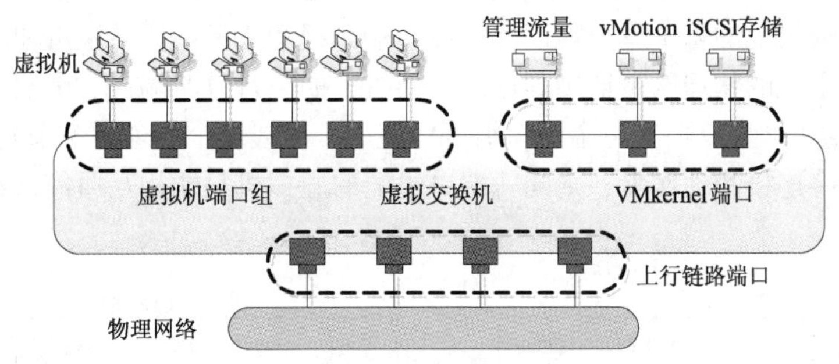

图 5-1 vSphere 虚拟交换机的基本组成

1. 虚拟机端口组

虚拟机端口组（Virtual Machine Port Group）是虚拟交换机上具有相同配置的端口组。一个虚拟机端口组可以连接若干虚拟机，这些虚拟机之间可以相互访问，也可以访问外部网络。虚拟机端口组工作在网络第二层，无须分配 IP 地址，可以配置 VLAN、安全性、流量控制、网络接口绑定等特性。一个虚拟交换机可以创建多个虚拟机端口组。

2. 上行链路端口

虚拟机与外部物理网络通信需要虚拟交换机提供上行链路端口（Uplink Ports）。虚拟交换机通过上行链路端口绑定 ESXi 主机的物理网卡，这样就能与外部物理网络中的其他节点通信。网络接口简称 NIC，又称网络适配器或网卡。一个虚拟交换机可以绑定一个或多个物理网卡，绑定多个物理网卡时形成网卡组（NIC Team），以实现冗余和负载均衡。

当然，虚拟交换机也可以没有上行链路端口，这样就不连接到 ESXi 主机的物理网卡，也就不能与外部网络通信。

3. VMkernel 端口

VMkernel 端口也就是 VMkernel 适配器，又称核心端口，是一种特定的端口类型，用于为 ESXi 主机提供通信服务，支持 ESXi 主机管理访问、vMotion 虚拟机迁移、网络存储、容错、vSAN 等高级特性。该端口工作在网络第三层，需要分配 IP 地址，通常称为 vmknic。一个虚拟交换机可以创建多个 VMkernel 端口。

5.1.3 vSphere 标准交换机

vSphere 标准交换机是由 ESXi 主机虚拟出来的交换机。它类似于物理以太网交换机。

通过使用物理以太网接口（也称为上行链路端口）将虚拟网络与物理网络连接起来，它可以连接到物理交换机，这种连接类似于将物理交换机连接在一起以创建更大规模的网络。虽然 vSphere 标准交换机的工作原理与物理交换机非常相似，但是它没有物理交换机的某些高级功能。标准交换机为主机和虚拟机提供网络连接，可以在同一 VLAN（虚拟）内的虚拟机之间桥接流量并链接到外部网络。

1. vSphere 标准交换机架构

vSphere 标准交换机架构如图 5-2 所示。它与物理以太网交换机非常相似，主机上的虚拟机网卡（NIC）和物理网卡使用标准交换机上的逻辑端口，因为每个网络接口使用一个端口。标准交换机上的每个逻辑端口都是单个端口组的成员。要向主机和虚拟机提供网络连接，就要将主机的物理网卡连接到标准交换机上的上行链路端口。虚拟机具有连接到标准交换机端口组的虚拟网卡。每个端口组可以使用一个或多个物理网卡来处理其网络流量。如果端口组没有连接物理网卡，则同一端口组上的虚拟机只能相互通信，不能与外部网络通信。

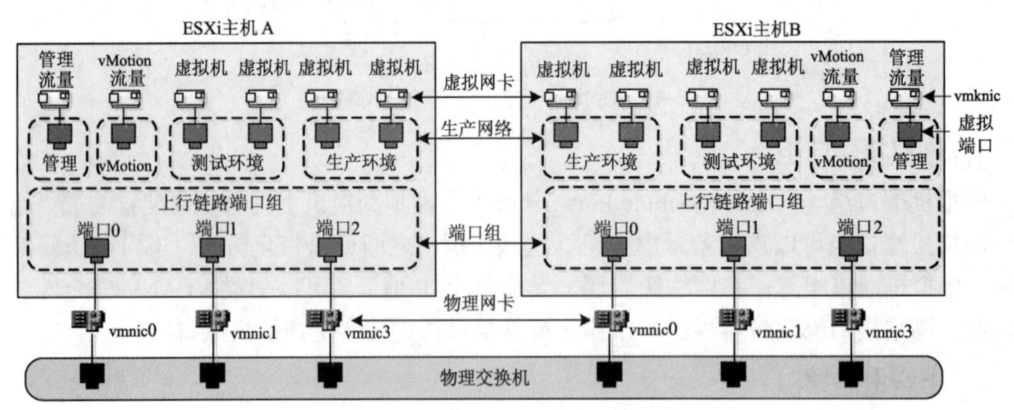

图 5-2　vSphere 标准交换机架构

2. 标准端口组

标准交换机上的每个标准端口组由网络标签标识，网络标签必须对当前主机是唯一的，可以使用网络标签使虚拟机的网络配置在主机之间移植。应该向使用连接到物理网络上的一个广播域的物理网卡的数据中心的端口组提供相同的标签。相反，如果两个端口组连接到不同广播域上的物理网卡，那么端口组应该有不同的标签。例如，可以在物理网络上共享同一广播域的主机上创建“生产和测试环境”端口组作为虚拟机网络。

将端口组流量限制在物理网络中的逻辑以太网段的 VLAN ID 是可选的。端口组可以接收同一主机可见的流量，但从多个 VLAN 接收 VLAN ID，VLAN ID 必须设置为 VGT（VLAN 4095）。

为了确保在运行 ESXi 5.5 及更高版本的主机上有效使用主机资源，标准交换机的端口数量会被动态放大和缩小。这种主机上的标准交换机可以扩展到主机支持的最大端口数量。

5.1.4 vSphere 分布式交换机

vSphere 分布式交换机（Distributed Switch）是在 vCenter Server 系统上创建的交换机，

其配置可以传播到与交换机关联的所有主机，提供虚拟网络的集中配置、管理和监控。

1. vSphere 分布式交换机架构

vSphere 中的网络交换机由数据平面（Data Plane，又译为数据平台）和管理平面（Management Plane，又译为管理平台）两个逻辑部分组成。数据平面实现了包的切换（switching）、过滤（filtering）和标记（tagging）等。管理平面用于配置数据平面功能的控制结构。vSphere 标准交换机同时包含数据平面和管理平面，可以单独配置和维护每个标准交换机。

而 vSphere 分布式交换机将数据平面和管理平面进行分离，其架构如图 5-3 所示。分布式交换机的管理功能位于 vCenter Server 系统上，可以在数据中心级别管理环境的网络配置。数据平面保留在与分布式交换机相关联的每个主机上。分布式交换机的数据平面部分称为主机代理交换机（Host Proxy Switch）。在 vCenter Server（管理平面）上创建的网络配置将自动推送到所有主机代理交换机（数据平面）。

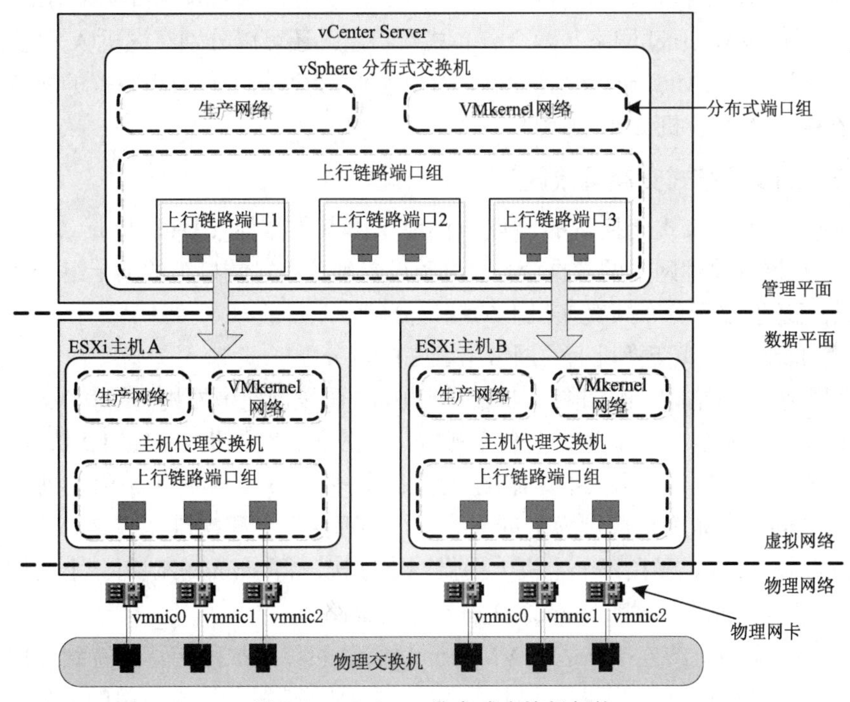

图 5-3 vSphere 分布式交换机架构

vSphere 分布式交换机引入了以下两个抽象概念，用于为物理网卡、虚拟机和 VMkernel 服务创建一致的网络配置。

（1）上行链路端口组

上行链路端口组（Uplink Port Group）也称 dvuplink 端口组，在创建分布式交换机期间定义，可以具有一个或多个上行链路。上行链路是可用于配置主机的物理连接、故障转移和负载平衡策略的模板。可以将主机的物理网卡映射到分布式交换机上的上行链路。在主机级别，每个物理网卡连接到具有特定 ID 的上行链路端口。可以通过上行链路设置故障切换和负载平衡策略，并将策略自动传播到主机代理交换机或数据平面。通过这种方式，可以为与分布式交换机关联的所有主机的物理网卡应用一致的故障转移和负载平衡配置。

（2）分布式端口组

分布式端口组（Distributed Port Group）为虚拟机提供网络连接并提供 VMkernel 流量。可以使用网络标签来识别每个分布式端口组，该标签在当前数据中心必须是唯一的。在分布式端口组上配置网卡组合、故障转移、负载均衡、VLAN、安全性、流量调整（Traffic Shaping），以及其他策略。连接到分布式端口组的虚拟端口，共享该分布式端口组所配置的属性。与上行链路端口组一样，vCenter Server 上分布式端口组的配置（管理平面），通过主机代理交换机（数据平面）自动传播到分布式交换机上的所有主机。这样，可以通过将虚拟机与相同的分布式端口组关联，配置一组虚拟机来共享相同的网络配置。

假设在数据中心上创建了 vSphere 分布式交换机，并将两台主机与其关联，可以为上行链路端口组配置 3 个上行链路，并将每个主机的一个物理网卡连接到一个上行链路。采用这种方式，每个上行链路可将每个主机的两个物理网卡映射到它。例如，上行链路 1 使用主机 A 和主机 B 的 vmnic0 进行配置。接下来，可以为虚拟机网络和 VMkernel 服务创建“生产网络”和“VMkernel 网络”两个分布式端口组。还可以分别在主机 A 和主机 B 上创建“生产网络”和“VMkernel 网络”端口组的代理。为这两个端口组设置的所有策略都将传播到其在主机 A 和主机 B 上的代理。

2. vSphere 分布式交换机数据流

要进一步理解分布式交换机的原理，还应了解其数据流（Data Flow）。从虚拟机和 VMkernel 适配器到物理网络的数据流，取决于设置到分布式端口组的网卡组合和负载平衡策略。数据流还取决于分布式交换机上的端口分配。

（1）vSphere 分布式交换机上的网卡组合和端口分配

它的网卡组合和端口分配如图 5-4 所示。例如，假设创建虚拟机网络和 VMkernel 网络分布式端口组，分别具有 3 个和 2 个分布式端口。分布式交换机会按照 ID 从 0～4 的顺序分配端口，该顺序与创建分布式端口组的顺序相同。接下来，将主机 A 和主机 B 与分布式交换机进行关联。分布式交换机为主机上的每个物理网卡分配端口，端口的编号按照添加主机的顺序从 5 继续。要在每个主机上提供网络连接，将 vmnic0 映射到上行链路 1，将 vmnic1 映射到上行链路 2，将 vmnic2 映射到上行链路 3。

为了提供与虚拟机的连接并适应 VMkernel 流量，可以将故障转移配置到虚拟机网络和 VMkernel 网络端口组。上行链路 1 和上行链路 2 处理虚拟机网络端口组的流量，上行链路 3 处理 VMkernel 网络端口组的流量。

（2）主机代理交换机上的数据包流

主机代理交换机上的数据包流（Packet Flow）如图 5-5 所示。在主机方面，来自虚拟机和 VMkernel 服务的数据包流通过特定端口到达物理网络。例如，从主机 A 上的虚拟机 1 发送的数据包，首先到达虚拟机网络分布式端口组的端口 0。由于上行链路 1 和上行链路 2 处理虚拟机网络端口组的流量，所以该数据包可以从上行链路端口 5 或上行链路端口 6 继续。如果数据包通过上行链路端口 5，则继续执行 vmnic0；如果数据包进入上行端口 6，则继续进行 vmnic1。

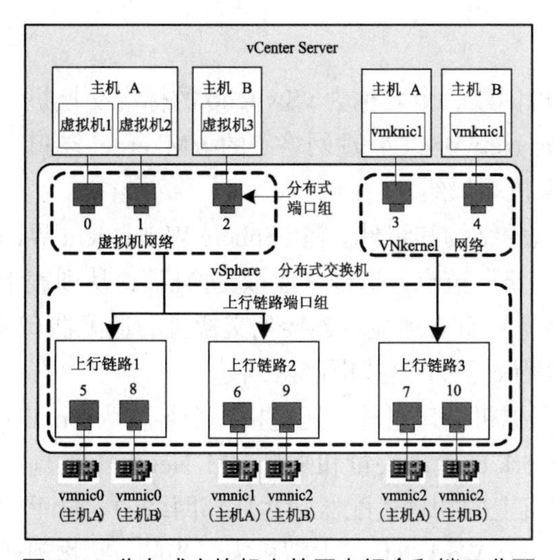

图 5-4 分布式交换机上的网卡组合和端口分配

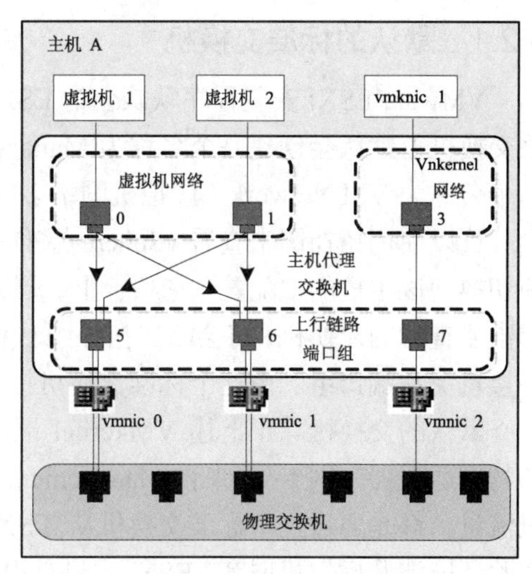

图 5-5 主机代理交换机上的数据包流

5.2 配置和管理标准交换机

标准交换机适合 ESXi 主机数量较少的中小规模虚拟化应用。vSphere 标准交换机是基于 ESXi 主机创建的，在 vSphere 6.5 中可以使用 VMware Host Client 工具直接登录到 ESXi 主机，在其中创建和管理标准交换机，如图 5-6 所示，不过这只能在单台主机上操作。最好是使用 vSphere Web Client 登录到 vCenter Server，集中创建和管理各 ESXi 主机上的标准交换机，如图 5-7 所示，这可以对数据中心的所有主机进行操作。本节中的标准交换机的创建、配置和管理操作以 vSphere Web Client 为例。

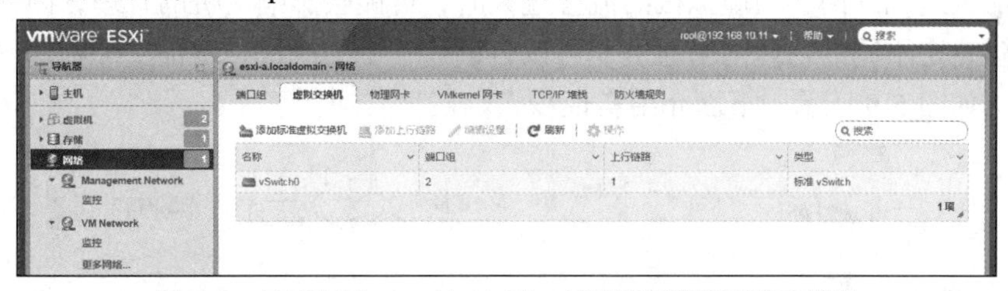

图 5-6 使用 VMware Host Client 配置和管理标准交换机

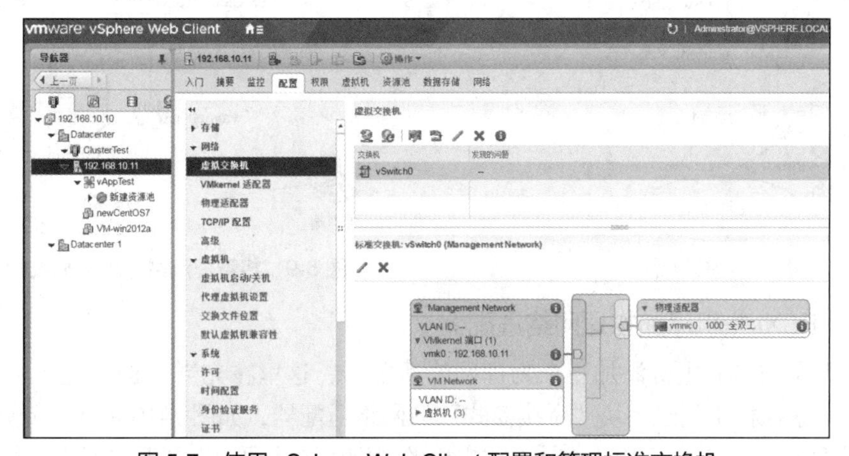

图 5-7 使用 vSphere Web Client 配置和管理标准交换机

5.2.1 默认的标准交换机

VMware ESXi 安装程序默认会为 ESXi 主机创建一个名称为 vSwitch0 的标准交换机。该交换机上默认会创建一个名称为 Management Network（管理网络）的 VMkernel 端口和一个名称为 VM Network（虚拟机网络）的虚拟机端口组。

可以使用拓扑图来查看 vSphere 标准交换机的结构和组件。在 vSphere Web Client 界面中切换到该主机的“配置”选项卡上，展开“网络”节点，选择“虚拟交换机”，从列表中单击要查看的交换机，将会给出拓扑图（见图 5-7），直观地显示连接到交换机的适配器（网络接口）和端口组。由这个标准交换机提供的默认虚拟网络如图 5-8 所示。

默认的交换机除了上述 VMkernel 端口和虚拟机端口组外，还连接一个名称为 vmnic0 的物理适配器（网卡）。来自 Management Network 的管理流量和来自 VM Network 的虚拟机流量，都是通过这个标准交换机从 ESXi 主机上的物理适配器到达外部网络的。这里的实验环境涉及虚拟机嵌套，ESXi 主机是由 VMware Workstation 虚拟机来充当的，其物理适配器实际上也是一个 VMware 虚拟网卡，通过 NAT 模式访问外网。

默认的标准交换机用于管理，不要将其删除，但是可以根据需要修改和添加配置。还可以根据需要创建新的 vSphere 标准交换机，为主机、虚拟机和 VMkernel 流量提供网络连接。

5.2.2 创建用于虚拟机流量的标准交换机

管理流量主要用来对 ESXi 主机进行管理，必须保证畅通。实际应用中都要配置和运行一个专用的管理网络，通过该网络管理主机。默认的基于 VMkernel 端口的 Management Network 就是管理网络。由于虚拟机的流量与管理流量都通过默认的交换机从主机的一个物理适配器发送到外网，当虚拟机的流量过大时，可能会影响主机的管理，因而最好将两者隔离，各自走不同的物理网络通道。可以再创建一个交换机，增加一个物理网卡来实现这种方案，如图 5-9 所示。下面介绍实现步骤。

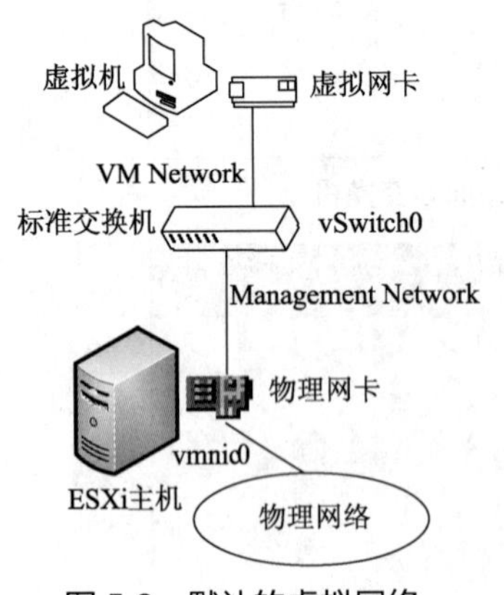

图 5-8 默认的虚拟网络

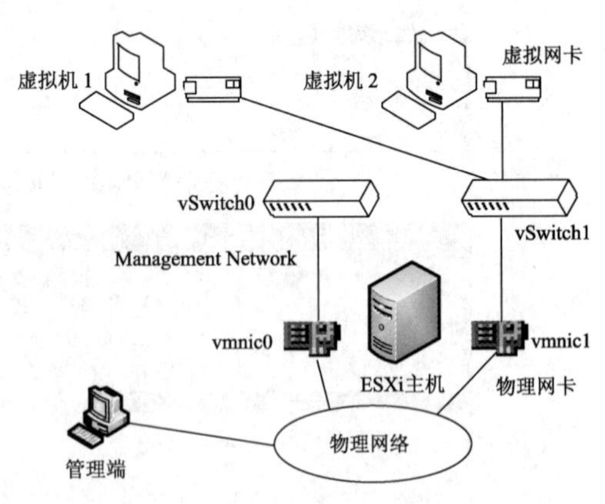

图 5-9 将管理流量与虚拟机流量分开

1. 为 ESXi 主机添加物理网络适配器

首先要为 ESXi 主机添加一个物理网络适配器，这里在充当 ESXi 主机的 VMware Workstation 虚拟机中创建一块“桥接模式”的网络适配器，如图 5-10 所示。重启该 ESXi 主机后，可以通过 vSphere Web Client 在主机的“配置”选项卡上展开“网络”节点，选择

“物理适配器”，发现新增加的物理网络适配器 vmnic1，如图 5-11 所示。

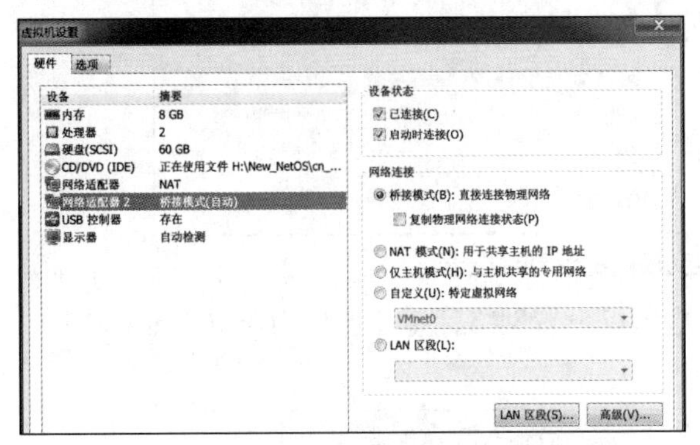

图 5-10　为主机添加网络适配器

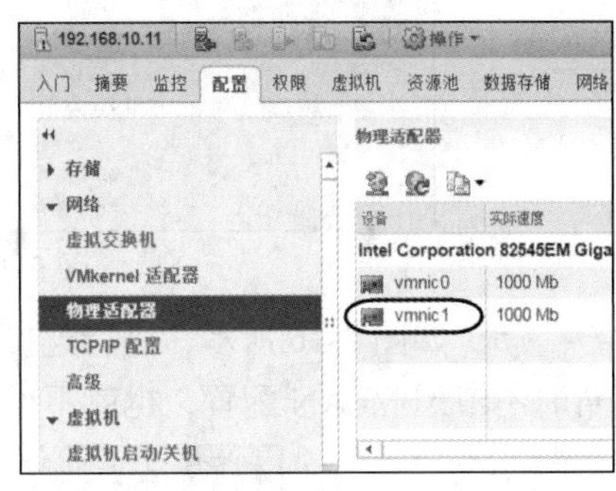

图 5-11　检查主机新增的物理适配器

2. 创建虚拟机流量专用的标准交换机

一台标准交换机对应一个主机网络。

（1）在 vSphere Web Client 界面中导航到要操作的主机。在“配置”选项卡上展开“网络”节点并选择“虚拟交换机”，单击“添加主机网络”按钮 ，启动添加网络向导。

（2）如图 5-12 所示，选择新标准交换机要使用的连接类型，这里是要创建虚拟机流量专用的交换机，因此选择“标准交换机的虚拟机端口组”单选按钮，然后单击“下一步”按钮。

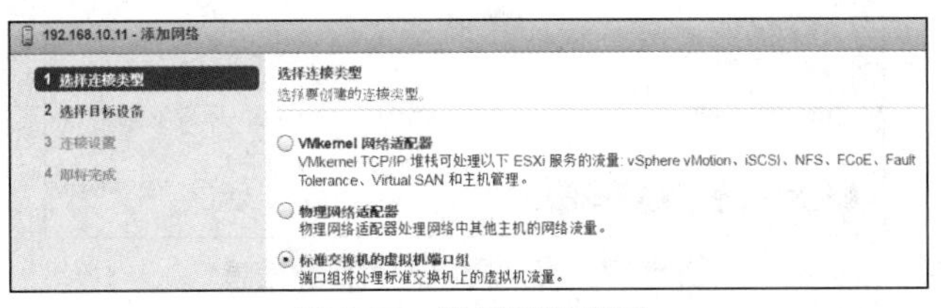

图 5-12　选择连接类型

（3）如图 5-13 所示，选择目标设备。这里选择“新建标准交换机”单选按钮并单击“下一步”按钮。也可以选择现有的标准交换机，为其增加连接。

（4）进入“创建标准交换机”界面，单击添加适配器按钮“+”，弹出图 5-14 所示的对话框，从列表中选择刚添加的物理网络适配器，单击“确定”按钮回到“创建标准交换机”界面，显示新建标准交换机的活动适配器，如图 5-15 所示。单击“下一步”按钮继续。

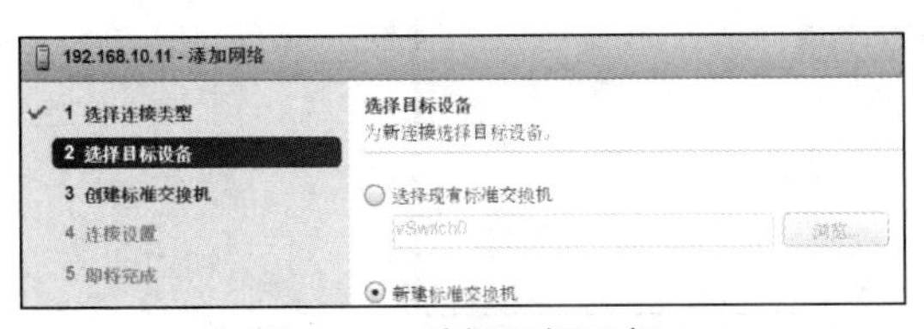

图 5-13　选择目标设备

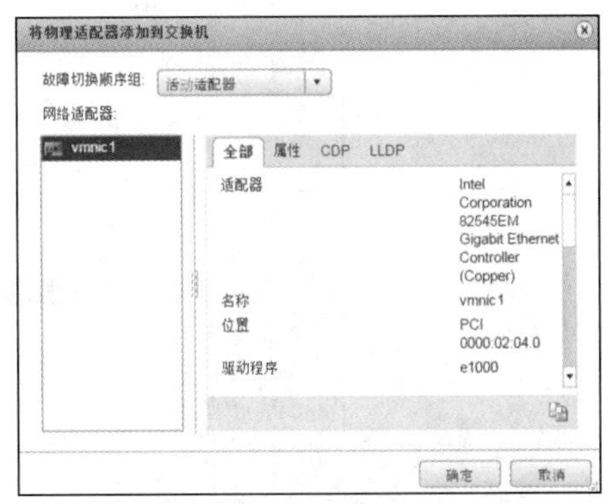

图 5-14　将物理网络适配器添加到新的标准交换机

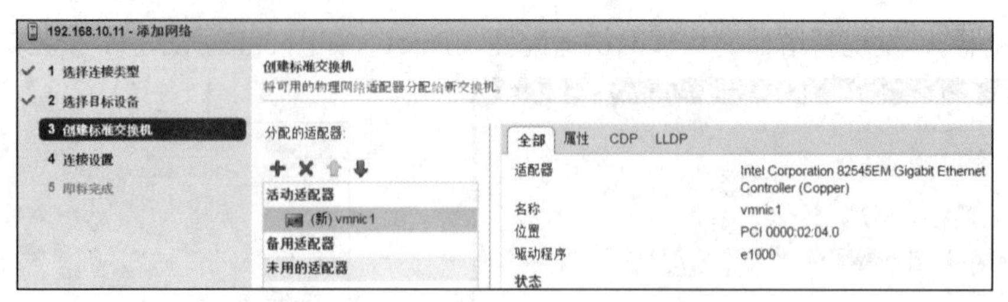

图 5-15　标准交换机的活动适配器

（5）如图 5-16 所示，进行连接设置。这里仅设置网络标签（这里为 VM Network1），暂时不考虑 VLAN 配置，也就不设置 VLAN ID。

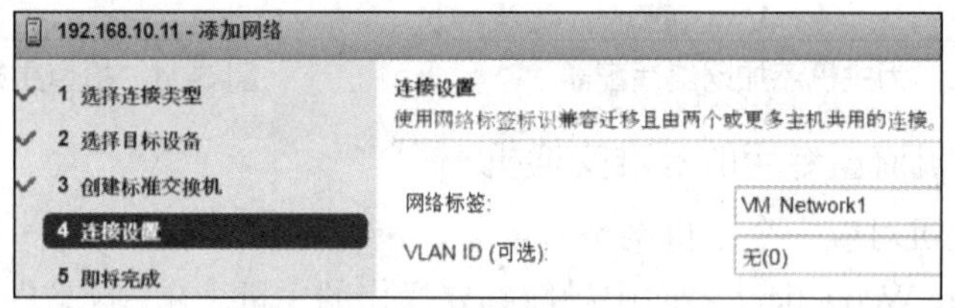

图 5-16　连接设置

（6）在“即将完成”界面中显示网络设置摘要信息，如图 5-17 所示，确认后单击“完成”按钮。

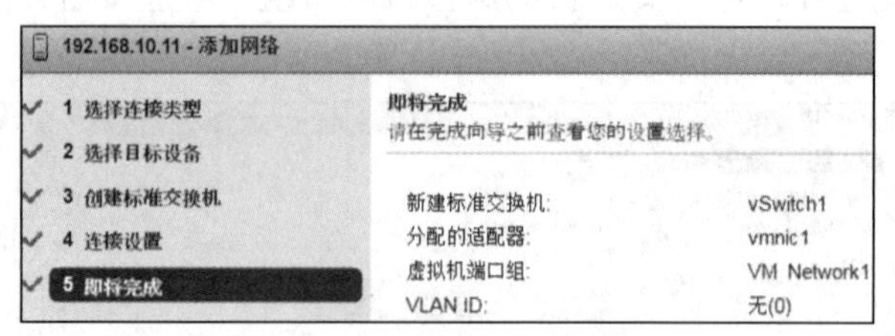

图 5-17　确认网络设置摘要信息

3. 将虚拟机连接到虚拟机端口组

添加上述交换机之后，实际上就是创建了一个专门用于虚拟机流量的虚拟网络。要将虚拟机接入该虚拟网络，只需将它连接到该虚拟机端口组即可。具体方法是在虚拟机的编辑设置中，将其网络适配器指定为由网络标签（这里为 VM Network1）标识的虚拟网络（虚拟机端口组），如图 5-18 所示。

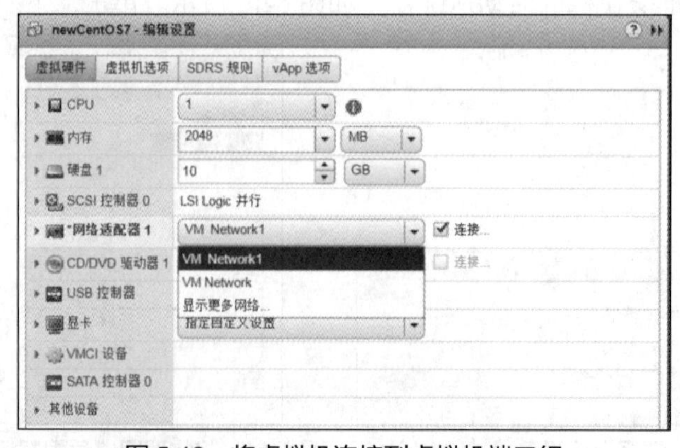

图 5-18　将虚拟机连接到虚拟机端口组

至此，加上默认的虚拟机网络，共有两个虚拟机网络。导航到要操作的主机，在“网络”选项卡中可查看当前的标准网络，如图 5-19 所示。

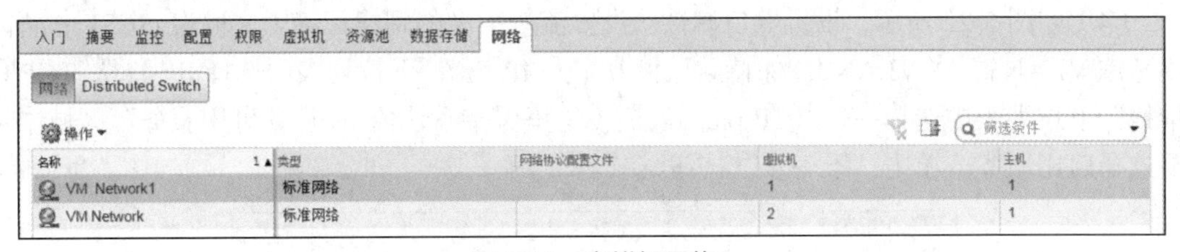

图 5-19　虚拟机网络

5.2.3　创建用于 VMkernel 流量的标准交换机

前面提到，VMkernel 是特殊端口，可为 ESXi 主机提供通信服务，支持 vSphere 的高级功能。这里创建两个标准交换机，分别用于 iSCSI 存储和 vMotion（虚拟机迁移）的专用流量。

1. 为 ESXi 主机添加物理网络适配器

为便于为主机配置多块物理网络适配器，这里在 VMware Workstation 中修改默认的“仅主机”模式的虚拟网络 VMnet1，增加一个自定义的“仅主机”模式虚拟网络 VMnet2，将它们的网络地址分别设置为 192.168.11.0/24 和 192.168.12.0/24，如图 5-20 所示。

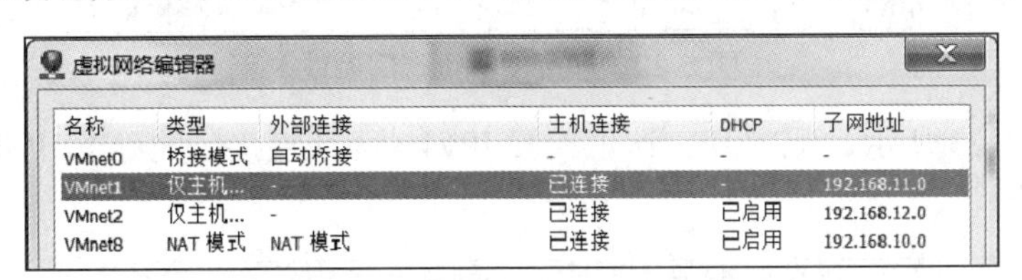

图 5-20　调整 VMware Workstation

接下来为 ESXi 主机添加两块物理网卡，这里在充当 ESXi 主机的 VMware Workstation 虚拟机中添加两块“仅主机”模式的网卡，分别选择虚拟网络 VMnet1 和 VMnet2，准备用于 iSCSI 存储和 vMotion 的对外通信。

2. 创建用于 iSCSI 存储的标准交换机

（1）参见上一小节创建标准交换机的步骤，启动添加网络向导，如图 5-21 所示，连接类型选择“VMkernel 网络适配器”，单击“下一步”按钮。

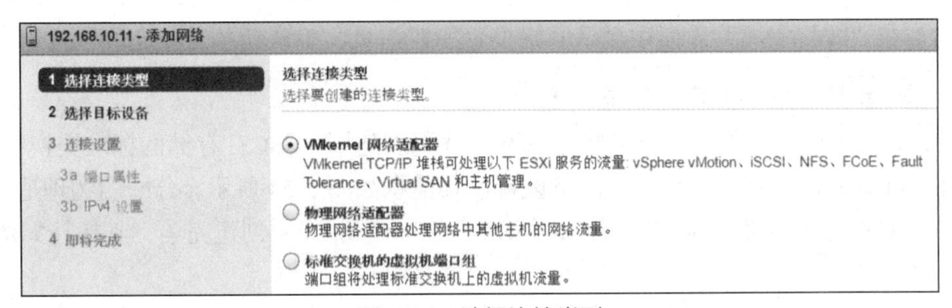

图 5-21　选择连接类型

（2）进入“选择目标设备”界面，选择“新建标准交换机”并单击“下一步”按钮。

（3）进入“创建标准交换机”界面，将物理网络适配器（这里为 vmnic2）添加到新建的标准交换机。单击“下一步”按钮继续。

（4）如图 5-22 所示，设置端口属性。设置流量类型的网络标签（这里为 iSCSI）；暂时不考虑 VLAN 配置（VLAN ID 保持默认值 0）；从“IP 设置”下拉列表中选择 IPv4；从“TCP/IP 堆栈”下拉列表中选择一个 TCP/IP 协议栈（这里保持默认值）；从“可用服务”区域中不要选择启用服务。单击“下一步”按钮继续。

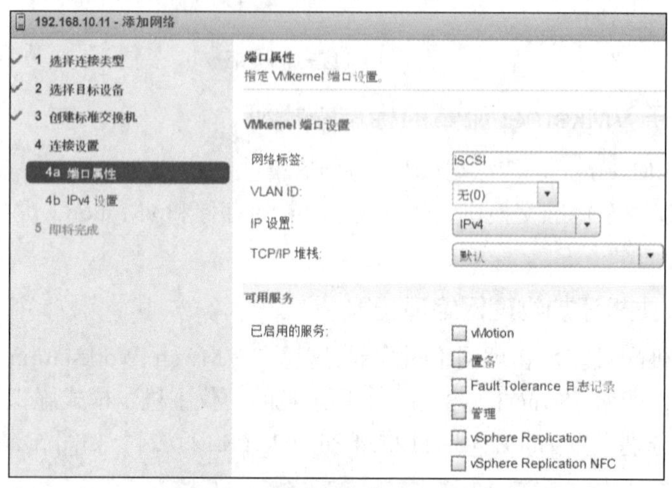

图 5-22　连接设置（端口属性）

（5）如图 5-23 所示，配置 IP，这里配置 IPv4，为该连接分配静态 IP 地址。单击“下一步”按钮继续。

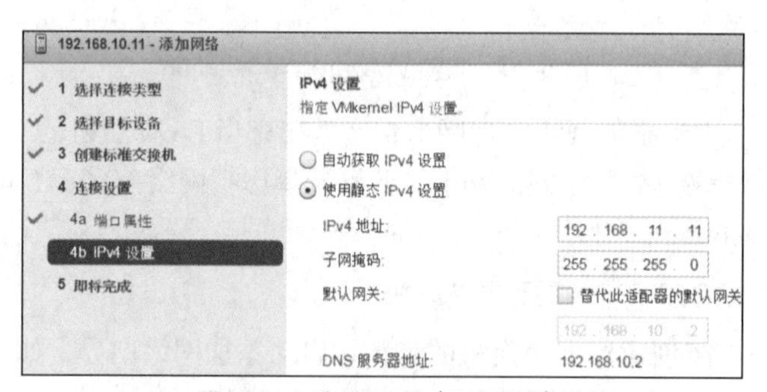

图 5-23　连接设置（IP 设置）

（6）在“即将完成”界面中显示网络设置摘要信息，确认后单击“完成”按钮。

3. 创建用于 vMotion 的标准交换机

创建用于 vMotion 的标准交换机的基本步骤同创建用于 iSCSI 存储的标准交换机一样。这里在“即将完成”界面中显示的网络设置摘要信息如图 5-24 所示，分配的物理适配器为 vmnic3，创建的交换机名为 vSwitch3，网络标签为 vMotion。创建完毕，其拓扑如图 5-25 所示。

至此，加上默认的 VMkernel 适配器，共有 3 个 VMkernel 适配器。导航到该主机，在“配置”选项卡上展开“网络”节点，选择“VMkernel 适配器”可进行查看，如图 5-26 所示。VMkernel 适配器也就是 VMkernel 端口，为 ESXi 主机提供特定的通信服务。

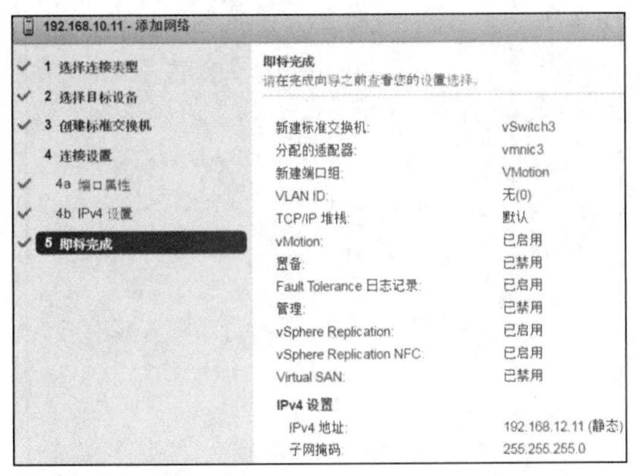

图 5-24 用于 vMotion 的标准交换机的配置

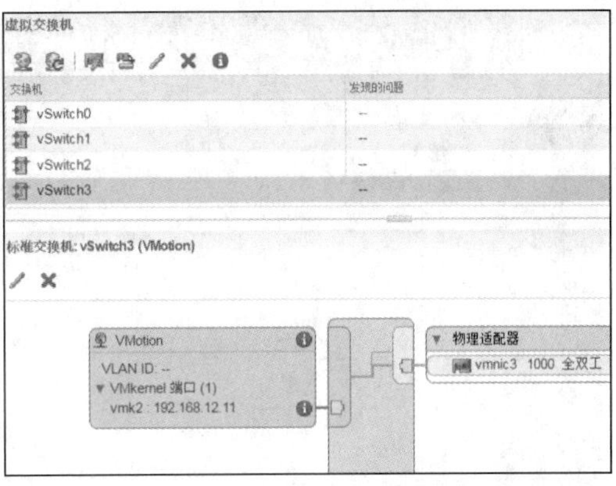

图 5-25 用于 vMotion 的标准交换机的拓扑图

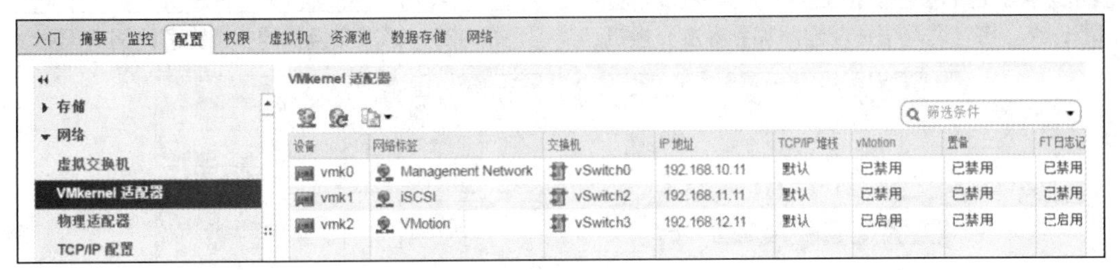

图 5-26 VMkernel 适配器

5.2.4 添加和组合物理网络适配器

在添加网络向导中，连接类型还可以是物理网络适配器。将物理网络适配器分配给标准交换机，以提供与 ESXi 主机上的虚拟机和 VMkernel 适配器的连接。可以组建一个网卡组合以分配流量负载并配置故障转移。网卡组合可以组合多个网络连接以提高吞吐量，并提供冗余。下面创建一个网卡组合，将多个物理网络适配器关联到单个 vSphere 标准交换机。

（1）首先为 ESXi 主机添加一块可用的物理网络适配器（这里使用 VMnet1），并重启主机。

（2）在 vSphere Web Client 界面中导航到要操作的主机。在“配置”选项卡上展开“网络”节点并选择“虚拟交换机”，选择要添加物理网适适配器的标准交换机（这里为 vSwitch2），单击“管理连接到所选交换机图标的物理网络适配器”按钮 。

（3）出现图 5-27 所示的界面，单击添加适配器按钮“+”，从“网络适配器”列表中选择一个可用的物理网络适配器（这里为 vmnic4），单击“确定”按钮。

“故障切换顺序组”选项确定适配器与外部网络交换数据的角色，共有 3 种选项可供选择，分别是活动适配器、备用适配器或未使用的适配器。

（4）这样为标准交换机 vSwitch2 配置了两个物理网络适配器，如图 5-28 所示。单击“确定”按钮。

（5）单击“编辑设置”按钮，如图 5-29 所示，根据需要设置绑定和故障切换。

至此，完成了交换机的网卡组合配置。

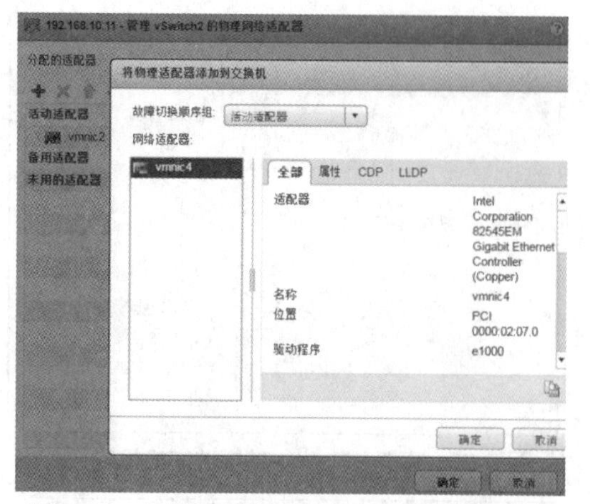

图 5-27　将物理网络适配器添加到标准交换机

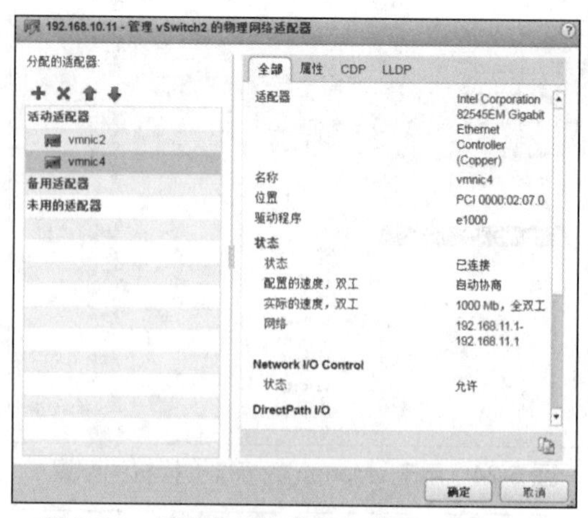

图 5-28　标准交换机的多个物理网络适配器

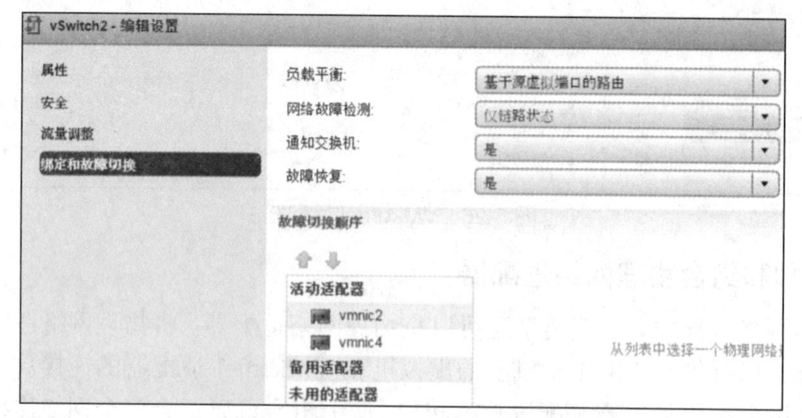

图 5-29　绑定和故障切换设置

5.2.5　配置和管理虚拟机端口组

创建标准交换机之后，有可能要对它的端口组进行配置和管理。可以通过添加或修改虚拟机端口组，在一组虚拟机上设置流量管理。

1．编辑标准交换机的虚拟机端口组

对于现有的标准交换机，可以使用 vSphere Web Client 编辑其端口组的名称（网络标签）和 VLAN ID 等，并在端口组级别覆盖网络策略。

（1）在 vSphere Web Client 界面中导航到要操作的主机，在“配置”选项卡上展开“网络”节点并选择“虚拟交换机”，选择要配置的标准交换机，出现它的拓扑图，单击交换机拓扑图中相应虚拟机端口组的名称，如图 5-30 所示。

（2）在拓扑图标题（这里的标题为“标准交换机:vSwitch0(VM Network)”）下，单击“编辑设置”按钮，弹出相应的对话框。

（3）如图 5-31 所示，在“属性”页面上可以重命名网络标签，配置 VLAN 标记。

（4）如图 5-32 所示，在“安全”页面上可进行交换机设置，以防止 MAC 地址更改，以及以混杂模式运行虚拟机。

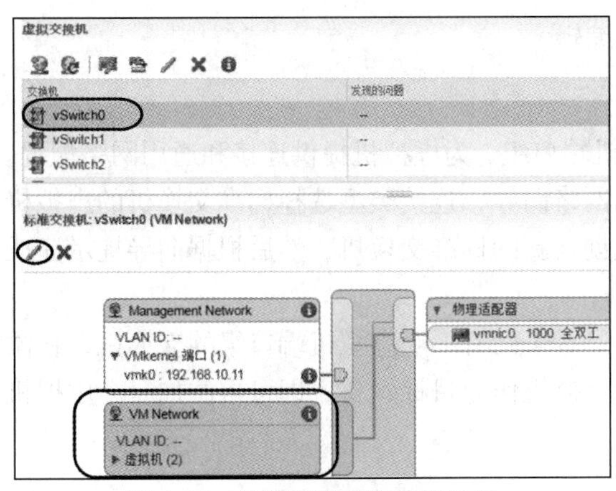

图 5-30　编辑标准交换机端口组

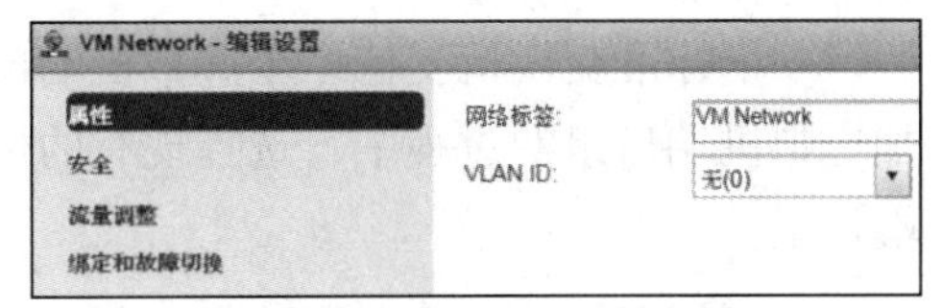

图 5-31　编辑端口组的属性

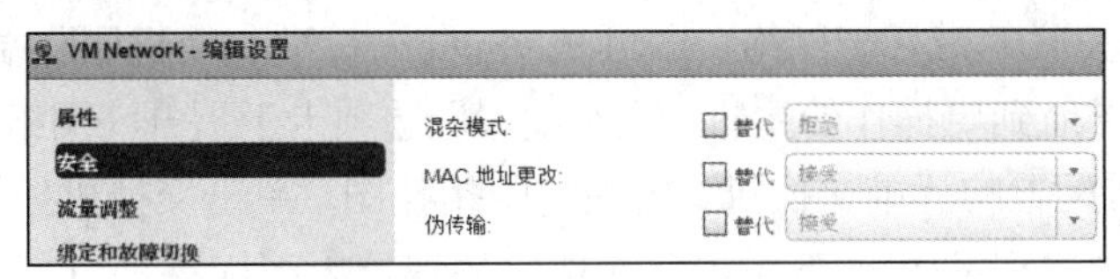

图 5-32　端口组安全设置

（5）如图 5-33 所示，可在“流量调整”页面上设置平均带宽、峰值带宽和突发的大小。

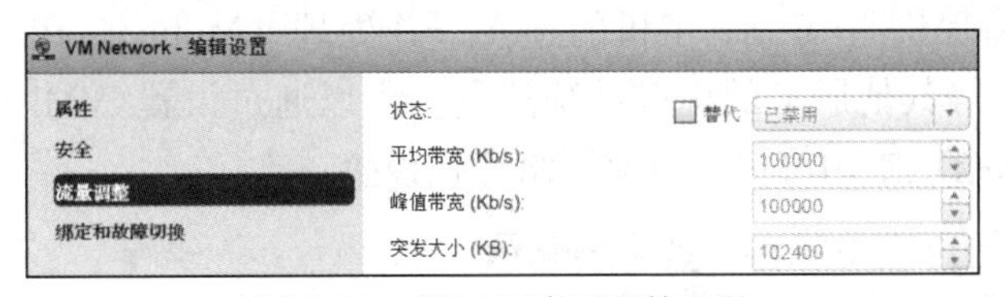

图 5-33　端口组流量调整设置

（6）如图 5-34 所示，在“绑定和故障切换”页面上可进行从标准交换机继承的组合和故障切换设置。可以在与端口组关联的物理网络适配器之间进行流量分配和重新路由，还可以更改故障时使用主机物理网络适配器的顺序。

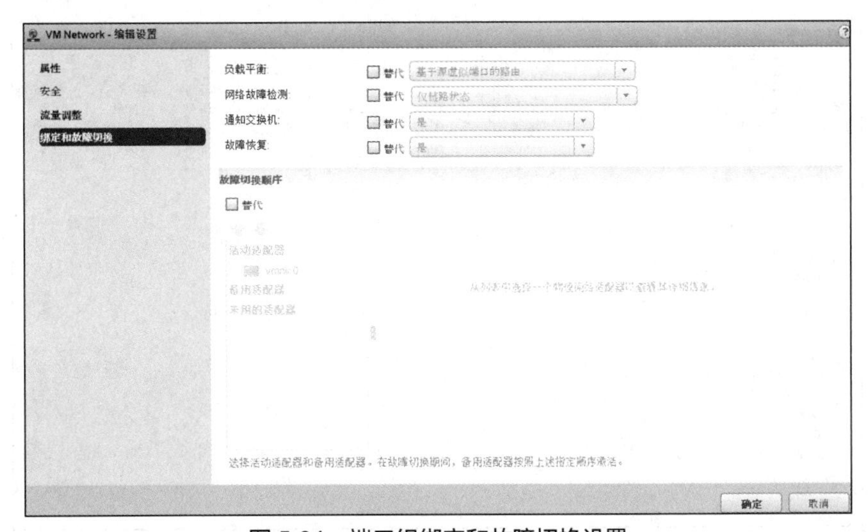

图 5-34　端口组绑定和故障切换设置

（7）单击“确定”按钮完成该端口组的编辑。

2. 在标准交换机上添加虚拟机端口组

可以在 vSphere 标准交换机上创建虚拟机端口组，为虚拟机提供连接和通用网络配置。参照前面创建标准交换机的步骤，启动添加网络向导，连接类型选择标准交换机的虚拟机端口组，目标设备选择现有的标准交换机或创建新的标准交换机，然后根据向导提示完成其余操作步骤。

一个标准交换机支持多个虚拟机端口组。对于已有一个虚拟机端口组的交换机，在添加虚拟机端口组的过程中，选择现有的标准交换机作为目标设备，即可再添加一个虚拟机端口组。

3. 从标准交换机中删除虚拟机端口组

如果不再需要关联的带标记网络，即可从 vSphere 标准交换机删除端口组。在 vSphere Web Client 界面中导航到要操作的主机，在“配置”选项卡上展开“网络”节点并选择“虚拟交换机”，选择要配置的标准交换机，出现它的拓扑图。单击交换机拓扑图中的相应虚拟机端口组的名称，在拓扑图标题下单击移除选定的端口组图标✖即可。

5.2.6 设置 VMkernel 网络

VMkernel 网络提供与 ESXi 主机的连接，并处理 vMotion、IP 存储、容错（Fault Tolerance）、vSAN 等其他服务的标准系统流量。可以通过设置 VMkernel 适配器来设置 VMkernel 网络，如指定专用流量，更改网络连接设置。

1. 查看主机上的 VMkernel 适配器配置

可以查看每个 VMkernel 适配器的已分配的服务、关联的交换机、端口设置、IP 设置、TCP/IP 堆栈、VLAN ID 和策略。

在 vSphere Web Client 界面中导航到要操作的主机，在“配置”选项卡上展开“网络”节点并选择“VMkernel 适配器”，从列表中选择一个适配器以查看其设置，如图 5-35 所示。

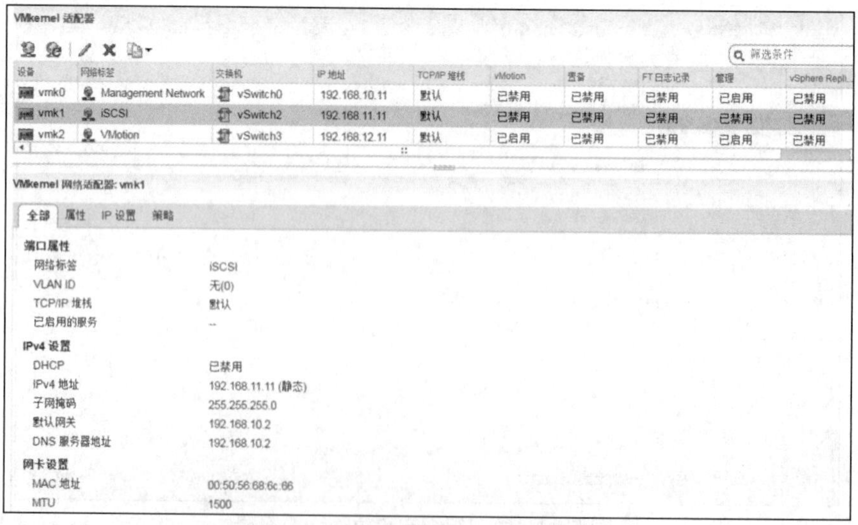

图 5-35　查看 VMkernel 适配器设置

其中，“全部”选项卡显示选定 VMkernel 适配器的所有配置信息，包括端口属性和网卡设置、IPv4 和 IPv6 设置、流量调整、绑定和故障切换，以及安全策略（因版面限制没有显示全图）。其他选项卡仅显示相关的部分设置信息。

2. 编辑 VMkernel 适配器配置

可以修改已有的 VMkernel 适配器配置，例如，更改所支持的流量类型，或者 IPv4 或 IPv6 地址设置。从“VMkernel 适配器”列表中选择要编辑的 VMkernel 适配器，然后单击“编辑设置”按钮弹出相应的对话框。如图 5-36 所示，在“端口属性”页面上选择要启用的服务。

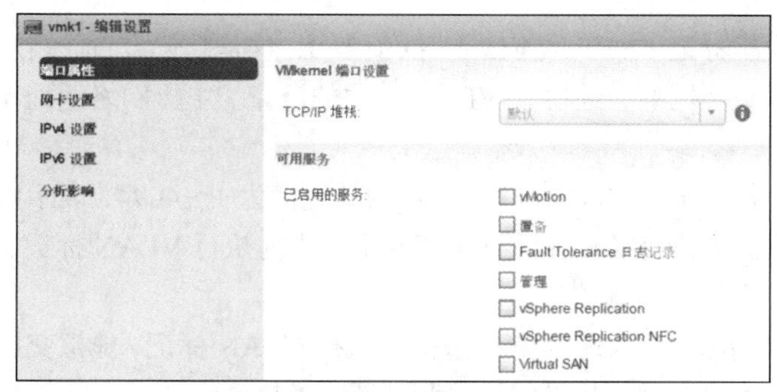

图 5-36　VMkernel 适配器设置

在“网卡设置”页面上为网络适配器设置 MTU。

在启用 IPv4 的情况下，在“IPv4 设置”页面可选择 IP 地址的获取方法。

3. 在标准交换机上创建 VMkernel 适配器

可以在 vSphere 标准交换机上创建端口组，为主机提供网络连接，并处理 vSphere vMotion、IP 存储、Fault Tolerance 日志记录、vSAN 等服务的系统流量。通常将 VMkernel 适配器专用于一种流量类型。参照前面的创建用于 VMkernel 流量的标准交换机的步骤，启动添加网络向导，连接类型选择 VMkernel 网络适配器，目标设备选择现有的标准交换机或创建新的标准交换机，然后根据向导提示完成其余操作步骤。

可以在一个标准交换机上创建多个 VMkernel 适配器。对于已有一个 VMkernel 适配器的交换机，在添加 VMkernel 适配器的过程中选择现有的标准交换机作为目标设备，即可再添加一个 VMkernel 适配器。

4. 移除 VMkernel 适配器

当不再需要 VMkernel 适配器时，可从交换机中移除该适配器，但是必须确保在主机上至少保留一个用于管理流量的 VMkernel 适配器，以保持网络连接不中断。

从“VMkernel 适配器”列表中选择要移除的 VMkernel 适配器，然后单击移除选定的网络适配器图标✖，弹出相应的对话框，单击“分析影响”按钮，确认没有影响时再决定删除操作。

5.2.7 使用 VLAN 隔离网络流量

VLAN 是一项有效减少或隔离广播域的网络技术，这需要通过将网络划分为网络协议栈第 2 层的多个逻辑广播域来实现。在生产环境中，VLAN 的使用比较普遍，这就涉及虚拟交换机接入 VLAN 的问题。在 vSphere 中使用 VLAN 进一步隔离单个物理 LAN 段，使得端口组彼此隔离，它们就像是物理上不同的段。这样做有以下好处。

- 将 ESXi 主机集成到一个预先存在的 VLAN 拓扑中。
- 隔离并保护网络流量。
- 减少网络流量拥塞。

使用 VLAN 标记模式配置 VLAN，可以在创建标准交换机或配置已有标准交换机的过程中设置 VLAN ID，VLAN ID 反映了端口组中的 VLAN 标记模式。vSphere 支持以下 3 种 VLAN 标记模式。

- 外部交换机标记（EST）：VLAN ID 值为 0，这是默认设置，表示物理交换机执行 VLAN 标记，虚拟交换机不会通过与 VLAN 关联的流量。主机网络适配器连接到物理交换机的访问端口。
- 虚拟交换机标记（VST）：VLAN ID 值的范围为 1～4094，表示虚拟交换机使用指定的标签标记流量。虚拟交换机在数据包离开主机之前执行 VLAN 标记，主机网络适配器必须连接到物理交换机的中继端口。
- 虚拟客户端标记（VGT）：表示虚拟机执行 VLAN 标记，虚拟交换机从任何 VLAN 传递流量。虚拟交换机在虚拟机网络堆栈和外部交换机之间转发数据包时，会保留 VLAN 标签。主机网络适配器必须连接到物理交换机的中继端口。对于标准交换机来说，VLAN ID 值为 4095。对于分布式交换机来说，VLAN ID 值表示分布式交换机的范围和各个 VLAN。

5.2.8 设置 vSphere 标准交换机属性

在 vSphere Web Client 界面中导航到要操作的主机，在“配置”选项卡上展开“网络”节点并选择“虚拟交换机”，选择要配置的标准交换机，单击“编辑设置”按钮，打开图 5-37 所示的对话框，可以对标准交换机本身进行设置，如更改标准交换机上 MTU 的大小、修改安全设置等。

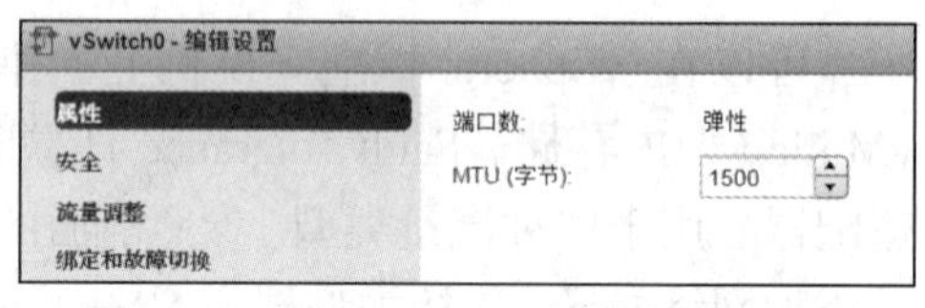

图 5-37 设置 vSphere 标准交换机属性

5.3 配置和管理分布式交换机

从功能上看，分布式交换机与标准交换机没有本质的差别，可以将它看作跨多台 ESXi 主机的超级交换机，适合 ESXi 主机数量较多的大规模的虚拟化应用。通常 ESXi 主机少于 10 台时，只需要使用标准交换机；超过 10 台，不到 50 台时，就要考虑使用分布式交换机；当规模更大时，如超过 50 台主机，就要考虑使用第三方硬件级虚拟交换机，如 Cisco Nexus 或华为 CloudEngine 系列交换机，而且 vSphere 能够支持这种部署。

分布式交换机可以简化虚拟机网络连接的部署、管理和监控，为群集级网络连接提供一个集中控制点。vSphere 分布式交换机不再基于主机创建，而是基于 vCenter Server 创建，在 vSphere 6.5 中可以使用 vSphere Web Client 登录到 vCenter Server，创建和管理分布式交换机。考虑到实验环境限制，这里简单讲解一下分布式交换机最基本的配置和管理。

5.3.1　创建分布式交换机

默认没有创建任何分布式交换机。在数据中心上创建 vSphere 分布式交换机，以便从中心位置一次处理多个主机的网络配置。具体步骤如下。

（1）在 vSphere Web Client 界面中导航到要操作的数据中心，如图 5-38 所示，右击该数据中心，选择“Distributed Switch”→“新建 Distributed Switch”命令启动相应的向导。

（2）如图 5-39 所示，在“名称和位置”页面上为新建的分布式交换机命名，并指定其所在位置（数据中心），然后单击“下一步”按钮。

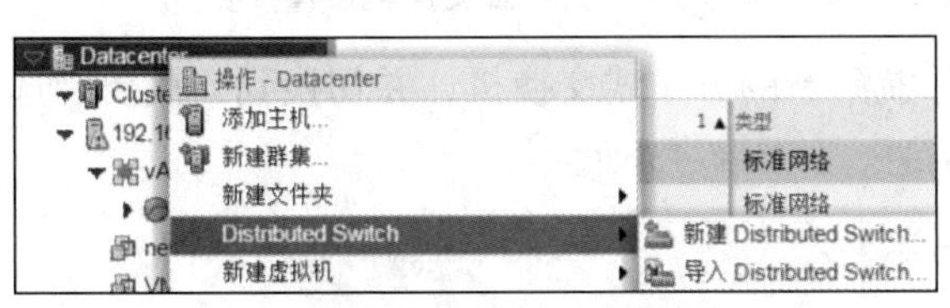

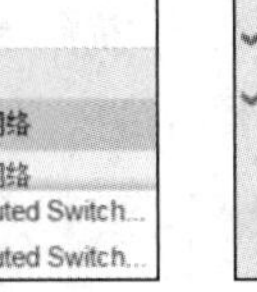

图 5-38　启动新建分布式交换机向导

图 5-39　设置名称和位置

（3）如图 5-40 所示，在“选择版本”页面上选择分布式交换机版本，每个版本不能兼容比它低的版本。这里选择 Distributed Switch 6.5.0，与 ESXi 6.5 及更高版本兼容。然后单击“下一步”按钮。

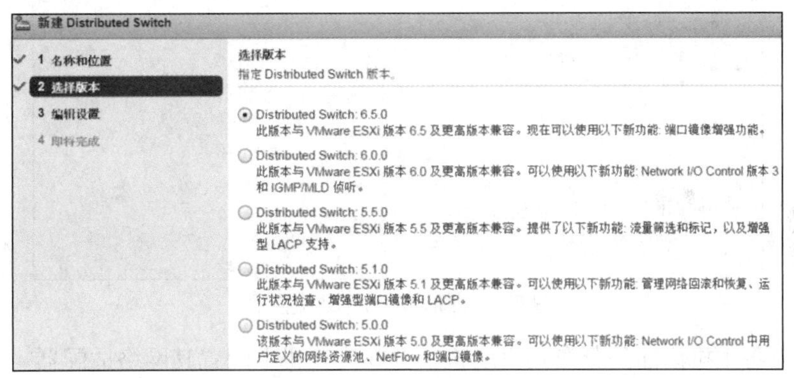

图 5-40　选择分布式交换机版本

（4）如图 5-41 所示，在“编辑设置”页面上配置以下分布式交换机设置，单击“下一步”按钮。

使用箭头按钮选择上行链路数量。上行端口将分布式交换机连接到相关主机上的物理网络适配器，上行链路端口的数量是每个主机到分布式交换机允许物理连接的最大数量。

从“Network I/O Control”下拉列表中选择启用或禁用网络 I/O 控制。通过使用网络 I/O 控制，可以根据部署的要求为某些类型的基础设施和工作负载流量优先考虑对网络资源的访问。网络 I/O 控制持续监控网络上的 I/O 负载并动态分配可用资源。

如果选中“创建默认端口组”复选框，将创建默认设置的新的分布式端口组，此时要在“端口组名称”框中设置端口组名称。

（5）如图 5-42 所示，在“即将完成”页面上查看所选的设置，然后单击“完成”按钮。

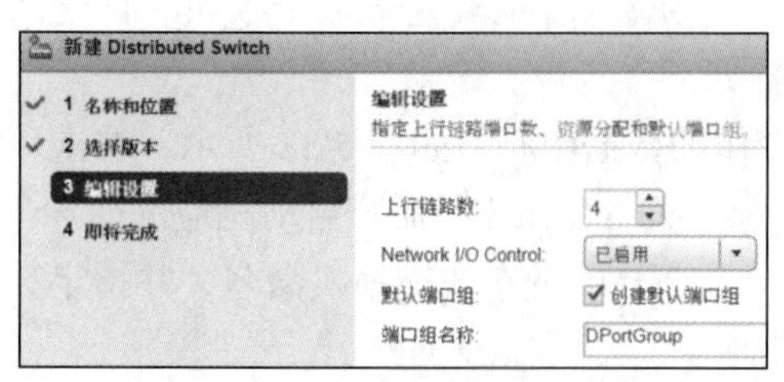
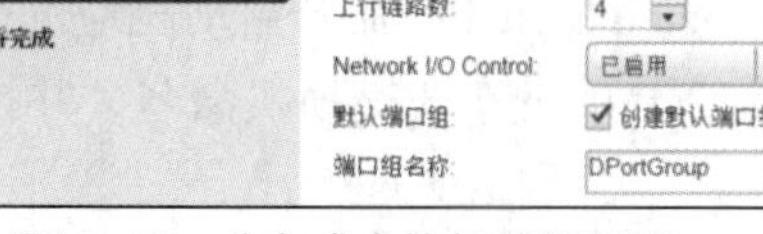

图 5-41 分布式交换机编辑设置

图 5-42 分布式交换机设置摘要

完成分布式交换机的创建之后，可以导航到新的分布式交换机，并切换到“摘要”选项卡来查看它所支持的功能以及其他详细信息，如图 5-43 所示。

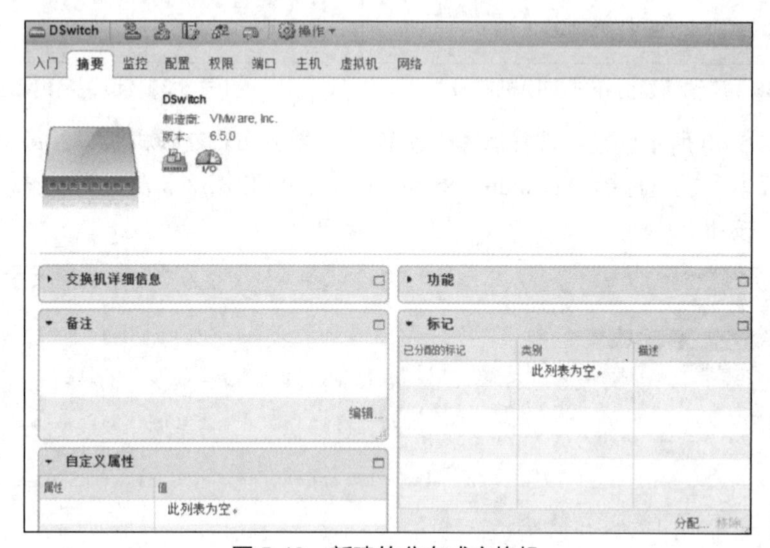

图 5-43 新建的分布式交换机

接下来应将主机添加到分布式交换机，并在交换机上配置其网络适配器。

5.3.2 将 ESXi 主机添加到 vSphere 分布式交换机

要使用 vSphere 分布式交换机支持 vSphere 环境的虚拟网络，必须将主机与交换机相关联，即将主机的物理网络适配器、VMkernel 适配器和虚拟机网络适配器连接到分布式交换机。

1. 前提条件

- 验证分布式交换机上是否有足够的上行链路以分配给要连接到交换机的物理网络适配器。
- 验证分布式交换机上是否至少有一个分布式端口组。
- 验证分布式端口组是否在其分组和故障转移策略中配置了活动上行链路。
- 如果为 iSCSI 迁移或创建 VMkernel 适配器，验证目标分布式端口组的绑定和故障转移策略是否满足 iSCSI 要求。
- 验证是否只有一个上行链路处于活动状态，备用列表为空，其余上行链路未使用。
- 验证每个主机是否只分配一个物理网络适配器到活动上行链路。

2. 操作步骤

为便于实验，这里为 ESXi 主机添加一块空闲的物理网络适配器（也可将 5.2.4 小节中的网卡组合撤除）。

（1）在 vSphere Web Client 界面中导航到要操作的分布式交换机，从“操作”菜单中选择“添加和管理主机”命令来启动相应的向导。

（2）如图 5-44 所示，在“选择任务”页面上选择“添加主机”单选按钮，然后单击“下一步”按钮。

图 5-44 添加主机

（3）在“选择主机”页面上单击“新主机”按钮，弹出图 5-45 所示的对话框，选择一个要加入的 ESXi 主机，单击“确定”按钮，新增的主机如图 5-46 所示，然后单击“下一步”按钮。

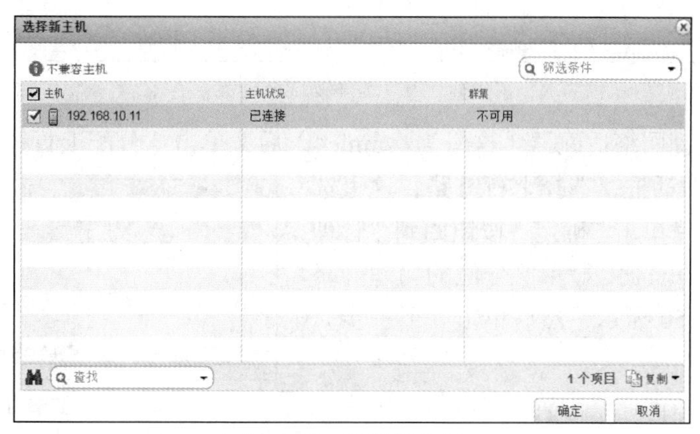

图 5-45 选择新主机

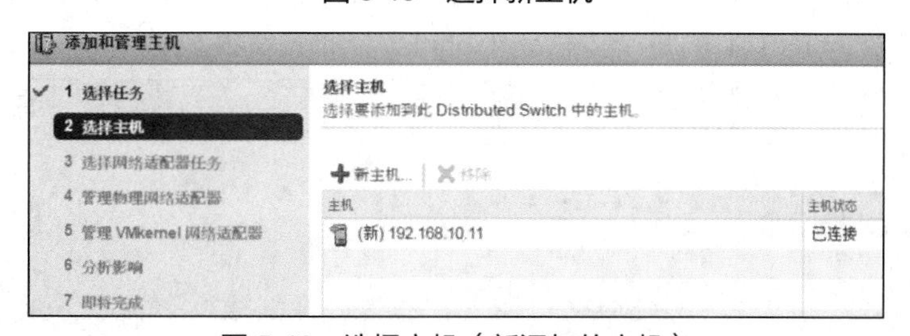

图 5-46 选择主机（新添加的主机）

（4）如图 5-47 所示，在“选择网络适配器任务”页面上选中“管理物理适配器”和“管理 VMkernel 适配器”两个复选框（这也是默认设置），然后单击“下一步”按钮。

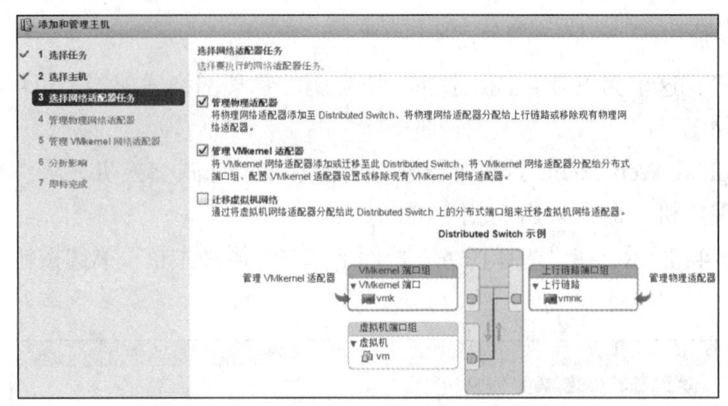

图 5-47　选择“管理物理适配器”任务

（5）如图 5-48 所示，在“管理物理网络适配器”页面上为分布式交换机分配物理网络适配器。通常从未关联到其他交换机的列表中选择一个物理网络适配器。如果选择已连接到其他交换机的物理网络适配器，则会被迁移到当前的分布式交换机。

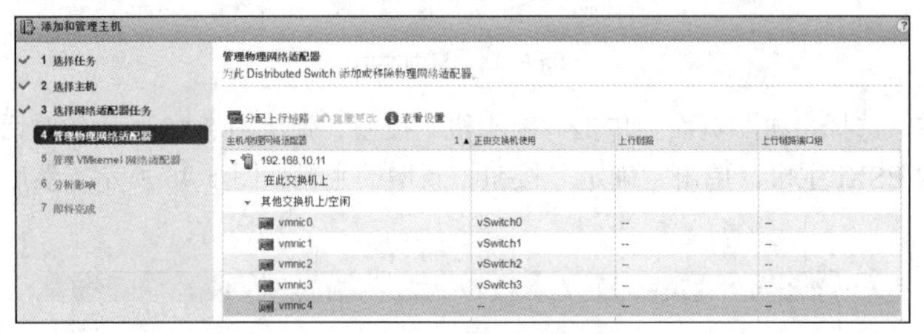

图 5-48　选择物理适配器

（6）选好物理网络适配器（这里为 vmnic4）后，单击“分配上行链路”按钮，弹出图 5-49 所示的对话框，选择上行链路，这里选择自动分配，然后单击“确定”按钮回到“管理物理网络适配器”页面，显示已分配的物理网络适配器，如图 5-50 所示，然后单击“下一步”按钮。

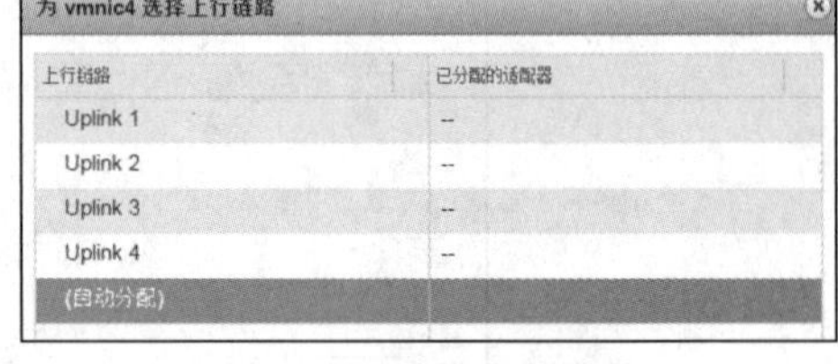

图 5-49　选择上行链路

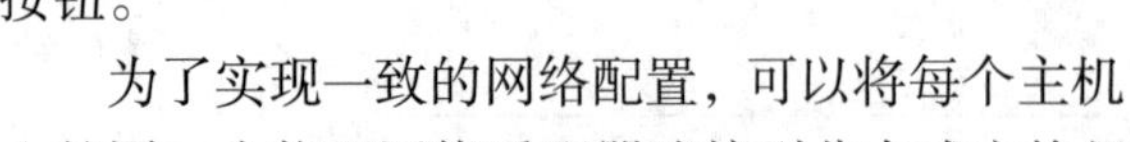

为了实现一致的网络配置，可以将每个主机上的同一个物理网络适配器连接到分布式交换机的相同上行链路。例如，如果要添加两台 ESXi 主机，连接 vmnic1 上的每个主机到 Uplink1 分布式交换机上。

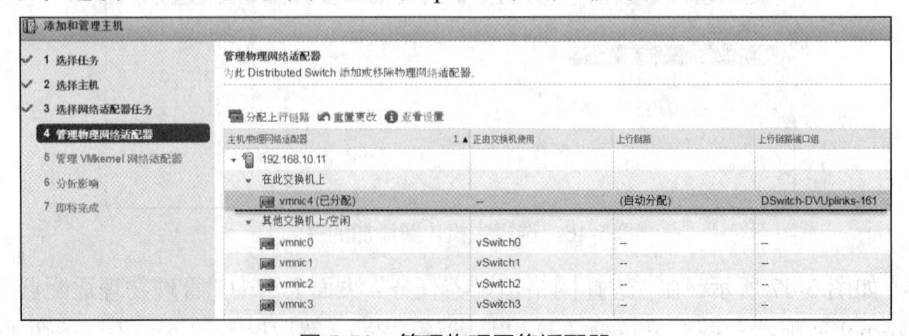

图 5-50　管理物理网络适配器

（7）如图 5-51 所示，在“管理 VMkernel 网络适配器”页面上列出了当前 VMkernel 网络适配器，根据需要选择 VMkernel 适配器进行配置。

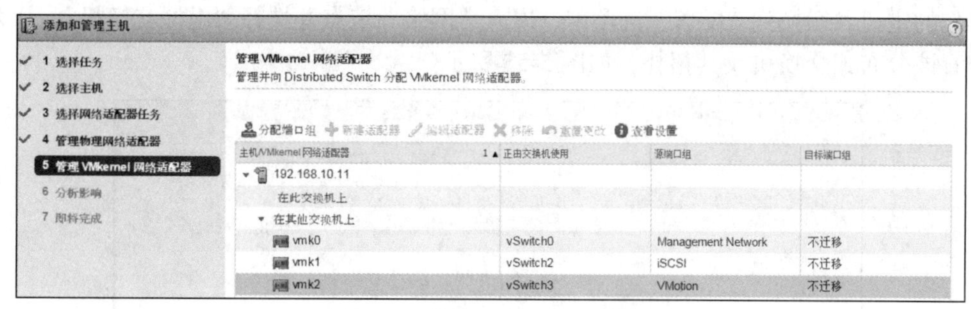

图 5-51　选择 VMkernel 适配器

（8）选择一个 VMkernel 适配器（这里为 vmk2），然后单击“分配端口组”按钮，弹出图 5-52 所示的对话框，选择要分配的目标分布式端口组，这里是默认的 DPortGroup，然后单击“确定”按钮，回到“管理 VMkernel 网络适配器”页面，显示已重新分配的 VMkernel 网络适配器，如图 5-53 所示。与前面空闲的物理网络适配器不同，这里是对 VMkernel 适配器重新分配，因为它之前由交换机 vSwitch3 占用，然后单击“下一步”按钮。

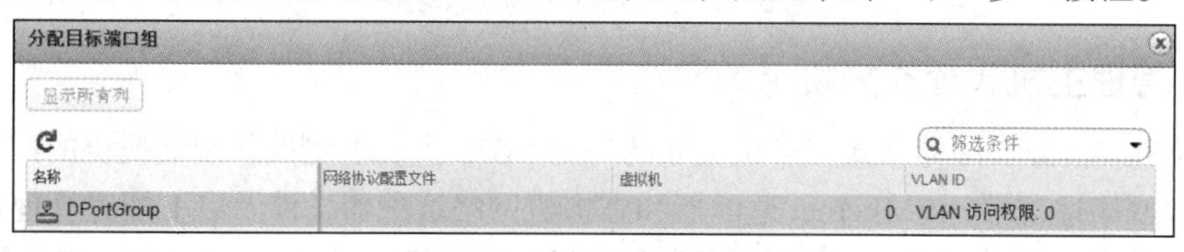

图 5-52　选择分布式端口组

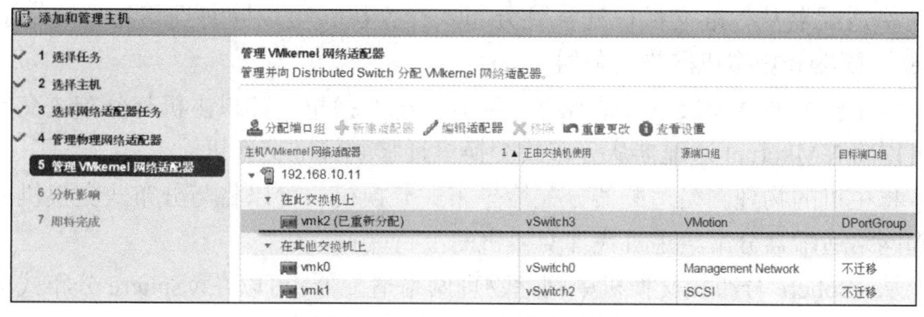

图 5-53　VMkernel 网络适配器

（9）如图 5-54 所示，在 ESXi 主机物理网络适配器加入分布式交换机之后，系统会自动分析是否会对当前网络环境造成影响，审查受影响的服务及影响程度，并在“分析影响”页面上显示分析结果。这里显示无影响，在应用新的网络配置后，iSCSI 将继续其正常功能。

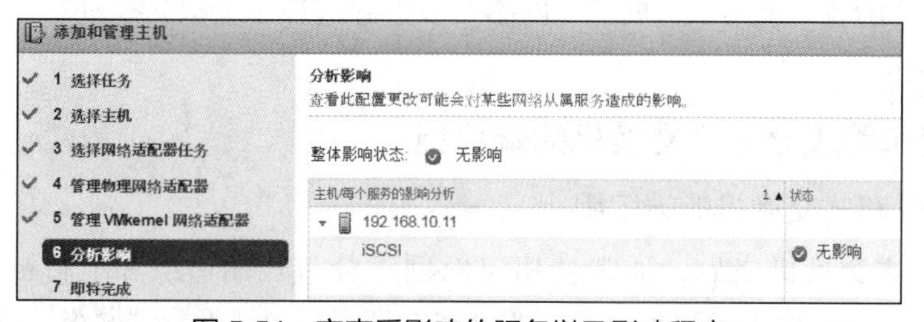

图 5-54　审查受影响的服务以及影响程度

（10）在“即将完成”页面上查看所选的设置，然后单击“完成”按钮。

至此，已将ESXi主机添加到分布式交换机。可以在vSphere Web Client界面中导航到要操作的主机，切换到“配置”选项卡，展开“网络”节点并选择“虚拟交换机”，从列表中查看该分布式交换机及其拓扑，如图5-55所示。

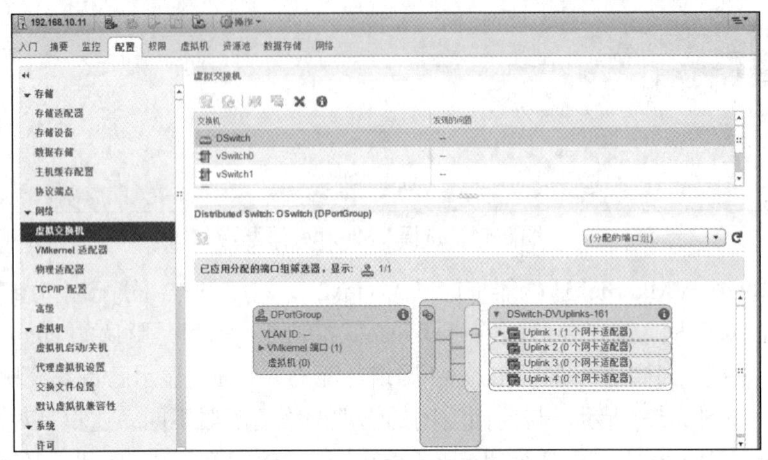

图5-55　分布式交换机及其拓扑

5.3.3　管理主机代理交换机上的网络

可以在与vSphere分布式交换机关联的每台ESXi主机上更改代理交换机的配置，包括管理物理网络适配器、VMkernel适配器和虚拟机网络适配器，涉及以下配置管理任务。

- 将主机上的网络适配器迁移到分布式交换机：对于与分布式交换机相关的主机，可以将网络适配器从标准交换机迁移到分布式交换机，可以同时迁移物理网络适配器、VMkernel适配器和虚拟机网络适配器。
- 将主机上的VMkernel适配器迁移到标准交换机：如果主机与分布式交换机相关联，则可以将VMkernel适配器从分布式交换机迁移到标准交换机。
- 将主机的物理网络适配器分配给分布式交换机：可以将与分布式交换机关联的主机的物理网络适配器分配给主机代理交换机的上行端口。
- 从vSphere分布式交换机中删除物理网络适配器：可以在vSphere分布式交换机上从上行链路中删除主机的物理网络适配器。
- 从活动虚拟机中删除网络适配器：从活动虚拟机中删除网络适配器时，可能仍然会看到已在vSphere Web Client中删除的网络适配器。

这些操作都是在ESXi主机进行的，可以在vSphere Web Client界面中导航到要操作的主机，切换到“配置”选项卡，展开“网络”节点并选择“虚拟交换机”，对其中的分布式交换机进行操作。

5.3.4　配置和管理分布式交换机的端口组

1．查看分布式交换机的端口组

创建分布式交换机之后，通常会相应地创建分布式端口组和上行链路端口组。在vSphere Web Client界面中导航到要操作的分布式交换机，切换到“网络”选项卡，可以查看它的端口组。如图 5-56 所示，有一个名为 DPortGroup 的分布式端口组，是创建分布式交换机时自动创建的默认端口组，为虚拟机提供网络连接并提供 VMkernel 流量。这里还有一个名为 DSwitch-DVUplinks-161 的上行链路端口组，如图 5-57 所示，用于配置主机的物理连接。这两个界面都提供端口组的配置和管理操作按钮。

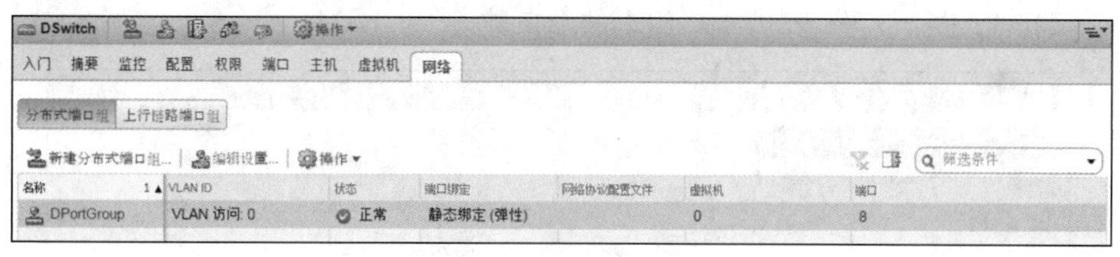

图 5-56　分布式端口组

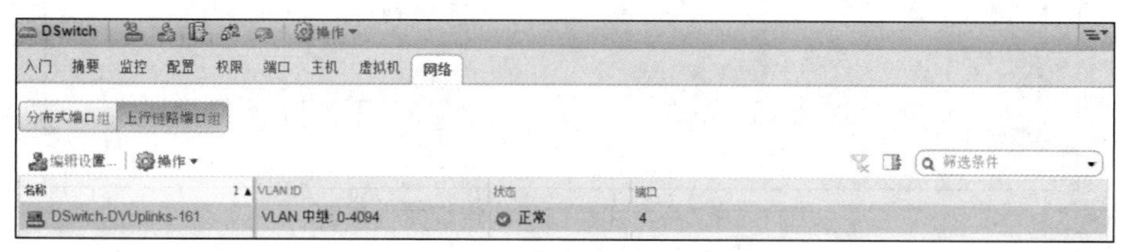

图 5-57　上行链路端口组

2. 配置和管理分布式端口组

分布式端口组指定 vSphere 分布式交换机上每个成员端口的端口配置选项，定义了如何连接到网络。相关的配置和管理任务有以下几项。

- 添加分布式端口组：为虚拟机创建分布式交换机网络并关联 VMkernel 适配器。通常在创建分布式交换机时生成默认端口组。如果需要自定义端口组，可在添加分布式交换机后创建满足这些要求的分布式端口组。
- 编辑通用分布式端口组设置：可以编辑常规分布式端口组设置，如分布式端口组名称、端口设置和网络资源池。
- 配置端口级别的覆盖网络策略：要对分布式端口应用不同的策略，可以配置端口组级别设置策略的每端口覆盖。当分布式端口与虚拟机断开连接时，还可以启用在每个端口级别设置的任何配置的重置。
- 删除分布式端口组：当不再需要相应的标记网络来提供连接并配置虚拟机或 VMkernel 网络的连接设置时，可删除分布式端口组。

这里仅介绍对现有的分布式端口组进行编辑修改。

（1）在 vSphere Web Client 界面中导航到要操作的分布式交换机，切换到“网络”选项卡，单击“分布式端口组”按钮给出当前的列表。

（2）右击要编辑的分布式端口组，然后选择“编辑设置”命令打开相应的向导。

（3）如图 5-58 所示，在“常规”页面上编辑以下分布式端口组设置。

- 名称：设置分布式端口组的名称。
- 端口绑定：选择何时将端口分配给连接到此分布式端口组的虚拟机。静态绑定指当虚拟机连接到分布式端口组时，将端口分配给虚拟机。动态绑定指在连接到分布式端口组之后，虚拟机首次启动时，将端口分配给虚拟机。极短（无绑定）指没有端口绑定，连接主机时，可以将虚拟机分配给具有临时端口绑定的分布式端口组。

- 端口分配：有弹性和固定两种方式，默认端口数为 8。前者表示当分配所有端口时，将创建一组新的 8 个端口，这是默认值。后者表示分配所有端口时，不会创建其他端口。
- 端口数量：设置分布式端口组上的端口数。

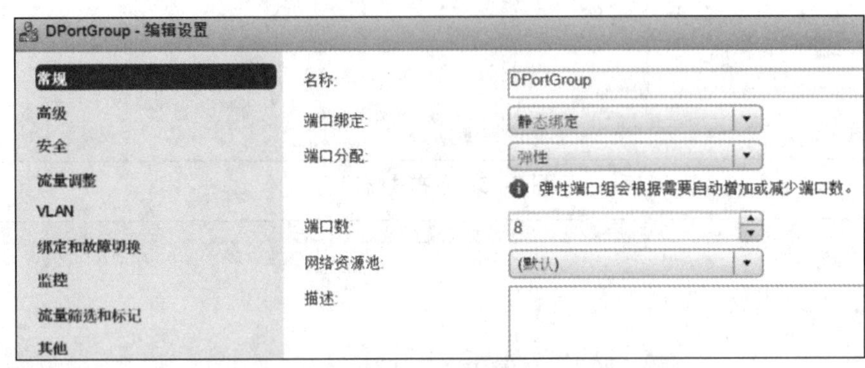

图 5-58　分布式端口组的常规属性设置

（4）根据需要编辑其他属性。

3. 配置和管理上行链路端口组

一个分布式交换机只有一个上行链路端口组，不能添加新的上行链路端口组，也不能删除现有的上行链路端口组，只能对现有的上行链路端口组编辑设置。

5.3.5　在分布式交换机上配置虚拟机网络

可以通过配置单台虚拟机的网络适配器将虚拟机连接到 vSphere 分布式交换机，还可以在 vSphere 分布式交换机网络和 vSphere 标准交换机网络之间成组迁移虚拟机。

1. 将单台虚拟机连接到分布式端口组

要将虚拟机接入分布式交换机的虚拟网络，只需将它连接到分布式端口组即可。这与接入标准交换机相同，具体方法是在虚拟机的编辑设置中，将其网络适配器指定为由网络标签标识的虚拟网络（分布式端口组）。

2. 在分布式交换机网络和标准交换机网络之间成组迁移虚拟机

（1）在 vSphere Web Client 界面中导航到要操作的数据中心。

（2）右击导航器中的该数据中心，然后选择“将虚拟机迁移到其他网络”命令启动相应的向导。

（3）如图 5-59 所示，首先选择源网络和目标网络。这里的源网络选择“特定网络”，通过单击“浏览”按钮选择特定的源网络（已有标准交换机网络）；目标网络选择一个分布式交换机网络，然后单击“下一步”按钮。

如果源网络选择“无网络”，将会迁移那些未连接到任何其他网络的所有虚拟机网络适配器。

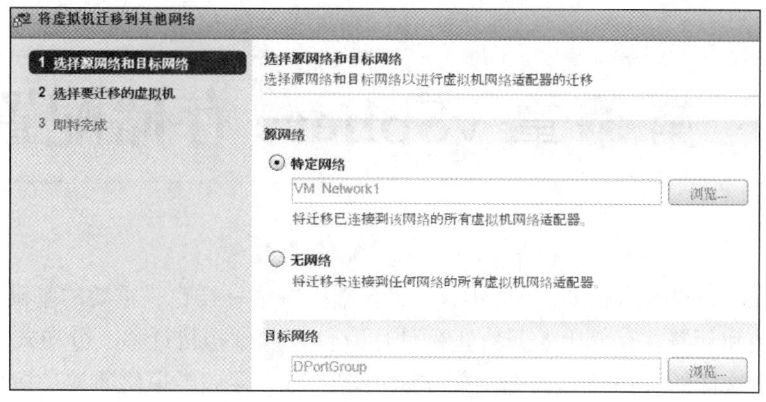

图 5-59 选择源网络和目标网络

（4）如图 5-60 所示，从列表中选择要从源网络迁移到目标网络的虚拟机，然后单击“下一步”按钮。

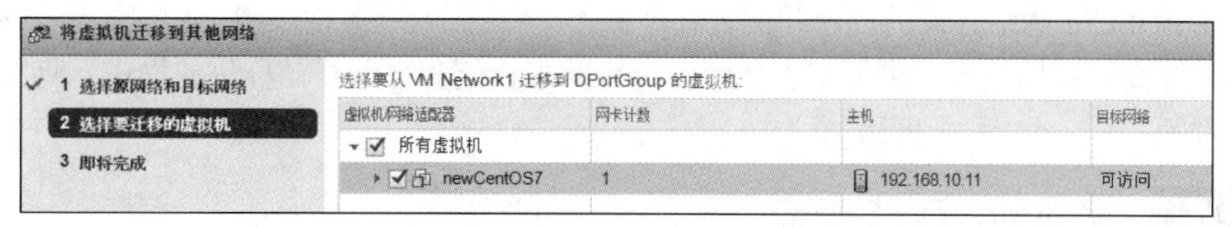

图 5-60 选择要迁移的虚拟机

（5）在“即将完成”页面上查看所选的设置，然后单击“完成”按钮。

为简化实验环境，在学习后续章节之前，建议撤销上述分布式交换机的配置，仅保留标准交换机的配置，因为后续的操作涉及虚拟网络时，使用的都是标准交换机。

5.4 习题

1. vSphere 网络类型有哪几种？
2. 简述 vSphere 虚拟交换机的基本组成。
3. 虚拟机端口组、上行链路端口和 VMkernel 端口各有什么特点？各有什么用途？
4. 简述 vSphere 标准交换机架构。
5. 简述 vSphere 分布式交换机架构。
6. 默认的标准交换机有哪些特点？
7. 为什么要将管理流量与虚拟机流量分开？
8. 参照 5.2.2 小节的介绍，创建一个用于虚拟机流量的标准交换机。
9. 参照 5.2.3 小节的介绍，分别创建一个用于 iSCSI 存储和一个用于 vMotion 流量的标准交换机。
10. 参照 5.2.5 小节的介绍，查看和编辑标准交换机的虚拟机端口组。
11. 参照 5.2.6 小节的介绍，查看和编辑标准交换机的 VMkernel 适配器配置。

第6章 vSphere 存储配置

在 VMware vSphere 虚拟化环境中，存储与虚拟网络一样也是重要的基础设施之一，虚拟机都要安装和部署在存储上。只有正确使用存储，像虚拟机迁移、分布式资源调度、高可用性和容错这样的 vSphere 高级功能才能正常运行。存储虚拟化通常是指从虚拟机及其应用程序中对物理存储资源和容量进行逻辑虚拟化，vSphere 提供 ESXi 主机级别的存储虚拟化。vSphere 还支持软件定义（Software-Defined）的存储，对存储功能再进行抽象，提供 vSAN 和虚拟卷功能。本章在简要介绍 vSphere 存储技术和存储体系的基础上，讲解本地存储和 iSCSI 网络存储的创建和配置管理操作。考虑到实验条件限制，对 FC SAN、vSAN、虚拟卷等高级存储技术只讲解基本概念。至于共享存储和数据存储群集的操作，将在后续章节讲解。

6.1 vSphere 存储基础

vSphere 存储功能非常强大，支持传统存储虚拟化，也支持软件定义的存储。这里重点介绍传统的存储虚拟化架构和技术。

6.1.1 传统存储虚拟化架构

vSphere 传统的存储虚拟化是基于 ESXi 主机级别的，在传统环境中设置 ESXi 存储，包括配置存储系统和设备、启用存储适配器和创建数据存储。

传统的 vSphere 存储管理采用以数据存储为中心的方法，整体架构如图 6-1 所示。

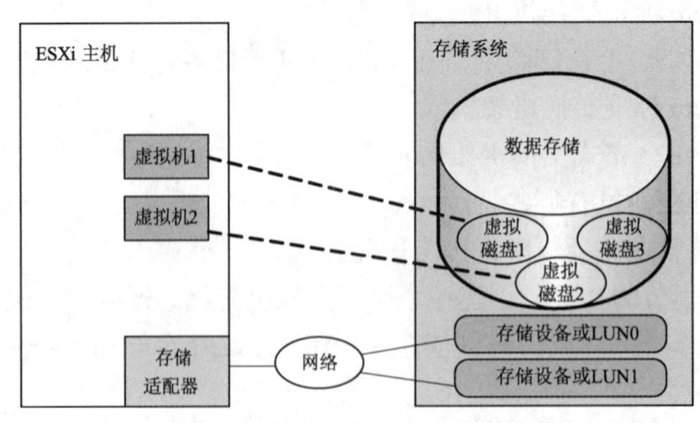

图 6-1 传统 vSphere 存储架构

整个存储架构采用如下的工作机制。

- 存储系统以设备或 LUN 的形式提供物理存储资源。
- ESXi 主机通过存储适配器经网络或其他通信线路与这些物理存储资源建立连接。
- vSphere 管理员基于存储设备或 LUN 创建数据存储。

- vSphere 管理员基于数据存储提供虚拟磁盘作为虚拟机存储。
- 用户基于虚拟磁盘运行虚拟机，并存取虚拟磁盘上的数据。

就 vSphere 存储层次来说，物理存储设备位于最底层，向上一层是数据存储，再往上一层则是虚拟机存储（虚拟磁盘）。ESXi 主机连接物理存储，ESXi 主机上的虚拟机访问虚拟磁盘。

6.1.2　传统存储虚拟化技术

下面围绕上述存储架构，简单介绍传统存储虚拟化技术及其有关概念和术语。

1. 目标与 LUN 的呈现形式

在 ESXi 环境中，术语“目标”（Target）表示可以由主机访问的单个存储单元。

LUN 是英文 Logical Unit Number 的缩写，指逻辑单元号。SCSI 总线上可挂接的设备数量是有限的，一般为 8 个或者 16 个，可以用目标 ID（SCSI ID）来描述这些设备。设备只要一加入系统，就有一个代号，这样就可以方便地区别设备。LUN ID 就是扩展了的目标 ID。每个目标下都可以有多个 LUN 设备，通常直接简称为 LUN。

术语“设备”和“LUN”在 ESXi 环境中可互换使用。通常，这两个术语都表示通过块存储系统提供给主机且可以格式化的存储卷。

不同存储供应商通过不同的方式向 ESXi 主机提供自己的存储系统。某些供应商在单个目标上呈现多个存储设备或 LUN，而有些供应商则向单个目标呈现一个 LUN。目标和 LUN 的示意图如图 6-2 所示，其中每种配置都有 3 个 LUN 可用，每个 LUN 表示单个存储卷。在图 6-2 左边的示例中，主机可以访问一个目标，但该目标具有 3 个可供使用的 LUN；在右边的示例中，主机可以访问 3 个不同的目标，每个目标都拥有一个 LUN。

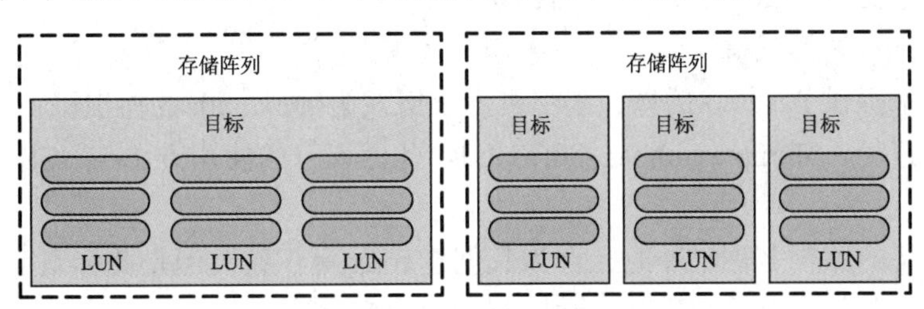

图 6-2　目标和 LUN 示意图

通过网络访问的目标都有唯一的名称，该名称由存储系统提供。例如，iSCSI 目标使用 iSCSI 名称，光纤通道目标使用全球名称（World Wide Name，WWN）。

设备或 LUN 由其 UUID 名称标识。如果某个 LUN 由多个主机共享，则必须将该 LUN 以同一 UUID 提供给所有的主机。

ESXi 不支持通过不同传输协议（如 iSCSI 和光纤通道）访问同一 LUN。

2. 存储适配器

存储适配器为 ESXi 主机提供到指定存储单元或网络的连接。主机使用存储适配器访问不同的存储设备。

ESXi 支持不同的适配器类别，包括 SCSI、iSCSI、RAID、光纤通道、以太网上的光纤通道（FCoE）和以太网。ESXi 通过 VMkernel 中的设备驱动程序直接访问存储适配器。

主机总线适配器（Host Bus Adapter，HBA）就是一种典型的存储适配器。HBA 是一种在服务器和存储装置之间提供输入/输出（I/O）处理和物理连接的电路板或集成电路适配器。HBA 减轻主处理器数据存储和检索任务的负担，能够提高服务器的性能。

根据所使用的存储器类型，需要在 ESXi 主机上启用和配置存储适配器。

3. 存储设备及其命名

存储设备包括本地设备和联网设备。只有 ESXi 主机连接到基于块的存储系统时，主机才能访问支持 ESXi 的 LUN 或存储设备。

每个存储设备或 LUN 由多个名称标识。ESXi 主机使用不同的算法和约定为每个存储设备生成标识符，具体取决于存储类型。标识符主要有以下类型。

（1）SCSI INQUIRY 标识符

主机使用 SCSI INQUIRY 命令查询存储设备。主机使用所获得的结果数据，尤其是 Page 83 信息，生成唯一标识符。基于 Page 83 信息的设备标识符在所有主机中是唯一的，并且是永久的，采用的格式有 naa.number、t10.number 或 eui.number。其中，number 是自动生成的序列号。

这里补充解释一下 Page 83 信息。它涉及 SCSI 设备查询，通过 SCSI 查询关键产品数据（VPT）page 0x80 或者 0x83，使用由此产生的数据来生成一个在所有 SCSI 设备中唯一的数据，以完全支持 page 0x80 或者 page 0x83。

（2）基于路径的标识符

如果设备未提供 Page 83 信息，则主机生成格式为 mpx.path 的标识符，其中 path 代表设备的第一个路径，如 mpx.vmhba1:C0:T1:L3。此标识符的使用方法与 SCSI INQUIRY 标识符相同。

当本地设备的路径名称唯一时，会为其创建 mpx.标识符。但是此标识符不是唯一的，也不是永久的，并且每次系统重新启动后都会发生变化。

设备路径通常采用以下格式：

```
vmhbaAdapter:CChannel:TTarget:LLUN
```

- vmhbaAdapter 是存储适配器的名称，这是主机上的物理网络适配器，而不是由虚拟机使用的 SCSI 控制器。
- CChannel 是存储通道号。软件 iSCSI 适配器和从属硬件适配器使用通道号来显示到同一目标的多个路径。
- TTarget 是目标号。目标号由主机确定，对主机可见的目标的映射更改时，目标号也可能更改。由不同主机共享的目标可能没有相同的目标号。
- LLUN 是显示目标中 LUN 位置的 LUN 号。LUN 号由存储系统提供，如果目标只有一个 LUN，则 LUN 号始终为 0。例如，vmhba1:C0:T3:L1 表示通过存储适配器 vmhba1 和通道 0 访问的目标 3 上的 LUN1。

（3）旧标识符

除了上述两种标识符之外，ESXi 还为每个设备生成一个传统的备用名称，它具有以下格式：

```
vml.numbera
```

旧标识符包含一系列唯一的数字。标识符的一部分派生自第 83 页的信息。对于不支持第 83 页信息的非本地设备，仅 vml.名称用作唯一标识符。

4. 存储区域网络（Storage Area Networks，SAN）

存储区域网络（SAN），是一种将计算机系统（ESXi 主机）连接到高性能存储系统的专用高速网络。ESXi 可使用光纤通道（Fibre Channel，FC）或 iSCSI（Internet SCSI）协议连接到存储系统。

- 光纤通道：作为一种存储协议，SAN 使用它将数据流量从 ESXi 主机服务器传输到共享存储。该协议将 SCSI 命令打包到 FC 帧中。要连接到 FC SAN，主机要使用 FC HBA。
- iSCSI：是一种可在计算机系统（ESXi 主机）与高性能存储系统之间使用以太网连接的 SAN 传输。要连接到存储系统，主机要将硬件 iSCSI 适配器或软件 iSCSI 启动器与标准网络适配器搭配使用。

5. 数据存储

数据存储是逻辑容器，类似于文件系统，它将各个存储设备的特性隐藏起来，并提供一个统一的模型来存储虚拟机文件。除了存储虚拟机文件外，数据存储还用于存储虚拟模板和 ISO 镜像等。

作为一个逻辑存储单元，数据存储可以使用一个或多个存储设备。将 ESXi 主机添加到 vCenter Server 时，主机上的所有数据存储都将添加到 vCenter Server。

6. NFS 共享

ESXi 内置的 NFS 客户端使用 NFS（网络文件系统）协议通过 TCP/IP 访问位于 NAS 服务器上的 NFS 卷。ESXi 主机可以挂载卷，并将其用作 NFS 数据存储。

NFS 共享可以像存储设备或 LUN 一样提供给 ESXi 主机，管理员可以基于 NFS 共享创建数据存储。

7. 虚拟磁盘（Virtual Disks）

ESXi 主机上的虚拟机使用虚拟磁盘存储其操作系统、应用程序文件，以及与其活动关联的其他数据。虚拟磁盘是较大的物理文件或文件集，可以像处理任何其他文件那样复制、移动、存档和备份。可以配置具有多个虚拟磁盘的虚拟机。

要访问虚拟磁盘，虚拟机需使用虚拟 SCSI 控制器。这些虚拟 SCSI 控制器包括 BusLogic Parallel、LSI Logic Parallel、LSI Logic SAS 和 VMware Paravirtual。虚拟机只能查看和访问以上类型的 SCSI 控制器。

每个虚拟磁盘都位于物理存储部署的一个数据存储上。从虚拟机的角度而言，每个虚拟磁盘都像与 SCSI 控制器连接的 SCSI 驱动器。无论实际的物理存储是通过主机的存储适配器还是网络适配器访问，对于虚拟机客户机操作系统和应用程序而言，虚拟磁盘都是透明的。

8．VMFS（虚拟机文件系统）

在块存储设备上部署的数据存储使用本机的 VMFS 格式。VMFS 全称为 Virtual Machine File System，可译为虚拟机文件系统，是一种针对存储虚拟机而优化的特殊高性能文件系统。

9．裸设备映射（Raw Device Mapping，RDM）

除虚拟磁盘外，vSphere 还提供称为裸设备映射（RDM）的机制。在虚拟机内部的客户机操作系统需要有对存储设备的直接访问权限时，RDM 非常有用。

10．虚拟机访问存储

当虚拟机与存储在数据存储上的虚拟磁盘进行通信时，它会发出 SCSI 命令。由于数据存储可以存在于各种类型的物理存储上，因此根据 ESXi 主机用来连接存储设备的协议，这些命令会封装成其他形式。

ESXi 支持光纤通道、iSCSI、以太网上的光纤通道（FCoE）和 NFS 协议。无论主机使用何种类型的存储设备，虚拟磁盘始终会以挂载的 SCSI 设备形式呈现给虚拟机。虚拟磁盘会向虚拟机操作系统隐藏物理存储层，这样可以在虚拟机内部运行未针对特定存储设备（如 SAN）而认证的操作系统。

6.1.3 物理存储的类型

ESXi 支持本地存储和联网存储。联网的存储由 ESXi 主机用于远程存储虚拟机文件的外部存储系统组成。通常，主机通过高速存储网络访问这些系统，网络存储设备将被共享。网络存储设备上的数据存储可同时由多个主机访问。ESXi 支持多种网络存储技术。下面首先介绍本地存储，然后分别介绍几种典型的网络存储，最后对这些存储类型进行比较。

1．本地存储

本地存储可以是位于 ESXi 主机内部的内部硬盘，也可以是位于主机之外并通过 SAS 或 SATA 等协议直接连接主机的外部存储系统，即直连式存储（Direct-Attached Storage，DAS）。

本地存储不需要存储网络即可与主机进行通信，只需一根连接到存储单元的电缆，有时还需要有一个兼容的 HBA。ESXi 支持各种本地存储设备，包括 SCSI、IDE、SATA、USB 和 SAS 存储系统。无论使用哪种存储类型，主机都会向虚拟机隐藏物理存储层。值得注意的是，不能使用 IDE/ATA 或 USB 驱动器来存储虚拟机。

本地存储如图 6-3 所示。主机访问本地存储，使用的是到存储设备的单一连接。可以在该设备上创建 VMFS 数据存储，以用于存储虚拟机磁盘文件，供虚拟机使用存储。

如果在存储设备和主机之间使用单一连接，则无法避免单点故障。由于大多数本地存储设备不支持多个连接，因此无法使用多个路径访问本地存储。而且本地存储不支持在多个主机之间共享，无法使用需要共享存储的 vSphere 高级特性。鉴于上述原因，本地存储实际上很少使用。不过，vSAN 可将本地存储资源转变为软件定义的共享存储。

2. 光纤通道存储

光纤通道存储是在 FC SAN 上远程存储虚拟机文件。FC SAN 是一种将主机连接到高性能存储设备的专用高速网络。该网络使用 FC 协议将 SCSI 流量从虚拟机传输到 FC SAN 设备。

要连接到 FC SAN，ESXi 主机应该配有 FC HBA。除非使用光纤通道直接连接存储，否则需要光纤通道交换机提供路由存储流量。如果主机包含 FCoE（以太网光纤通道）适配器，则可以使用以太网网络连接到共享光纤通道设备。

光纤通道存储如图 6-4 所示。主机通过 FC HBA（光纤通道主机总线适配器）连接 SAN 架构（包括光纤通道交换机及存储阵列）。主机可以访问存储阵列的 LUN，管理员可以访问 LUN 并创建用于满足存储需求的数据存储。数据存储采用 VMFS 格式。

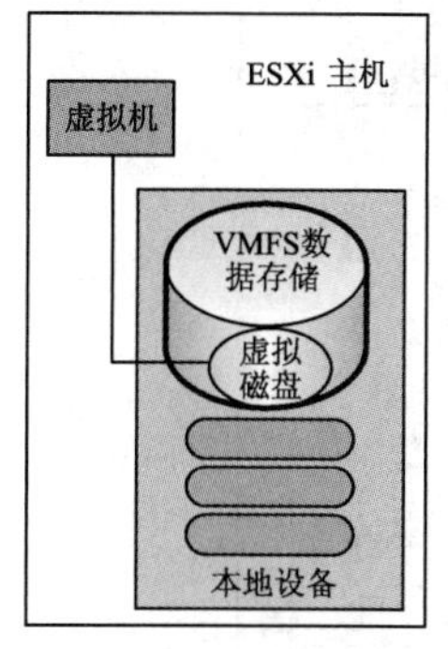

图 6-3　本地存储

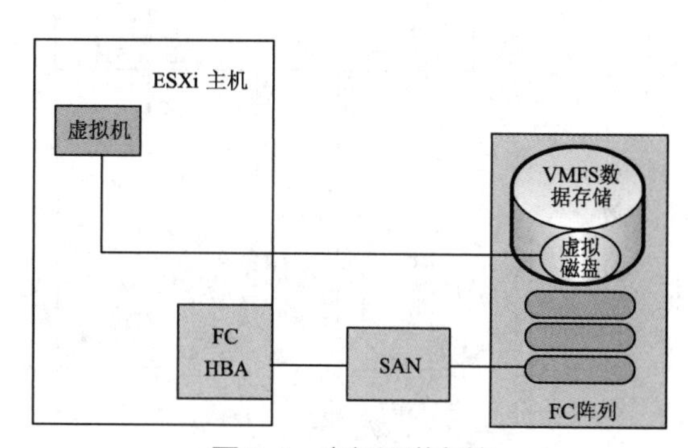

图 6-4　光纤通道存储

3. iSCSI 存储

iSCSI 存储是在远程 iSCSI 存储设备上存储虚拟机文件。iSCSI 将 SCSI 存储流量打包在 TCP/IP 协议中，使其通过标准 TCP/IP 网络（而不是专用 FC 网络）传输。通过 iSCSI 连接，主机可以充当与位于远程 iSCSI 存储系统的目标进行通信的启动器。

ESXi 提供以下两种 iSCSI 连接类型。

- 硬件 iSCSI：主机通过能够卸载 iSCSI 和进行网络处理的第三方适配器连接到存储。硬件适配器可以是独立的，也可以是不独立的。
- 软件 iSCSI：主机使用 VMkernel 中基于软件的 iSCSI 启动器连接到存储。通过这种 iSCSI 连接类型，主机只需要一个标准的网络适配器进行网络连接。

必须配置 iSCSI 启动器以使主机能够访问和显示 iSCSI 存储设备。

iSCSI 存储如图 6-5 所示，包括两种类型的 iSCSI 连接，一种使用软件启动器，另一种使用硬件启动器。在图 6-5 的左侧示例中，主机使用硬件 iSCSI HBA 连接到 iSCSI 存储系统；在右侧示例中，主机使用软件适配器和以太网适配器连接到 iSCSI 存储。主机可以访问存储系统中的 iSCSI 存储设备，管理员可以访问存储设备并创建用于满足存储需求的 VMFS 数据存储。

4. NFS 存储

这种方式是在通过标准 TCP/IP 网络访问的远程文件服务器上存储虚拟机文件。ESXi

中内置的 NFS 客户端使用 NFS 3 或 NFS 4.1 与 NAS/NFS 服务器进行通信。为了进行网络连接，主机需要一个标准的网络适配器。

可以直接在 ESXi 主机上挂载 NFS 卷，然后使用 NFS 数据存储来存储和管理虚拟机，这与使用 VMFS 数据存储的方式相同。

图 6-6 展示了虚拟机使用 NFS 数据存储来存储其文件。在此配置中，主机连接到 NAS 服务器，此服务器通过常规以太网适配器存储虚拟磁盘文件。NAS 全称为 Network Attached Storage，可译为网络附加存储。

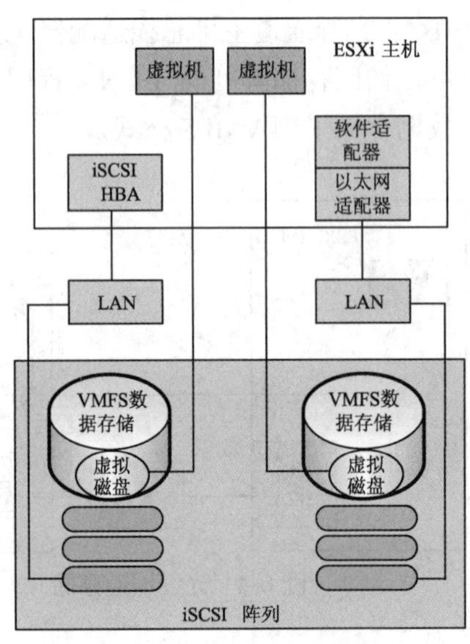

图 6-5 iSCSI 存储

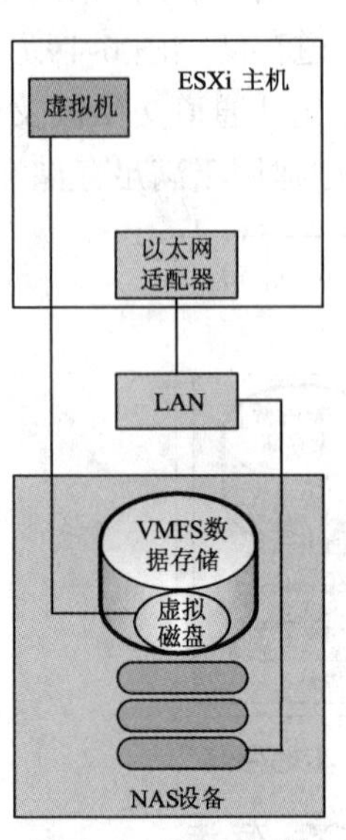

图 6-6 NFS 存储

5. 存储类型的比较

表 6-1 对 ESXi 支持的各种网络存储技术进行了比较。

表 6-1 ESXi 支持的网络存储

存储技术	协 议	传 输	接 口
光纤通道（Fibre Channel）	FC/SCSI	数据/LUN 的块访问	FC HBA
以太网光纤通道	FCoE/SCSI	数据/LUN 的块访问	聚合网络适配器（硬件 FCoE） 支持 FCoE 的网卡（软件 FCoE）
iSCSI	IP/SCSI	数据/LUN 的块访问	iSCSI HBA 或启用 iSCSI 的网卡（硬件 iSCSI） 网络适配器（软件 iSCSI）
NFS/NAS	IP/NFS	文件（无直接 LUN 访问）	网络适配器

表 6-2 对不同类型存储支持的 vSphere 功能进行了比较。

表 6-2　存储支持的 vSphere 功能

存储类型	引导虚拟机	vMotion	数据存储	RDM	虚拟机群集	HA 和 DRS
本地存储	是	否	VMFS	否	是	否
FC 存储	是	是	VMFS	是	是	是
iSCSI 存储	是	是	VMFS	是	是	是
NFS 上的 NAS	是	是	NFS 3 和 NFS 4.1	否	否	是

本地存储支持单个主机上的虚拟机群集（机箱内群集），这需要共享的虚拟磁盘。

6.1.4　软件定义的存储模型

除了像传统存储模型一样对虚拟机中的底层存储容量进行抽象，软件定义的存储还会对存储功能进行抽象。通过软件定义的存储模型，虚拟机将成为存储置备（Storage Provisioning）的一个单元，可以通过灵活的基于策略的机制进行管理。软件定义的存储模型涉及以下 vSphere 技术。

1. 基于存储策略的管理

基于存储策略的管理（Storage Policy Based Management，SPBM）是一个框架，可以跨不同的数据服务和存储解决方案(包括 vSAN 和虚拟卷)提供单一控制面板。该框架通过存储策略使虚拟机的应用程序需求与存储实体提供的功能保持一致。

作为一个抽象层，SPBM 将虚拟卷、vSAN、I/O 筛选器或其他存储实体提供的存储服务进行抽象。基于存储策略的管理如图 6-7 所示。SPBM 为众多存储实体类型提供了一个通用框架，而不是与每个单独的供应商或存储及数据服务类型相整合。

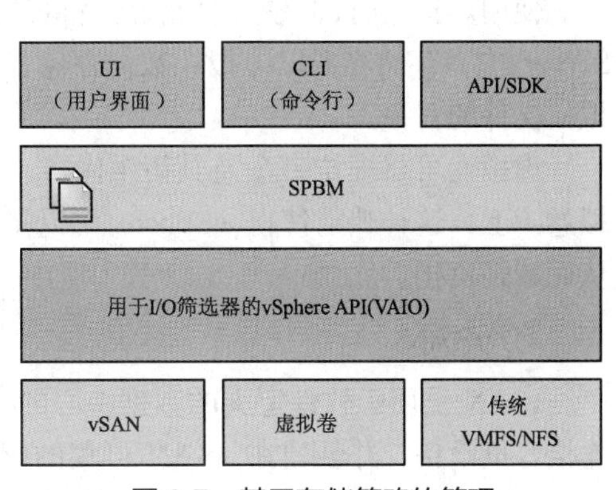

图 6-7　基于存储策略的管理

SPBM 提供以下机制。

- 存储阵列与其他实体（如 I/O 筛选器、服务提供）的存储功能和数据服务的通告。
- 一方的 ESXi 和 vCenter Server 与另一方的存储阵列和实体之间的双向通信。
- 基于虚拟机存储策略的虚拟机置备。

SPBM 的一个重要方面是虚拟机存储策略，存储策略对于虚拟机置备至关重要。策略控制为虚拟机提供存储的类型，以及如何将虚拟机放置在存储中。它们还确定虚拟机可以使用的数据服务。

2. I/O 筛选器

I/O 筛选器（I/O Filtering）是可以安装到 ESXi 主机上的软件组件，处理在虚拟机客户机操作系统与虚拟磁盘之间移动的 I/O 请求，用于向虚拟机提供其他数据服务，如复制、加密、缓存等。

通过 I/O 筛选器可以直接访问虚拟机 I/O 路径，可以在单个虚拟磁盘级别启用 I/O 筛选器。I/O 筛选器独立于存储拓扑。

I/O 筛选器可以由 VMware 提供，也可以由第三方通过 vSphere APIs for I/O Filtering（VAIO）创建。部署 I/O 筛选器之后，vCenter Server 会为群集中的每个主机配置并注册 I/O 筛选器存储提供程序（也称为“VASA 提供程序”）。

I/O 筛选器可以支持所有数据存储类型，包括 VMFS、NFS 3、NFS 4.1、虚拟卷（VVol）和 vSAN。

3．虚拟卷（Virtual Volumes）

使用虚拟卷，将单个虚拟机而不是数据存储作为存储管理单元，从而让存储硬件完全控制虚拟磁盘内容、布局和管理。vSphere 传统存储管理采用以数据存储为中心的方法。从存储角度而言，数据存储通常是发生数据管理的最低粒度级别。然而，单个数据存储可能包含具有不同要求的多个虚拟机，而传统方法很难满足单个虚拟机的要求。虚拟卷有助于改善数据管理的粒度，提供一种新的存储管理方法，可以帮助管理员在每个应用程序级别对虚拟机服务进行不同的处理。虚拟卷根据单个虚拟机的需求安排存储，而不是根据存储系统的功能安排存储，从而使存储变成以虚拟机为中心。

使用虚拟卷时，抽象的存储容器将替换基于 LUN 或 NFS 共享的传统存储卷。在 vCenter Server 中，存储容器以虚拟卷数据存储表示。虚拟卷数据存储可以存储虚拟卷，即封装虚拟机文件的对象。

虚拟卷可将虚拟磁盘及其衍生内容、快照和副本直接映射到存储系统上的对象（即虚拟卷）上，这种映射使得 vSphere 可以将快照和副本等密集型存储操作转移到存储系统，从而减轻负担。

4．vSAN

vSAN 是用于软件定义的数据中心的核心构造块，可汇总 ESXi 主机群集的本地或直接连接容量设备，并创建在 vSAN 群集的所有主机之间共享的单个存储池。vSAN 可将本地存储资源转变为软件定义的共享存储，通过 vSAN 便可以使用需要共享存储的功能。

vSAN 使用软件定义的方法为虚拟机创建共享存储，可以虚拟化 ESXi 主机的本地物理存储资源，并将这些资源转化为存储池，然后根据虚拟机和应用程序的服务质量要求划分存储池并分配给虚拟机和应用程序。可直接在 ESXi 管理程序中实现 vSAN。

（1）vSAN 架构

vSAN 架构如图 6-8 所示。

vSAN 包括以下两种配置。

- 混合群集（Hybrid Cluster）：闪存设备（SSD）用于缓存层，机械磁盘（HDD）用于存储容量层（也称持久化层）。
- 全闪存群集（All-flash Cluster）：闪存设备同时用作缓存和容量设备。

可以在现有主机群集上激活 vSAN，也可以在创建新群集时激活。vSAN 会将所有本地容量设备聚合到 vSAN 群集中所有主机共享的单个数据存储中，可通过向群集添加容量设备或具有容量设备的主机来扩展数据存储。群集中的所有 ESXi 主机在所有群集成员之间共享类似或相同的配置（包括类似或相同的存储配置）时，vSAN 的性能最佳。这种一致配置可在群集中的所有设备和主机之间平衡分配虚拟机存储组件。不具有任何本地设备的主机也可以加入 vSAN 数据存储，并在 vSAN 数据存储中运行其虚拟机。

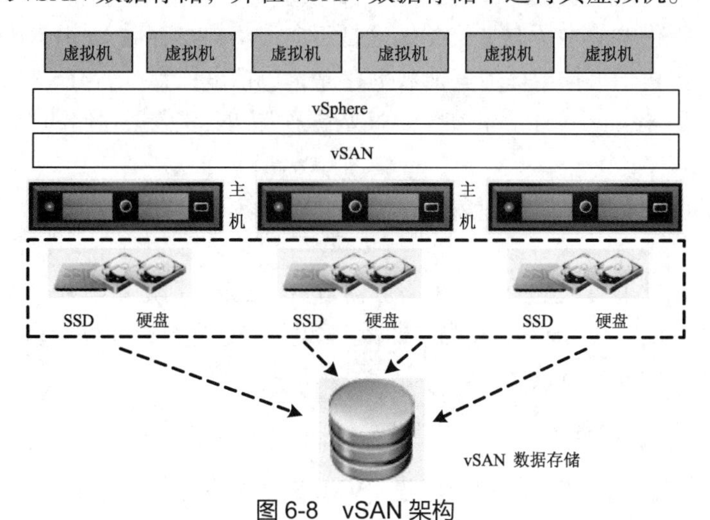

图 6-8　vSAN 架构

如果主机向 vSAN 数据存储提供其本地存储设备，则必须至少提供一个闪存缓存设备和一个容量设备，容量设备也称为数据磁盘。此类主机上的设备将构成一个或多个磁盘组，每个磁盘组包含一个闪存缓存设备，以及一个或多个用于持久存储的容量设备。每个主机都可配置为使用多个磁盘组。

（2）vSAN 与传统存储

虽然 vSAN 与传统存储阵列有很多相同特性，但是 vSAN 的整体行为和功能仍然与传统存储有所不同。例如，vSAN 可以管理 ESXi 主机，且只能与 ESXi 主机配合使用。一个 vSAN 实例仅支持一个群集。vSAN 和传统存储的不同之处列举如下。

- vSAN 不需要外部网络存储（如 FC 存储）来远程存储虚拟机文件。
- vSAN 自动将 ESXi 主机的本地物理存储资源转化为单个存储池，根据服务质量要求划分存储池，并分配给虚拟机和应用程序，无须像传统存储那样在不同的存储系统上预先分配存储空间。
- vSAN 没有基于 LUN 或 NFS 共享的传统存储卷概念。不过，iSCSI 目标服务借助 LUN 使远程主机上的启动器能够将块级数据传输到 vSAN 群集中的存储设备。
- vSAN 与 vSphere 高度集成。相比传统存储，vSAN 不需要专用的插件或存储控制台，可以使用 vSphere Web Client 部署、管理和监控 vSAN。
- 无须专门的存储管理员来管理 vSAN，vSphere 管理员即可管理 vSAN 环境。
- 使用 vSAN，在部署新虚拟机时将自动分配虚拟机存储策略，这些策略可动态更改。

（3）vSAN 数据存储

在群集上启用 vSAN 后，将创建一个 vSAN 数据存储。它以另一种数据存储类型在可用的数据存储列表上显示，包括虚拟卷、VMFS 和 NFS。单个 vSAN 数据存储可以为每个虚拟机或每个虚拟磁盘提供不同的服务级别。在 vCenter Server 中，vSAN 数据存储的存储特性显示为一组容量。为虚拟机定义存储策略时，可以引用这些功能。以后部署虚拟机时，vSAN 使用该策略，并根据每个虚拟机的要求以最优方式放置虚拟机。

vSAN 数据存储需要考虑以下特性。

- vSAN 提供群集中所有主机（无论是否向群集提供存储）均可访问的单个 vSAN 数据存储。每个主机均可挂载任何其他数据存储，包括虚拟卷、VMFS 或 NFS。
- 可以使用 Storage vMotion 在 vSAN 数据存储、NFS 数据存储和 VMFS 数据存储之间迁移虚拟机。
- 磁盘和闪存设备可以用作数据存储，而闪存缓存（Flash Cache）设备并不是数据存储的组成部分。

组建一个 vSAN 群集，至少要 3 个服务器节点（ESXi 主机），其中两个主机存放副本，一个主机存放“见证”（Witness，充当“仲裁”）组件，这样可以允许最多一个主机出故障，同时确保虚拟机不间断地持续运行。

6.1.5 VMFS 数据存储

要存储虚拟磁盘，就要使用数据存储。VMFS 数据存储的配置和使用是 vSphere 传统存储管理的主要工作，因此有必要了解其基本知识。

1. 数据存储的类型

根据所使用的存储，vCenter Server 和 ESXi 的数据存储可分为以下类型。

- VMFS：块存储设备上部署的数据存储使用 vSphere 虚拟机文件系统（Virtual Machine File System, VMFS）格式。VMFS 是一种针对存储虚拟机而优化的特殊高性能文件系统格式。目前共有 3 个版本：版本 3、5 和 6。VMFS 数据存储可扩展为包括 SAN LUN 和本地存储的多个物理存储设备，这样就可以将存储放在存储池中，并灵活地创建虚拟机所需的数据存储。当虚拟机在 VMFS 数据存储上运行时，可以增加数据存储的容量。VMFS 专用于从多台物理机进行的并发访问，并在虚拟机文件上执行相应的访问控制。
- NFS：ESXi 中内置的 NFS 客户端使用网络文件系统（NFS）协议，通过 TCP/IP 访问指定 NFS 卷。卷位于 NAS 服务器中。ESXi 主机将卷作为 NFS 数据存储挂载，并将其用于存储需求。ESXi 支持 3 和 4.1 两个版本。
- vSAN：vSAN 将主机上所有可用的本地容量设备聚合到 vSAN 群集中的所有主机共享的单个数据存储中。
- 虚拟卷（Virtual Volumes）：这种数据存储表示 vCenter Server 和 vSphere Web Client 中的存储容器。

2. VMFS 数据存储与存储设备格式

可以在 512n 和 512e 设备上部署 VMFS 数据存储。传统的 512n 存储设备一直使用本地 512 字节扇区大小。512e 是一种高级格式，采用这种格式时，物理扇区的大小是 4096 字节，但是逻辑扇区大小模拟 512 字节扇区大小。使用 512e 格式的存储设备可以支持旧版应用程序和客户机操作系统。

在 512e 存储设备上设置数据存储时，默认情况下选择 VMFS 6。对于 512n 存储设备，默认选项为 VMFS 5，但是可以选择 VMFS 6。

设置新 VMFS 数据存储时，使用 GPT 对设备格式化。在特定情况下，VMFS 可以支持 MBR 格式。

3. VMFS 数据存储的用途

ESXi 可以将基于 SCSI 的存储设备格式化为 VMFS 数据存储。VMFS 数据存储主要充当虚拟机的存储库。注意，每个 LUN 始终只具有一个 VMFS 数据存储。

可以在同一个 VMFS 数据存储上存储多个虚拟机，封装在一组文件中的各个虚拟机都会占用单独的一个目录。对于虚拟机内的操作系统，VMFS 会保留内部文件系统语义，这样可以确保正确的应用程序行为，以及在虚拟机中运行的应用程序的数据完整性。

当运行多个虚拟机时，VMFS 针对虚拟机文件提供特定的锁定机制。因此，在多个 ESXi 主机共享同一个 VMFS 数据存储的 SAN 环境中，虚拟机可以安全地操作。

除了虚拟机之外，VMFS 数据存储也可以存储其他文件，如虚拟机模板和 ISO 映像。

4. 在主机间共享 VMFS 数据存储

作为一个群集文件系统，VMFS 允许多个 ESXi 主机同时访问同一个 VMFS 数据存储，如图 6-9 所示。

为确保多个主机不会同时访问同一个虚拟机，VMFS 提供了磁盘锁定机制。

在多个主机之间共享 VMFS 卷可实现 vSphere 高级特性，如 DRS、HA 和 vMotion。

要创建共享数据存储，可将数据存储挂载到要求数据存储访问的 ESXi 主机。

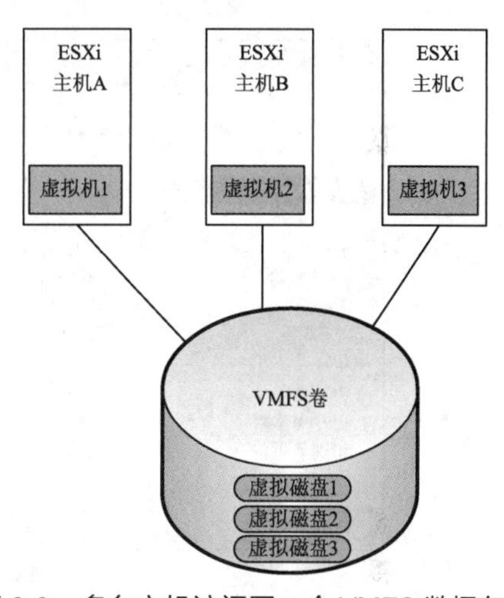

图 6-9 多台主机访问同一个 VMFS 数据存储

6.2 配置和管理 vSphere 本地存储

VMFS 数据存储作为虚拟机的存储库，可以在主机发现的任何基于 SCSI 的存储设备上设置，包括光纤通道、iSCSI 和本地存储设备。这里以本地存储为例，讲解数据存储创建和管理的基本操作。

6.2.1 创建本地存储

1. 添加本地硬盘

这里在充当 ESXi 主机的 VMware Workstaion 虚拟机上添加一个 SCSI 硬盘，如图 6-10 所示。

2. 检查存储设备

（1）确认已安装所需的适配器。

ESXi 默认已安装了支持本地存储设备的适配器。在 vSphere Web Client 导航器中浏览要操作的主机，切换到“配置”选项卡，选择“存储”下的“存储适配器”，该主机上安装的所有存储适配器都会出现在存储适配器列表中，如图 6-11 所示。其中，vmhba1 就是用于本地 SCSI 设备的适配器，可查看其属性。另外两个适配器 vmhba0 和 vmhba64 用于本地块 SCSI 设备，支持光驱。

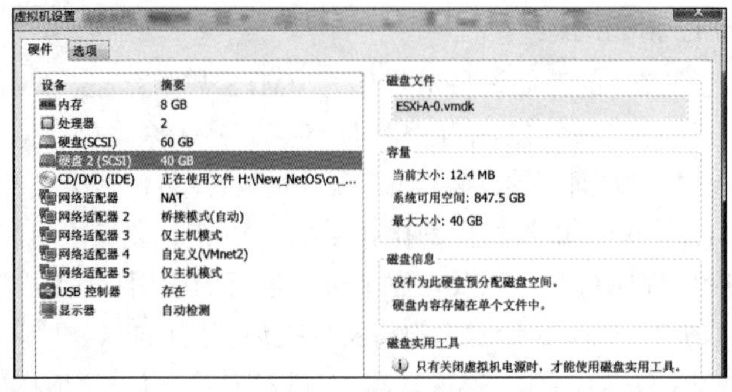

图 6-10　添加硬盘

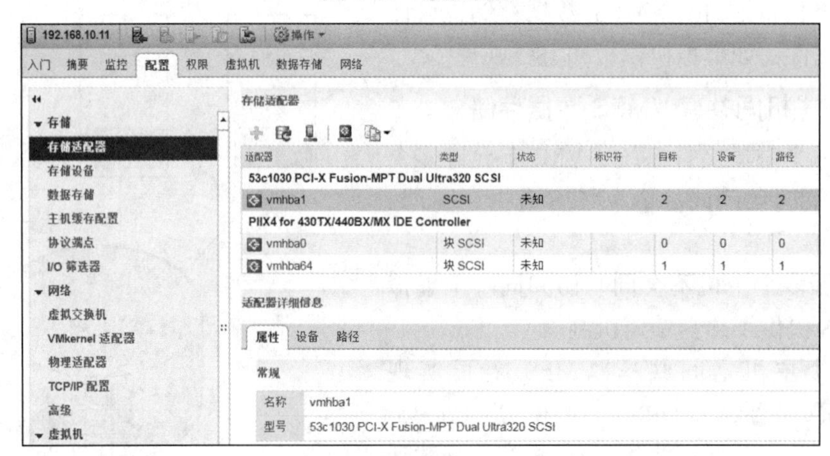

图 6-11　存储适配器列表

（2）扫描新的存储设备。

单击重新扫描存储图标，重新扫描所有适配器以发现新的存储设备。如果发现新设备，它们将显示在存储设备列表中，如图 6-12 所示。列表中的第 3 个存储设备即为新添加的。

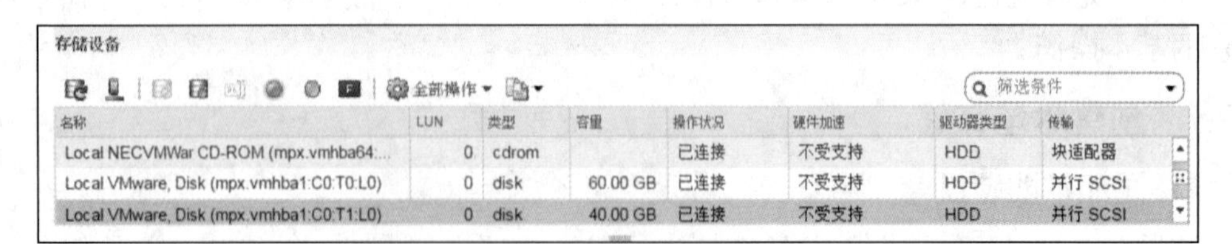

图 6-12　存储设备列表

（3）验证拟用于数据存储的存储设备是否可用。

可以查看主机可用的存储设备（见图 6-12），也可以显示适配器的存储设备。如图 6-13 所示，显示可通过主机上的特定存储适配器访问的存储设备列表。已连接的设备就是可用的。

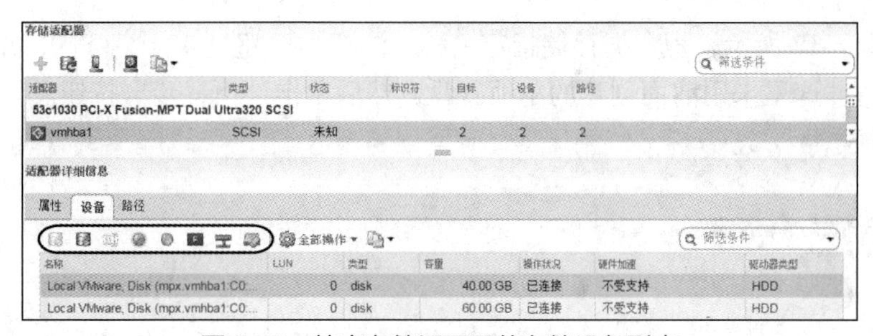

图 6-13　特定存储适配器的存储设备列表

从存储设备列表中选中一个设备，可以使用图标执行基本存储管理任务。这些图标的可用性取决于设备类型和配置。

3. 创建本地存储的步骤

本地存储是基于 ESXi 主机创建的。

（1）在 vSphere Web Client 界面中单击快捷操作按钮，选择“全局清单列表”→“数据存储”命令。如图 6-14 所示，默认已有一个名为 datastore1 的数据存储，这是在安装 ESXi 主机时自动创建的本地存储。

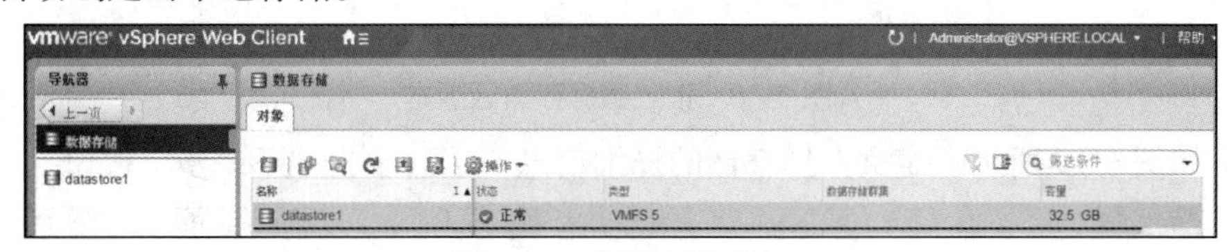

图 6-14　数据存储列表

（2）单击新建数据存储图标，启动相应的向导。

（3）如图 6-15 所示，选择数据存储的放置位置，可以是数据中心、群集、主机或数据存储文件夹。这里选择主机，然后单击“下一步”按钮。

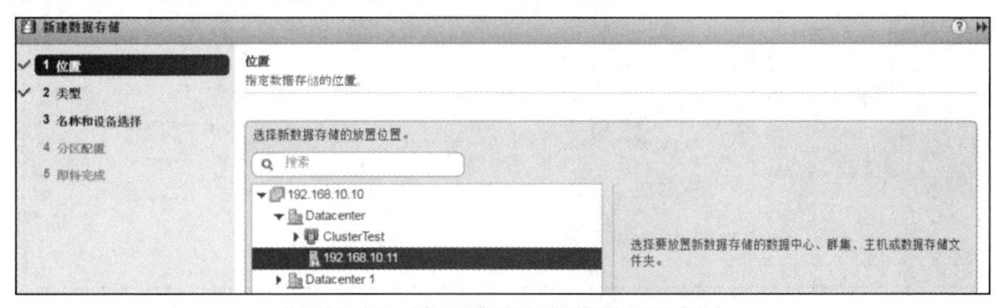

图 6-15　选择数据存储的放置位置

（4）如图 6-16 所示，选择数据存储类型。这里选择 VMFS，然后单击“下一步”按钮。

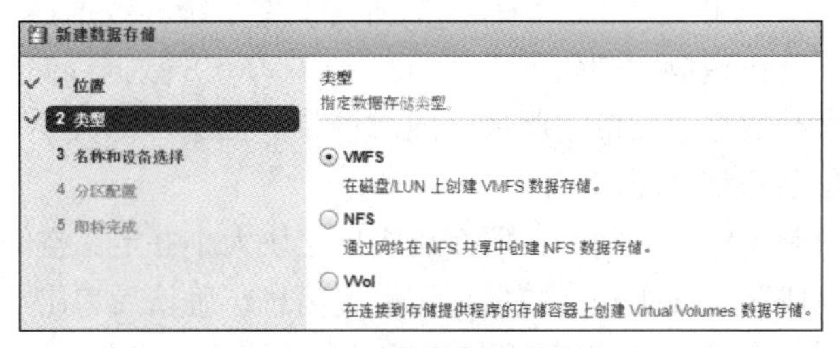

图 6-16　选择数据存储类型

（5）如图 6-17 所示，为数据存储指定名称（注意不要超过 42 个字符），并选择用于数据存储的设备，这里采用前面创建的本地磁盘，然后单击“下一步”按钮。

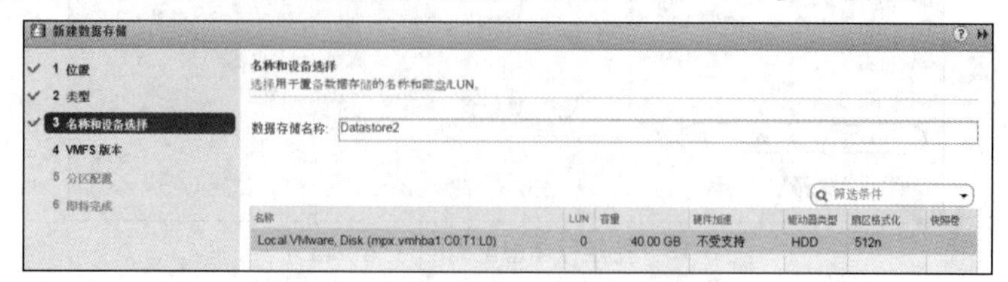

图 6-17　为数据存储命名并选择设备

（6）如图 6-18 所示，指定数据存储版本。默认为 VMFS 5，支持 ESXi 主机 6.5 或更早版本的访问。这里改为 VMFS 6，启用 512e 高级格式，支持空间自动回收，但不支持 ESXi 主机 6.0 或更早版本的访问。然后单击“下一步”按钮。

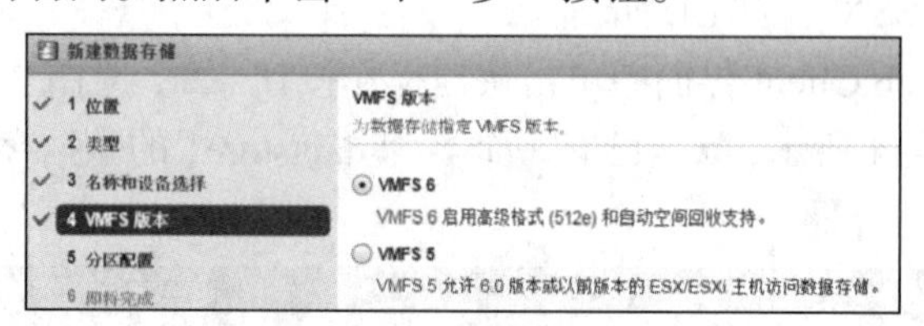

图 6-18　指定数据存储区版本

（7）如图 6-19 所示，定义数据存储的详细信息，然后单击“下一步”按钮。

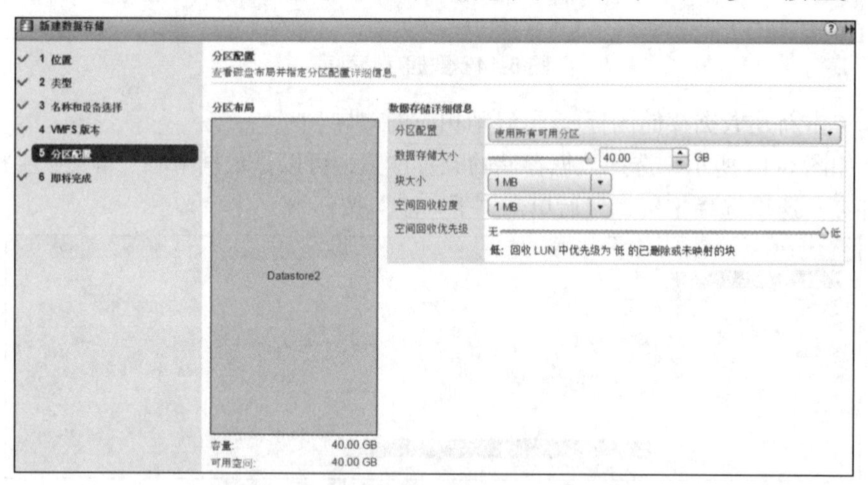

图 6-19　定义数据存储的配置详细信息

首先要指定分区配置，这里保持默认选择的“使用所有可用分区”，将整个磁盘专用于单个 VMFS 数据存储，则此设备上当前存储的所有文件系统和数据都将被销毁。如果选择“使用可用空间”，则将在磁盘的剩余可用空间中部署 VMFS 数据存储。

如果要指定分配给数据存储的空间，可通过调整“数据存储大小”选项的值。默认情况下，分配存储设备上的整个可用空间。

如果前面选择的是 VMFS 6 版本，那么还要指定块大小并定义空间回收参数。

（8）在“即将完成”页面中查看数据存储配置信息，确认后单击“完成”按钮。

至此，就创建了一个基于 SCSI 的存储设备的数据存储，如图 6-20 所示。对于本地存储，只有连接该设备的主机可用。

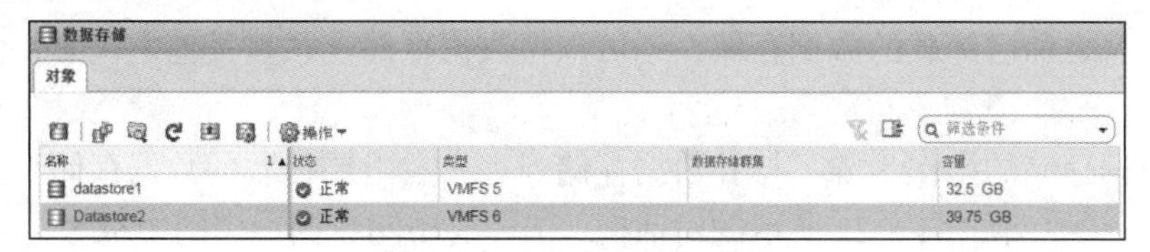

图 6-20　新添加的数据存储

也可以在主机的“数据存储”选项卡，或者主机的“配置”选项卡的“数据存储”页面中查看数据存储列表，并进行相关操作。

6.2.2　数据存储的管理操作

创建数据存储后，可以对数据存储执行多个管理操作。某些操作（如重命名数据存储）适用于所有类型的数据存储，其他操作适用于特定类型的数据存储。

1．更改数据存储名称

一个虚拟化数据中心往往需要配置多台 ESXi 主机，每个主机可能有多个数据存储，生产环境中最好对每台主机的数据存储统一命名。这可能需要更改现有数据存储的名称，具体步骤是，打开数据存储列表，右击要重命名的数据存储，然后选择“重命名”命令，输入新的数据存储名称。对于数据存储名称，vSphere Web Client 强制执行 42 个字符的限制。

2．卸载数据存储

卸载数据存储时，它会保持原样，只是在指定的主机上看不到该存储。该数据存储会继续显示在其他主机上，并在这些主机上保持挂载状态。

在卸载数据存储之前，确保符合以下必备条件：

- 数据存储上不存在任何虚拟机；
- Storage DRS 不会管理数据存储；
- 已为该数据存储禁用 Storage I/O Control。

卸载数据存储的操作步骤：打开数据存储列表，右击要卸载的数据存储，然后选择“卸载数据存储”命令，弹出图 6-21 所示的对话框，选择要从中卸载数据存储的主机名，单击“确定”按钮即可。

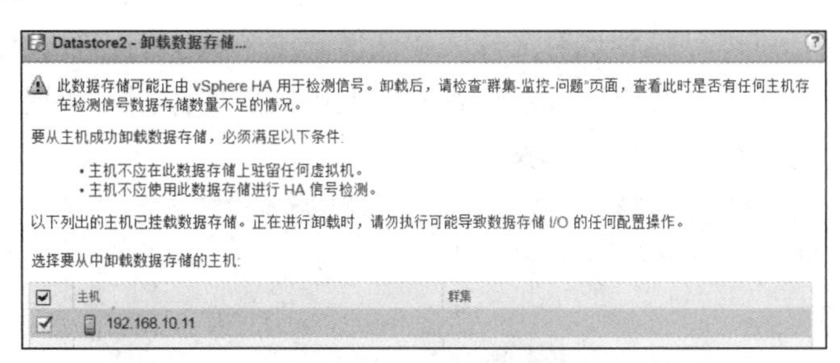

图 6-21　卸载数据存储

将某个 VMFS 数据存储从所有主机上卸载之后，该数据存储将被标记为非活动。可以挂载已卸载的 VMFS 数据存储。

3. 挂载数据存储

可以挂载之前已卸载的数据存储，还可以将数据存储挂载在其他主机上，使其成为共享存储。

卸载数据存储的操作步骤：打开数据存储列表，右击要挂载的数据存储，选择“挂载数据存储”命令，弹出图 6-22 所示的对话框，选择要访问数据存储的主机名，单击“确定”按钮即可。

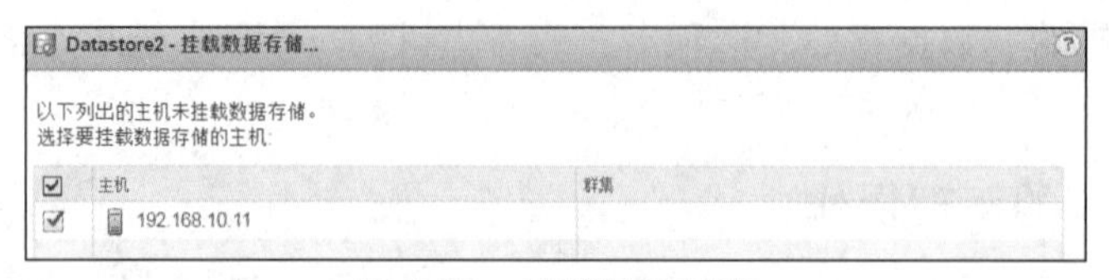

图 6-22　挂载数据存储

4. 删除 VMFS 数据存储

可以删除任何类型的 VMFS 数据存储（包括已挂载但未再签名的副本）。删除数据存储时，会对其造成损坏，会永久删除与数据存储的虚拟机关联的所有文件，而且它将从具有数据存储访问权限的所有主机中消失。

在删除数据存储之前，确保符合以下必备条件：

- 从数据存储中移除或迁移所有虚拟机；
- 确保没有任何其他主机正在访问该数据存储；
- 为数据存储禁用 Storage DRS；
- 为数据存储禁用 Storage I/O Control；
- 确保数据存储未用于 vSphere HA 检测信号。

打开数据存储列表，右击要删除的数据存储，选择“删除数据存储”命令，确认即可删除数据存储。

5. 使用数据存储浏览器管理数据存储的内容

使用数据存储文件浏览器可管理数据存储的内容，浏览存储在数据存储中的文件夹和文件，还可以使用该浏览器上传文件，并对文件夹和文件执行管理任务。

打开数据存储列表，右击要管理内容的数据存储，选择“文件浏览”命令，打开图 6-23 所示的文件浏览器，可以导航到现有文件夹和文件，了解其中的内容，还可以利用提供的图标和选项执行管理任务。例如，用于将文件上传到数据存储，用于从数据存储下载文件，用于在数据存储中创建一个文件夹。

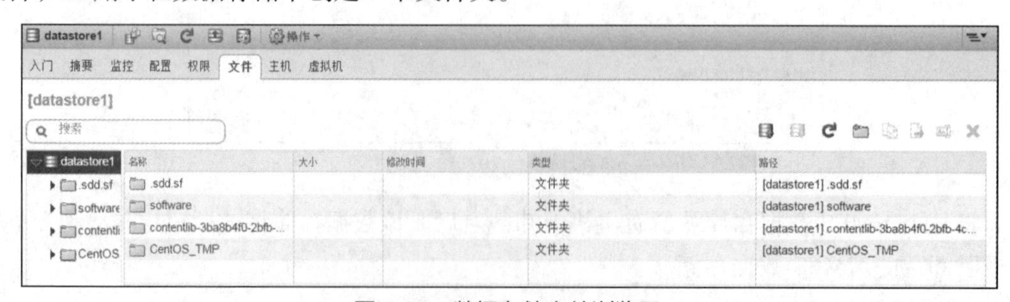

图 6-23　数据存储文件浏览器

6.3 配置和管理 iSCSI 存储

考虑到 FC SAN 对实验条件的要求很高，而通过软件就可以建立 iSCSI 存储系统，这里以容易实现的 iSCSI 存储为例讲解网络存储的创建和配置。

6.3.1 iSCSI 基础

为更加有效地共享、整合和管理存储资源，产生了 SAN。早期的 SAN 采用的是光纤通道（FC）技术，可称为 FC SAN；随着 iSCSI 的出现，SAN 有了一个新的分支 iSCSI SAN。

1. iSCSI 概述

所有数据在没有文件系统格式化的情况下，都是以块的形式存储于磁盘上的，可以通过并行 SCSI 协议将数据以块的形式传送至存储。由于线缆长度限制（最长 25m）和设备连接数限制（最多 16 个），SCSI 对网络存储的意义不大。

iSCSI 是一种使用 TCP/IP 协议在现有 IP 网络上传输 SCSI 块命令的工业标准。iSCSI 将 SCSI 命令和数据块封装为 iSCSI 包，再封装至 TCP 报文，然后封装到 IP 报文中。iSCSI 通过 TCP 面向连接的协议保护数据块的可靠交付。

iSCSI 具有低廉、开放、大容量、传输速度高、兼容、安全等诸多优点，适合需要在网络上存储、传输数据流和大量数据的用户。

2. iSCSI 系统组成

iSCSI 依然遵循典型的 SCSI 模式，只是传统的 SCSI 线缆已被网线和 TCP/IP 网络所替代。iSCSI 结构基于客户机/服务器模式，如图 6-24 所示，一个基本的 iSCSI 系统包括以下 3 个组成部分。

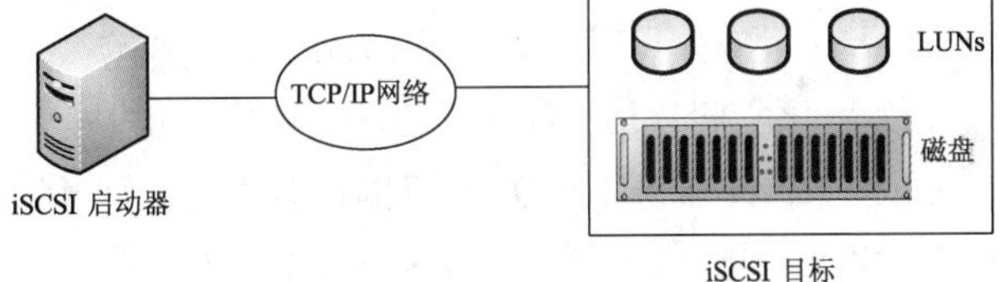

图 6-24 iSCSI 结构

（1）iSCSI 启动器（Initiator）

这是一个逻辑主机设备，相当于 iSCSI 系统的客户端部分，连接在 IP 网络，对 iSCSI 目标发起请求并接收响应。iSCSI 启动器可以由软件实现，通常在服务器上运行，使用以太网适配器；也可以由硬件实现，使用硬件 HBA。HBA 是主机总线适配器的英文缩写。

（2）iSCSI 目标（Target）

iSCSI 目标是接收 iSCSI 命令的设备，相当于 iSCSI 系统的服务器端。此设备可以由软件实现，如 iSCSI 目标服务器软件；也可以由硬件实现，如提供 iSCSI 功能的磁盘阵列。从网络拓扑看，iSCSI 目标可以是终端节点，如存储设备；也可以是中间设备，如 IP 和光纤设备之间的连接桥。

一个目标可以有一个或多个 LUN。LUN 是在一个目标上运行的设备，对于客户端来说，就是一块可以使用的磁盘。

（3）TCP/IP 网络

TCP/IP 网络用来支持 iSCSI 启动器与目标之间的通信。由于 iSCSI 基于 IP 协议栈，因此可以在标准以太网设备上通过路由或交换机来传输。iSCSI 有两个主要网络组件。

● 网络实体：代表一个可以从 IP 网络访问到的设备或者网关。一个 iSCSI 网络实体有一个或者多个 iSCSI 网络入口（Network Portal）。

● 网络入口：网络入口是一个网络实体的组件，有一个 TCP/IP 的网络地址，可以给一个 iSCSI 节点使用，在一个 iSCSI 会话中提供连接。一个网络入口在启动设备中被识别为一个 IP 地址，在目标设备上被识别为一个 IP 地址加上监听端口。

3. iSCSI 寻址

iSCSI 启动器与目标分别有一个 IP 地址和一个 iSCSI 限定名称（iSCSI Qualified Name，IQN）。IQN 是 iSCSI 启动器与目标或 LUN 的唯一标识符，格式为：

```
iqn.年月.倒序域名:节点具体名称
```

例如，一个目标名称为 iqn.2008-08.com.startwindsoftware:zxp-pc-fortest，一个启动器名称为 iqn.1998-01.com.vmware:esxi-a-3147cde8。

iSCSI 支持两种目标发现方法：一种是静态发现，手动指定目标和 LUN；另一种是动态发现，启动器向目标发送一个 SendTargets（发送目标）命令，由目标将可用的目标和 LUN 反馈给启动器。

6.3.2 部署 iSCSI 目标服务器

可以通过软件来建立 iSCSI 目标服务器，如 Windows Server 2012 集成了 iSCSI 目标服务器，iStorage Server 可以在任何基于 Windows 的操作系统上建立一个 iSCSI 服务器。这里以 StarWind iSCSI SAN & NAS 为例介绍 iSCSI 目标服务器的部署。该软件是一款运行在 Windows 操作系统上的 iSCSI 目标服务器软件，支持多种虚拟化环境，如 VMware、Microsoft Hyper-V 和 Citrix。可从其官方网站申请一个免费的授权密钥试用。

为简化实验环境，下面在运行 VMware Workstation 的 Windows 计算机（ESXi 主机和 vCenter Server 服务器作为虚拟机在其上运行）上安装该软件的 6.0 版本，使该计算机变成一台 iSCSI 目标服务器，为 ESXi 主机提供 iSCSI SAN。

1. 安装 StarWind 软件

运行 StarWind iSCSI SAN & NAS 6.0 安装程序，如图 6-25 所示，选择“Full Installation”安装方式，安装所有组件。单击“Next”按钮，根据提示完成其余安装步骤。

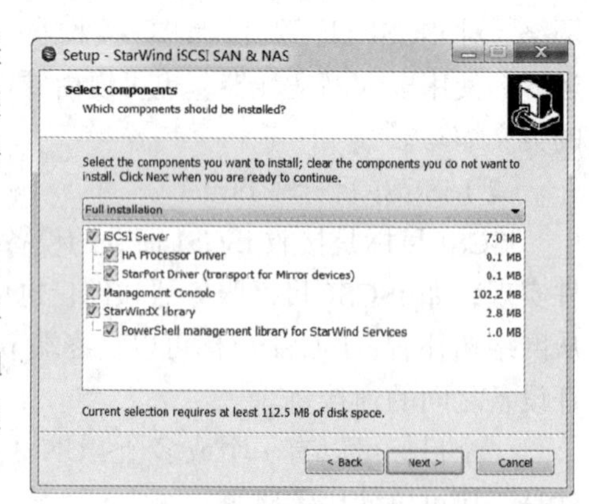

图 6-25 选择安装组件

安装完成之后会自动打开 StarWind 管理控制台，如图 6-26 所示，该控制台已经自动连接到本机的 StarWind 服务器。该控制台只有连接 StarWind 服务器，才能对其进行配置管理操作。如果没有连接到 StartWind 服务器，可从“StarWind Servers”列表中选中计算机，单击“Connect”按钮，连接到该服务器。

从“StarWind Servers”列表中选中计算机，这里是本地地址（127.0.0.1），切换到

“Configuration”选项卡，单击“Server Settings”区域的“Network”，可以查看该 StarWind 服务器所绑定的地址和端口，如图 6-27 所示。也就是说，通过这些地址和端口可访问该 StarWind 服务器。

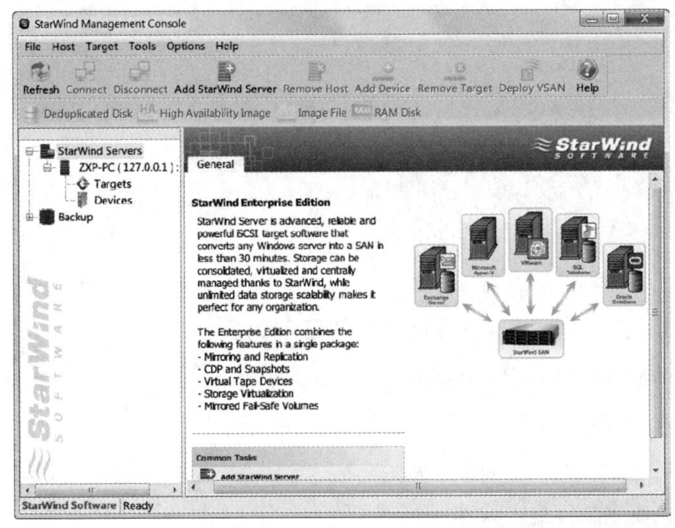

图 6-26　StarWind 管理控制台

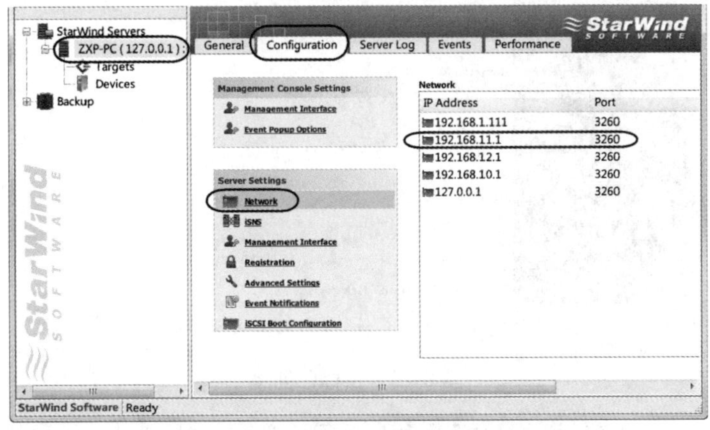

图 6-27　StarWind 服务器所绑定的地址和端口

接下来开始配置 StarWind iSCSI 目标服务器。确认 StarWind 管理控制台已经连接到 StarWind 服务器（这里是本地服务器 127.0.0.1），然后执行以下操作。

2. 创建 iSCSI 目标

（1）右击 StarWind 服务器下的“Targets”，选择“Add Target”命令，启动相应的向导。

（2）如图 6-28 所示，在“Target Alias”文本框中为目标指定别名，并选中“Allow multiple concurrent iSCSI connections (clustering)”复选框以允许同时有多个 iSCSI 连接，然后单击“Next”按钮。

（3）出现的界面给出了将要添加的目标配置信息，确认后单击“Next”按钮。

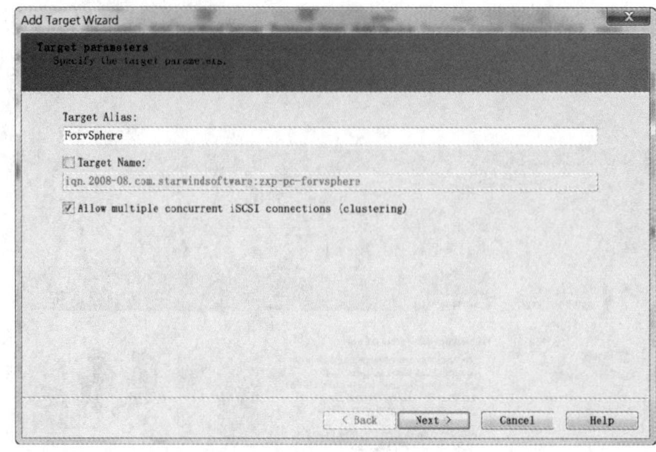

图 6-28　为目标命名

（4）如图 6-29 所示，给出已经添加的目标配置信息，然后单击“Finish”按钮。创建好的目标出现在目标列表中，如图 6-30 所示。

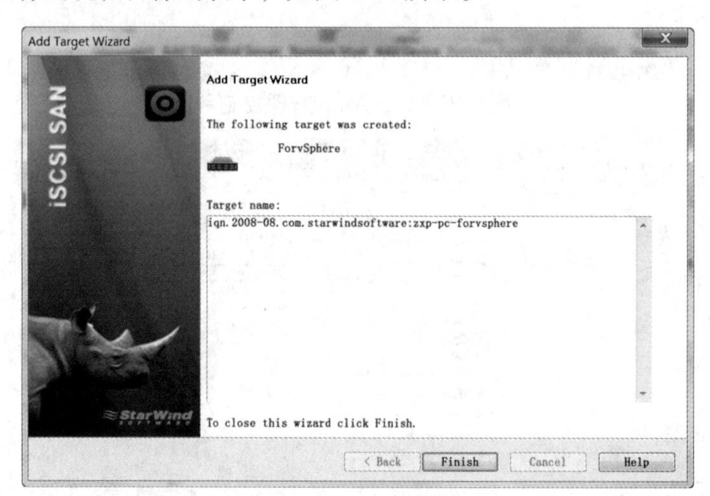

图 6-29　目标已创建

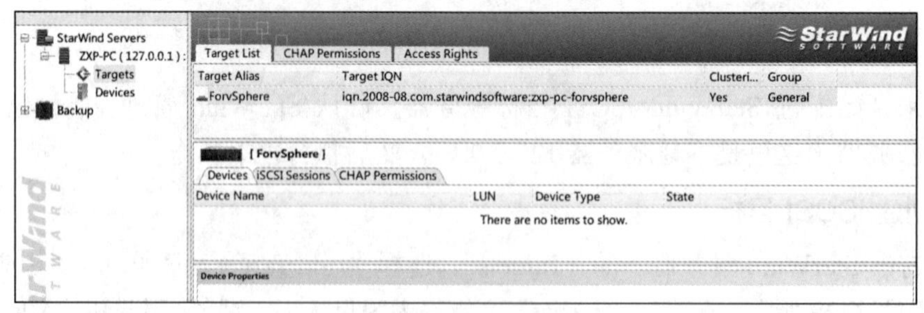

图 6-30　目标列表

3. 创建 iSCSI 设备

（1）右击 StarWind 服务器下的“Devices”，选择“Add Device”命令，启动相应的向导。

（2）如图 6-31 所示，选择设备类型，这里选择“Virtual Hard Disk”，即虚拟磁盘，然后单击“Next”按钮。

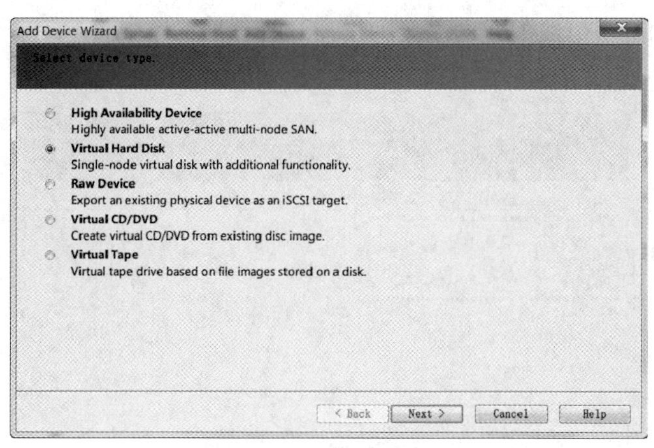

图 6-31　选择设备类型

（3）如图 6-32 所示，上一步选择虚拟磁盘，这一步选择虚拟磁盘的设备类型，这里选择“Image File device”，即使用一个磁盘文件（映像文件）作为虚拟磁盘，然后单击“Next”按钮。

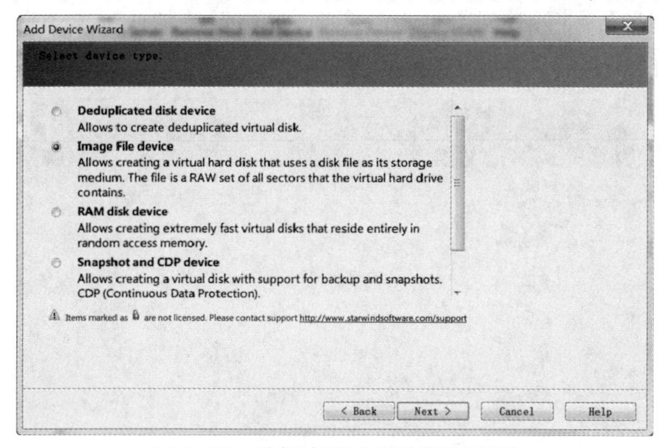

图 6-32　选择虚拟磁盘的设备类型

（4）如图 6-33 所示，选择设备创建方法，这里选择“Create new virtual disk”，即创建一个新的虚拟磁盘，然后单击“Next”按钮。

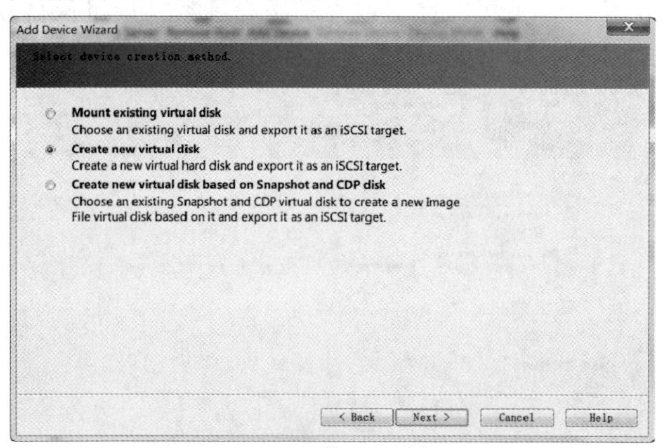

图 6-33　选择虚拟磁盘的创建方法

（5）如图 6-34 所示，设置虚拟磁盘参数，这里指定虚拟磁盘文件的位置和名称，设置磁盘空间大小。还可以根据需要选择是否压缩磁盘、是否加密磁盘，以及是否补零，然后单击“Next”按钮。

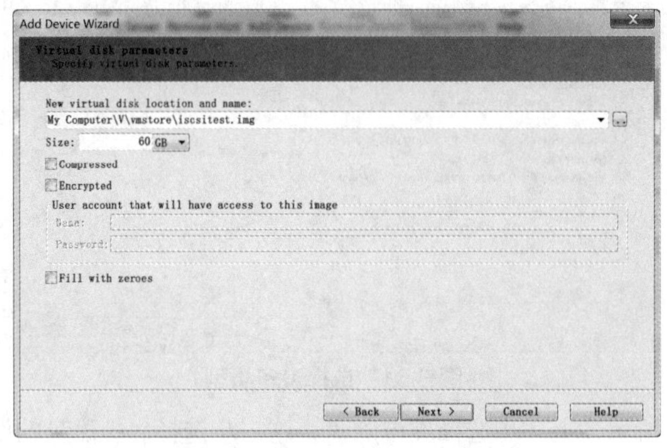

图 6-34　设置虚拟磁盘的参数

（6）如图 6-35 所示，设置映像文件设备参数，这里保持默认设置，即选中“Asynchronous mode”，使用异步模式，然后单击“Next”按钮。

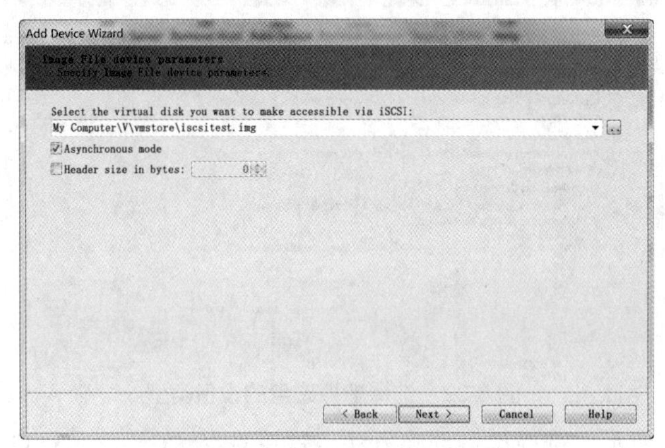

图 6-35　设置映像文件设备参数

（7）如图 6-36 所示，设置映像文件设备缓存参数，这里保持默认设置，即选中“Write-back caching”，使用回写缓存模式，然后单击“Next”按钮。

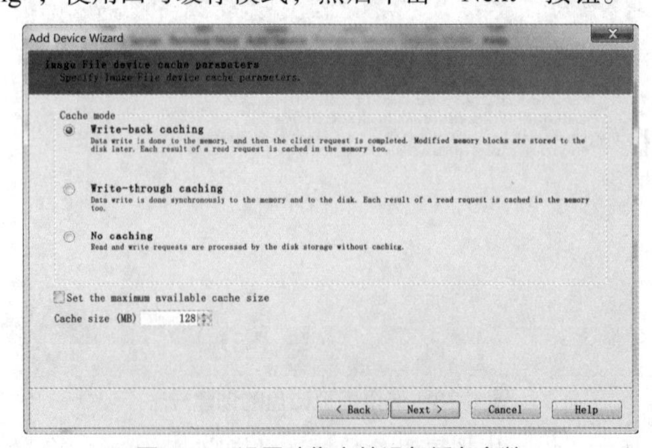

图 6-36　设置映像文件设备缓存参数

（8）如图 6-37 所示，为设备设置目标参数，这里选中“Attach to the existing target”，从下面的列表中选择要附加到现有 iSCSI 目标的设备，然后单击“Next”按钮。

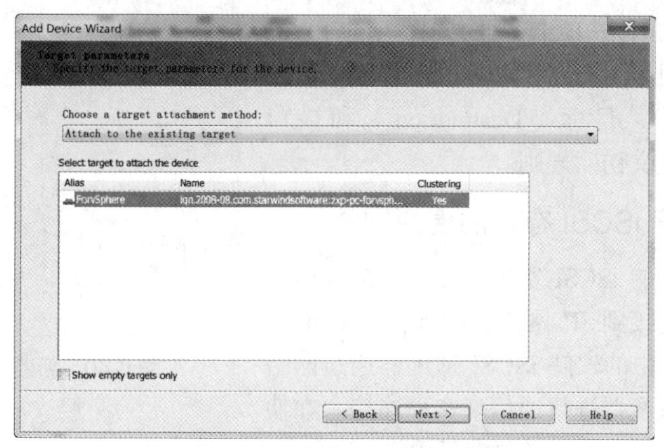

图 6-37　设置设备的目标参数

（9）出现设置摘要界面，确认参数设置后，单击“Next”按钮。

（10）出现的界面提示设备已创建，并给出已经添加的设备名称和关联的目标，单击“Finish”按钮结束向导。创建好的设备出现在设备列表中，如图 6-38 所示。

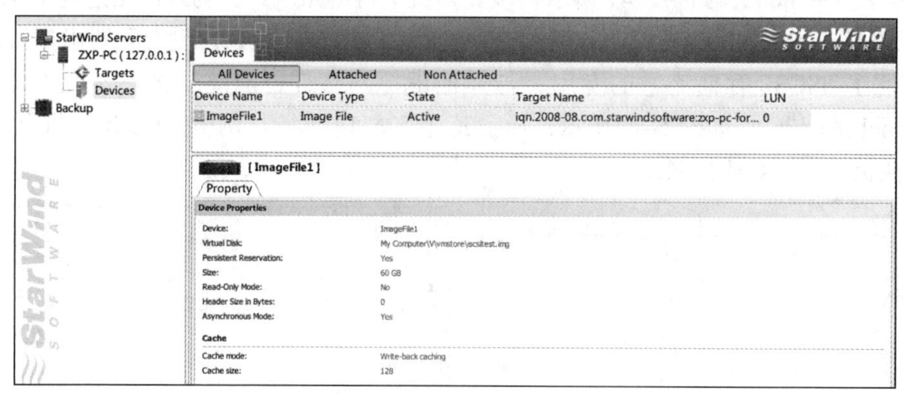

图 6-38　设备列表

4．设置 iSCSI 服务器访问权限

用户可根据需要设置访问权限。StarWind 服务器默认所有源访问所有网络接口的所有目标，即允许任何的 iSCSI 连接，如图 6-39 所示。

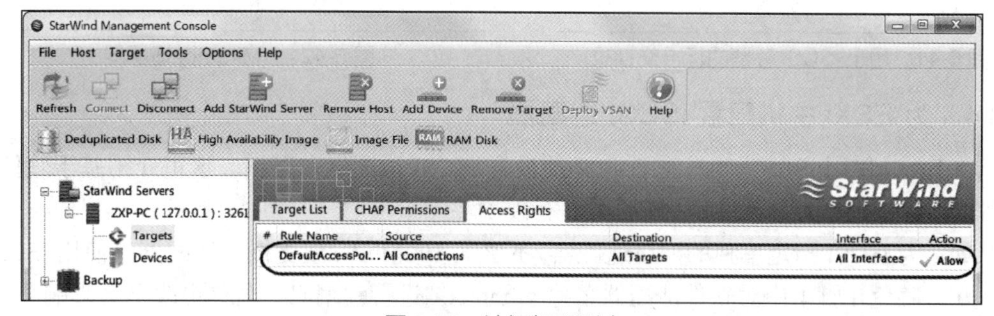

图 6-39　访问权限列表

如果要限制 iSCSI 连接，可以创建访问规则。单击 StarWind 服务器下的"Targets"，切换到"Access Rights"选项卡，右击该选项卡区域，选择"Add Rule"命令启动新建访问规则向导，如图 6-40 所示，可以基于源（Source）、目标（Destination）和接口（Interface）来自定义访问规则。

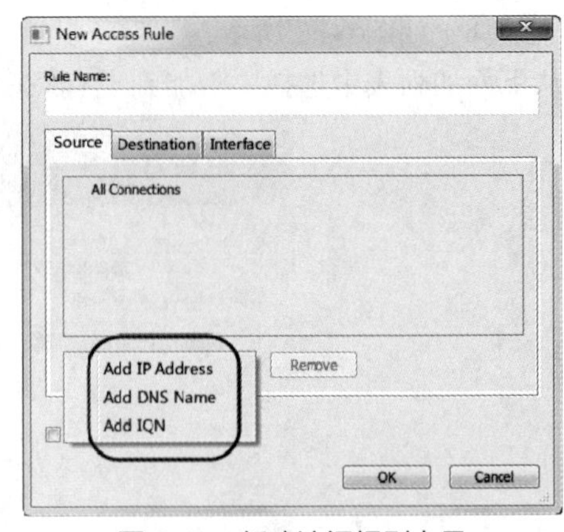

图 6-40　新建访问规则向导

6.3.3　配置用于 iSCSI 存储的虚拟网络

借助基于软件的 iSCSI 实现，可使用标准以太网适配器将主机连接到 IP 网络上的远程 iSCSI 目标。内置到 ESXi 中的软件 iSCSI 适配器通过网络堆栈与物理网络适配器进行通信来实现连接。在使用软件 iSCSI 适配器之前，必须设置网络。

实际应用中使用 iSCSI 存储时，应使用专用的网络连接来保证数据传输不受影响。VMware vSphere 支持创建专用 VMkernel 流量的交换机，可指定将 iSCSI 存储流量通过独立的物理网络适配器传输。本书上一章已经为 ESXi 主机 A 创建了一个用于 iSCSI 存储的标准交换机 vSwitch2，如图 6-41 所示，该交换机上行链路端口为物理网络适配器 vmnic2，关联的 VMkernel 端口为 vmk1（分配的 IP 地址为 192.168.11.11），没有配置虚拟机端口，这就保证了 iSCSI 存储流量的专用，与其他虚拟网络进行隔离。进一步查看该 vmk1（VMkernel 适配器），如图 6-42 所示，显示其详细的 IP 配置。例中，ESXi 主机 A 准备通过该交换机访问 iSCSI 存储。

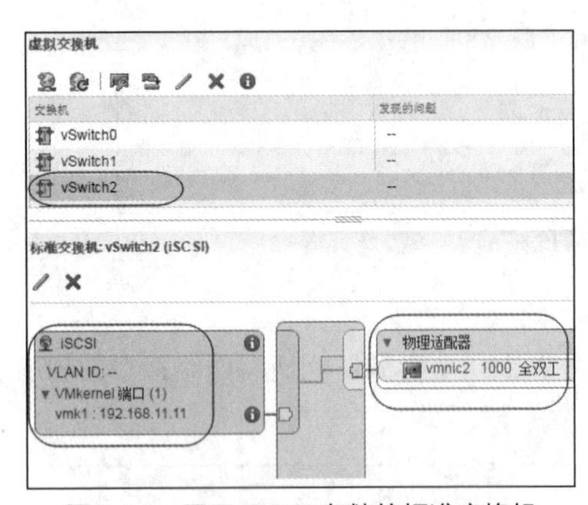

图 6-41　用于 iSCSI 存储的标准交换机

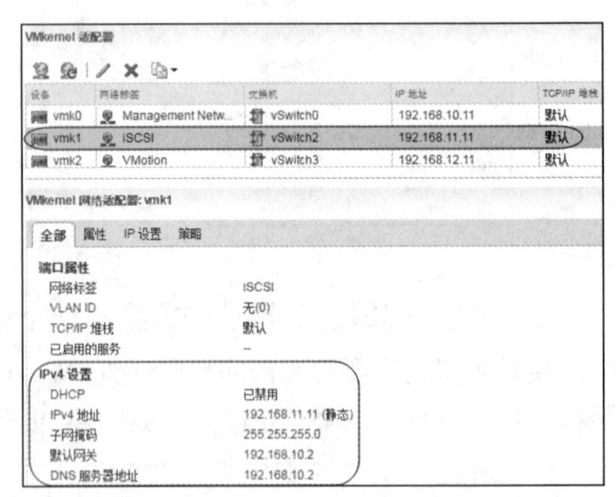

图 6-42　VMkernel 适配器

6.3.4　为 ESXi 主机配置 iSCSI 适配器

在 ESXi 使用 iSCSI SAN 之前，必须设置 iSCSI 适配器和存储。这里介绍基于软件的 iSCSI 实现。使用软件 iSCSI 适配器时，有以下注意事项。

- 为 iSCSI 指定单独的网络适配器。不要在 100Mbit/s 或更慢的适配器上使用 iSCSI。
- 避免在脚本中对软件适配器名称 vmhba*XX* 进行硬编码。名称更改不会影响 iSCSI

软件适配器的行为。

1. 激活软件 iSCSI 适配器

必须激活软件 iSCSI 适配器，以便 ESXi 主机可以使用它来访问 iSCSI 存储。

（1）在 vSphere Web Client 导航器中浏览要操作的主机，切换到“配置”选项卡。

（2）展开“存储”节点，选择它下面的“存储适配器”，然后单击添加图标“+”。

（3）弹出“添加存储适配器”对话框，选中“软件 iSCSI 适配器”选项，单击“确定”按钮。

（4）出现添加软件 iSCSI 存储适配器的提示对话框，单击“确定”按钮。

新添加的软件 iSCSI 适配器（这里为 vmhba65）已启用，并显示在存储适配器列表中，如图 6-43 所示。启用适配器后，主机会为其分配默认的 iSCSI 名称（在存储适配器列表的“标识符”栏显示）。

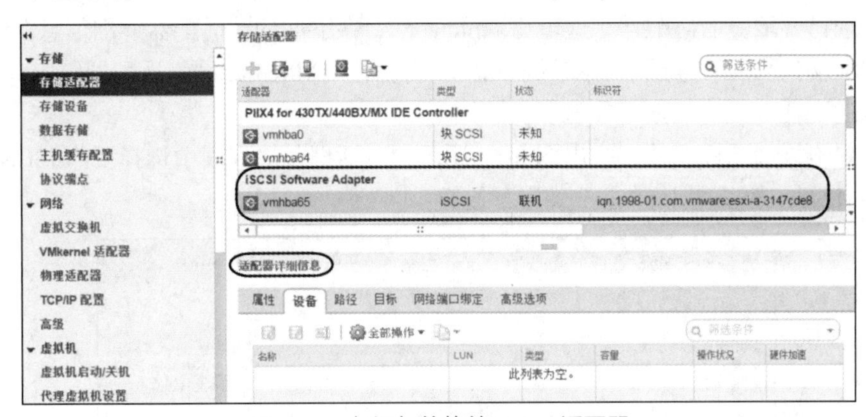

图 6-43　新添加的软件 iSCSI 适配器

2. 修改 iSCSI 适配器的常规属性

可以更改分配到 iSCSI 适配器的默认 iSCSI 名称和别名。对于独立的硬件 iSCSI 适配器，还可以更改 IP 设置。

（1）参照上述步骤，打开存储适配器列表。

（2）选择要配置的适配器（这里为 vmhba65），在下面的“适配器详细信息”窗格中切换到“属性”选项卡，如图 6-44 所示，可以查看该适配器的属性设置。

（3）单击“常规”面板中的“编辑”按钮，弹出图 6-45 所示的对话框，可修改 iSCSI 名称和别名等常规属性。

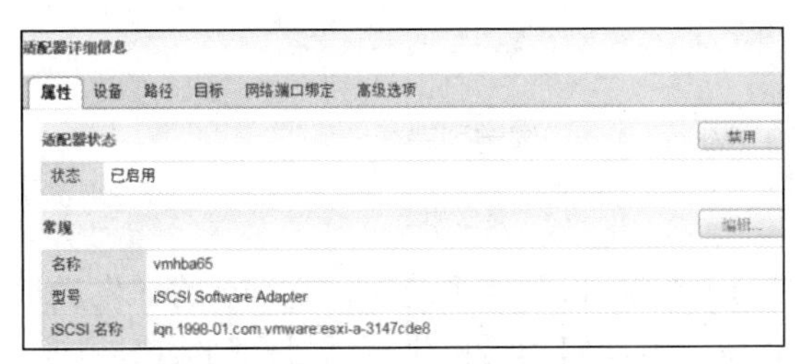

图 6-44　iSCSI 适配器的属性设置

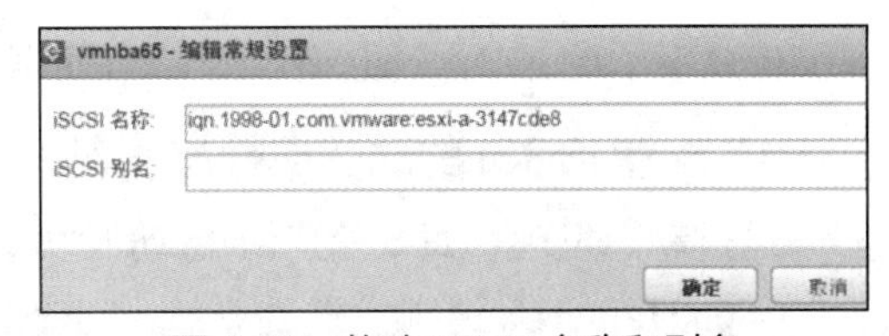

图 6-45　修改 iSCSI 名称和别名

iSCSI 名称是根据 iSCSI 标准形成的唯一名称，用于标识 iSCSI 适配器。如果更改名称，则应确保输入的名称是全球唯一的，且格式正确，否则某些存储设备可能无法识别 iSCSI 适配器。iSCSI 别名是一种友好名称，而不是 iSCSI 名称。

如果更改 iSCSI 名称，它将用于新的 iSCSI 会话。对于现有会话，只有在注销并重新登录之后，才会使用新设置。

3. 设置 iSCSI 网络

如果使用软件或从属硬件 iSCSI 适配器，则必须为 iSCSI 组件和物理网络适配器之间的流量配置连接。配置网络连接涉及为每个物理网络适配器创建虚拟 VMkernel 适配器，然后将 VMkernel 适配器与适当的 iSCSI 适配器相关联，这个过程称为端口绑定。

前面已经为主机上的物理网络适配器创建了 VMkernel 适配器，这里主要是将 iSCSI 适配器与 VMkernel 适配器绑定。

（1）参照上述步骤，打开存储适配器列表。

（2）选择要配置的适配器（这里为 vmhba65），在下面的“适配器详细信息”窗格中切换到“网络端口绑定”选项卡，默认显示“没有任何 VMkernel 网络适配器绑定到此 iSCSI 主机总线适配器”。

（3）单击添加图标“+”，弹出图 6-46 所示的对话框，从列表中选择要与 iSCSI 适配器绑定的 VMkernel 适配器，单击“确定”按钮。

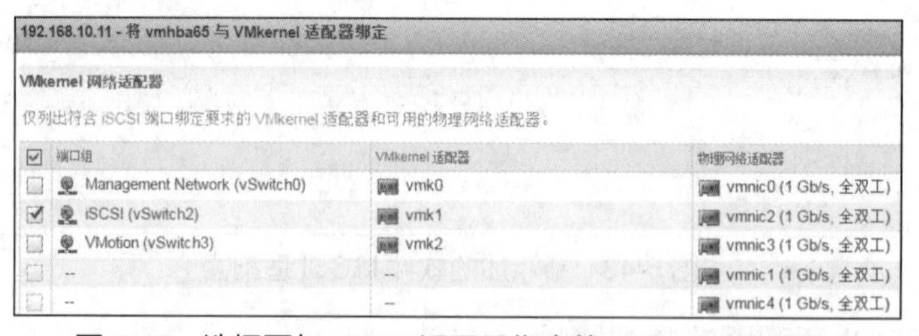

图 6-46　选择要与 iSCSI 适配器绑定的 VMkernel 适配器

确保 VMkernel 适配器的网络策略符合绑定要求。可以将软件 iSCSI 适配器绑定到一个或多个 VMkernel 适配器。

网络连接显示在 iSCSI 适配器的 VMkernel 端口绑定列表中，如图 6-47 所示。

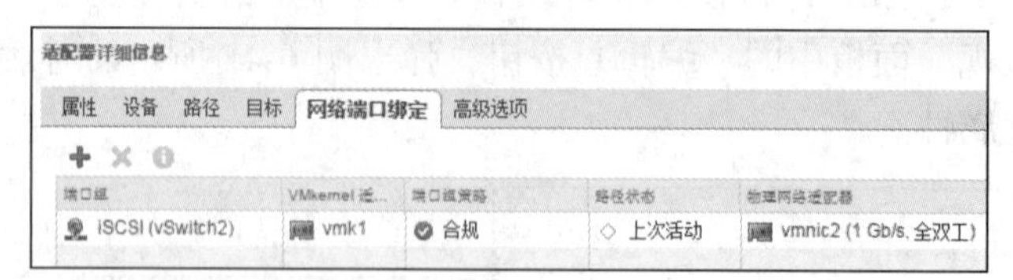

图 6-47　iSCSI 适配器的 VMkernel 端口绑定列表

4. 配置 iSCSI 的动态或静态发现

通过动态发现，每次 iSCSI 启动器联系指定的 iSCSI 存储系统时，它都会将“发送目标”（SendTargets）请求发送到系统。iSCSI 系统通过向启动器提供可用目标列表来响应。除了动态发现方法，还可以使用静态发现，并手动输入目标信息。

设置静态或动态发现时，只能添加新的 iSCSI 目标，不能更改现有目标的任何参数。要进行更改，则要删除现有目标并重新添加新目标。

（1）参照上述步骤，打开存储适配器列表。

（2）选择要配置的适配器（这里为 vmhba65），在下面的“适配器详细信息”窗格中切换到“目标”选项卡。

（3）单击“动态发现”按钮后单击“添加”按钮，弹出图 6-48 所示的对话框，输入 iSCSI 存储系统的 IP 地址或 DNS 名称（例中是与物理网络适配器 vmnic2 位于同一网络的 StarWind 服务器的 IP 地址），然后单击“确定”按钮。

此时出现提示：由于最近更改了配置，建议重新扫描该存储适配器。

（4）单击重新扫描存储图标，重新扫描 iSCSI 适配器。在与 iSCSI 存储系统建立“发送目标”会话后，主机将使用所有新发现的目标填充“静态发现”列表，如图 6-49 所示。

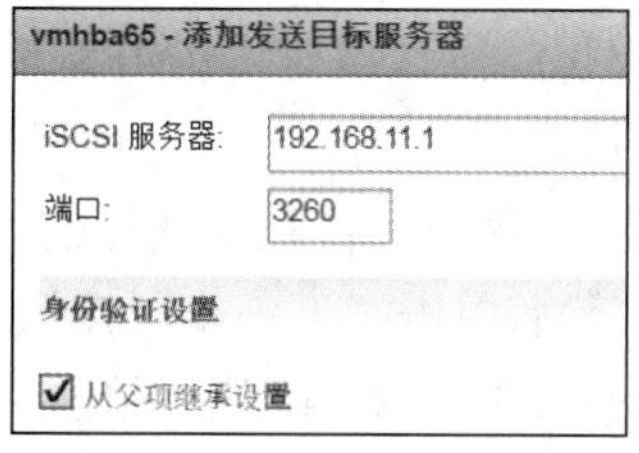

图 6-48 添加发送目标服务器

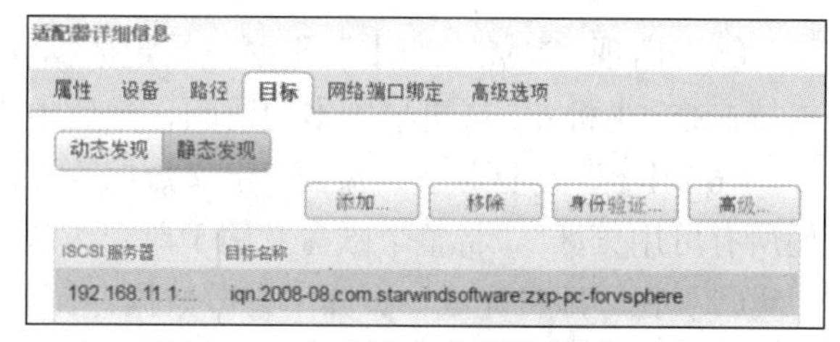

图 6-49 自动填充“静态发现”列表

（5）根据需要设置静态发现。单击“静态发现”按钮后单击“添加”按钮，弹出图 6-50 所示的对话框，输入目标的信息，然后单击“确定”按钮。与动态发现设置不同的是，这里要明确设置 iSCSI 目标名称。

完成之后，重新扫描 iSCSI 适配器。

（6）最后切换到“设备”选项卡，查看该 iSCSI 适配器关联的 iSCSI 存储设备信息，如图 6-51 所示。

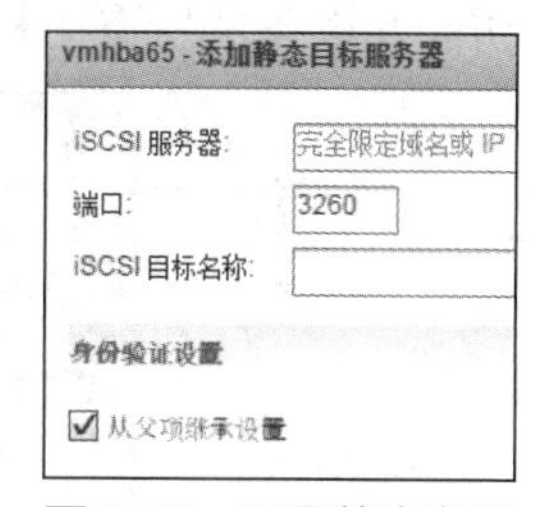

图 6-50 设置静态发现

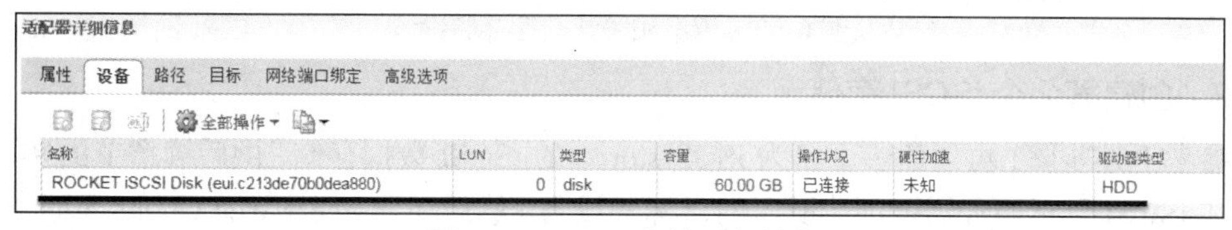

图 6-51 iSCSI 存储设备信息

6.3.5 为 ESXi 主机添加 iSCSI 存储

与添加本地存储类似，这里在主机上新建 iSCSI 存储。

1. 创建一个 iSCSI 存储

（1）在 vSphere Web Client 导航器中浏览要操作的主机，切换到“配置”选项卡。

（2）展开“存储”节点，选择它下面的“数据存储”，然后单击新建数据存储图标，启动相应的向导。

（3）首先选择数据存储类型。这里选择“VMFS”，然后单击“下一步”按钮。

（4）如图 6-52 所示，为数据存储指定名称（注意不要超过 42 个字符），并选择要用于数据存储的设备。这里将其命名为 iSCSIstore，选择之前发现的 iSCSI 目标和 LUN，然后单击“下一步”按钮。

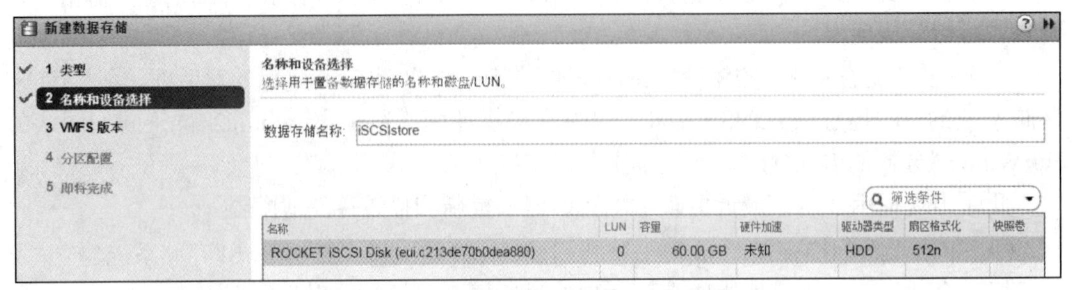

图 6-52　为数据存储命名并选择设备

（5）出现“VMFS 版本”页面，指定数据存储版本。这里保持默认设置“VMFS 5”，支持 ESXi 主机 6.5 或更早版本的访问，然后单击“下一步”按钮。

（6）出现“分区设置”页面，定义数据存储的配置详细信息。这里保持默认选择的“使用所有可用分区”，将整个磁盘专用于单个 VMFS 数据存储，然后单击“下一步”按钮。

（7）在“即将完成”页面中查看数据存储配置信息，如图 6-53 所示，确认后单击“完成”按钮。这样就创建了一个基于 iSCSI 的存储设备的数据存储，该数据存储可用于有权访问此设备的所有主机。

图 6-53　查看和确认数据存储设置

2. 创建第 2 个 iSCSI 存储

参考上述步骤，再创建一个名为 iSCSIstore1 的 iSCSI 数据存储，供后续章节的实验用。首先在 iSCSI 目标服务器上创建所需的目标和设备，然后在 vSphere Web Client 界面中重新扫描 iSCSI 适配器，可发现新的设备，如图 6-54 所示。

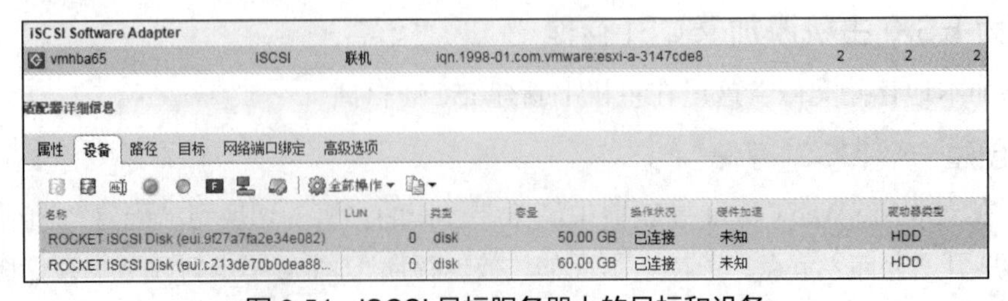

图 6-54　iSCSI 目标服务器上的目标和设备

最后运行新建数据存储向导，创建一个关联上述设备的 iSCSI 存储（名为 iSCSIstore1）。

6.3.6 连接多 LUN 的 iSCSI 目标

iSCSI 目标服务器往往提供多个 LUN 的 iSCSI 目标，但是创建数据存储时，只能选择其中一个 LUN（设备）。下面进行介绍。

参考前面的步骤，在 iSCSI 目标服务器上创建所需的目标和设备，如图 6-55 所示，这里将两个设备附加到一个目标上，这两个设备的 LUN 依次为 0 和 1。

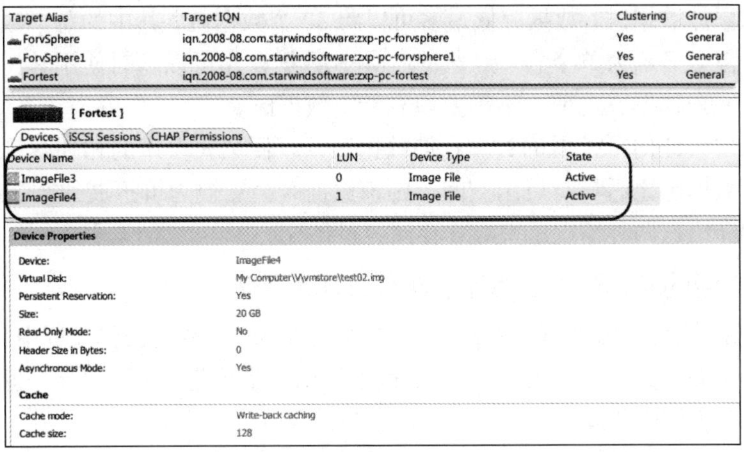

Target Alias	Target IQN	Clustering	Group
ForvSphere	iqn.2008-08.com.starwindsoftware:zxp-pc-forvsphere	Yes	General
ForvSphere1	iqn.2008-08.com.starwindsoftware:zxp-pc-forvsphere1	Yes	General
Fortest	iqn.2008-08.com.starwindsoftware:zxp-pc-fortest	Yes	General

[Fortest]

Devices　iSCSI Sessions　CHAP Permissions

Device Name	LUN	Device Type	State
ImageFile3	0	Image File	Active
ImageFile4	1	Image File	Active

Device Properties

Device:	ImageFile4
Virtual Disk:	My Computer\V\vmstore\test02.img
Persistent Reservation:	Yes
Size:	20 GB
Read-Only Mode:	No
Header Size in Bytes:	0
Asynchronous Mode:	Yes

Cache

Cache mode:	Write-back caching
Cache size:	128

图 6-55 创建两个 LUN（设备）

重新扫描 iSCSI 适配器，可发现该目标的两个设备，如图 6-56 所示。

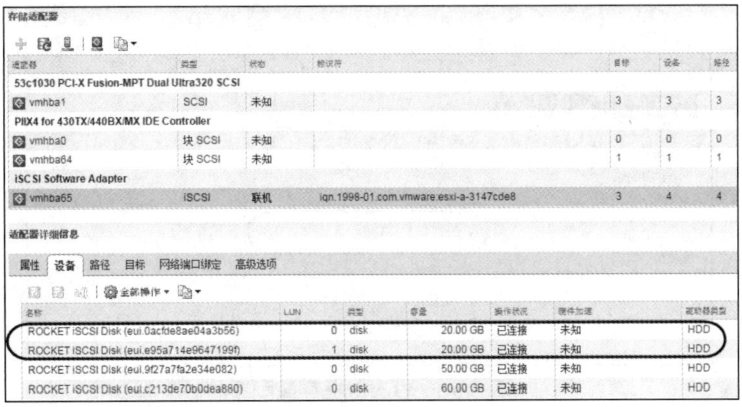

存储适配器

适配器	类型	状态	标识符	目标	设备	路径
53c1030 PCI-X Fusion-MPT Dual Ultra320 SCSI						
vmhba1	SCSI	未知		3	3	3
PIIX4 for 430TX/440BX/MX IDE Controller						
vmhba0	块 SCSI	未知		0	0	0
vmhba64	块 SCSI	未知		1	1	1
iSCSI Software Adapter						
vmhba65	iSCSI	联机	iqn.1998-01.com.vmware:esxi-a-3147cde8	3	4	4

适配器详细信息

属性　设备　路径　目标　网络端口绑定　高级选项

全部操作

名称	LUN	类型	容量	操作状况	硬件加速	驱动器类型
ROCKET iSCSI Disk (eui.0acfde8ae04a3b56)	0	disk	20.00 GB	已连接	未知	HDD
ROCKET iSCSI Disk (eui.e95a714e9647199f)	1	disk	20.00 GB	已连接	未知	HDD
ROCKET iSCSI Disk (eui.9f27a7fa2e34e082)	0	disk	50.00 GB	已连接	未知	HDD
ROCKET iSCSI Disk (eui.c213de70b0dea880)	0	disk	60.00 GB	已连接	未知	HDD

图 6-56 iSCSI 适配器中的两个 LUN（设备）

在新建数据存储的过程中，该目标的两个设备只能选择一个，如图 6-57 所示。

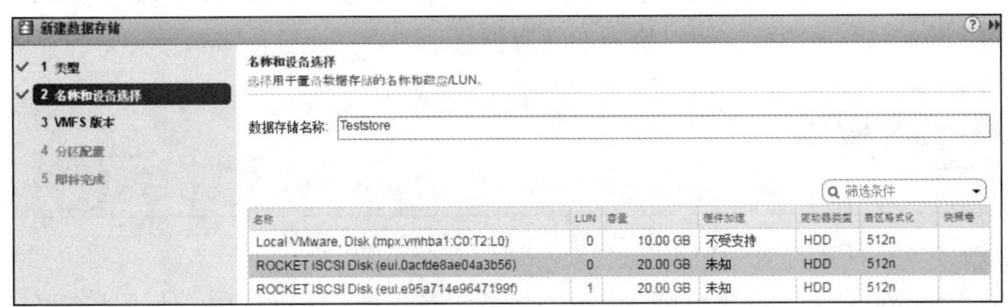

图 6-57 从两个 LUN（设备）中选择一个

要让一个数据存储使用多个设备，可通过增加存储容量的方式实现。

6.3.7 增加 iSCSI 存储容量

当将虚拟机添加到数据存储，或者在数据存储上运行的虚拟机需要更多空间时，可能需要更多容量。vSphere 支持动态增加 VMFS 数据存储的容量。iSCSI 存储或者其他数据存储，只要选用的是 VMFS 格式，就可动态扩展。这里介绍如何增加 iSCSI 存储容量。涉及以下两种情况。

- 动态添加数据区。数据存储最多可以跨 32 个数据区，其中的每个数据区大小都不会超过 2TB，但会显示为单个卷。跨区的 VMFS 数据存储可以随时使用其任何或所有数据区。在使用下一个数据区之前，不需要填充特定数据区。
- 动态增大任何可扩展的数据存储数据区，以便填充可用的相邻容量。如果底层存储设备在紧邻数据区之后具有可用空间，则该数据区会被视为可扩展的数据区。

下面分别介绍这两种情况的 iSCSI 存储容量扩充。

1. 将未使用的 iSCSI 设备添加到现有 iSCSI 存储

准备一个未使用的 iSCSI 存储设备（LUN），在 6.3.6 小节的操作过程中，iSCSI 目标服务器上还有一个编号为 1 的 LUN 未使用，这里使用它来扩充存储。当然，也可根据需要创建一个新的 iSCSI 目标和设备。

（1）从数据存储列表中右击要扩充的数据存储（这里是 iSCSI 存储 Teststore），选择“配置”命令，可以查看当前的容量，如图 6-58 所示。

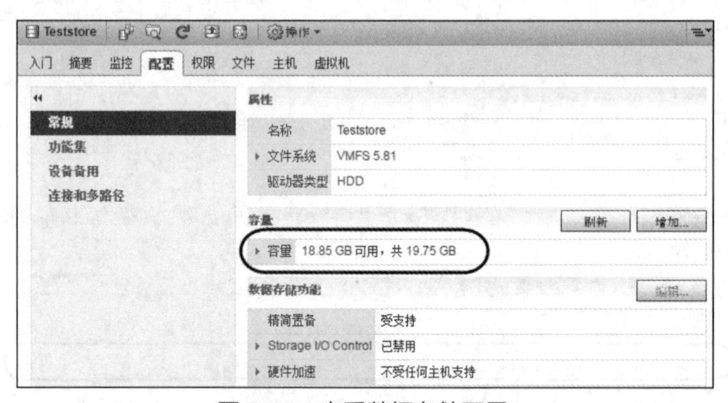

图 6-58 查看数据存储配置

（2）单击增加数据存储容量图标，或者单击“添加”按钮启动相应向导。

（3）如图 6-59 所示，从存储设备列表中选择一个设备，单击“下一步”按钮。本例中，该设备的“可扩展”栏为“否”，将添加新数据区。

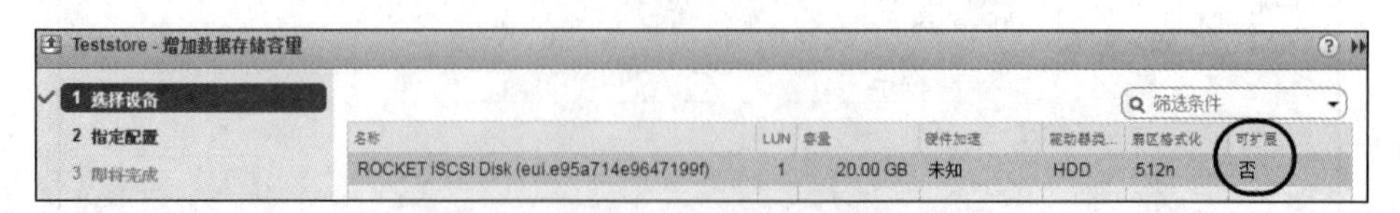

图 6-59 选择一个用于扩充容量的设备

（4）如图 6-60 所示，设置分区。由于该设备没有扩展，这里选中“使用所有可用分区”，并将“大小增加量”设置为设备上的全部可用空间，然后单击“下一步”按钮。

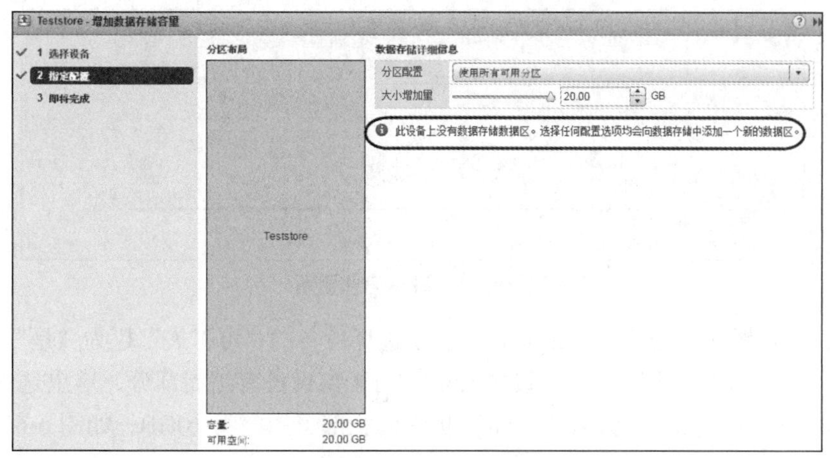

图 6-60　设置分区

（5）在“即将完成”页面中查看数据存储配置信息，确认后单击“完成”按钮。

回到数据存储配置对话框，单击“刷新”按钮，可发现容量已经增加，如图 6-61 所示。

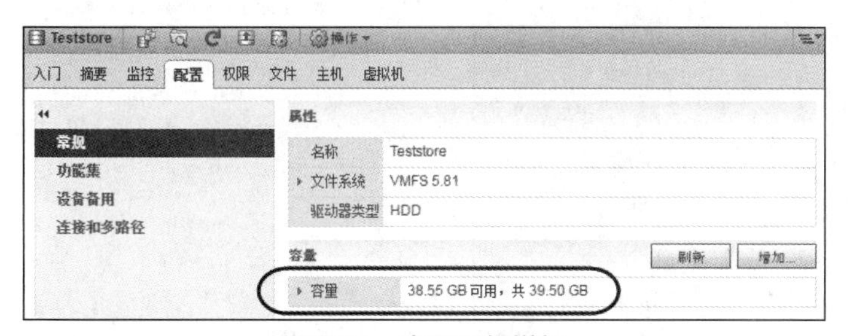

图 6-61　容量已经增加

2. 扩展 iSCSI 设备容量以增加现有 iSCSI 存储容量

首先，在 iSCSI 目标服务器上扩充设备容量。如图 6-62 所示，选中要扩充的设备（这里为 iSCSI 目标服务器的第 2 个设备），选择“Extend image size”命令，打开图 6-63 所示的对话框，设置增加的容量，这里为 10GB，单击“Finish”按钮。

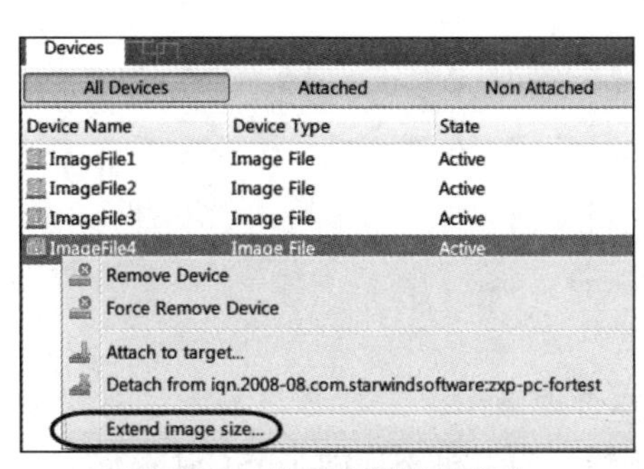

图 6-62　执行容量扩充命令

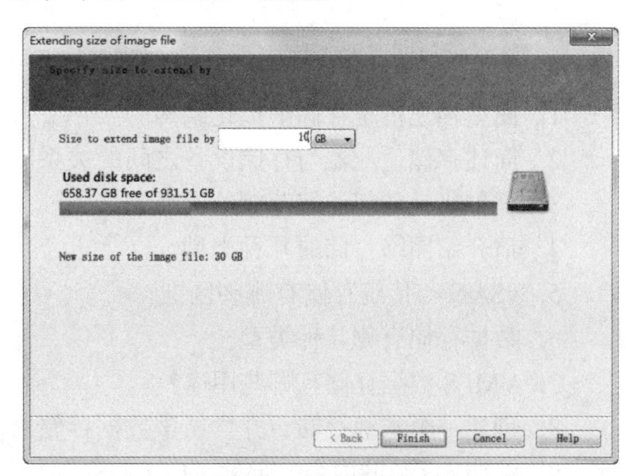

图 6-63　扩充设备容量

然后，重新扫描 iSCSI 适配器，可发现该设备容量已改变，如图 6-64 所示。

iSCSI Software Adapter

vmhba65	iSCSI	联机	iqn.1998-01.com.vmware:esxi-a-3147cde8	3	4	4

适配器详细信息

属性 设备 路径 目标 网络端口绑定 高级选项

全部操作

名称	LUN	类型	容量	操作状况	硬件加速	驱动器类型
ROCKET iSCSI Disk (eui.0acfde...	0	disk	20.00 GB	已连接	未知	HDD
ROCKET iSCSI Disk (eui.e95a7...	1	disk	30.00 GB	已连接	未知	HDD
ROCKET iSCSI Disk (eui.9f27a7...	0	disk	50.00 GB	已连接	未知	HDD
ROCKET iSCSI Disk (eui.c213d...	0	disk	60.00 GB	已连接	未知	HDD

图 6-64 设备信息更新

最后，运行增加数据存储容量向导。这里选择设备的“可扩展”栏为“是”，将扩展现有数据区。单击“下一步”按钮，设置分区。由于该设备有扩展部分，这里选中使用可用空间，并将“大小增加量”设置为设备上扩充的全部可用空间 10GB，如图 6-65 所示。

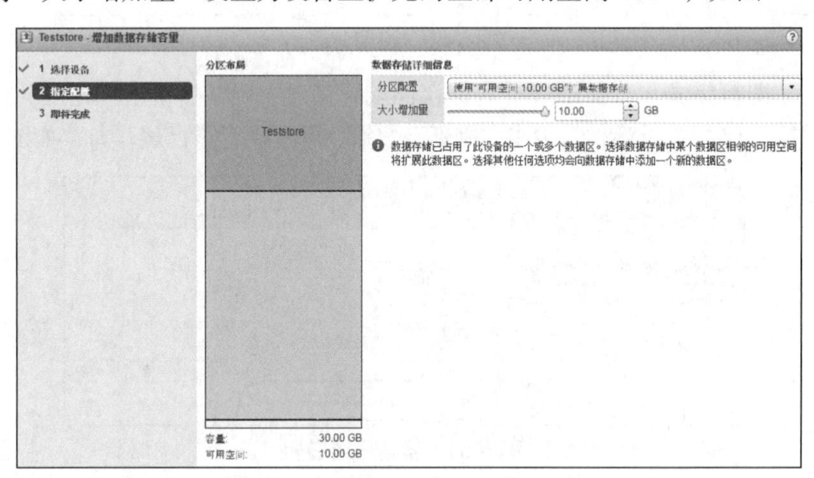

图 6-65 设置分区（扩充数据区）

接着单击“下一步”按钮，再单击“完成”按钮，完成容量增加的操作。再查看容量，会发现已经比之前增加了 10GB。

在进入下一章之前，建议将新增的数据存储 Teststore 彻底删除。

6.4 习题

1. 简单描述传统存储虚拟化架构。
2. 简述存储适配器与存储设备之间的关系。
3. 虚拟机是如何访问存储的？
4. 请介绍网络存储的几种类型。
5. vSAN 与传统存储有哪些区别？
6. 数据存储有哪几种类型？
7. VMFS 数据存储有哪些用途？
8. 创建一个本地存储，并尝试该数据存储的基本管理操作。
9. 参照 6.3 节的内容，部署一台 iSCSI 目标服务器，为主机添加两个 iSCSI 存储。

第7章 虚拟机迁移

虚拟机迁移（Migration）是指将虚拟机从一个主机或存储位置移动到另一个主机或存储位置）。根据虚拟机的当前状态，虚拟机迁移可分为冷迁移（Cold Migration）和热迁移（Hot Migration）两种类型。

冷迁移是指将关闭或挂起的虚拟机移动到另一主机，或者将关闭或挂起的虚拟机的配置和磁盘文件重新定位到另一存储位置。热迁移又称实时迁移，是指将正在运行的虚拟机在不中断可用性的情况下，移动到其他主机，并将其磁盘或文件夹移动到其他数据存储。vSphere 的热迁移技术称为 vMotion，用于实时在线迁移虚拟机。另外，将用于实时迁移虚拟机存储的技术称为 Storage vMotion。可以使用 vSphere vMotion 将已打开电源的虚拟机从主机上移开，便于执行维护任务，平衡负载，并置相互通信的虚拟机、分离虚拟机以最大限度地减少故障域、迁移到新的服务器硬件等。

在 vSphere 虚拟化体系中，vMotion 可以说是 vSphere 所有高级功能的基础，具有相当重要的地位。本章重点介绍 vMotion 迁移技术和实施方法，同时讲解冷迁移和虚拟机存储迁移的基本操作。考虑到 vSphere 高级功能都要用到多 ESXi 主机环境，这里首先介绍实验环境的搭建，熟悉这个多主机环境非常重要。

7.1 搭建 vSphere 高级功能实验环境

在本章之前的章节中，一直在单台 ESXi 主机环境中进行实验操作，为满足之后 vSphere 高级功能的实验要求，需要再增加一台 ESXi 主机，并配置好相应的虚拟网络和网络存储，组成双主机实验环境。具体的拓扑结构请参见第 2 章 2.4.2 小节的介绍，这里简单介绍实现步骤。

7.1.1 添加一台 ESXi 主机并将其加入数据中心

参照第 3 章安装 VMware ESXi 的操作，添加一台同样配置的 ESXi 主机，将其称为 ESXi-B 或主机 B，IP 地址为 192.168.10.12/24。

（1）准备一台 ESXi 主机。创建一台 VMware WorkStation 虚拟机，要满足 ESXi 的硬件要求，配置两个 CPU、8GB 内存、60GB 硬盘，网络类型选择“使用网络地址转换(NAT)”。

（2）在该主机上安装 VMware ESXi 软件。

（3）配置管理网络。进入系统定制界面，将 IPv4 地址更改为 192.168.10.12，将主机名更改为 esxi-b。

（4）将该 ESXi 主机的时钟与 NTP 服务器同步。可以使用 VMware Host Client 进行相关设置。这些操作也可以在该主机加入数据中心后使用 vSphere Web Client 完成。如图 7-1 所示，打开该主机的“配置”界面，选择“系统”下面的“时间配置”选项，再单击“编辑”按钮，弹出图 7-2 所示的对话框，对时间配置进行编辑。

（5）将该 ESXi 主机加入到 ESXi-A 所在的数据中心 Datacenter。可参照第 4 章 4.4.3 小节的操作步骤进行。

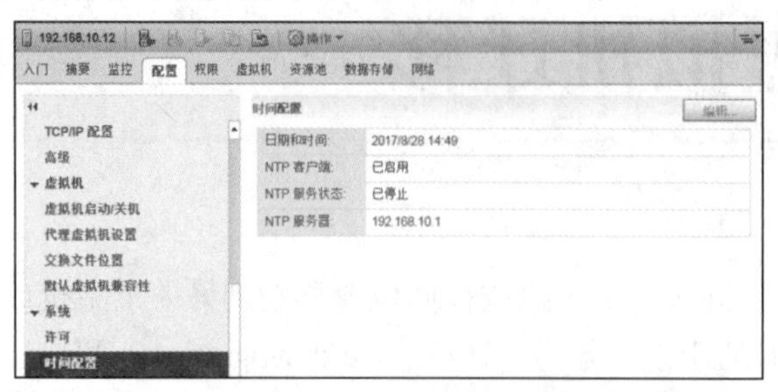

图 7-1 使用 vSphere Web Client 管理主机的时间配置

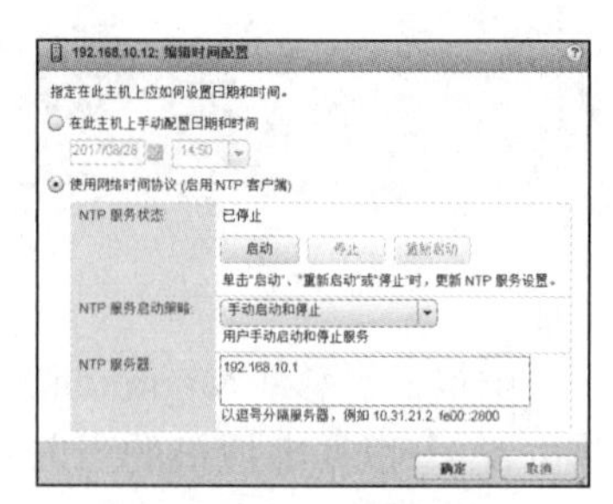

图 7-2 编辑时间配置

7.1.2 为新增的 ESXi 主机配置虚拟网络

参照第 5 章创建标准虚拟机的操作，为新增的 ESXi 主机 B 配置 3 个与 ESXi 主机 A 相同的标准交换机。

（1）首先为 ESXi 主机 B 增加 3 块物理网络适配器，网络类型分别选择桥接模式、仅主机模式（VMnet1）、自定义（VMnet2），重新启动该主机。

（2）在 vSphere Web Client 界面查看新增的物理网络适配器（vmnic1、vmnic2、vmnic3），如图 7-3 所示。

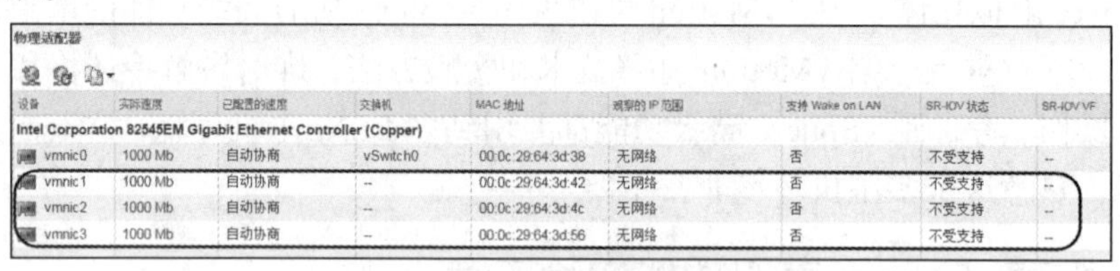

物理适配器

设备	实际速度	已配置的速度	交换机	MAC 地址	观察的 IP 范围	支持 Wake on LAN	SR-IOV 状态	SR-IOV VF
Intel Corporation 82545EM Gigabit Ethernet Controller (Copper)								
vmnic0	1000 Mb	自动协商	vSwitch0	00:0c:29:64:3d:38	无网络	否	不受支持	--
vmnic1	1000 Mb	自动协商	--	00:0c:29:64:3d:42	无网络	否	不受支持	--
vmnic2	1000 Mb	自动协商	--	00:0c:29:64:3d:4c	无网络	否	不受支持	--
vmnic3	1000 Mb	自动协商	--	00:0c:29:64:3d:56	无网络	否	不受支持	--

图 7-3 主机 B 的物理适配器

（3）为主机 B 创建一台用于虚拟机流量的标准交换机，如图 7-4 所示，物理网络适配器为 vmnic1，网络标签为 VM Network1。这里的设置要与主机 A 一致。

（4）为主机 B 创建一台用于 iSCSI 存储流量的标准交换机，如图 7-5 所示，物理网络适配器为 vmnic2，网络标签为 iSCSI，IP 地址为 192.168.11.12/24。网络标签的设置要与主机 A 一致，而 IP 地址则设置为自己的。

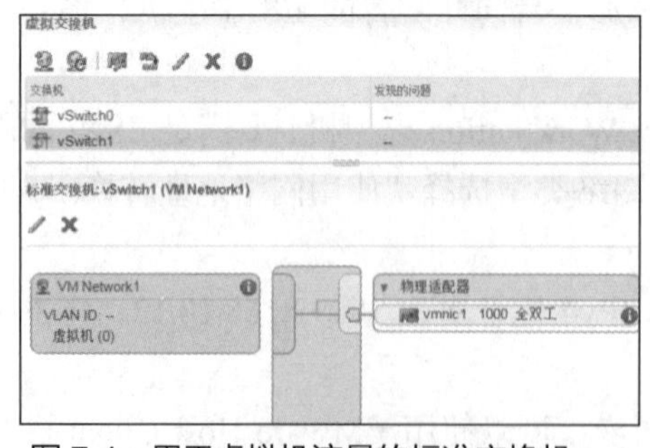

图 7-4 用于虚拟机流量的标准交换机

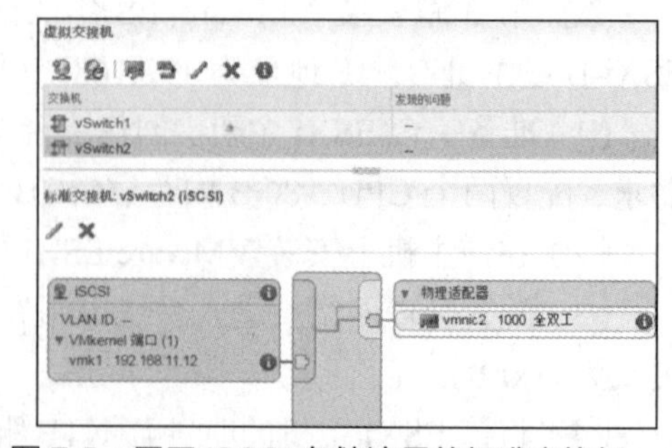

图 7-5 用于 iSCSI 存储流量的标准交换机

（5）为主机 B 创建一台用于 vMotion 流量的标准交换机，如图 7-6 所示，物理网络适配器为 vmnic3，网络标签为 VMotion，IP 地址为 192.168.12.12/24。

7.1.3 配置 iSCSI 共享存储

实现虚拟机实时迁移、容错等高级功能，必须要使用共享的存储设备。在生产环境中，共享存储通常采用光纤（FC）或 SAS 专用存储，这需要专门的 FC HBA 接口卡或 HBA 接口卡。也可以采用基于 IP 网络的存储，成本较低，不过受性能限制，往往只用于备份，而不用来存储虚拟机本身。这里是实验环境，使用 iSCSI 网络存储作为共享存储，需要为 ESXi 主机添加 iSCSI 软件适配器，并使 ESXi 主机连接 iSCSI 网络存储。

上一章中已经部署了 iSCSI 网络存储，并为主机 A 创建了基于 iSCSI 的数据存储，如图 7-7 所示。

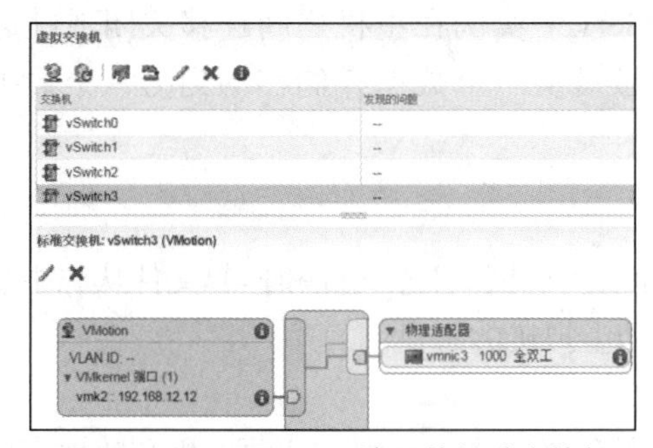

图 7-6 用于 vMotion 流量的标准交换机

图 7-7 已创建的基于 iSCSI 的数据存储

参照上一章 iSCSI 存储的相关操作，为新增的主机 B 添加 iSCSI 软件适配器，然后设置 iSCSI 软件适配器的网络端口绑定（绑定前面设置的、用于 iSCSI 的 VMkernel 适配器）、目标（动态发现和静态发现，连接之前部署的 iSCSI 网络存储），重新扫描存储适配器，发现了可连接的 iSCSI 存储设备，如图 7-8 所示。

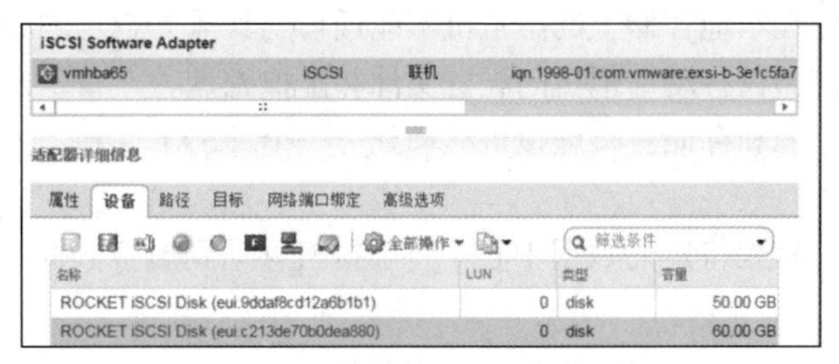

图 7-8 可连接的 iSCSI 存储设备

在该主机的“配置”选项卡中选择“存储”节点下的“数据存储”，刷新数据存储，可以发现之前由主机 A 基于 iSCSI 网络存储创建的数据存储自动添加到主机 B 的数据存储列表中。由于这两台 ESXi 主机位于同一数据中心中，可实现同一网络存储的自动共享。基于 iSCSI 网络存储的共享存储如图 7-9 所示。至此，两台 ESXi 主机之间的共享存储设置完毕。

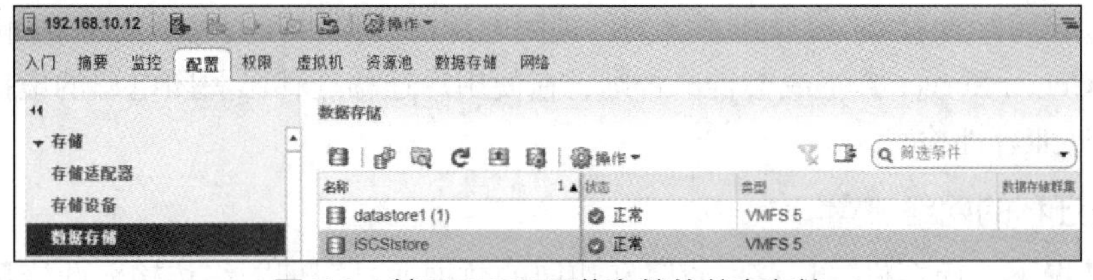

图 7-9 基于 iSCSI 网络存储的共享存储

7.2 冷迁移

在 vMotion 迁移之前，有必要先介绍冷迁移。它与热迁移的最大区别是，在开始迁移过程之前，必须关闭或挂起（暂停）要迁移的虚拟机。挂起的虚拟机虽然已启动，但它未运行，因此也属于冷迁移。由于冷迁移比实时迁移的要求低，虚拟机不需要存储在共享存储上，使用它来移动虚拟机非常方便。注意，复制、克隆虚拟机不能算作一种迁移形式，因为克隆虚拟机或复制其磁盘和配置文件将创建一个新的虚拟机。

7.2.1 冷迁移概述

冷迁移是通过群集、数据中心和 vCenter Server 实例在主机之间迁移关闭或挂起的虚拟机。通过使用冷迁移，还可以将关联的磁盘从一个数据存储移动到另一个数据存储。

1. 冷迁移的执行过程

（1）选择移动到其他数据存储的选项，则将配置文件、日志文件和挂起文件从源主机移动到目标主机的关联存储区域。也可以选择移动虚拟机的磁盘。

（2）虚拟机在新主机上注册。

（3）迁移完成后，如果选择了移动到其他数据存储的选项，则会从源主机和数据存储中删除旧版本的虚拟机。

2. 冷迁移类型

vSphere 虚拟机冷迁移涉及以下 4 种类型。

- 仅更改计算资源：将虚拟机从一个 ESXi 主机移动到另一个 ESXi 主机。由于没有更改数据存储，存储在本地存储上的虚拟机不能迁移到其他 ESXi 主机上。
- 仅更改存储：仅移动虚拟机的配置文件和虚拟磁盘。
- 更改计算资源和存储：将虚拟机移动到另一个 ESXi 主机，并移动其配置文件和虚拟磁盘。
- 将虚拟机迁移到特定的数据中心：将虚拟机移动到虚拟数据中心，可以在其中为虚拟机分配策略。

3. 冷迁移期间的 CPU 兼容性检查

使用冷迁移检查目标主机的要求比使用 vMotion 热迁移时的要求要少。一些包含复杂应用程序设置的虚拟机使用热迁移时往往会受阻，而使用冷迁移则可以成功。

迁移已暂停的虚拟机时，虚拟机的新主机必须满足 CPU 兼容性要求。此要求允许虚拟机在新主机上恢复执行。

如果尝试将配置有 64 位操作系统的已关闭电源的虚拟机迁移到不支持 64 位操作系统的主机，vCenter Server 会生成警告。否则，在使用冷迁移迁移已关闭电源的虚拟机时，不会应用 CPU 兼容性检查。

4. 冷迁移的网络流量

默认情况下，虚拟机冷迁移、克隆和快照的数据通过管理网络传输。此流量称为置备流量（Provisioning Traffic），也可以译为维护或配置流量。它没有加密，但使用行程长度压缩算法（Run-Length Encoding，RLE）对数据进行编码。

在主机上，可以将 VMkernel 网络适配器专用于置备流量，例如，在另一个 VLAN 上隔离此流量。在主机上最多为置备流量分配一个 VMkernel 适配器。

如果计划传输管理网络无法容纳的大量虚拟机数据，则将主机上的冷迁移流量重定向到专门用于冷迁移及克隆已关闭虚拟机的 TCP/IP 堆栈。如果要在管理网络以外的子网中隔离冷迁移流量（例如远距离迁移），也可以重定向。

要将冷迁移、克隆及快照的流量放在置备 TCP/IP 堆栈上，可以添加主机网络设置 VMkernel 适配器，或者修改已有的 VMkernel 适配器配置。在“端口属性”页面上，从“可用服务”列表中只选中“置备”复选框，将置备流量配置为唯一启用的服务，如图 7-10 所示。该 VMkernel 适配器专用于此类置备流量。

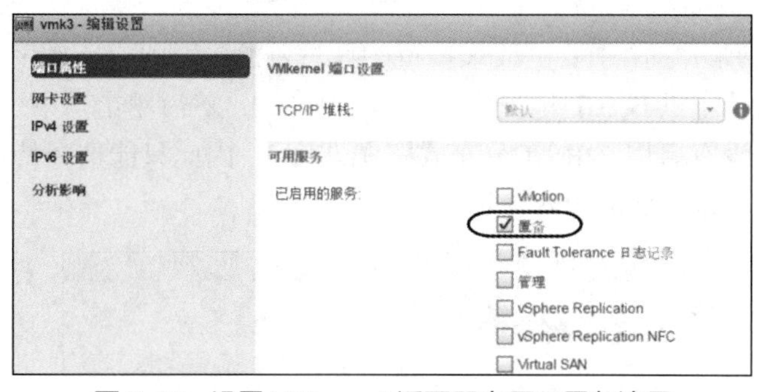

图 7-10 设置 VMkernel 适配器专用于置备流量

7.2.2 冷迁移操作

冷迁移用于移动已关闭或已暂停的虚拟机，不要求虚拟机在共享存储上。下面介绍操作步骤，将虚拟机从主机 A 迁移到主机 B。

（1）在 vSphere Web Client 界面中导航到要迁移的虚拟机，确认它已经关闭或挂起。这里要迁移的虚拟机如图 7-11 所示。

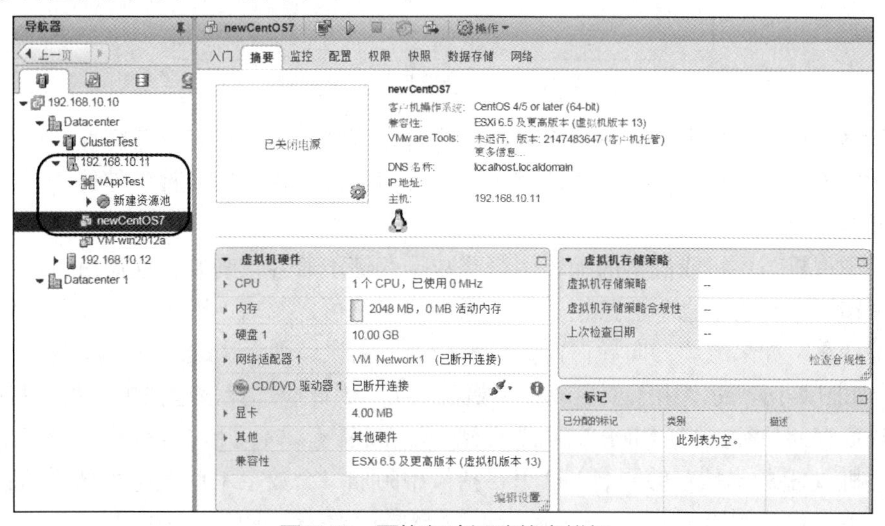

图 7-11 要执行冷迁移的虚拟机

（2）右击该虚拟机，然后选择“迁移”命令启动相应的向导。

（3）如图 7-12 所示，选择迁移类型，这里选择“更改计算资源和存储”单选按钮，然后单击“下一步”按钮。

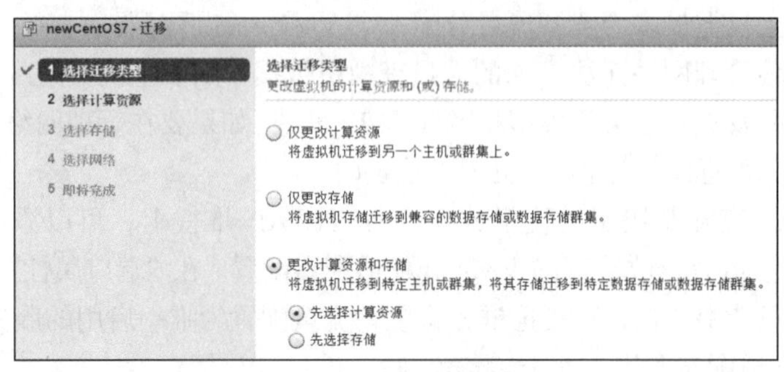

图 7-12　选择迁移类型

（4）如图 7-13 所示，由于要更改虚拟机的计算资源，因此应选择该虚拟机迁移的目标计算资源，这里选择主机 B（IP 地址为 192.168.10.12），然后单击“下一步”按钮。

由于目前群集没有启用 DRS（分布式资源调度），因此只能选择特定主机，而不能选择特定的群集。关于这方面的内容，请参见下一章。

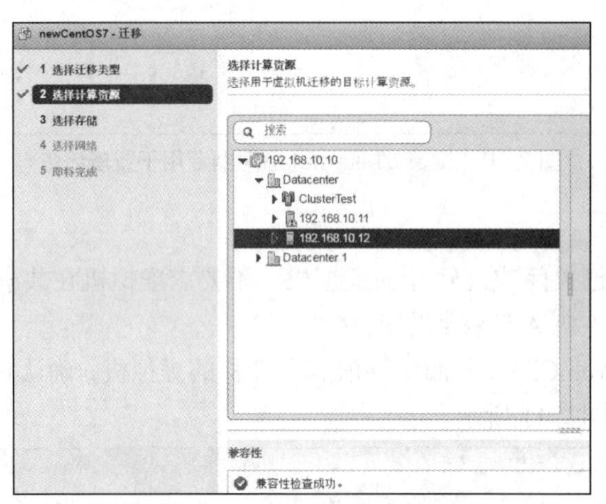

图 7-13　选择迁移目标计算资源

在迁移虚拟机向导中，每一步操作都要执行兼容性检查，只有“兼容性”面板中显示检查成功才能进行后续操作。迁移期间，迁移虚拟机向导将使用各种条件检查目标主机与迁移虚拟机的兼容性。

如果虚拟机与主机或群集的配置网络或数据存储不兼容，则兼容性窗口可能会同时显示警告和错误。警告消息不会禁用迁移，通常情况下可以忽略，继续执行迁移。错误可能导致禁用迁移，如果继续，向导将再次显示兼容性错误，则无法继续下一步骤。

（5）如图 7-14 所示，由于要更改虚拟机的存储，因此应选择该虚拟机迁移的目标存储。这里，数据存储位置选择主机 B 的本地存储 datastore1（1）（安装 ESXi 自动创建的存储，由于与主机 A 上的本地存储同名，这里在括号中附加一个数字 1），其他保留默认设置，然后单击“下一步”按钮。

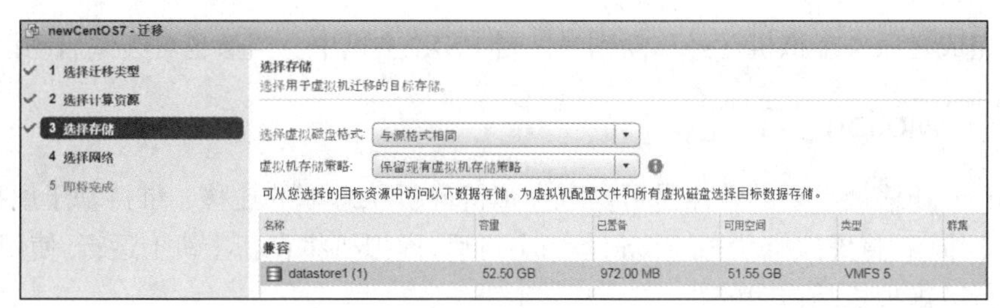

图 7-14　选择目标存储

设置目标存储时可以选择虚拟机磁盘的格式，共有以下 4 个选项。

- 与源格式相同：使用与源虚拟机相同的格式。
- 厚置备延迟置零（Thick Provision Lazy Zeroed）：以默认厚格式创建虚拟磁盘。
- 厚置备置零（Thick Provision Eager Zeroed）：创建一个支持诸如容错之类的群集功能的厚磁盘。
- 精简置备（Thin Provision）：使用精简的格式。

具体可以参见第 3 章关于虚拟磁盘格式的介绍。

根据需要从“虚拟机存储策略”下拉列表中选择虚拟机存储策略。存储策略指定在虚拟机上运行的应用程序的存储要求。可以选择 vSAN 或 Virtual Volumes 数据存储的默认策略。

可以将虚拟机配置文件和磁盘存储在不同的位置，这需要单击“高级”按钮，打开相应的对话框进行设置。

（6）如图 7-15 所示，选择该虚拟机迁移的目标网络。这里选择主机 B 上的虚拟机专用网络 VM Network2，单击“下一步”按钮。

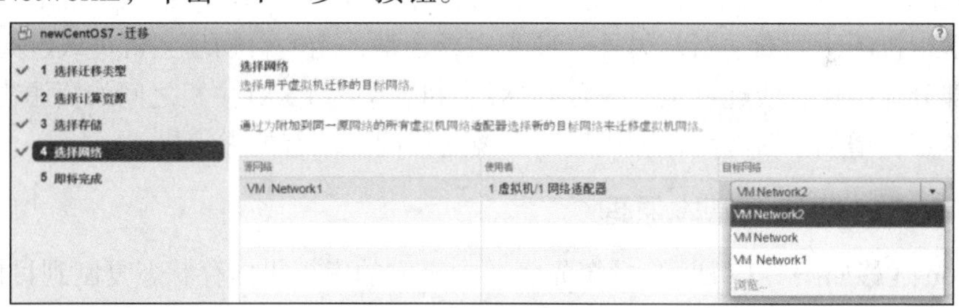

图 7-15　选择目标网络

所有虚拟机网络适配器的目标网络应当连接到一个有效的源网络，也就是说，源网络和目标网络之间能够通信。除了标准交换机外，还可以将虚拟机网络迁移到同一个或另一个数据中心，或 vCenter Server 中的另一个分布式交换机。

可以单击“高级”按钮进行设置，为连接到有效源网络的每个虚拟机网络适配器选择一个新的目标网络。

（7）在“即将完成”界面上检查确认设置信息，然后单击“完成”按钮开始迁移过程。此时，在“近期任务”中会显示迁移进度，如图 7-16 所示。

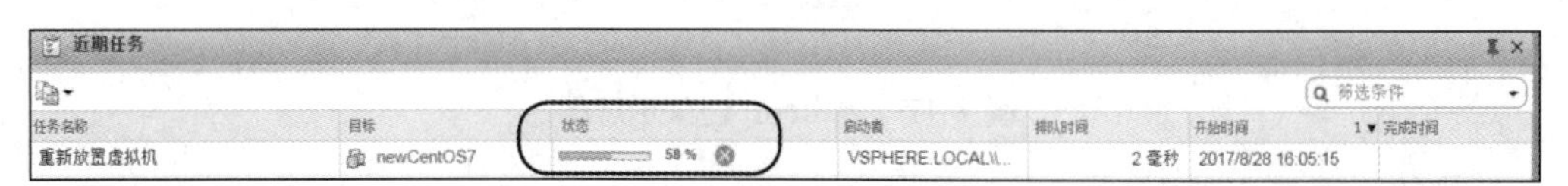

图 7-16　显示迁移进度

迁移完成之后，虚拟机已经移动到另一台 ESXi 主机中。当然也可尝试启动该虚拟机。

7.3 vMotion 实时迁移

vMotion 迁移最重要的特点是可实现虚拟机开机状态下的迁移，维持基于虚拟机的业务系统的不中断。将虚拟机状态迁移到备用主机后，虚拟机将在新主机上运行。使用 vMotion 迁移对运行的虚拟机是透明的。

7.3.1 vMotion 在虚拟化架构中的地位和应用

vMotion 热迁移是 vSphere 虚拟化架构的高级功能之一，也是现代数据中心广泛应用的功能之一。vSphere DRS 等高级功能必须依赖 vMotion 才能实现。使用 vMotion 能够将正在运行的虚拟机从一台 ESXi 主机实时移动到另一台 ESXi 主机，无须关停要迁移的虚拟机。在迁移过程中，虚拟机仍然能够正常运行，虚拟机的网络连接不会中断。

vMotion 从某种程度上可以看作是高可用性应用的一部分，但绝不是高可用性功能。它可以减少计划内运行中断产生的停机，增加虚拟机正常运行的时间。但是计划外的物理主机发生故障时，vMotion 无能为力，不会提供任何保护措施。对于这种计划外停机的处置，只能使用 vSphere 高可用性（HA）和 vSphere 容错（FT）进行。

vMotion 的一种比较常见的应用场合是，一台 ESXi 物理主机遇到了非致命性的故障，需要及时修复，此时将该主机上正在运行的虚拟机迁移到另一台正常运行的物理主机上，然后对有故障的主机进行修复，完成修复后再将虚拟机迁回原来的物理主机上。整个过程可以确保虚拟机的不间断运行。另外一种应用场合是，当一台物理主机负载过高时，可以将其中的部分虚拟机在线迁移至另一台 ESXi 主机，平衡 ESXi 主机之间的资源占用，或者数据中心扩容，增加了新的物理主机后，在线迁移调配现有的虚拟机。

7.3.2 vMotion 迁移的基本原理

vMotion 迁移如图 7-17 所示。系统先将源主机上的虚拟机内存状态复制到目标主机上，再接管虚拟机磁盘文件，当所有操作完成后，在目标主机上激活虚拟机。

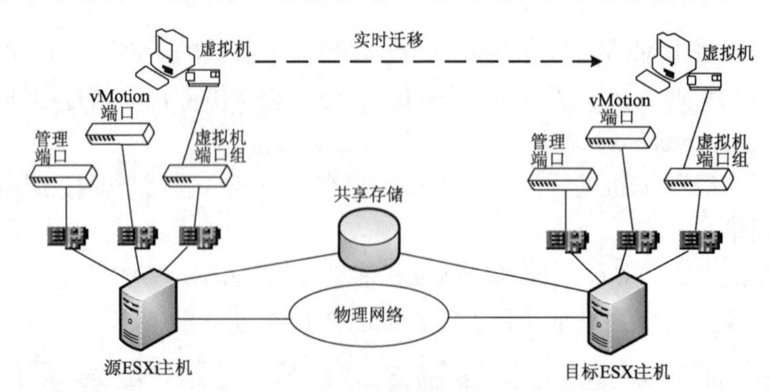

图 7-17 vMotion 迁移示意图

具体的运行过程如下。

（1）管理员启动 vMotion 迁移，请求使用 vMotion 对正在运行的某虚拟机进行迁移。

（2）vCenter Server 会验证现有虚拟机与其当前主机是否处于稳定状态，如果验证通过，继续下面的步骤。

（3）源主机开始通过启用 vMotion 服务的 VMkernel 端口将要迁移的虚拟机的内存页面复制到目标主机，期间虚拟机仍然为网络中的用户正常提供服务。内存复制过程中，虚拟机内存中的页面可能会发生变化，ESXi 主机会在内存页面复制到目标主机之后，针对源主机内存中发生的变化生成一个日志，称为内存位图（Memory Bitmap）。

（4）当要迁移的虚拟机的全部内存复制到目标主机后，vMotion 使虚拟机保持静默（仍在内存中，但不再对用户提供服务），并将内存位图文件传送到目标主机上。

（5）目标主机读取内存位图文件中的地址，并从源主机请求这些地址的内容，即要迁移的虚拟机在复制内存期间发生变化的内存。

（6）当要迁移的虚拟机发生变化的内存全部复制到目标主机后，目标主机上开始运行该虚拟机。

（7）与此同时，目标主机发送一条 RARP（反向地址解析协议）消息，连接到物理交换机上并注册它的 MAC 地址（取代源主机的 MAC 地址），目的是将对虚拟机的访问重新定位到目标主机上的虚拟机。

（8）目标主机成功运行该虚拟机后，源主机上的虚拟机会被删除，其内存会被释放，至此完成整个迁移工作。

如果在迁移期间发生任何错误，则虚拟机将恢复到其原始状态和位置。

7.3.3 vMotion 迁移类型

与冷迁移类似，vMotion 迁移包括以下类型。不同的是，vMotion 迁移的是正在运行的虚拟机。

- 仅更改计算资源：虚拟机的整个状态将被移动到新主机。关联的虚拟磁盘必须保留在两台主机之间共享的存储上的相同位置。由于没有更改数据存储，存储在本地存储上的虚拟机不能迁移到其他 ESXi 主机上。
- 仅更改存储：仅移动虚拟机的存储，包括配置文件和虚拟磁盘，又称为 Storage vMotion。
- 更改计算资源和存储：虚拟机状态将移动到新主机，并将虚拟磁盘移动到另一个数据存储。在没有共享存储的 vSphere 环境中，vMotion 可以迁移到另一个主机和数据存储。可以使用 vMotion 在 vCenter Server 实例、数据中心和子网之间迁移虚拟机。

7.3.4 vMotion 的主机配置

在使用 vMotion 之前，必须正确配置主机。每个主机必须正确许可 vMotion，还要满足共享存储要求和组网要求。

1. vMotion 的共享存储要求

每个主机都必须满足 vMotion 的共享存储要求。使用共享存储配置 vMotion 的主机，以确保源主机和目标主机均可访问虚拟机。

● 在使用 vMotion 进行迁移期间，迁移的虚拟机必须可以在源主机和目标主机上访问，确保为 vMotion 配置的主机使用共享存储。共享存储可以在光纤通道存储区域网络（SAN）上实现，也可以使用 iSCSI 和 NAS 实现。

● 如果使用 vMotion 迁移具有裸设备映射（RDM）文件的虚拟机，确保为所有参与主机的 RDM 维护一致的 LUN ID。

2. vMotion 的组网要求

使用 vMotion 迁移需要在源主机和目标主机上配置正确配置的网络接口，为每个主机配置至少一个 vMotion 流量的网络接口。为了确保安全的数据传输，vMotion 网络必须是一个安全的网络，只有信任方可访问。额外的带宽显著提高了 vMotion 的性能。当使用 vMotion 迁移虚拟机而不使用共享存储时，虚拟磁盘的内容也通过网络传输。

vSphere 6.5 允许使用 vMotion 的网络流量进行加密。加密的 vMotion 取决于主机配置，或源主机和目标主机之间的兼容性。

（1）并发 vMotion 迁移的要求

必须确保 vMotion 网络的每个并发 vMotion 会话具有至少 250Mbit/s 的专用带宽，更大的带宽可使迁移更快速。广域网优化技术所产生的吞吐量的增长并不计入 250Mbit/s 的限制。

要确定可能的并发 vMotion 操作的最大数量，这些限制随主机到 vMotion 网络的连接速度而变化。

（2）远距离 vMotion 迁移的往返时间

vMotion 迁移的最大支持网络往返时间为 150ms，这种往返时间允许将虚拟机迁移到更远距离的其他地理位置。

（3）多网卡 vMotion

可以通过向所需的标准交换机或分布式交换机添加多个 NIC 为 vMotion 配置多个 NIC。

（4）网络配置

在启用 vMotion 的主机上配置虚拟网络。

● 在每个主机上为 vMotion 配置 VMkernel 端口。要使 vMotion 流量跨越 IP 子网路由，就要启用主机上的 vMotion 的 TCP/IP 堆栈，即为该 VMkernel 适配器启用 vMotion 服务。

● 如果使用标准交换机进行网络连接，应确保虚拟机端口组所使用的网络标签在主机之间是一致的。在使用 vMotion 迁移的过程中，vCenter Server 会根据匹配的网络标签将虚拟机分配给端口组。

7.3.5 vMotion 的虚拟机条件和限制

要使用 vMotion 迁移虚拟机，虚拟机必须满足特定的网络、磁盘、CPU、USB 和其他设备的要求。使用 vMotion 时，适用以下虚拟机条件和限制。

● 源和目标管理网络 IP 地址族必须匹配。不能将虚拟机从具有 IPv4 地址的 vCenter Server 的主机迁移到已注册到 IPv6 地址的主机。

● 不能使用 vMotion 迁移功能来迁移将裸磁盘用于群集的虚拟机。

● 如果已启用虚拟 CPU 性能计数器，则只能将虚拟机迁移到具有兼容 CPU 性能计数器的主机。

- 可以迁移启用 3D 图形的虚拟机。如果将 3D 渲染器设置为自动，虚拟机将使用目标主机上显示的图形渲染器。渲染器可以是主机 CPU 或 GPU 显卡。要将 3D 渲染器设置为硬件来迁移虚拟机，目标主机必须具有 GPU 显卡。
- 可以使用连接到主机上物理 USB 设备的 USB 设备迁移虚拟机，但必须启用 vMotion 的设备。
- 不能使用 vMotion 迁移目标主机上无法访问的设备支持的虚拟设备的虚拟机。例如，无法使用源主机上的物理 CD 驱动器支持的 CD 驱动器迁移虚拟机。在迁移虚拟机之前，断开这些设备。
- 不能使用 vMotion 迁移客户端计算机上的设备支持的虚拟设备的虚拟机。在迁移虚拟机之前，断开这些设备。
- 如果目标主机还提供 Flash 读缓存，则可以迁移使用 Flash 读缓存的虚拟机。在迁移期间，可以选择是迁移虚拟机缓存还是将其丢弃（例如，高速缓存大小较大时）。

7.3.6 使用 vMotion 迁移基于共享存储的虚拟机

这里介绍将基于共享存储的虚拟机（这里为 VM-win2012a）从一台主机（主机 A）实时迁移到另一台主机（主机 B）。首先要对照前述 vMotion 主机配置要求和虚拟机要求做好前期准备，然后开始迁移操作。

1. 为两台主机配置虚拟网络

参照 7.1.2 小节的操作，在每台主机上为 vMotion 配置 VMkernel 端口，确认启用 vMotion 服务，即将 vMotion 流量放在 ESXi 主机的 vMotion TCP/IP 堆栈上。

这里要迁移的虚拟机端口组所用网络标签为默认的 VM Network。

2. 将要迁移的虚拟机存储在共享存储上

参照 7.1.3 小节的操作步骤配置基于 iSCSI 的共享存储，确认两台 ESXi 主机都能连接到共享存储。

如果虚拟机在本地存储上，则需要先将其迁移到共享存储。这里要迁移 VM-win2012a，它位于本地存储，可以执行迁移操作（冷迁移或热迁移均可），迁移类型选择“仅更改存储”，目标存储指向共享存储（这里为 iSCSIstore），如图 7-18 所示。

图 7-18 选择目标数据存储

3. 确认要迁移的虚拟机正在运行并做好实时测试准备

通常用 ping 命令测试虚拟机的联通性来测试实时迁移的虚拟机的可访问性是否中断。这里的虚拟机运行 Windows Server 系统，默认防火墙规则会阻止 ping 命令。登录该虚拟机控制台，直接关闭 Windows 防火墙，或者修改防火墙入站规则，允许 ICMP 回显。

然后查看该虚拟机的 IP 地址，再从管理端计算机上的命令行中 ping 虚拟机，执行以下命令：

```
ping 192.168.10.134 -t
```

加上-t 选项，是为了持续测试虚拟机的联通性。

4. 检查 vMotion 的虚拟机限制

这里要迁移的虚拟机连接有 CD/DVD 驱动器，应断开其连接。

5. 实时迁移虚拟机

接下来具体执行 vMotion 迁移操作，步骤与前述冷迁移类似。

（1）在 vSphere Web Client 界面中导航到要迁移的虚拟机，右击该虚拟机，然后选择“迁移”命令启动相应的向导。

（2）首先选择迁移类型，这里选择“仅更改计算资源”，然后单击“下一步”按钮。

（3）如图 7-19 所示，选择该虚拟机迁移的目标计算资源，这里选择主机 B（IP 地址为 192.168.10.12），然后单击“下一步”按钮。

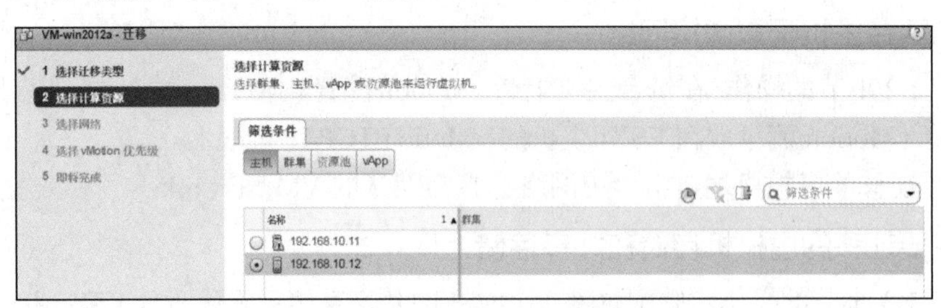

图 7-19　选择迁移目标计算资源

（4）如图 7-20 所示，这里不涉及更改虚拟机的存储，直接进入“选择网络”界面，选择该虚拟机迁移的目标网络。这里选择默认的网络 VM Network，单击“下一步”按钮。

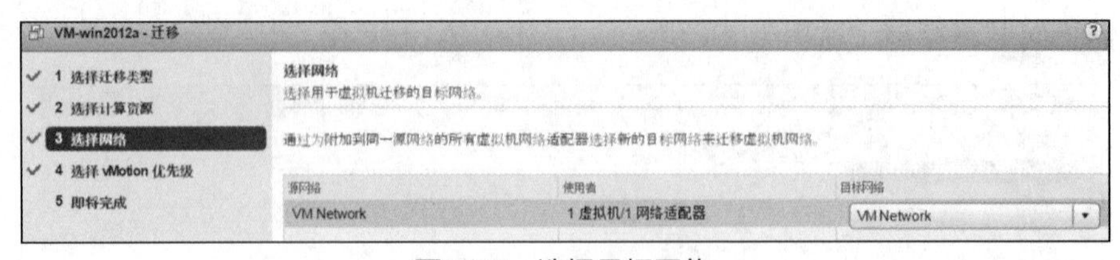

图 7-20　选择目标网络

（5）如图 7-21 所示，选择 vMotion 迁移优先级，这里选择默认的“安排优先级高的 vMotion（建议）”，单击“下一步”按钮。

采用这种选择，vCenter Server 将尝试在源主机和目标主机之间预留资源，尽可能优先满足 vMotion 迁移所需的资源。如果选择“安排定期 vMotion”，则 vCenter Server 会降低 vMotion 迁移的优先级，延长 vMotion 的持续时间。

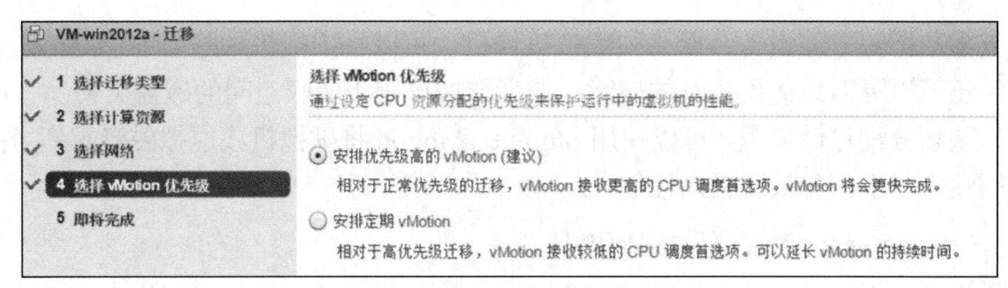

图 7-21　选择 vMotion 迁移优先级

（6）在“即将完成”界面上检查确认设置信息，然后单击“完成”按钮开始迁移过程。此时在“近期任务”中会显示迁移进度。

查看 ping 测试结果，发现只有有限的几次网络延时较大，其他延时都不超过 1ms，这说明整个迁移期间网络连接比较稳定，没有中断虚拟机运行。下面给出部分关键的测试结果。其中最长的一次时间只有 71ms，非常平顺，这是因为只迁移虚拟机本身的计算资源，不用迁移存储，文件操作负载很小。

```
来自 192.168.10.134 的回复: 字节=32 时间<1ms TTL=128
来自 192.168.10.134 的回复: 字节=32 时间<1ms TTL=128
来自 192.168.10.134 的回复: 字节=32 时间<1ms TTL=128
来自 192.168.10.134 的回复: 字节=32 时间=62ms TTL=128
来自 192.168.10.134 的回复: 字节=32 时间=1ms TTL=128
来自 192.168.10.134 的回复: 字节=32 时间=3ms TTL=128
来自 192.168.10.134 的回复: 字节=32 时间<1ms TTL=128
来自 192.168.10.134 的回复: 字节=32 时间<1ms TTL=128
来自 192.168.10.134 的回复: 字节=32 时间=71ms TTL=128
来自 192.168.10.134 的回复: 字节=32 时间<1ms TTL=128
来自 192.168.10.134 的回复: 字节=32 时间<1ms TTL=128
```

如果打开了虚拟机控制台，完成迁移之后，将提示“控制台已断开连接。请关闭此窗口并重新启动控制台，以便重新连接”，根据提示操作即可恢复控制台。

7.3.7　使用 Storage vMotion 迁移

Storage vMotion 可以译为存储实时迁移，可以在虚拟机运行时将虚拟机及其磁盘文件从一个数据存储迁移到另一个数据存储，也就是使用 vMotion 专门迁移虚拟机存储。

1. Storage vMotion 的特性

可以选择将虚拟机及其所有磁盘置于单个位置，也可以为虚拟机配置文件和每个虚拟磁盘选择单独的位置。在使用 Storage vMotion 迁移期间，虚拟机不会更改运行它的主机，但可以更改磁盘配置类型。

使用 Storage vMotion 迁移将更改目标数据存储上的虚拟机文件，以匹配虚拟机的清单名称。迁移将重命名所有虚拟磁盘、配置、快照和.nvram 文件。如果新名称超过最大文件名长度，则迁移不成功。

2. Storage vMotion 的应用

● 存储维护和重新配置。可以使用 Storage vMotion 将虚拟机从存储设备移除，以允许维护或重新配置存储设备，而无须虚拟机停机。可以将虚拟机从阵列中移除以进行维护或升级。还可以灵活地优化磁盘的性能，或者转换可用于回收空间的磁盘类型。

- 重新分配存储负载。可以使用 Storage vMotion 将虚拟机或虚拟磁盘重新分配到不同的存储卷，以平衡容量或提高性能。

3. Storage vMotion 的要求和限制

虚拟机及其主机必须满足使用 Storage vMotion 迁移的虚拟机磁盘的资源和配置要求。对于 Storage vMotion 的要求和限制如下。

- 虚拟机磁盘必须处于持久模式，或者是裸设备映射（RDM）。对于虚拟兼容模式 RDM，如果目标不是 NFS 数据存储，则可以在迁移期间迁移映射文件或转换为厚置备及精简置备磁盘。如果转换映射文件，则会创建一个新的虚拟磁盘，并将映射的 LUN 的内容复制到该磁盘。对于物理兼容性模式 RDM，只能迁移映射文件。
- 不支持 VMware Tools 安装期间迁移虚拟机。
- 由于 VMFS3 数据存储不支持大容量虚拟磁盘，因此不能将 VMFS5 数据存储中的大于 2 TB 的虚拟磁盘移动到 VMFS3 数据存储。
- 运行虚拟机的主机必须具有包含 Storage vMotion 的许可证。
- ESXi 5.5 及更高版本的主机不需要 vMotion 配置即可使用 Storage vMotion 执行迁移。
- 运行虚拟机的主机必须能够访问源数据存储和目标数据存储。

4. 使用 Storage vMotion 迁移虚拟机存储

与前面的迁移虚拟机类似，使用 Storage vMotion 迁移虚拟机存储非常简单。这里将 newCentOS7 从本地存储迁移到 iSCSI 网络存储。

（1）确认要迁移存储的虚拟机正在运行。

（2）参照 7.3.6 小节，使用 ping 命令实时监测虚拟机的联通性。打开该虚拟机的控制台，获取 IP 地址，再从管理端计算机上的命令行中 ping 虚拟机，执行以下命令：

```
ping 192.167.1.131 -t
```

（3）在 vSphere Web Client 界面中导航到要迁移存储的虚拟机，右击该虚拟机，然后选择“迁移”命令启动相应的向导。

（4）迁移类型选择“仅更改存储”，然后单击“下一步”按钮。

（5）如图 7-22 所示，选择该虚拟机迁移的目标存储，这里选择一个 iSCSI 网络存储，然后单击“下一步”按钮。

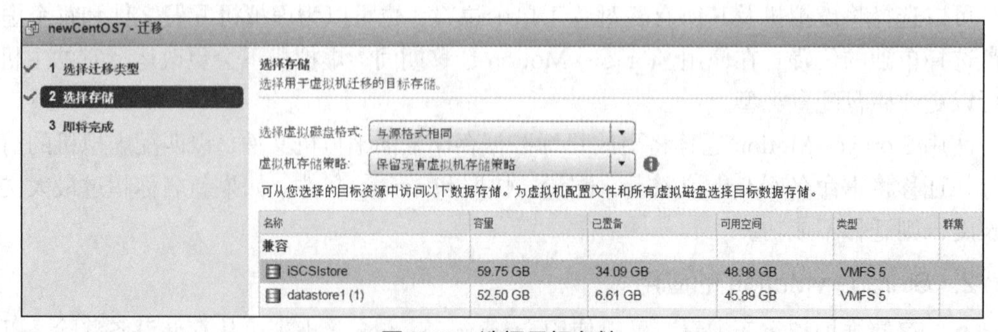

图 7-22 选择目标存储

（6）在“即将完成”界面上检查确认设置信息，然后单击“完成”按钮开始迁移过程。此时在“近期任务”中会显示迁移进度。

查看 ping 测试结果，发现只有有限的几次网络延时较大，其他延时都不超过 1ms，说明整个迁移期间网络连接比较稳定，没有中断虚拟机运行。下面给出部分关键的测试结果。其中有一次时间长达 2730ms，比前面迁移基于共享存储的虚拟机的延时大得多，这是由从本地存储转到 iSCSI 存储的文件操作造成的。

```
来自 192.167.1.131 的回复：字节=32 时间<1ms TTL=64
来自 192.167.1.131 的回复：字节=32 时间=22ms TTL=64
来自 192.167.1.131 的回复：字节=32 时间<1ms TTL=64
来自 192.167.1.131 的回复：字节=32 时间=61ms TTL=64
来自 192.167.1.131 的回复：字节=32 时间=2730ms TTL=64
来自 192.167.1.131 的回复：字节=32 时间<1ms TTL=64
来自 192.167.1.131 的回复：字节=32 时间=4ms TTL=64
来自 192.167.1.131 的回复：字节=32 时间<1ms TTL=64
```

7.3.8 在无共享存储环境中使用 vMotion 进行迁移

基于共享存储的 vMotion 只能迁移虚拟机本身的计算资源，Storage vMotion 只能迁移虚拟机存储，而在不具有共享存储的环境中，vMotion 可以用来将虚拟机同时迁移到不同的计算资源和存储。

无共享存储的 vMotion 将虚拟机同时迁移到不同的主机和数据存储，是 vMotion 和 Storage vMotion 的组合。此迁移将继承与这些操作相关联的网络、主机和数据存储成本。没有共享存储的 vMotion 等效于网络成本为 1 的 Storage vMotion。

1. 无共享存储的 vMotion 特性

与要求单个主机访问源数据存储和目标数据存储的 Storage vMotion 不同，这种迁移可以跨越存储可访问性边界来迁移虚拟机。

当目标群集的计算机可能无法访问源群集的存储空间时，这种迁移可实现跨群集迁移。使用 vMotion 进行迁移时，正在虚拟机上运行的进程会继续运行。

这种迁移可以在 vCenter Server 实例之间迁移虚拟机。

可以将虚拟机及其所有磁盘置于单个位置，或为虚拟机配置文件和每个虚拟磁盘选择单独的位置。此外，可以将虚拟磁盘从厚置备更改为精简置备，也可以从精简置备更改为厚置备。对于虚拟兼容模式 RDM（裸设备映射），可以迁移映射文件或从 RDM 转换为 VMDK。

2. 无共享存储的 vMotion 应用场合

与共享存储或 Storage vMotion 任务类似，无共享存储的 vMotion 对虚拟基础架构管理任务很有用，适合以下场合。

- 主机维护。可以将虚拟机从主机移出，以便维护主机。
- 存储维护和重新配置。可以将虚拟机从存储设备中移出，以允许维护或重新配置存储设备，而无须虚拟机停机。

- 存储负载再分配。可以手动将虚拟机或虚拟磁盘重新分配到不同的存储卷，以平衡容量或提高性能。

3. 无共享存储的 vMotion 的要求和限制

在没有共享存储的情况下，虚拟机及其主机必须满足要在 vMotion 中迁移的虚拟机文件和磁盘的资源和配置要求，对其的要求和限制如下。

- 主机必须获得 vMotion 许可。
- 主机必须运行于 ESXi 5.1 或更高版本。
- 主机必须满足 vMotion 的组网需求。
- 虚拟机必须满足 vMotion 虚拟机条件和限制。
- 虚拟机磁盘必须处于持久模式，或者是裸设备映射（RDM）。
- 目标主机必须具有访问目标存储空间的权限。
- 当使用 RDM 移动虚拟机并且不将这些 RDM 转换为 VMDK 时，目标主机必须具有对 RDM LUN 的访问权限。
- 在没有共享存储的情况下执行 vMotion 迁移时，应考虑同时迁移的限制。

4. 使用 vMotion 同时迁移虚拟机及其存储

这里以将 newCentOS7 虚拟机从主机 B 实时迁移到主机 A 进行介绍。整个步骤与前面介绍的冷迁移类似。

（1）确认要迁移的虚拟机正在运行。

（2）参照 7.3.6 小节，使用 ping 命令实时监测虚拟机的联通性。打开该虚拟机的控制台，获取 IP 地址，再从管理端计算机上的命令行中 ping 虚拟机，执行以下命令：

```
ping 192.167.1.131 -t
```

（3）在 vSphere Web Client 界面中导航到要迁移存储的虚拟机，右击该虚拟机，然后选择“迁移”命令启动相应的向导。

（4）迁移类型选择“更改计算资源和存储”，然后单击“下一步”按钮。

（5）由于要更改虚拟机的计算资源，选择该虚拟机迁移的目标计算资源，这里选择主机 A（IP 地址为 192.168.10.11），然后单击“下一步”按钮。

（6）由于要更改虚拟机的存储，选择该虚拟机迁移的目标存储，这里的数据存储位置选择主机 A 的本地存储 datastore1，其他保持默认设置，然后单击“下一步”按钮。

（7）选择该虚拟机迁移的目标网络。这里选择主机 A 上的虚拟机专用网络 VM Network1，单击“下一步”按钮。

（8）选择 vMotion 迁移优先级，这里选择默认的“安排优先级高的 vMotion（建议）”，单击“下一步”按钮。

（9）在“即将完成”界面上检查确认设置信息，然后单击“完成”按钮开始迁移过程。此时，在“近期任务”中会显示迁移进度。

查看 ping 测试结果，发现有几次网络延时较大，其他延时都不超过 1ms，这说明整个迁移期间，网络连接比较稳定，没有中断虚拟机运行。下面给出部分关键的测试结果。其中有一次请求超时，比 7.3.6 小节的虚拟机迁移和 7.3.7 小节的存储迁移的延时大得多，这是因为同时迁移虚拟机及其存储，而且从 iSCSI 存储转到本地存储的文件操作负载较重。

```
来自 192.167.1.131 的回复: 字节=32 时间<1ms TTL=64
来自 192.167.1.131 的回复: 字节=32 时间=15ms TTL=64
来自 192.167.1.131 的回复: 字节=32 时间<1ms TTL=64
来自 192.167.1.131 的回复: 字节=32 时间=108ms TTL=64
来自 192.167.1.131 的回复: 字节=32 时间=340ms TTL=64
来自 192.167.1.131 的回复: 字节=32 时间=7ms TTL=64
来自 192.167.1.131 的回复: 字节=32 时间<1ms TTL=64
来自 192.167.1.131 的回复: 字节=32 时间<1ms TTL=64
来自 192.167.1.131 的回复: 字节=32 时间<1ms TTL=64
来自 192.167.1.131 的回复: 字节=32 时间<1ms TTL=64
来自 192.167.1.131 的回复: 字节=32 时间<1ms TTL=64
来自 192.167.1.131 的回复: 字节=32 时间=1ms TTL=64
来自 192.167.1.131 的回复: 字节=32 时间<1ms TTL=64
来自 192.167.1.131 的回复: 字节=32 时间=8ms TTL=64
来自 192.167.1.131 的回复: 字节=32 时间<1ms TTL=64
来自 192.167.1.131 的回复: 字节=32 时间=1ms TTL=64
来自 192.167.1.131 的回复: 字节=32 时间<1ms TTL=64
来自 192.167.1.131 的回复: 字节=32 时间<1ms TTL=64
请求超时。
来自 192.167.1.131 的回复: 字节=32 时间<1ms TTL=64
来自 192.167.1.131 的回复: 字节=32 时间<1ms TTL=64
来自 192.167.1.131 的回复: 字节=32 时间<1ms TTL=64
```

7.3.9 vCenter Server 系统之间的迁移

vSphere 6.0 或更高版本支持 vCenter Server 实例之间迁移虚拟机。

1. vCenter Server 实例之间迁移应用场合

- 跨平台和 vCenter Server 实例平衡工作负载。
- 在同一站点或另一个地理区域的不同 vCenter Server 实例中，跨资源弹性扩展或缩小容量。
- 在具有不同用途的环境之间移动虚拟机，例如从开发到生产。
- 移动虚拟机以满足关于存储空间、性能等的不同服务级别协议（SLA）。

2. vCenter Server 实例之间的迁移要求

- 源和目标 vCenter Server 实例及 ESXi 主机必须为 6.0 或更高版本。
- 跨 vCenter Server 和远程 vMotion 功能需要 Enterprise Plus 许可证。
- 两个 vCenter Server 实例必须彼此进行时间同步，才能进行正确的 vCenter 单点登录令牌验证。
- 对于仅迁移计算资源，两个 vCenter Server 实例必须连接到共享虚拟机存储。
- 使用 vSphere Web Client 时，两个 vCenter Server 实例必须处于增强型链接模式

（Enhanced Linked Mode），并且必须位于相同的 vCenter 单点登录域中。这允许源 vCenter Server 对目标 vCenter Server 进行身份验证。

如果 vCenter Server 实例存在于单独的 vCenter Single Sign-On 域中，则可以使用 vSphere API/SDK 迁移虚拟机。

3. 迁移期间的网络兼容性检查

在 vCenter Server 实例之间迁移虚拟机会将虚拟机移动到新的网络。迁移过程执行检查以验证源网络和目标网络是否相似。vCenter Server 执行网络兼容性检查以防止出现以下配置问题。

- 目标主机上的 MAC 地址兼容性。
- vMotion 从分布式交换机到标准交换机。
- 不同版本的分布式交换机之间的 vMotion。
- vMotion 到内部网络，例如没有物理网络适配器的网络。
- vMotion 到一个不能正常工作的分布式交换机。

vCenter Server 不会对以下问题执行检查。

- 如果源和目标分布式交换机不在同一个广播域，则迁移后，虚拟机将失去网络连接。
- 如果源和目标分布式交换机没有配置相同的服务，则迁移后，虚拟机可能会丢失网络连接。

7.4 习题

1. 虚拟机的冷迁移与热迁移有何不同？分别适合什么样的场合？
2. 简述虚拟机冷迁移的执行过程。
3. 简述 vMotion 迁移的基本原理。
4. vMotion 迁移有哪几种类型？
5. vMotion 的共享存储要求有哪些？
6. 简述 Storage vMotion 的特性和应用。
7. 没有共享存储，能否实现 vMotion 迁移？
8. 参照 7.1 节的讲解，搭建一个 vSphere 高级功能实验环境。
9. 参照 7.3.6 小节的讲解，使用 vMotion 实时迁移基于共享存储的虚拟机（不迁移存储）。
10. 参照 7.3.7 小节的讲解，使用 Storage vMotion 迁移虚拟机存储（仅迁移存储）。
11. 参照 7.3.8 小节的讲解，使用 vMotion 同时迁移虚拟机及其存储（无须共享存储）。

第8章 分布式资源调度

分布式资源调度（Distributed Resource Scheduler，DRS）是 vSphere 虚拟化体系中的一项高级功能，主要用于跨越多台 ESXi 主机的负载平衡，这需要 DRS 群集来支持。传统的群集通常用来支持多台服务器同时运行某个应用，目的是实现应用的负载平衡和故障切换。而 vSphere 的 DRS 群集组合多台 ESXi 物理主机，根据主机的负载情况，在主机之间自动迁移虚拟机，实现 ESXi 主机的负载平衡。至于要保证虚拟机的不间断运行，则需要使用 vSphere 的高可用性功能来实现，这将在下一章介绍。本章首先介绍 vSphere 资源管理和分布式资源调度的基础知识，然后介绍 DRS 群集的创建和配置、基于 DRS 群集管理资源，以及使用 Storage DRS 平衡存储资源分配的技术和实施方法。

8.1 vSphere 资源管理

DRS 属于 vSphere 资源管理范畴，这里先简单介绍 vSphere 资源管理。资源管理是指从资源提供者（Resource Providers）到资源消费者（Resource Consumers）的资源分配。资源管理用于动态地重新分配资源，目的是更高效地使用可用容量。

8.1.1 资源管理基础

1. 资源类型

vSphere 的资源类型有 CPU、内存、电源、存储和网络资源。ESXi 分别使用网络流量调整和按比例分配份额机制管理每台主机上的网络带宽和磁盘资源。

2. 资源提供者

主机和群集（包括数据存储群集）是物理资源的提供者。

对于主机来说，可用资源是主机的硬件规格减去由虚拟化软件使用的资源。

群集是一组主机，拥有所有主机的所有 CPU 和内存，可以针对联合负载平衡或故障切换来启用群集。

数据存储群集是一组数据存储，可以创建数据存储群集，并向群集添加多个数据存储，便于 vCenter Server 集中管理这些数据存储资源。可以启用 Storage DRS 来平衡 I/O 负载和存储空间利用。

3. 资源消费者

虚拟机是资源消费者，即资源的用户。

ESXi 主机基于以下因素为每个虚拟机分配一部分基础硬件资源。

- 用户定义的资源限制。
- ESXi 主机（或群集）的可用资源总量。

- 已启动的虚拟机数量及这些虚拟机的资源使用情况。
- 管理虚拟化所需的开销。

4. 资源池

资源池（Resource Pools）是资源灵活管理的逻辑抽象。资源池以分组形成层次结构，用于对可用的 CPU 和内存资源按层次结构进行分区。

每个独立主机和每个 DRS 群集都具有一个（不可见的）根资源池，此资源池对该主机或群集的资源进行分组。根资源池之所以不显示，是因为主机（或群集）与根资源池的资源总是相同的。

用户可以创建根资源池的子资源池，也可以创建任何子资源池的子资源池。每个子资源池都拥有部分父级资源，然而子资源池也可以具有各自的子资源池层次结构，每个层次结构代表更小部分的计算容量。

一个资源池可包含多个子资源池和虚拟机。可以创建共享资源的层次结构，处于较高级别的资源池称为父资源池，处于同一级别的资源池和虚拟机称为同级。群集本身表示根资源池。如果不创建子资源池，则只存在根资源池。图 8-1 所示为一个资源池中的层次。

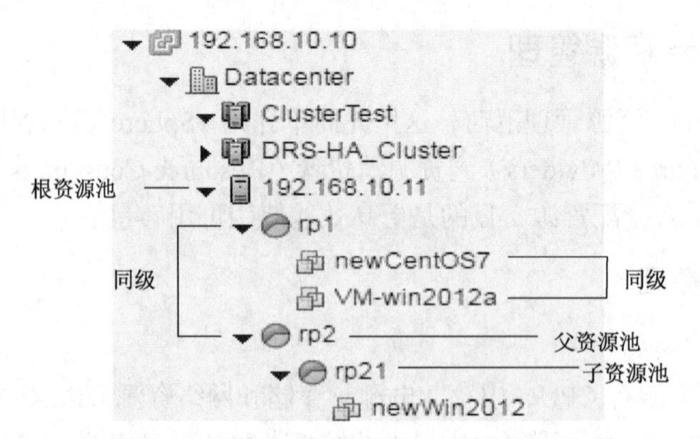

图 8-1　资源池层次中的父、子资源池和同级

资源池既可以被视为资源提供方，也可以被视为资源消费者。它们向子资源池和虚拟机提供资源，但是，由于它们也消耗其父资源池和虚拟机的资源，因此它们同时也是资源消费者。

通过资源池可以委派对主机（或群集）资源的控制权，在使用资源池划分群集内的所有资源时，其优势非常明显。可以创建多个资源池作为主机或群集的直接子级，并对它们进行配置，然后便可向其他个人或组织委派对资源池的控制权。

5. 资源管理目标

- 解决资源超量使用问题。
- 性能隔离。防止虚拟机垄断资源，并保证可预测的服务速度。
- 有效使用。挖掘未充分利用的资源，使超量使用的资源平稳降级。
- 易于管理：控制虚拟机的相对重要性，提供灵活的动态分区，符合绝对服务级别（Absolute Service-level）协议。

8.1.2 配置资源分配设置

当可用资源容量不能满足资源消费者的需求（和虚拟化开销）时，管理员可能需要自定义分配给虚拟机或虚拟机所在的资源池的资源量。资源分配设置包括份额（Shares）、预留（Reservation）和限制（Limit），可以用来指定为虚拟机提供的 CPU、内存和存储资源的数量。管理员主要有以下几个分配资源的选择。

- 预留主机或群集的物理资源。
- 设置可分配给虚拟机的资源上限。
- 保证特定虚拟机总是比其他虚拟机分配更高百分比的物理资源。

1. 资源分配设置建议

- 使用预留指定 CPU 或内存可接受的最小值，而不是想要的可用量。预留表示的具体资源量不会随环境改变（如添加或移除虚拟机）而变化。主机可以根据虚拟机的限制、份额的数量和估计需求，将额外的资源指定为可用资源。
- 不要将所有资源全部指定为虚拟机的预留，将至少 10%的资源保留为未预留。系统容量越接近于全部预留，在不违反准入控制的情况下更改预留和资源池层次结构就越困难。
- 如果期望频繁更改总的可用资源，可使用份额在虚拟机之间合理分配资源。例如，如果使用份额并且升级主机，那么，即使每个份额代表较大的内存量、CPU 量或存储 I/O 资源量，每个虚拟机也保持相同的优先级（保持相同数量的份额）。

总之，要选择适合当前 ESXi 环境的资源分配设置（预留、限制和份额）。

2. 编辑资源设置

使用“编辑资源设置”对话框可以更改虚拟机的内存和CPU资源的分配。在vSphere Web Client 界面中导航到要操作的虚拟机，右击并选择“编辑资源设置”命令，打开图 8-2 所示的对话框，分别编辑 CPU 资源和内存资源。

选项“份额”用于指定相对于父级总量的份额。选项值“低”“正常”和“高”分别表示以 1∶2∶4 的比例指定份额。选择“自定义”，则为每个虚拟机提供指定数量的份额，这表示一个比例权重。

选项“预留”用于保证资源池的资源分配。

选项“限制”用于指定资源池的资源分配的上限。选择“不受限制”，则表示不指定上限。

3. 更改虚拟机的资源分配设置

除了编辑虚拟机的资源设置外，还可以更改虚拟机的资源分配设置来提高虚拟机的性能。例如，一台 ESXi 主机上已经创建了两个新的虚拟机 A 和 B，其中虚拟机 A 是内存密集型的，要将两台虚拟机的资源分配进行如下设置。

- 当系统内存过多时，指定虚拟机 A 可以使用高于虚拟机 B 两倍的 CPU 和内存资源。将虚拟机 A 的 CPU 份额和内存份额设置为“高”时，将虚拟机 B 设置为“正常”。
- 确保虚拟机 B 具有一定数量的预留 CPU 资源。

在 vSphere Web Client 界面中导航到虚拟机 A，右击它并选择“编辑设置”命令，打开图 8-3 所示的对话框，在“虚拟硬件”选项卡中展开“CPU”项，然后从“份额”下拉列表中选择“高”；展开“内存”项，然后从“份额”下拉列表中选择“高”，单击“确定”按钮。

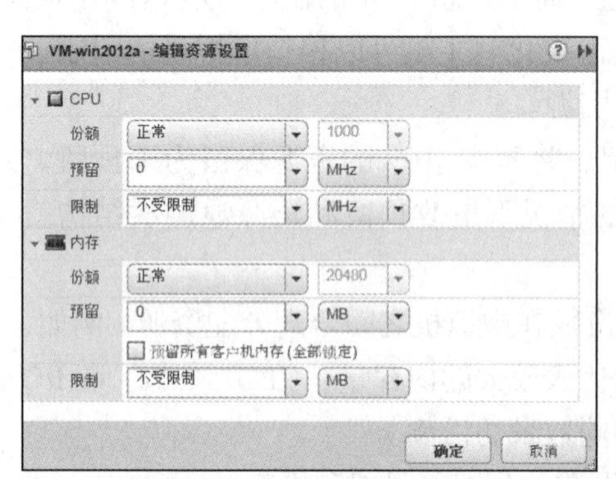

图 8-2　编辑资源设置

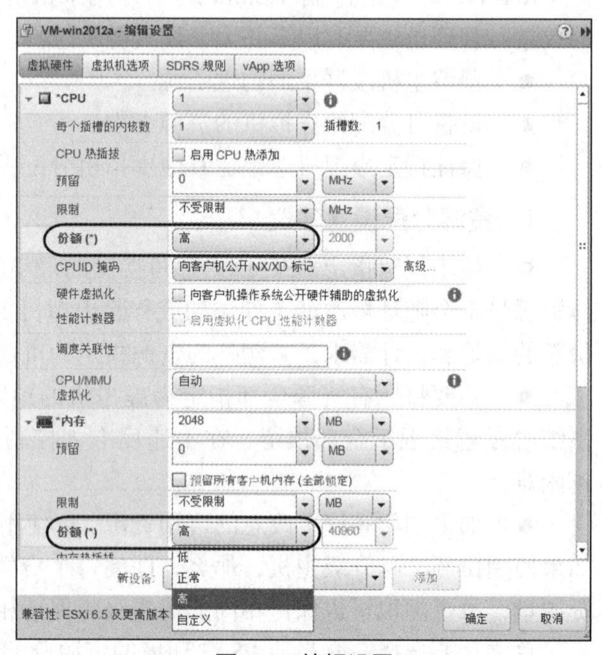

图 8-3　编辑设置

再对虚拟机 B 进行操作，打开编辑设置对话框，在“虚拟硬件”选项卡中展开“CPU”项，将“预留”值更改为所需的数值，单击“确定”按钮。

8.2 DRS 基础

数据中心运行过程中，可能会出现一些物理主机的 CPU 和内存等资源利用率很高，而另一些物理主机的 CPU 和内存等资源利用率很低的情况。管理员可以通过 vMotion 将一些资源占用较高的虚拟机迁移到其他主机来平衡资源占用。如果数据中心规模较大，同时运行上百台虚拟机，全靠手工迁移很不现实，VMware 通过 DRS 解决这个问题。通过合理配置，DRS 可以让虚拟机在 ESXi 主机之间自动迁移，尽可能平衡每台主机上的负载。

8.2.1 DRS 的主要功能

要使用 DRS 功能，ESXi 主机必须加入启用 DRS 的群集。DRS 群集整合所有成员主机的 CPU 和内存等资源。

1. 准入控制（Admission Control）与初始放置（Initial Placement）

虚拟机启动时，DRS 会将虚拟机放置在最适合运行该虚拟机的物理主机上。

当尝试启动启用 DRS 的群集中的单个虚拟机，或组启动（Group Power-on，即同时打开多个虚拟机的电源）时，vCenter Server 将执行准入控制，检查群集中是否有足够的资源支持虚拟机。如果群集没有足够的资源启动单个虚拟机，或无法通过组启动打开任何虚拟机的电源，则会显示一条消息。否则，对于每个虚拟机，DRS 为运行虚拟机的主机生成建议，并执行以下操作之一。

- 自动执行放置建议。
- 显示放置建议，让用户选择接受或覆盖（替换）。注意，不会为独立主机或非 DRS 群集中的虚拟机提供初始安置建议，打开电源后它们将放置在当前所在的主机上。
- DRS 考虑网络带宽。通过计算主机网络饱和度，DRS 能够做出更好的放置决策。

2. 维持主机动态的负载平衡

当虚拟机运行时，DRS 会为虚拟机提供所需的硬件资源，同时尽可能减少虚拟机之间的资源争用。

DRS 对刚启动的虚拟机执行初始放置以平衡整个群集的负载，之后虚拟机负载和资源可用性的更改可能会导致群集变得不平衡。为纠正这种不平衡，DRS 生成虚拟机迁移建议或自动执行虚拟机迁移。这会利用之前介绍的 vMotion 实时迁移功能，在不引起虚拟机运行停止和网络连接中断的前提下，自动将虚拟机从一台主机迁移到另一台主机。

图 8-4 所示为 DRS 的负载平衡过程。默认情况下，DRS 每隔 5min 检查一次 DRS 群集中的工作负载是否均衡。群集中的某些操作也会调用 DRS 功能，如添加或移除 ESXi 主机，或者更改虚拟机的资源设置。

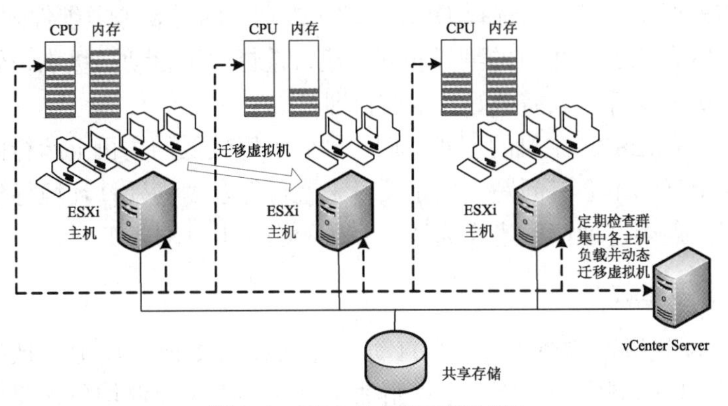

图 8-4 DRS 的负载平衡过程

3. 电源管理与节能

DRS 群集支持电源管理配置，该功能称为 Distributed Power Management（DPM），可译为分布式电源管理，这是一个额外的高级功能。系统自动计算 ESXi 主机的负载，当某台主机负载很低时，可将该主机上正在运行的虚拟机自动迁移到其他 ESXi 主机，接着临时关闭该主机电源或让该主机处于待机状态。当其他主机负载过高时，可自动重启该主机，使其加入 DRS 群集继续运行，承载迁移过来的虚拟机。

电源管理功能可实现节能，对于具有峰谷特征的业务运行尤其有用。在业务相对空闲时，虚拟机应用较少，工作负载较轻，虚拟机向 DRS 群集中的部分主机集中，空出来的部分主机自动休眠待机。当业务量不断增加，工作负载变重时，开启处于待机模式的主机，并将虚拟机迁回这些主机中。整个过程可以自动实现。

8.2.2 DRS 自动化级别

DRS 自动化级别决定 DRS 功能实现过程的人工干预程度和自动化程度。

1. 自动化级别

- 手动（Manual）：这表示需要人工干预，对于系统给出的建议，必须由管理员确认后才能执行操作。一种是初始放置建议，当虚拟机打开电源时，vCenter Server 自动计算 DRS 群集中所有主机的当前负载，向管理员推荐要放置虚拟机的主机，原则上，优先级越低的 ESXi 主机性能越好。另一种是迁移建议，vCenter Server 定期检查 DRS 群集中所有主机的负载情况，当发现主机间负载不均衡时，向管理员给出虚拟机迁移的建议，只有经管理员确认后才能执行迁移。
- 半自动（Partially Automated）：这需要部分人工干预。与手动级别不同的是，初始放置自动实现，无须人工干预，当虚拟机打开电源时，vCenter Server 自动将虚拟机放置在最合适的主机上。与手动级别相同的是，当发现主机间负载不均衡时，vCenter Server 仍然会给出虚拟机迁移建议，需要管理员确认后才能执行。
- 全自动（Fully Automated）：无须人工干预，系统不会给出建议，也无须管理员确认，虚拟机的初始放置和迁移都是自动实现的，主机资源使用的调配和优化是全自动的。

2. 自动化级别的选择

生产环境中根据实际需要来选择 DRS 自动化级别，同时要考虑硬件配置。

如果群集中所有 ESXi 主机的型号相同，建议选择“全自动”级别，管理员无须关心虚拟机在哪台主机上运行，只需做好日常监控即可。

如果群集中所有 ESXi 主机的型号不同，硬件配置较低的主机上运行的虚拟机向硬件配置较高的主机上迁移不会有问题，但是反过来就可能会因为硬件环境导致迁移后的虚拟机无法正常运行。遇到这种情形建议选择“手动”或“半自动”级别。

8.2.3 DRS 迁移建议

如果 DRS 自动化级别选择手动或半自动，则 vCenter Server 将显示迁移建议。系统将提供足够的建议，以强制实施规则并平衡群集的资源。每条建议均包含要移动的虚拟机、当前（源）主机和目标主机，以及提出建议的原因。可能的原因列举如下。

- 平衡平均 CPU 负载或预留。
- 平衡平均内存负载或预留。
- 满足资源池预留。
- 满足关联性规则。
- 主机正在进入维护模式或待机模式。

8.2.4 DRS 迁移阈值

除了自动化级别外，DRS 迁移阈值（Migration Threshold）作为衡量主机（CPU 和内存）负载的群集不平衡可以接受的程度，可以用来指定生成并应用的建议（选择全自动级别），或要显示的建议。迁移阈值会影响虚拟机迁移频度，甚至影响虚拟机性能，共有 5 个值，表示从保守（优先级 1）到激进（优先级 5）的程度。优先级高的涵盖所有比它低的优先级的迁移建议。

- 优先级 1：这最保守的级别，表示与 DRS 负载平衡无关，不会因负载不平衡而发起虚拟机迁移，仅应用优先级为 1 的建议，也就是为满足诸如关联性规则和主机维护等群集限制而必须采用的建议。
- 优先级 2：这是次保守的级别，应用优先级为 1 和 2 的建议，也就是对实现群集的负载平衡具有重大改善的建议。
- 优先级 3：这是最为折中的级别，应用优先级为 1、2 和 3 的建议，也就是对群集的负载平衡至少有积极改善作用的建议。
- 优先级 4：这是次激进的级别，应用优先级为 1、2、3 和 4 的建议，即对群集的负载平衡实现适当改善的建议。
- 优先级 5：这是最激进的级别，应用优先级为 1、2、3、4 和 5 的建议。群集中的负载只要发现微小的不均衡，就会触发虚拟机的迁移。这种配置会导致主机间的虚拟机迁移过于频繁，甚至会影响虚拟机的性能。

8.2.5 EVC 模式

EVC（Enhanced vMotion Compatibility，增强型 vMotion 兼容性）用于防止因 CPU 不兼容导致的虚拟机迁移失败。

生产环境中，服务器硬件型号尤其是 CPU 有可能不同，vSphere 虚拟化系统运行一段时间后，可能要添置新的服务器，这些服务器往往配备最新型号的 CPU。DRS 要使用 vMotion 实现虚拟机自动迁移，而 CPU 特有的指令集和特性会影响到所迁移的虚拟机的正常运行。因此，vMotion 对 CPU 的要求非常严格，要求 CPU 来自同一厂商、同一系列，共享同一套 CPU 指令集和特性，否则无法执行 vMotion 迁移。为解决这个问题，最大程度兼容物理主机的 CPU 硬件，vSphere 提供了 EVC 模式。

EVC 在群集上启用，使用 CPU 基准配置启用 EVC 群集中的所有 CPU。这个基准是群集中的每台主机都能支持的一个 CPU 功能集，如图 8-5 所示。

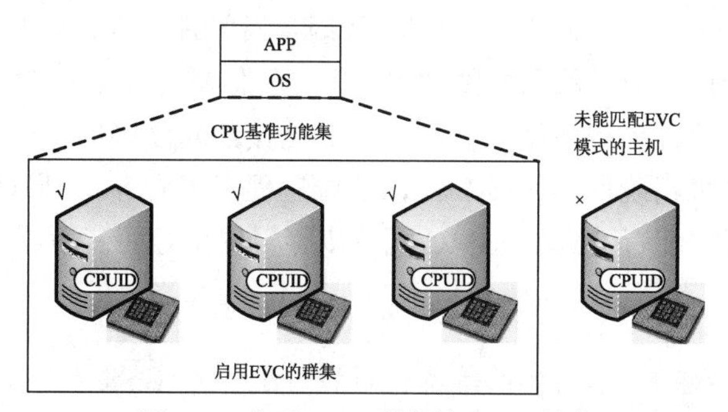

图 8-5 启用 EVC 群集的 CPU 基准

需要注意的是，要使用 EVC，群集中的所有物理主机的 CPU 必须来自同一厂商（Intel 或 AMD）。共有以下 3 种 EVC 模式。

- 禁用 EVC（Disable）：不使用 EVC 特性，这是兼容性最高的 vMotion 迁移模式。

如果群集内所有 ESXi 主机的 CPU 型号完全相同，可以选择这种模式。如果 CPU 型号不同，采用此模式，则不能保证虚拟机迁移的成功。

- 为 AMD 主机启用 EVC（Enable EVC for AMD Host）：适用于 AMD 的 CPU，只允许使用 AMD CPU 的主机加入群集。如果群集内的所有主机都采用 AMD 的 CPU 且型号不同，可以选择这种模式。选择该模式之后，可以选择所需的 AMD CPU 基准集。
- 为 Intel 主机启用 EVC（Enable EVC for Intel Host）：适用于 Intel 的 CPU，只允许使用 Intel CPU 的主机加入群集。如果群集内的所有主机都采用 Intel 的 CPU 且型号不同，可以选择这种模式。选择该模式之后，可以选择所需的 Intel CPU 基准集。

8.2.6 电力资源管理

前面提到过，vSphere 的 DPM 功能允许 DRS 群集根据群集资源利用率开启和关闭主机来降低能耗。

DPM 监视群集中所有虚拟机对内存和 CPU 资源的累积性需求，并将其与群集中所有主机的可用资源总量进行比较。如果发现足够的多余容量，DPM 会将其中一台或多台主机置于待机模式，并将其虚拟机迁移到其他主机，再关闭其电源。反之，如果发现容量不足，DRS 会使这些主机退出待机模式（打开主机电源），并使用 vMotion 将虚拟机迁移到这些主机。计算时，DPM 不仅会考虑当前的需求，而且还会尊重任何用户指定的虚拟机资源预留。

如果在创建 DRS 群集时启用了预测衡量指标（Forecasted Metrics），则 DPM 将根据管理员选择的滚动预测窗口提前发出建议。

要使主机退出待机模式，DPM 需要使用以下任何一种电源管理协议。

- 智能平台管理接口（Intelligent Platform Management Interface，IPMI）。
- 惠普集成 Lights-Out（Hewlett-Packard Integrated Lights-Out，iLO）。
- LAN 唤醒（Wake-On-LAN，WOL）。

每种协议都需要自己的硬件支持和配置。如果主机不支持任何这些协议，则无法通过 DPM 进入待机模式。如果主机支持多个协议，则按以下顺序使用它们：IPMI、iLO、WOL。

IPMI 是硬件级规范，而 iLO 是一种嵌入式服务器管理技术，都提供了一个用于远程监控和控制计算机的接口。两者都需要硬件底板管理控制器（BMC）来提供访问硬件控制功能的网关，并允许从远程系统使用串行或 LAN 连接访问该接口。即使主机本身已断电，BMC 也是开机的。如果正确启用，BMC 可以响应远程开机命令。如果计划使用 IPMI 或 iLO 作为唤醒协议，则必须配置 BMC。BMC 配置步骤根据型号而有所不同。

8.2.7 DRS 规则

除了通过自动化级别、迁移阈值等优化资源分配外，vSphere 还支持使用 DRS 规则进一步定制 DRS 功能，更精确地控制负载，避免单点故障。DRS 规则最主要的作用是控制群集内主机上虚拟机的放置位置。可以创建两种类型的规则，一类是虚拟机-虚拟机关联性规则（VM-VM Affinity Rules），另一类是虚拟机-主机关联性规则（VM-Host Affinity Rules）。

1. 虚拟机-虚拟机关联性规则

此类规则用于确立虚拟机之间的关联性（或位置关系），具体又细分为以下两种规则。

- 聚集虚拟机（Keep Virtual Machines Together）：就是所谓的关联性规则（Affinity Rule），用于规定 DRS 实施迁移虚拟机时，符合该规则的若干虚拟机始终在同一台 ESXi 主机上运行。同一台主机上的虚拟机之间的网络通信只发生在主机内部，所以速度非常快。例如，一个业务应用系统涉及一台 Web 服务器和一台数据库服务器，两台服务器之间的通信量很大，如果在虚拟化系统中部署，可以将两台服务器以虚拟机的形式部署在同一台 ESXi 主机上，并使用此种规则进行约束。
- 分开虚拟机（Separate Virtual Machines）：就是所谓的反关联性规则（Anti-affinity Rule），用户规定 DRS 实施迁移虚拟机时，符合该规则的某些虚拟机始终运行在不同的 ESXi 主机上。多台虚拟机分别位于不同的 ESXi 主机，如果一台虚拟机所在的主机发生故障，业务应用仍然可以在另一台主机上的虚拟机上正常运行。这种规则主要用于操作系统级的高可用性场合，如微软的 Windows 服务器故障转移群集。

如果使用 vSphere HA 指定故障转移主机准入控制策略，并指定多个故障转移主机，则不支持虚拟机–虚拟机关联性规则。

2. 虚拟机-主机关联性规则

如果上述虚拟机规则无法满足要求，则可以使用此类规则明确规定虚拟机与主机的位置关系，控制某些虚拟机始终在某台 ESXi 主机上运行，或者不允许某些虚拟机在某台 ESXi 主机上运行。例如，在虚拟机中运行的软件具有许可限制，可以将此类虚拟机置于虚拟机 DRS 组中，然后创建规则，要求虚拟机在仅包含具有所需许可证的主机的 DRS 组中运行。

8.3 创建和配置 DRS 群集

群集是具有共享资源和共享管理接口的 ESXi 主机及其关联虚拟机的集合。要发挥群集资源管理的优势，必须创建一个群集并启用 DRS。加入到群集的 ESXi 主机资源将成为群集资源的一部分。未加入群集的 ESXi 主机可以称为独立主机（Standalone Host）。

8.3.1 DRS 群集的要求

添加到 DRS 群集的主机必须满足成功使用群集特性的特定要求。

1. 共享存储要求

DRS 群集具有一定的共享存储要求。确保托管主机使用共享存储。共享存储通常在 SAN 上，但也可以使用 NAS 共享存储实现，实验环境还可使用 iSCSI 共享存储。

2. 共享 VMFS 卷要求

DRS 群集具有某些共享 VMFS 卷的要求，需要将所有托管主机配置为使用共享 VMFS 卷。

- 将所有虚拟机的磁盘放置到可由源和目标主机访问的 VMFS 卷上。

● 确保 VMFS 卷空间足以存储虚拟机的所有虚拟磁盘。

● 确保源和目标主机上的所有 VMFS 卷都使用卷名，并且所有虚拟机都使用这些卷名来标识虚拟磁盘。

3. 处理器兼容性要求

DRS 群集具有一定的处理器兼容性要求。

● 为避免限制 DRS 的兼容性，应当使群集内源和目标主机的处理器兼容性最大化。

● vMotion 在 ESXi 主机之间传输虚拟机的运行架构状态。vMotion 兼容性意味着目标主机的处理器必须能够使用挂起的源主机的处理器的等效指令来恢复执行。处理器的时钟速度和缓存大小可能会有所不同，但是必须来自同一厂商级别（英特尔与 AMD）和同一处理器系列，以兼容 vMotion 迁移。

● vCenter Server 提供了有助于确保使用 vMotion 迁移的虚拟机满足处理器兼容性要求的功能。这些功能包括增强的 vMotion 兼容性（EVC）和 CPU 兼容性掩码。

4. DRS 群集的 vMotion 要求

DRS 群集具有 vMotion 要求。要能够使用 DRS 迁移建议，群集中的主机必须是 vMotion 网络的一部分。如果主机不在 vMotion 网络中，则 DRS 仍然可以给出初始放置建议。

要为 vMotion 进行配置，群集内的每台主机必须满足下列要求。

● vMotion 不支持裸磁盘，也不支持对借助于 MSCS（Microsoft 群集服务）群集的应用程序进行迁移。

● vMotion 要求在所有启用了 vMotion 的受管主机之间设置专用的吉比特以太网迁移网络。在受管主机上启用 vMotion 后，需要为受管主机配置唯一的网络标识对象，并将其连接到专用迁移网络。

8.3.2 创建 DRS 群集

1. DRS 群集的实验环境

到目前为止的实验环境基本能够满足 DRS 群集的需要，已具备 vMotion 网络。为便于后面的实验，有必要再增加两台虚拟机，可采用克隆虚拟机的方法来实现，另外将这些虚拟机的数据存储都更改到 iSCSI 共享存储上。新的实验环境如图 8-6 所示，两台主机上各有两个虚拟机，且虚拟机的存储都位于 iSCSI 共享存储上。

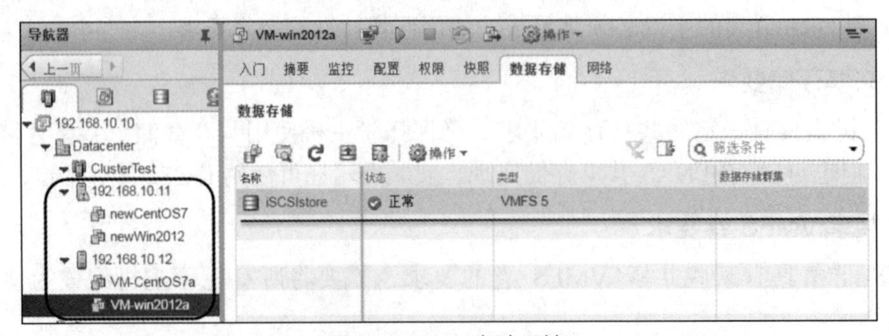

图 8-6 DRS 实验环境

2. 创建一个 DRS 群集

群集要在数据中心上创建，应确认已创建了数据中心，这里为 Datacenter。

（1）在 vSphere Web Client 界面中导航到要操作的数据中心。

（2）右击该数据中心，然后选择“新建群集”命令打开相应的对话框。

（3）如图 8-7 所示，为群集指定名称（这里将其命名为 DRS-HA_Cluster），选中“DRS”区域的“打开”复选框，为该群集启用 DRS 功能。其他选项暂时保持默认设置。

（4）单击“确定”按钮完成群集的创建。新创建的 DRS 群集出现在 vSphere 清单中，可以查看其配置信息，如图 8-8 所示。

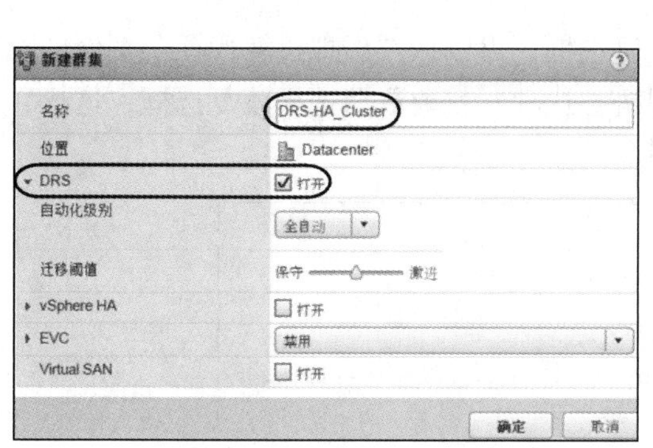

图 8-7　新建 DRS 群集

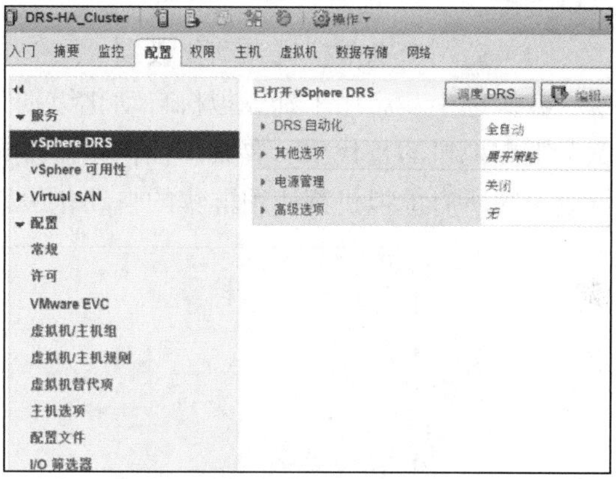

图 8-8　查看 DRS 群集配置信息

8.3.3　编辑 DRS 群集设置

创建 DRS 群集之后，可以根据需要更改其设置。有关的设置选项在前面的 DRS 基础部分介绍过，因此接下来的 DRS 设置就很简单了。

（1）在 vSphere Web Client 界面中导航到要操作的 DRS 群集。

（2）切换到“配置”选项卡（见图 8-8），展开“服务”节点，选择“vSphere DRS”项，再单击右侧的“编辑”按钮，打开该群集的设置编辑对话框，如图 8-9 所示。这里的设置对整个 DRS 群集有效。下面介绍主要选项的设置。

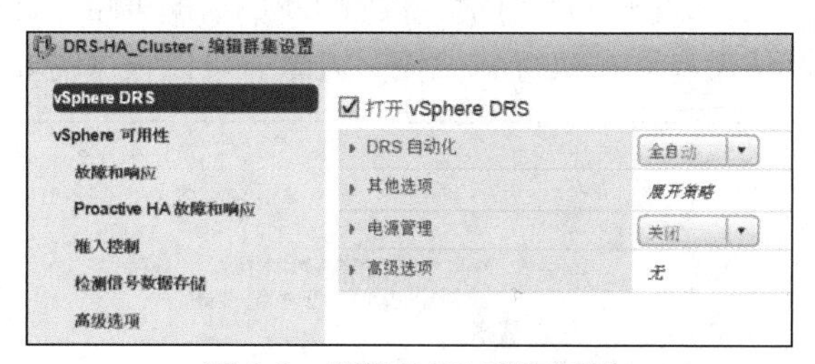

图 8-9　编辑 DRS 群集设置

1. DRS 自动化设置

展开“DRS 自动化”项，如图 8-10 所示，设置自动化选项。

（1）选择自动化级别

在“自动化级别”部分使用 DRS 功能的默认自动化级别。由于实验环境的两台 ESXi

主机都是通过 VMware Workstation 创建的虚拟机，硬件配置高度一致，因此这里选择默认的“全自动”级别即可。

（2）设置 DRS 的迁移阈值

在“迁移阈值”部分设置优先级，这里保持默认设置（优先级 3），折中执行 DRS 因负载平衡所需的虚拟机迁移操作。

（3）启用预测的 DRS

除了实时衡量指标之外，DRS 还会响应由 vRealize Operations 服务器提供的预测指标，可以选中“启用 Predictive DRS”复选框来支持此功能。不过此功能需要 vRealize Operations 提供支持。

（4）启用个别虚拟机自动化级别

默认选中“启用个别虚拟机自动化级别”复选框，可以在“虚拟机替代项”页面中设置个别虚拟机的替代项。要禁用任何单个虚拟机替代项，就要取消选择该复选框，这样，群集中的所有虚拟机都使用群集的自动化级别。

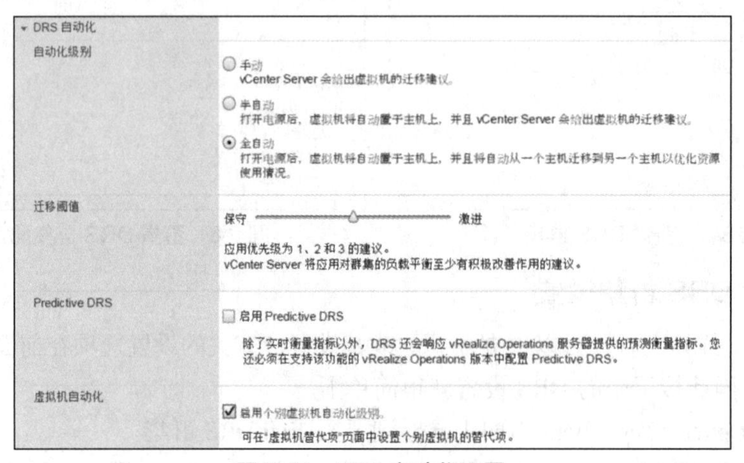

图 8-10　DRS 自动化设置

2. 设置 DRS 辅助策略

展开“其他选项”项，如图 8-11 所示，设置 DRS 辅助策略。此处提供了 3 个策略，没有默认选项，说明默认没有要求执行其中任一策略，可以根据需要来启用策略。

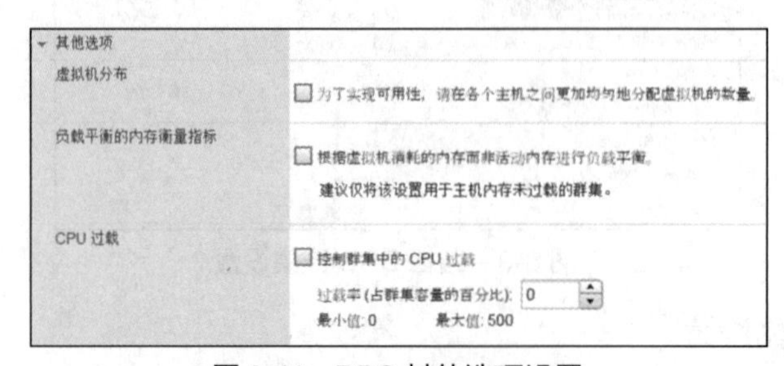

图 8-11　DRS 其他选项设置

“虚拟机分布”策略用于在各主机之间均匀分配虚拟机的数量，这是 DRS 负载平衡的一项辅助功能。

“负载平衡的内存衡量指标”策略设置基于虚拟机的消耗内存而不是活动内存来进行负载平衡。此设置只限于主机内存未过载的群集。

“CPU 过载”策略用于控制群集中的 CPU 过载，通过设置过载率来限制过载。

3. 设置电源管理

展开“电源管理”项，如图 8-12 所示，设置电源管理的自动化级别和 DPM 阈值。

对于电源管理的自动化级别，可参照 DRS 自动化级别来理解其含义。默认设置为“关闭”，表示不启用 DPM，vCenter Server 不会提供电源管理建议。如果设置为“手动”，则 vCenter Server 给出电源管理建议，需要管理员确认。如果设置为“自动”，则 vCenter Server 自动执行电源管理建议。

DPM 阈值的含义可参见 DRS 迁移阈值。一般保持默认设置即可。

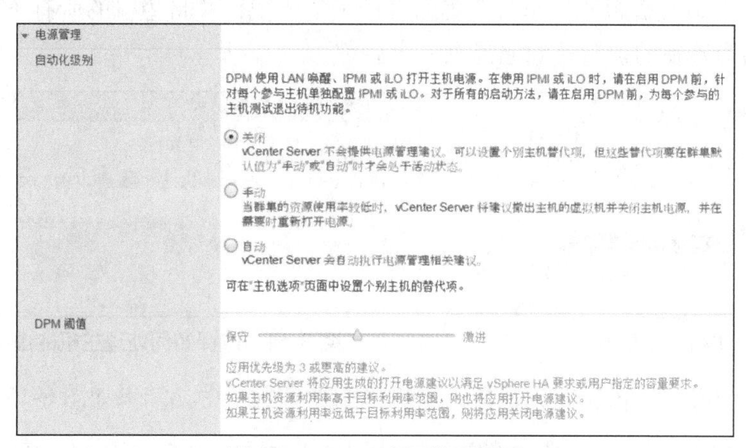

图 8-12 DRS 电源管理设置

8.4 使用 DRS 群集管理资源

创建和配置 DRS 群集后，可以使用它进行资源自动化管理，前提是 ESXi 主机加入 DRS 群集。要自定义 DRS 群集及其包含的资源，可以配置关联性规则，并添加或移除主机及虚拟机。在定义群集的设置和资源后，应当确保它是有效群集并加以保持，还可以使用有效 DRS 群集管理电源资源，并与 vSphere HA 进行交互操作。

8.4.1 将主机纳入 DRS 群集管理

首要的工作是将 ESXi 主机添加到群集，注意同一台主机不能同时加入到数据中心和群集。添加主机后，部署到主机的虚拟机将成为群集的一部分，可以由 DRS 将某些虚拟机迁移到群集中的其他主机。根据主机是否由 vCenter Server 所管理，加入群集的过程也会有所不同。

1. 将托管主机添加到 DRS 群集

将由 vCenter Server 所管理的独立主机添加到 DRS 群集时，该主机的资源将与群集关联起来。在主机加入群集的过程中，可以决定是否要将现有的虚拟机和资源池与群集的根资源池相关联，或者移植整个资源池层次结构。

下面介绍操作过程，这里将主机 B（192.168.10.12）加入到前面创建的群集 DRS-HA_Cluster。

（1）在 vSphere Web Client 导航器中浏览要操作的主机。

（2）右击该主机，然后选择“移至”命令打开相应的对话框。

（3）如图 8-13 所示，展开树状结构，从中选择一个目标群集，单击“确定”按钮以应用更改。

（4）弹出图 8-14 所示的对话框，选择如何处理该主机的虚拟机和资源池。这里保持默认设置（选中第一个选项），将该主机的所有虚拟机放置到群集的根资源池中。这样 vCenter Server 删除该主机的所有子资源池，并且将主机层次结构中的虚拟机都附加到根。

如果选择第二个选项，可为此主机的虚拟机和资源池创建一个新的资源池。vCenter Server 创建一个顶级资源池，作为群集的直接子资源池，并将主机的所有子项添加到该新资源池，可以为该新的顶级资源池提供一个名称。

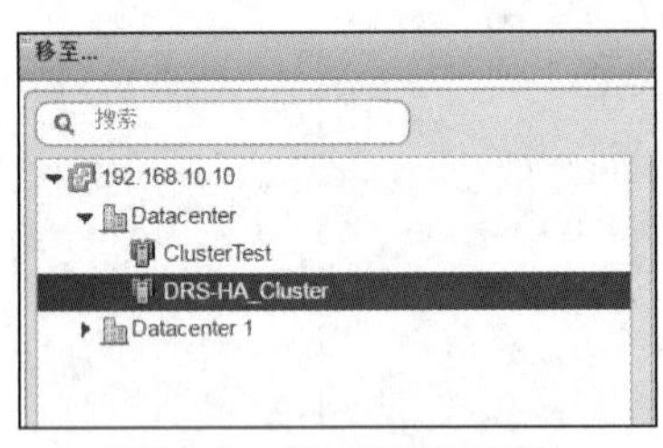

图 8-13　将主机移至群集

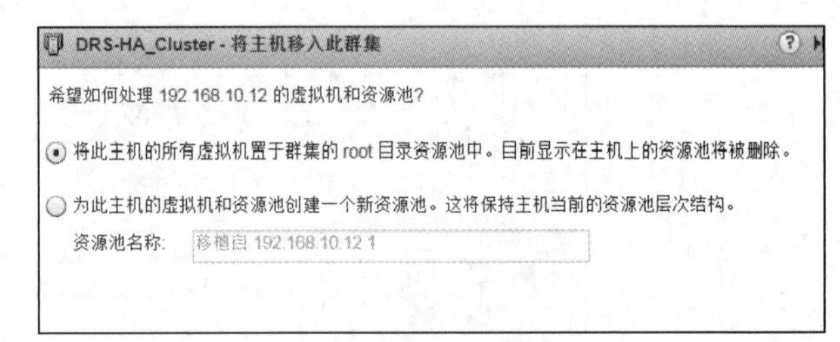

图 8-14　选择如何处理主机的虚拟机和资源池

（5）单击“确定”按钮完成操作，主机将添加到群集中，结果如图 8-15 所示。

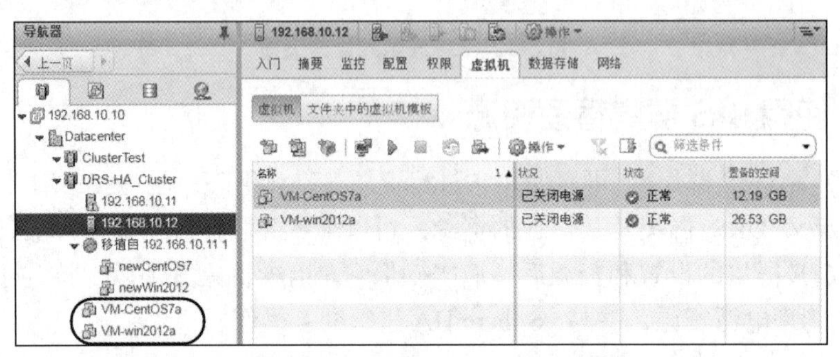

图 8-15　主机的所有虚拟机放置到群集的根资源池中的结果

从图 8-15 中可以发现，这里已为主机 A（192.168.10.11）的虚拟机和资源池创建了一个名为“移植自 192.168.10.11 1”的新资源池。

2. 将未托管主机添加到 DRS 群集

这里的未托管是指目前未纳入群集所在的 vCenter Server 系统的管理，并且在 vSphere Web Client 中不可见。这实际上是先将主机加入 vCenter Server，再将其移至群集。

（1）在 vSphere Web Client 导航器中浏览到操作的群集。

（2）右击该群集，然后选择“添加主机”命令，启动添加主机向导。

（3）如图 8-16 所示，参照将主机加入数据中心的步骤，输入主机名，设置连接。

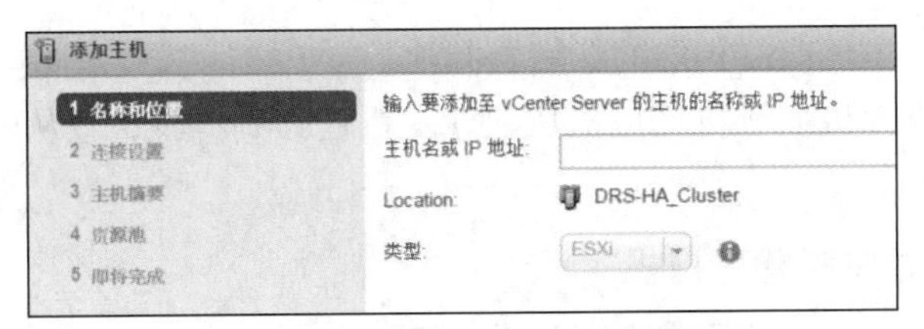

图 8-16 将未托管主机加入 DRS 群集

（4）在“资源池”页面中选择如何处理该主机的虚拟机和资源池，参见前面对托管主机的处理。

（5）最后完成主机的添加。

3. 从 DRS 群集中移除主机

从 DRS 群集中移除主机时，会影响资源池的层次结构和虚拟机，可能还会产生无效的群集。在移除主机之前，考虑以下受影响的对象。

- 资源池层次结构。从群集中移除主机时，主机只保留根资源池，层次结构保留在群集中。可以创建特定于主机的资源池层次结构。
- 虚拟机。主机必须处于维护模式，才能将其从群集中移除。主机进入维护模式，所有启动运行的虚拟机都必须从该主机迁走。群集中的主机进入维护模式时，还会询问是否要将该主机上的所有已关闭的虚拟机迁移到群集中的其他主机。
- 群集无效。从群集中移除主机意味着群集的可用资源减少了。如果群集没有足够的资源来满足所有资源池的预留，但是有足够的资源来满足所有虚拟机的预留，则会发出警报并将群集标记为黄色，DRS 继续运行。

要从 DRS 群集中移除主机，首先将该主机置于维护模式下，再从群集中移除主机。

（1）将主机置于维护模式

在 vSphere Web Client 导航器中查找到要操作的主机，右击该主机，然后选择“维护模式”→“进入维护模式”命令。如果主机是“半自动”或“手动”自动化级别的 DRS 群集的一部分，则会显示主机上运行的虚拟机的迁移建议列表。如果主机是自动化 DRS 群集的一部分，则当主机进入维护模式时，虚拟机将迁移到不同的主机。

（2）从群集中移除主机

在 vSphere Web Client 导航器中查找到要操作的主机，右击该主机，然后选择“移至”命令，选择一个新的位置，然后单击“确定”按钮。

移除主机时，将同时从群集中移除其资源。如果将主机的资源池层次结构移植到群集上，则该层次结构将保留在群集中。

如果将主机从群集中移除之前断开连接，则主机将保留反映群集层次结构的资源池。

8.4.2 将虚拟机纳入 DRS 群集管理

1. 将虚拟机添加到 DRS 群集

可以通过以下几种方式将虚拟机添加到群集。

- 将主机添加到群集时，该主机上的所有虚拟机都将自动添加到群集中。
- 创建虚拟机时，新建虚拟机向导会提示放置虚拟机的位置，可以选择独立主机或群集，并且可以选择主机或群集内的任何资源池。

- 使用迁移虚拟机向导将虚拟机从独立主机迁移到群集，或从一个群集迁移到另一个群集。

2．从 DRS 群集中移除虚拟机

可以通过以下两种方式从群集中删除虚拟机。

- 当从群集中移除主机时，所有未迁移到其他主机的已关闭电源的虚拟机也将被一同移除。
- 使用迁移虚拟机向导将虚拟机从群集迁移到独立主机，也可以从一个群集迁移到另一个群集。

8.4.3 测试 DRS 基本功能

完成 DRS 群集的主机与虚拟机资源添加后，即可使用 DRS 来管理资源。为便于测试，这里将 DRS 群集的自动化级别设置为“手动”，将 DRS 迁移阈值设置为优先级 5（激进）。下面开始测试过程。

（1）在 DRS 群集中的主机上启动虚拟机，测试初始放置功能。这里启动存放在主机 B（192.168.10.12）上的虚拟机 VM-win2012a，弹出图 8-17 所示的对话框，给出打开电源建议，建议将该虚拟机放置在它所在的主机上运行，单击“确定”按钮，启动该虚拟机。按照这种方法启动存放在主机 B（192.168.10.12）上的另一台虚拟机 VM-CentOS7a。

（2）继续启动存放在主机 A（192.168.10.11）上的虚拟机 newWin2012，之后将其实时迁移到主机 B（192.168.10.12）上，达到主机 B 上负载过大的效果。此时，该主机上共有 3 台虚拟机运行（如图 8-18 所示），而主机 A 上暂时没有虚拟机运行，出现负载不平衡的情形。

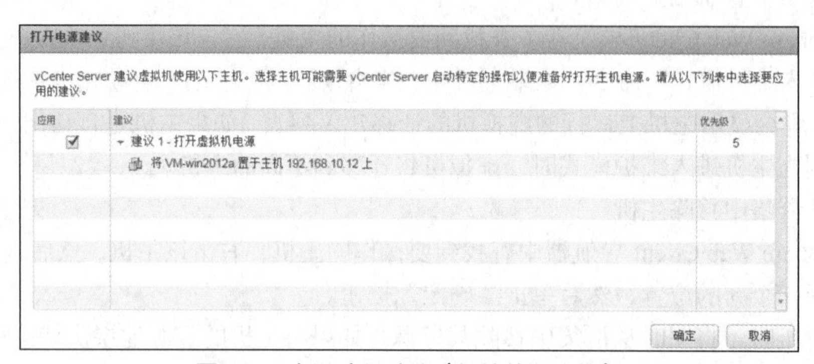

图 8-17　打开电源建议（初始放置功能）

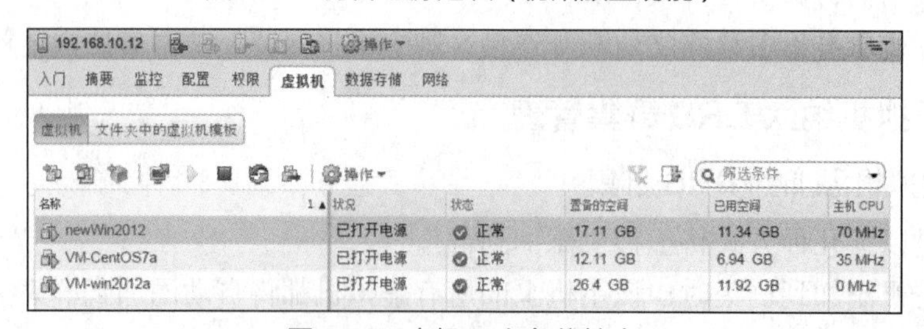

图 8-18　主机 B 上负载较大

（3）导航到DRS群集，切换到“监控”选项卡，可以对群集实时监控，进入“使用情况”页面，可查看群集中CPU和内存的当前使用情况，如图8-19所示。

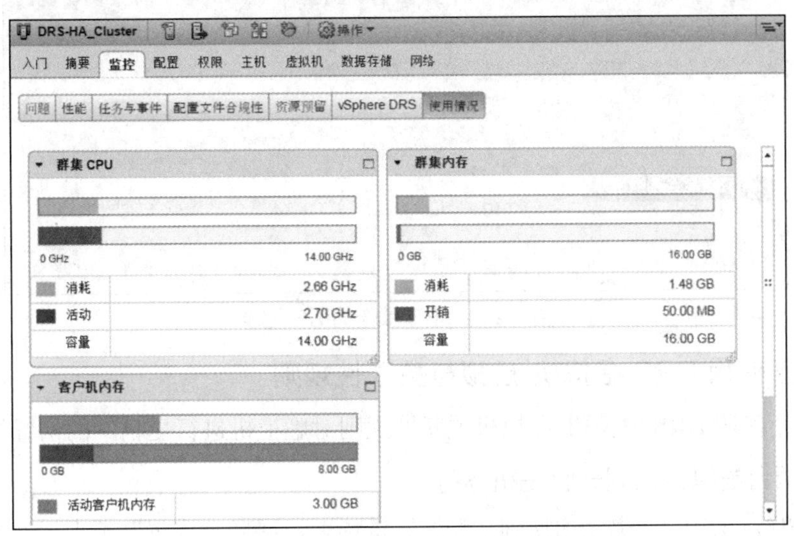

图8-19 群集CPU和内存的使用情况

（4）进入DRS群集的“监控”选项卡中的“vSphere DRS”页面，单击“立即运行DRS”按钮，系统会立即计算群集中主机的负载情况，并给出虚拟机迁移建议，如图8-20所示，这里要迁移的原因是平衡内存平均负荷。

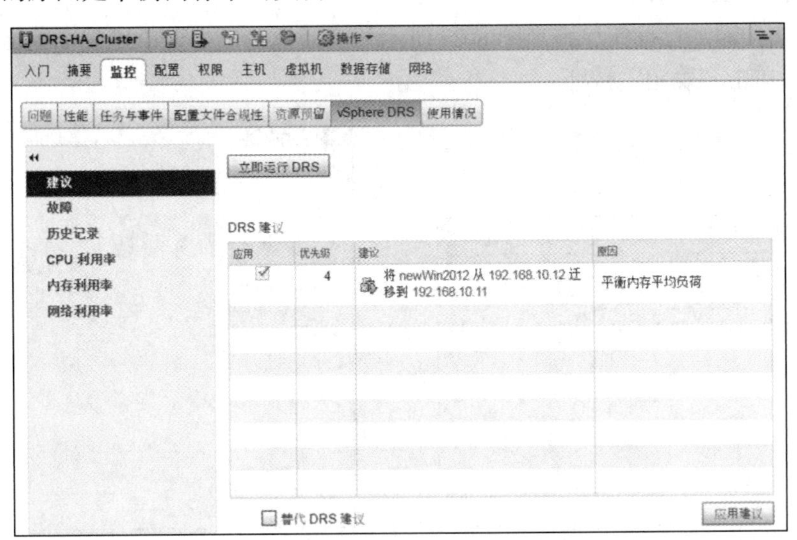

图8-20 给出虚拟机迁移建议

（5）管理员接受该建议，单击“应用建议”按钮即可完成虚拟机的迁移，以实现负载平衡。如果给出的建议项较多，可以选中“替代DRS建议”复选框，在DRS建议列表中筛选要应用的建议。

如果选择的自动化级别为“全自动”，那么DRS给出建议后，无须管理员确认即可直接加以应用。

（6）选择“历史记录”选项，显示 DRS 操作的历史记录，如图 8-21 所示。

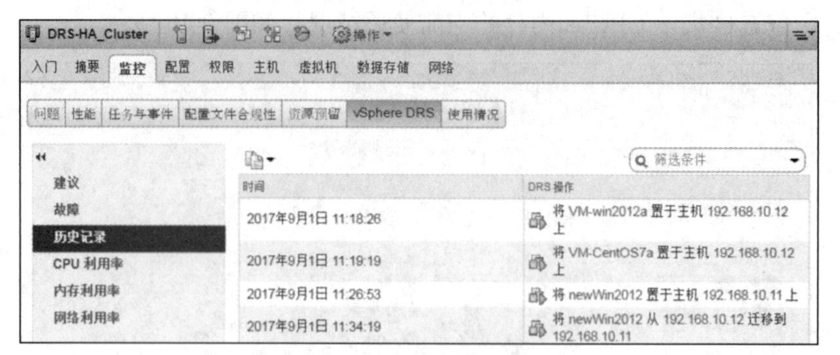

图 8-21　DRS 操作的历史记录

8.4.4　配置使用 DRS 虚拟机-虚拟机关联性规则

下面介绍使用 DRS 虚拟机-虚拟机关联性规则对虚拟机进行更精细的位置控制。

1. 让两台虚拟机在同一台主机运行

（1）导航到 DRS 群集，切换到“配置”选项卡，展开“配置”节点，选择“虚拟机/主机规则”，右侧出现“虚拟机/主机规则”列表。

（2）单击“添加”按钮，打开创建虚拟机/主机规则对话框，为规则指定一个名称（这里为“同主机运行”），从“类型”下拉列表中选择“聚集虚拟机”，确认选中“启用规则”复选框，如图 8-22 所示。

（3）单击“添加”按钮，弹出图 8-23 所示的对话框，选择要应用规则的虚拟机（至少两个），然后单击“确定”按钮。

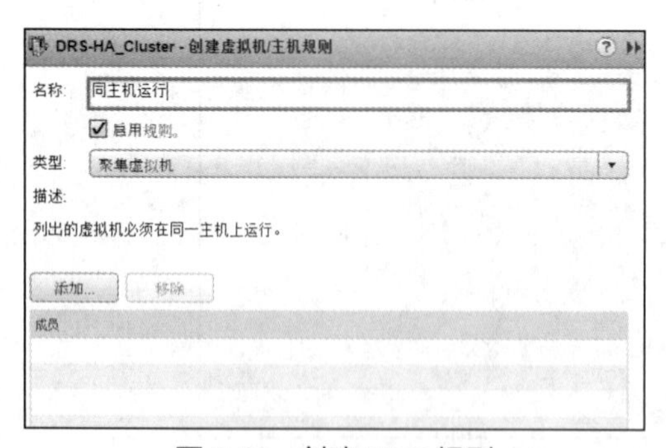

图 8-22　创建 DRS 规则

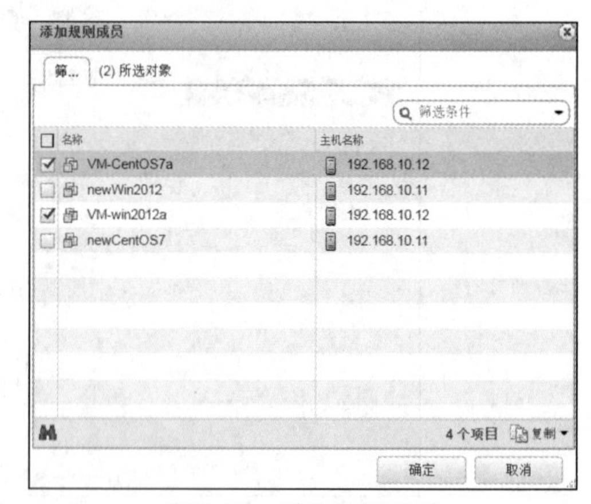

图 8-23　添加规则成员

（4）选中的虚拟机加入成员列表中，单击“确定”按钮完成规则的创建。

此时该规则出现在“虚拟机/主机规则”列表中，如图 8-24 所示。可以根据需要对该规则执行编辑和删除操作，或者更改规则成员。

（5）测试规则。先让上述两个规则成员虚拟机在同一台主机上运行，然后手动迁移其中一个虚拟机到另一台主机。切换到 DRS 群集“监控”选项卡，再进入“vSphere DRS”页面，单击“立即运行 DRS”按钮，如图 8-25 所示，系统建议将一个虚拟机也迁移到另一台主机（原因是应用关联性规则），以确保两个虚拟机始终在同一台主机上运行。

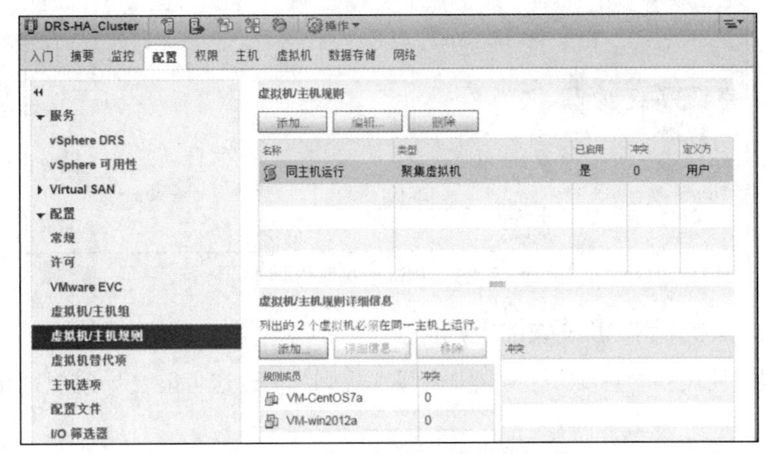

图 8-24　“虚拟机/主机规则”列表

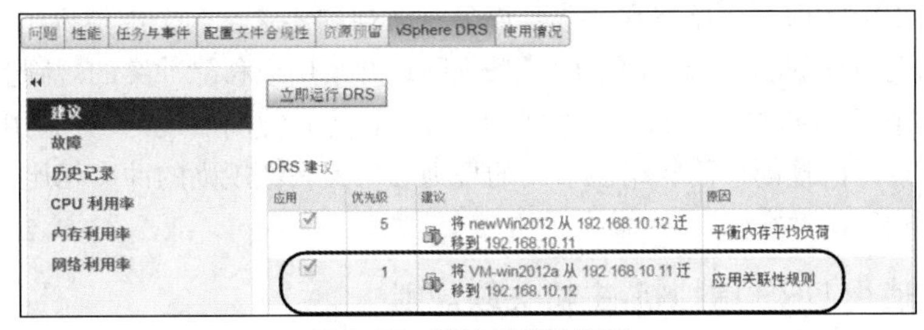

图 8-25　测试关联性规则

2. 让两台虚拟机不在同一台主机运行

这项规则的操作步骤基本同上，主要区别在于类型选择“分开虚拟机”。该规则也要至少选择两个成员虚拟机，如图 8-26 所示。规则添加完毕，在“虚拟机/主机规则”列表中显示，如图 8-27 所示。

图 8-26　创建“分开虚拟机”规则

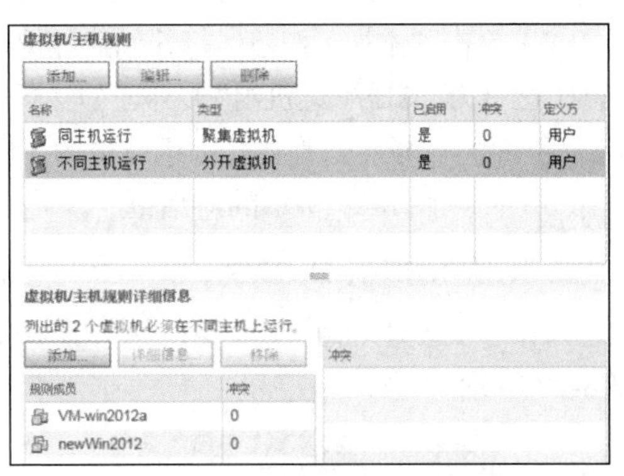

图 8-27　加入规则列表中的新规则

之后可以测试该规则。先将上述两个规则成员虚拟机分别在两台主机上运行，然后手动迁移其中一个虚拟机到另一台主机。进入 DRS 群集“监控”选项卡，单击“立即运行 DRS”按钮，如图 8-28 所示，系统建议将该虚拟机迁回到原主机（原因是应用反关联性规则），以确保两个虚拟机始终不在同一台主机上运行。

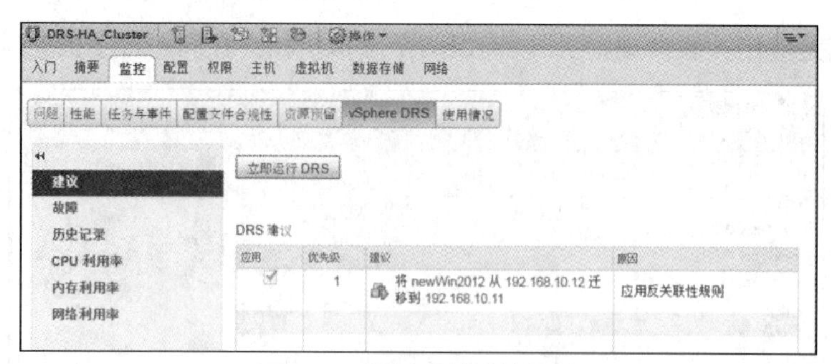

图 8-28　测试反关联性规则

3．处理虚拟机-虚拟机关联性规则冲突

可以创建并使用多个虚拟机-虚拟机关联性规则，不过这可能会导致规则相互冲突的情况发生。

如果两条虚拟机-虚拟机关联性规则存在冲突，则无法同时启用这两条规则。例如，如果一条规则要求两个虚拟机始终在一起，而另一条规则要求这两个虚拟机始终分开，则无法同时启用这两条规则。选择应用其中一条规则，并禁用或移除冲突的规则。

当两个虚拟机-虚拟机关联性规则发生冲突时，将优先使用旧规则，并禁用新规则。DRS 只尝试满足已启用的规则，而忽略已禁用的规则。与关联性规则的冲突相比，DRS 将优先阻止反关联性规则的冲突。

8.4.5　配置使用 DRS 虚拟机-主机关联规则

此类规则定义虚拟机与主机之间的关联关系，涉及两个主机 DRS 组和虚拟机 DRS 组两个要素。必须先创建这两个组，然后才能建立它们之间的关联（或反关联）关系。

1．创建主机 DRS 组

（1）导航到 DRS 群集，切换到“配置”选项卡，展开“配置”节点，选择“虚拟机/主机组”，右侧出现“虚拟机/主机组”列表。

（2）单击“添加”按钮，打开创建虚拟机/主机组对话框，如图 8-29 所示，为它指定一个名称（这里为“TEST 主机组”），从“类型”下拉列表中选择“主机组”，单击“添加”按钮，弹出相应的对话框，选择要作为组成员的主机（可以只选择一个），然后单击“确定”按钮。

（3）回到图 8-29 所示的对话框，单击“确定”按钮完成主机 DRS 组的创建。

2．创建虚拟机 DRS 组

操作步骤基本同上，主要区别在于类型选择“虚拟机组”，并选择成员虚拟机，如图 8-30 所示。

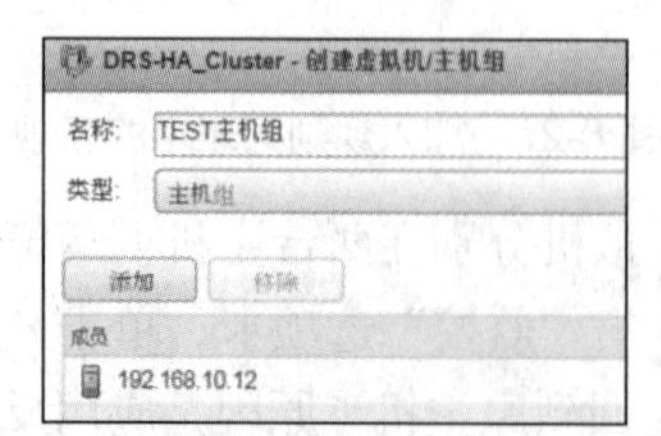

图 8-29　创建主机 DRS 组

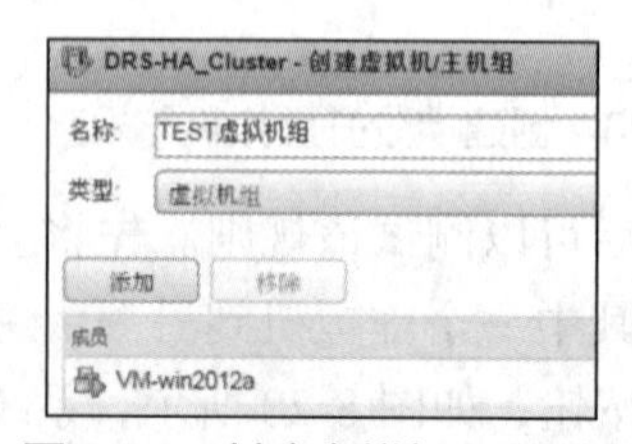

图 8-30　创建虚拟机 DRS 组

3．创建虚拟机-主机关联性规则

（1）导航到 DRS 群集，切换到“配置”选项卡，展开“配置”节点，选择“虚拟机/主机规则”，右侧出现“虚拟机/主机规则”列表。

（2）单击“添加”按钮，打开创建虚拟机/主机规则对话框，为规则指定一个名称（这里为“虚拟机与主机”），从“类型”下拉列表中选择“虚拟机到主机”，确认选中“启用规则”复选框，选择适用规则的虚拟机组和主机组（从相应的下拉列表中选择），如图 8-31 所示。

（3）从“虚拟机组”和“主机组”两个下拉列表框之间的那个下拉列表框中选择规则的具体要求，共有以下 4 个选项（如图 8-32 所示），这里保持默认值（第 2 项）。

- 必须在组中的主机上运行。虚拟机组中的虚拟机成员必须在主机组的主机成员上运行。
- 应在组中的主机上运行。虚拟机组中的虚拟机成员应该在主机组的主机上运行，但这不是必需的，也可以不在其上运行。
- 不得在组中的主机上运行。虚拟机组中的虚拟机成员绝不允许在主机组的主机成员上运行。
- 不应在组中的主机上运行。虚拟机组中的虚拟机成员不应该在主机组的主机成员上运行，但是也可以在其上运行。

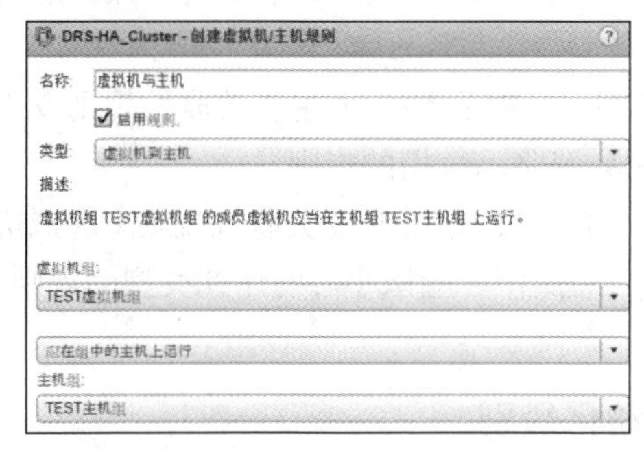

图 8-31　创建虚拟机-主机关联性规则

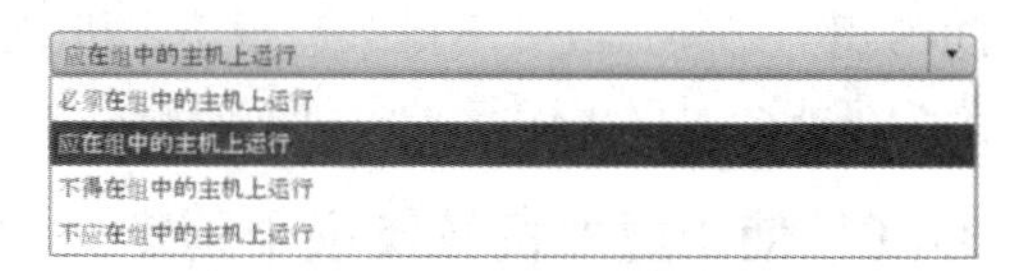

图 8-32　选择规则的具体要求

（4）单击“确定”按钮完成规则的创建。

（5）测试该规则。先让上述虚拟机组的成员在主机组的成员上运行，然后手动迁移到另一台主机。如图 8-33 所示，在 DRS 群集“监控”选项卡中可以发现，系统建议将该虚拟机迁回原来的主机（原因是解决虚拟机/主机软性关联），以确保此虚拟机始终在该主机上运行。

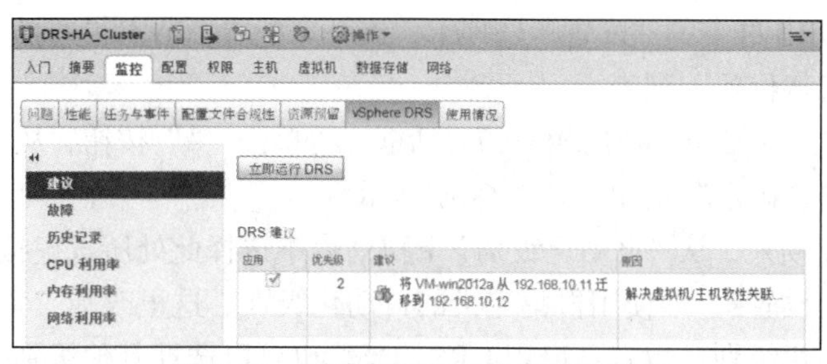

图 8-33　测试虚拟机/主机关联性规则

4. 基于虚拟机组定义先后启动关系

vSphere 还支持一种规则，定义虚拟机先后启动的关系。这里再创建一个虚拟机组并且为其添加虚拟机成员，如图 8-34 所示。然后打开创建虚拟机/主机规则对话框，创建一条类型为“虚拟机到虚拟机”的规则，指定两个虚拟机组中虚拟机成员的先后启动关系，如图 8-35 所示。

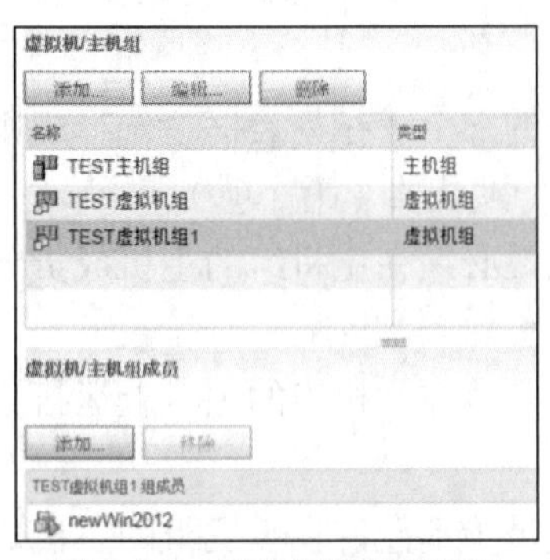

图 8-34 创建新的虚拟机组

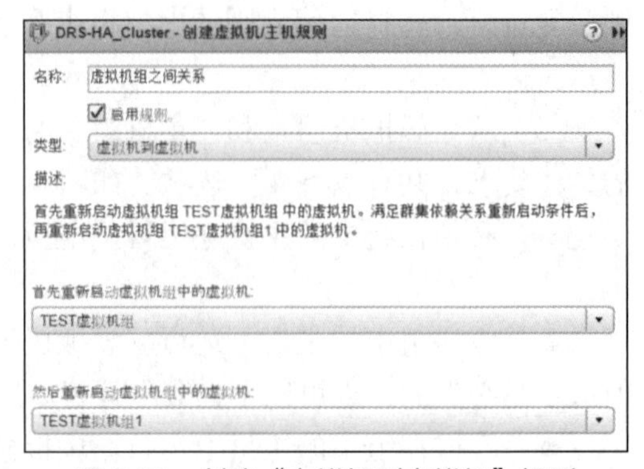

图 8-35 创建“虚拟机到虚拟机”规则

5. 使用虚拟机-主机关联性规则的注意事项

如果创建了多个虚拟机-主机关联性规则，这些规则不会进行排序，将平等应用。这会对规则的交互方式产生影响。

创建的规则可能会与正在使用的其他规则相冲突。当两条虚拟机-主机关联性规则发生冲突时，将优先使用旧规则，并禁用新规则。DRS 会忽略已禁用的规则。

DRS、vSphere HA 和 vSphere DPM 不会采取任何会导致违反必要关联性规则（虚拟机 DRS 组“必须”或“不得”运行于主机 DRS 组上）的操作。应该小心使用此类型的规则，因为可能会对群集运行造成负面影响。

8.4.6 使用虚拟机替代项个别定义 DRS 自动化级别

DRS 群集中的多数虚拟机都按照该群集的 DRS 自动化级别使用 DRS 功能，但是仍然可能有部分虚拟机需要自定义自己的自动化级别，甚至不启用 DRS 功能。可以将这些虚拟机从 DRS 群集移除，但是 DSR 群集可能同时为 HA 群集，这些虚拟机也可能有高可用性的需求。为此，可以考虑使用虚拟机替代项来实现 DRS 自动化级别的个性化。

（1）编辑 DRS 群集设置（参见 8.3.3 小节），选中“启用个别虚拟机自动化级别”复选框（默认已选中该复选框）。

（2）切换到 DRS 群集的“配置”选项卡，展开“配置”节点，选择“虚拟机替代项”，右侧出现“虚拟机替代项”列表。

（3）单击“添加”按钮，弹出相应的对话框，再单击“+”按钮，从列表中选择一个或多个虚拟机，单击“确定”按钮，如图 8-36 所示。

（4）如图 8-37 所示，从“自动化级别”下拉列表中选择此处所选虚拟机的自动化级别。默认为“使用群集设置”，即使用群集定义的自动化级别。这里改为“禁用”，则所选虚拟机不应用任何自动化级别，也就不启用 DRS。当然也可以选择其他级别。

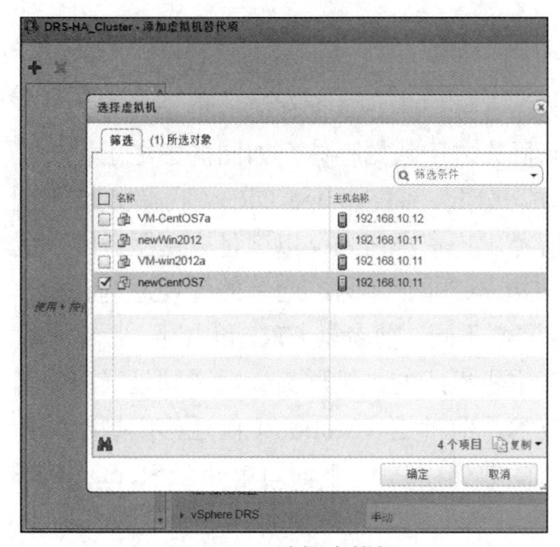

图 8-36　选择虚拟机

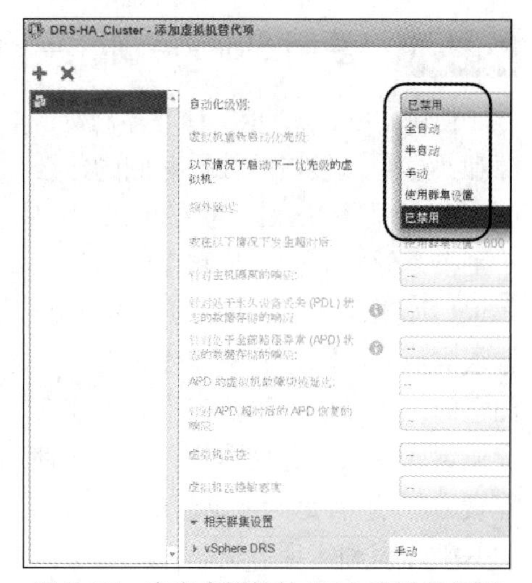

图 8-37　定义虚拟机的 DRS 自动化级别

（5）单击“确定”按钮，定义的虚拟机替代项出现在相应列表中，如图 8-38 所示。

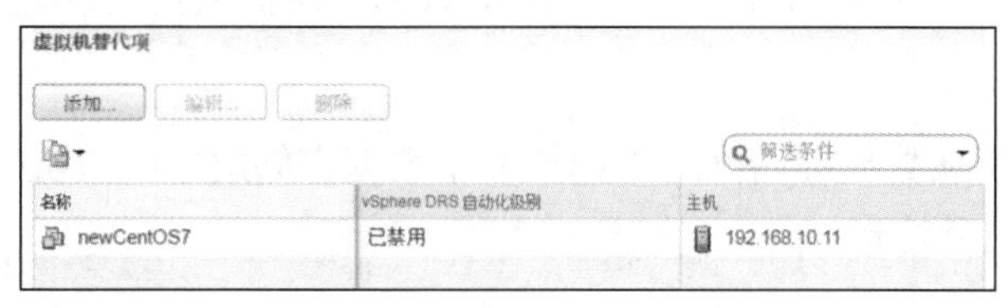

图 8-38　虚拟机替代项列表

8.4.7　配置 DRS 的 EVC 功能

如果在 DRS 群集中存在配备不同型号 CPU 的 ESXi 主机，则需要配置 EVC。

切换到 DRS 群集的“配置”选项卡，展开“配置”节点，选择“VMware EVC”，右侧给出当前的 EVC 配置，如图 8-39 所示。

默认禁用 EVC，如果需要启用，单击“编辑”按钮打开相应的对话框，根据 ESXi 主机的 CPU 厂商选中“为 AMD 主机启用 EVC”或“为 Intel®主机启用 EVC”单选按钮，并从“VMware EVC 模式”下拉列表中选择所需的 CPU 基准集，如图 8-40 所示。

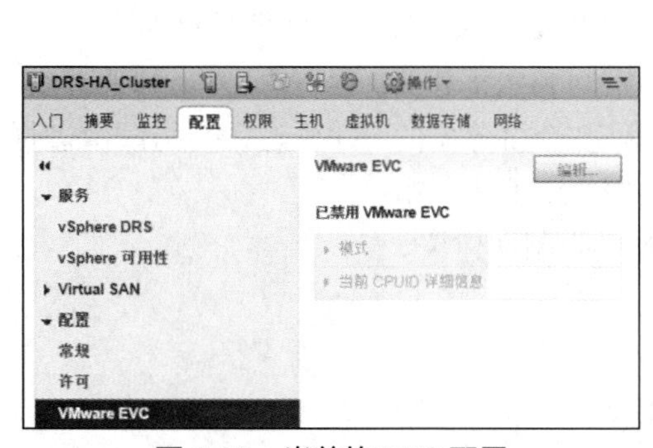

图 8-39　当前的 EVC 配置

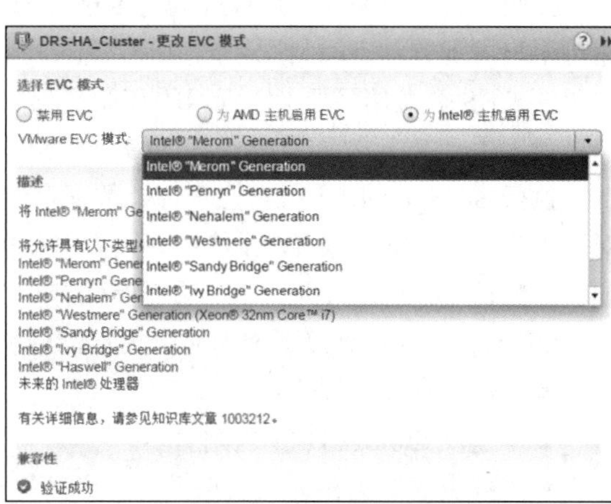

图 8-40　更改 EVC 模式

8.5 使用 Storage DRS 平衡存储资源分配

使用 Storage DRS 管理存储资源必须依赖数据存储群集，数据存储群集是具有共享资源和共享管理接口的数据存储的集合。数据存储群集之于数据存储，如同群集之于主机。DRS 用于平衡 ESXi 主机的 CPU 与内存资源的动态分配，而 Storage DRS（存储 DRS）用于平衡存储空间使用量和存储 I/O 负载，同时避免出现资源瓶颈，以满足应用服务级别的要求。如果掌握了 DRS 的应用，那么学习存储 DRS 就非常容易。两者的实现原理和操作方法类似，不同之处关键有 3 点：一是要调配的资源不同，前者是 CPU 和内存，后者是存储空间；二是使用的群集不同，前者是由 ESXi 主机组成的主机群集，后者则是指由数据存储组成的数据存储群集；三是所使用的迁移技术，前者是 vMotion（仅迁移虚拟机的计算资源），后者是 Storage vMotion（仅迁移虚拟机的数据存储）。下面简单介绍 Storage DRS 的基础知识和实现方法。

8.5.1 Storage DRS 的主要功能

Storage DRS 对启用它的数据存储群集中的数据存储提供初始放置和后续平衡建议。

1. 初始放置

当 Storage DRS 从数据存储群集中选择一个数据存储放置虚拟机磁盘时，会发生初始放置，主要有以下几种情形。

- 创建或克隆虚拟机时。
- 将虚拟机磁盘迁移到另一个数据存储群集时。
- 将一个磁盘添加到现有虚拟机时。

总之，只要涉及选择数据存储群集，就会生成初始放置建议。

初始放置建议是按照空间限制、空间目标和 I/O 负载平衡生成的，目的是尽可能减少数据存储超量配置的风险，缓解存储 I/O 瓶颈和对虚拟机的性能影响。Storage DRS 根据最低延迟和可用空间选择最佳的放置方式。

2. 持续平衡存储空间使用量和存储 I/O 负载

按照配置的频率（默认情况为每 8h），或者当数据存储群集中的一个或多个数据存储超过用户可配置的空间利用率阈值时，Storage DRS 将会给出平衡建议。在全自动模式下，Storage DRS 会做出降低 I/O 延迟的存储迁移决定，以使所有虚拟机都以最优方式运行；在非自动（手动）模式下，Storage DRS 会给出具体的平衡建议，然后由管理员批准。

执行 Storage DRS 时，它检查每个数据存储的空间利用率和 I/O 延迟值，并与阈值对比。对于 I/O 延迟，Storage DRS 使用一天内测量的第 90 个百分位的 I/O 延迟，并与阈值进行比较。默认 I/O 延迟最高为 15ms，默认的空间利用率阈值为 80%。

Storage DRS 遇到以下情形时会为存储迁移提供强制性建议。

- 数据存储空间不足。
- 违反 Storage DRS 规则。
- 数据存储正在进入维护模式，必须撤出。

此外，当数据存储空间不足，或调整空间及 I/O 负载平衡时，可以提出可选的建议。

Storage DRS 会考虑移动已关闭或正在运行的虚拟机，以及具有快照的已关闭虚拟机进行空间平衡。

8.5.2 Storage DRS 的要求

要使用 Storage DRS 功能，数据存储必须加入启用 Storage DRS 的数据存储群集。将数据存储添加到数据存储群集时，数据存储资源将成为数据存储群集资源的一部分。与主机群集用于整合主机一样，数据存储群集用于聚合存储资源，从而在数据存储群集级别支持资源分配策略。数据存储群集存储资源的平衡有赖于 Storage vMotion，因而要符合它们之间的兼容性要求。

1. 数据存储群集的要求

与数据存储群集关联的数据存储和主机必须满足成功使用数据存储群集功能的特定要求。创建数据存储群集时，应遵循以下准则。

- 数据存储群集必须包含类似或可互换的数据存储。
- 数据存储群集可以包含具有不同大小和 I/O 容量的数据存储，并且可以来自不同的阵列和供应商。但是，NFS 和 VMFS 数据存储无法组合在同一数据存储群集中，复制的数据存储不能与同一数据存储群集中的非复制数据存储进行组合。
- 附属于数据存储群集中的数据存储的所有主机必须是 ESXi 5.0 或更高版本。
- 跨多个数据中心共享的数据存储不能加入数据存储群集中。
- 数据存储群集中的数据存储必须是同质的，以保证硬件加速支持的行为。

2. Storage vMotion 与数据存储群集的兼容性

- ESXi 主机必须运行支持 Storage vMotion 的 ESXi 版本。
- ESXi 主机必须对源数据存储和目标数据存储具有写入权限。
- ESXi 主机必须有足够的可用内存资源来容纳 Storage vMotion。
- ESXi 目标数据存储必须有足够的磁盘空间。
- ESXi 目标数据存储不得处于维护模式或正在进入维护模式。

8.5.3 创建和配置数据存储群集

要使用 Storage DRS，首先要创建数据存储群集。

1. 创建数据存储群集

这里要将两个 iSCSI 数据存储组合到一个群集，目前已有一个名为 iSCSIstore 的数据存储，首先基于 iSCSI 创建另一个名为 iSCSIstore1 的数据存储（参照第 6 章的有关讲解），然后执行下面的操作。注意，数据存储群集必须在数据中心下创建。

（1）在 vSphere Web Client 界面中导航到操作的数据中心。

（2）右键单击该数据中心对象，然后选择“新建数据存储群集”命令启动相应的向导。

（3）如图 8-41 所示，为该群集命名（这里为 DatastoreCluster），确认已选中“打开 Storage DRS”复选框，然后单击“下一步”按钮。

图 8-41　为群集指定名称

（4）如图 8-42 所示，设置 Storage DRS 的自动化级别。此设置将决定如何应用来自 Storage DRS 的初始放置和迁移建议。

这里的群集自动化级别保持默认设置，即“非自动（手动模式）”，迁移建议管理员人工确认。还有一组特定功能的自动化级别，用于细分群集的整体设置。例如，“空间平衡自动化级别”用于确定如何应用这方面的迁移建议，可以是所有群集的位置，还可以个别指定为“非自动（手动模式）”或“全自动”。设置完毕，单击“下一步”按钮。

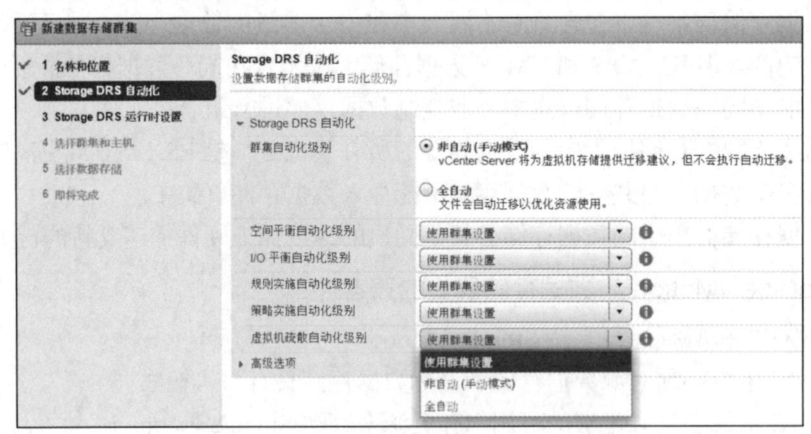

图 8-42　设置 Storage DRS 的自动化级别

（5）如图 8-43 所示，指定 Storage DRS 运行时设置。该设置决定执行 Storage DRS 的触发条件。这里采用默认设置。

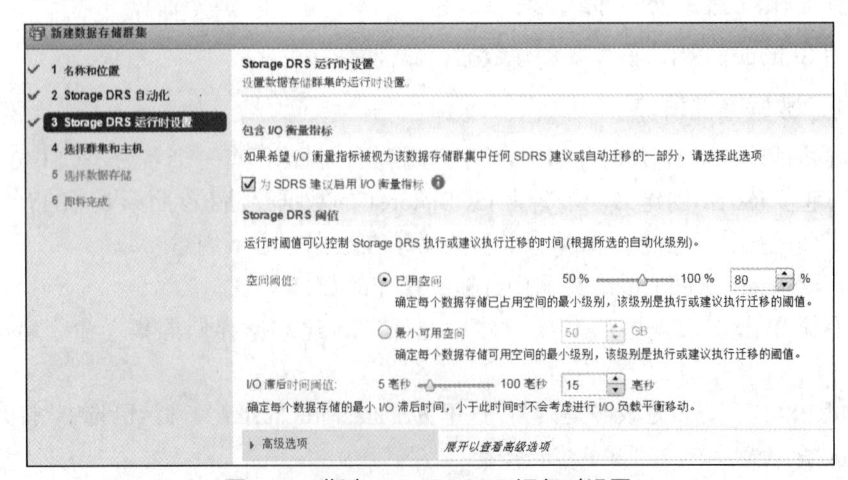

图 8-43　指定 Storage DRS 运行时设置

（6）选择其中的“高级选项”展开相应的设置项，如图 8-44 所示，指定 Storage DRS 运行时设置的高级选项。这决定执行 Storage DRS 触发的其他条件，如间隔多长时间检查失衡情况。这里采用默认设置，单击“下一步”按钮。

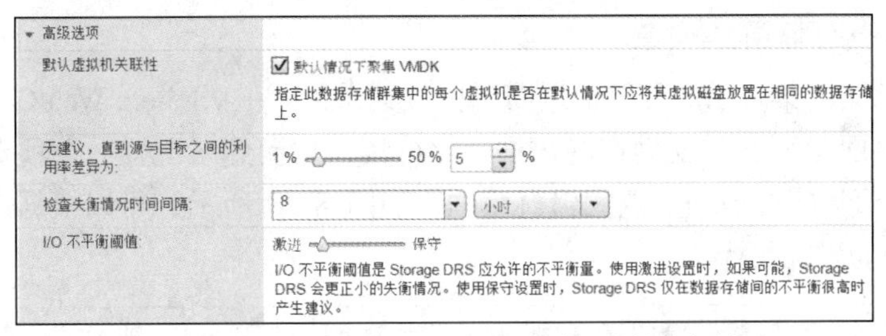

图 8-44　指定 Storage DRS 运行时设置的高级选项

（7）如图 8-45 所示，选择要应用的群集和主机。这里选择之前的 DRS 群集，该群集的主机上的所有虚拟机都要连接数据存储群集中的数据存储，单击“下一步”按钮。

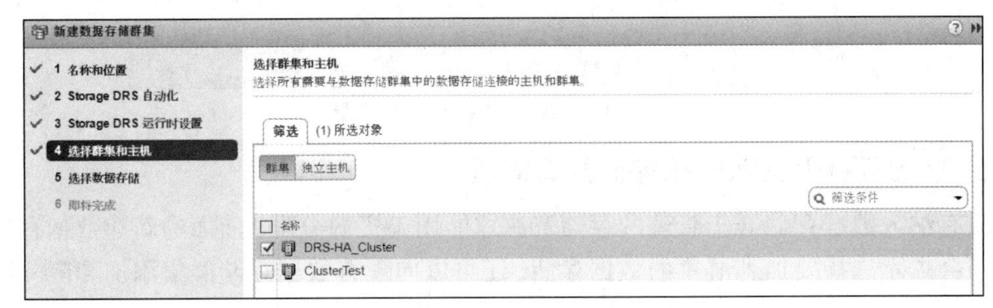

图 8-45　选择要应用的群集和主机

（8）如图 8-46 所示，选择数据存储成员。这里选择两个 iSCSI 存储，单击“下一步”按钮。

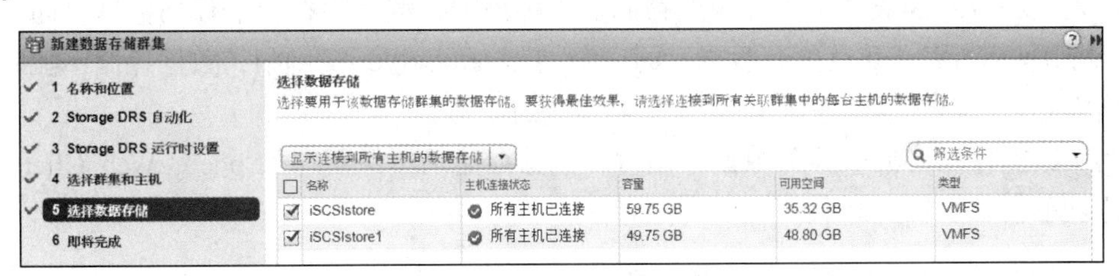

图 8-46　选择数据存储成员

（9）在“即将完成”页面上确认现有设置，单击“完成”按钮。新创建的数据存储群集如图 8-47 所示。

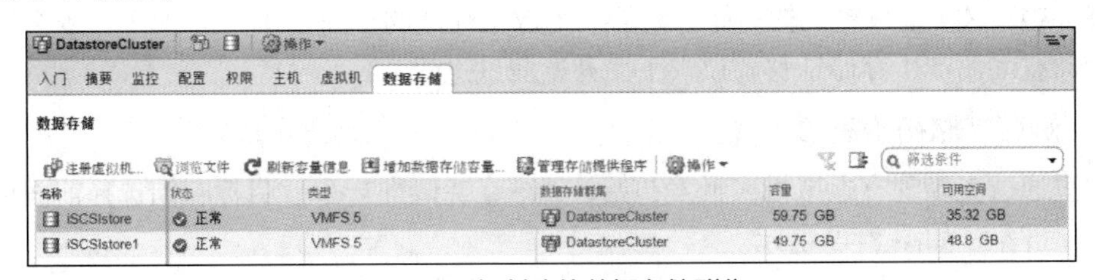

图 8-47　新创建的数据存储群集

创建数据存储群集是一项非破坏性任务，完全可以在生产期间进行。最好选择连接到主机群集中所有主机的数据存储，因为这样就在主机群集和数据存储群集这两个层面上提供了最佳的负载平衡方案。

2. 更改数据存储群集设置

创建数据存储群集之后，可以根据需要更改其设置。在 vSphere Web Client 导航器中切换到“存储”页面，浏览到要操作的数据存储群集，切换到“配置”选项卡，单击右侧的“编辑”按钮，打开该群集的设置编辑对话框，如图 8-48 所示，可以根据需要展开选项，查看和编辑具体的选项设置。

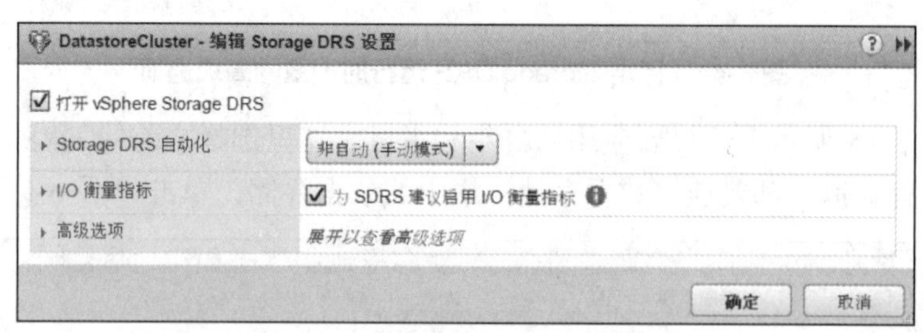

图 8-48　编辑数据存储群集设置

8.5.4　将数据存储纳入数据存储群集管理

只有纳入数据存储群集管理的存储资源才能用于资源分配。前面的新建数据存储群集向导会提示选择要加入群集的数据存储，还可以向现有数据存储群集添加和删除数据存储。

可以先选择数据存储群集，再选择“将数据存储移入”命令，选择一个数据存储加入到群集。也可以先选择一个数据存储，再选择“移至”命令，选择一个目标群集，将数据存储加入到相应的群集。可以在数据存储群集中添加挂载在主机上的任何数据存储，但要求主机必须是 ESXi 5.0 及更高版本，同一个 vCenter Server 实例中，数据存储不能跨越多个数据中心。

当从数据存储群集中移除数据存储时，数据存储仍然保留在 vSphere Web Client 清单中，并且不会从主机上卸载。

8.5.5　测试 Storage DRS 功能

完成数据存储群集的创建后，即使用 Storage DRS 来管理存储资源。为便于测试，这里将数据存储群集的自动化级别设置为“非自动（手动模式）”，将空间阈值调整为 50%（参见图 8-43），这样，只要数据存储群集的一个数据存储的空间占用超过 50%，就会因平衡数据存储空间而产生存储迁移建议。下面开始测试过程。

1. 测试存储初始放置功能

这里通过克隆现有虚拟机来触发初始放置。在克隆向导中，目标存储选择前面创建的数据存储群集，如图 8-49 所示。

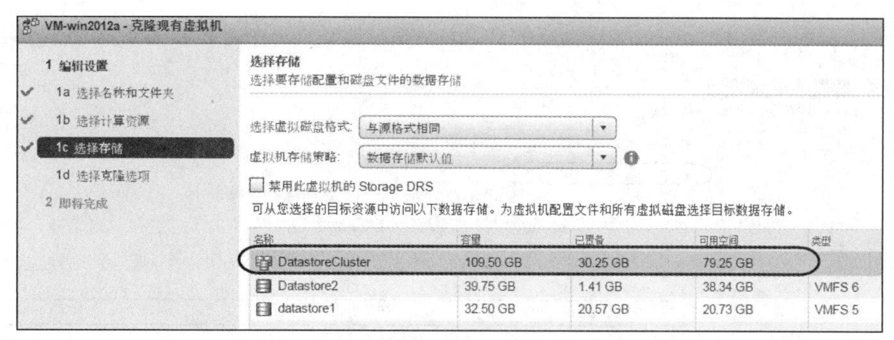

图 8-49　目标存储选择数据存储群集

由于用到了启用 Storage DRS 的数据存储群集，在“即将完成”页面上会给出数据存储建议，如图 8-50 所示。

VM-win2012a - 克隆现有虚拟机

1 编辑设置
1a 选择名称和文件夹
1b 选择计算资源
1c 选择存储
1d 选择克隆选项
2 即将完成

置备类型:	克隆现有虚拟机
源虚拟机:	VM-win2012a
虚拟机名称:	VM-win2012b
文件夹:	Datacenter
主机:	192.168.10.11
数据存储:	DatastoreCluster [iSCSIstore1] (建议)　更多建议
磁盘存储:	与源格式相同

图 8-50　“即将完成”页面中的数据存储建议

单击右侧的“更多建议”链接，弹出图 8-51 所示的界面，显示该建议的操作内容和原因，单击“应用建议”按钮即可。

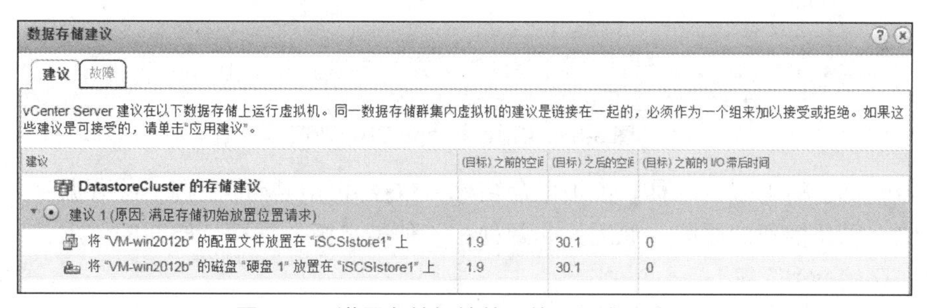

图 8-51　满足存储初始放置位置要求的建议

2. 测试平衡存储资源功能

测试该功能，首先要达到数据存储群集中某个数据存储（这里为 iSCSIstore）超载的效果，这里只需占用空间超过 50%即可。这里将克隆出来的新虚拟机的存储从 iSCSIstore 手动迁移到 iSCSIstore1。因为这两个数据存储作为数据存储群集 DatastoreCluster 的成员，选择目标存储时默认会以数据存储群集的形式出现（见图 8-49），要单独指定其中的一个数据存储，应禁用该虚拟机的 Storage DRS，如图 8-52 所示。

完成虚拟机的存储手动迁移之后，就会出现存储空间使用不平衡的情形。导航到数据存储群集，切换到“监控”选项卡，进入“Storage DRS”页面，单击“立即运行 Storage DRS”按钮，系统会立即计算群集中数据存储的空间占用，并给出虚拟机存储迁移建议，如图 8-53 所示。这里要迁移的原因是平衡数据存储空间使用。

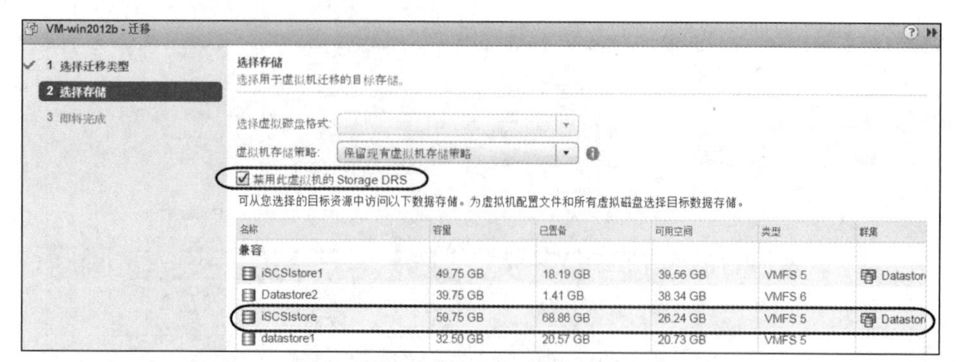

图 8-52　选择目标存储（禁用该虚拟机的 Storage DRS）

管理员如果接受该建议，单击“应用建议”按钮即可完成存储迁移。如果给出的建议项较多，可以选中“替代 Storage DRS 建议”复选框，在建议列表中筛选要应用的建议。

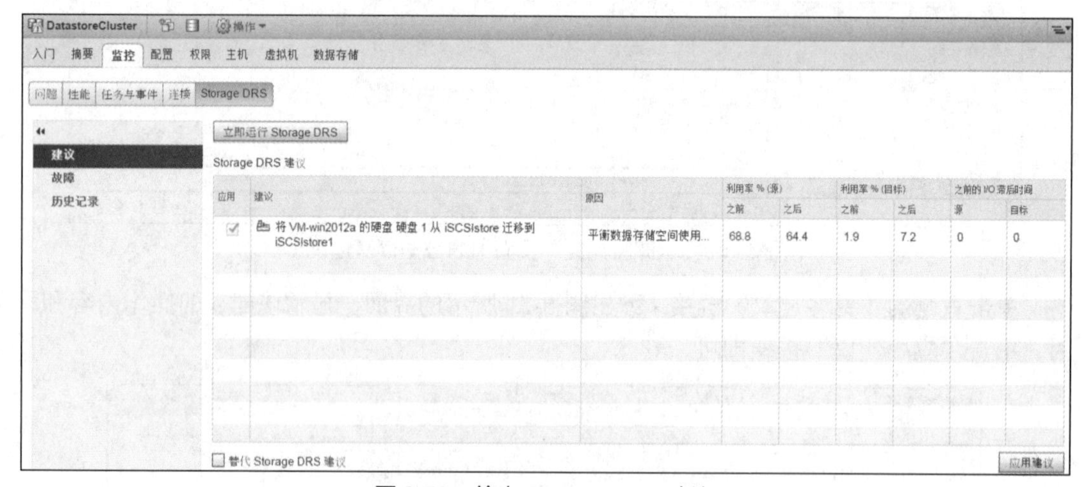

图 8-53　给出 Storage DRS 建议

每个建议包括虚拟机名称、虚拟磁盘名称、数据存储群集的名称、源数据存储、目标数据存储，以及推荐的原因。原因无非两种，一种是平衡数据存储空间的使用，另一种是平衡数据存储 I/O 负载。

8.5.6　配置 Storage DRS 规则

与 DRS 一样，Storage DRS 也可以通过定义规则来更精细地控制存储资源分配。默认情况下，虚拟机磁盘文件存储在同一数据存储中。可以创建 Storage DRS 反关联性规则来控制哪些虚拟磁盘不应放置在数据存储群集中的同一数据存储上，这些规则将应用于数据存储群集中的相关虚拟磁盘。在初始放置和 Storage DRS 建议迁移期间会强制执行反关联性规则，但是在用户手动启动迁移时不会强制实施。

注意

反关联性规则不适用于存储在数据存储群集中的数据存储上的光盘 ISO 映像文件，也不适用于存储在用户定义位置的交换文件。

当虚拟机受 Storage DRS 规则限制时，将具有以下行为。

- Storage DRS 将根据规则放置虚拟机的虚拟磁盘。
- 即使是强制进行迁移（如将数据存储置于维护模式），Storage DRS 也会根据规则使用 vMotion 迁移虚拟磁盘。
- 如果虚拟机的虚拟磁盘违反了规则，则 Storage DRS 将提出迁移建议来更正这一错误，或者在无法提出更正错误的建议时将此报告为故障。

下面介绍两种 Storage DRS 反关联性规则和一种 VMDK 关联性规则（默认规则）。

1. 虚拟机间反关联性规则

虚拟机间反关联性规则指定哪些虚拟机的所有虚拟磁盘不应该保留在同一个数据存储上，该规则适用于各个数据存储群集。

默认情况下没有定义任何的虚拟机间反关联性规则。要创建这种规则，切换到数据存储群集“配置”选项卡，单击“配置”节点下面的“规则”，显示 Storage DRS 规则列表，单击“添加”按钮，为规则命名，从“类型”下拉列表中选择“虚拟机反关联性”，再选择至少两个虚拟机成员即可，如图 8-54 所示。

2. 虚拟机内反关联性规则

这种规则又称 VMDK 反关联性规则，指定某个虚拟机（具有多个虚拟磁盘的虚拟机）的哪些虚拟磁盘必须保存在不同的数据存储上。

默认情况下没有定义任何 VMDK 反关联性规则。要创建这种规则，切换到数据存储群集“配置”选项卡，单击“配置”节点下面的“规则”，显示 Storage DRS 规则列表，单击“添加”按钮，为规则命名，从“类型”下拉列表中选择“VMDK 反关联性”，选择一个虚拟机（至少配备两个硬盘，操作之前为虚拟机增加一个虚拟硬盘），再选择该虚拟机上的至少两个虚拟磁盘即可，如图 8-55 所示。注意，如果没有将该虚拟机加入虚拟机替代项列表，将会产生冲突。

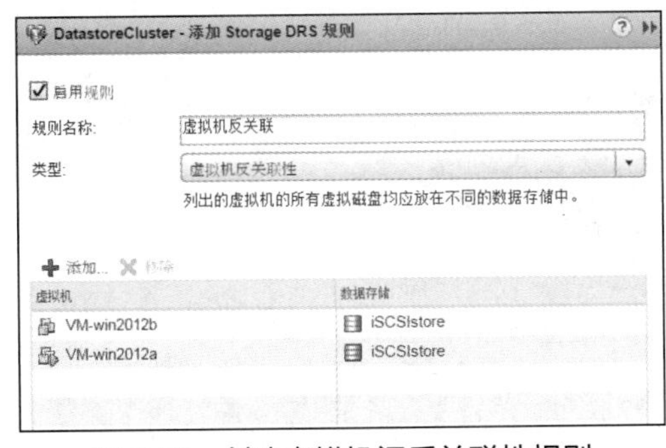

图 8-54 创建虚拟机间反关联性规则

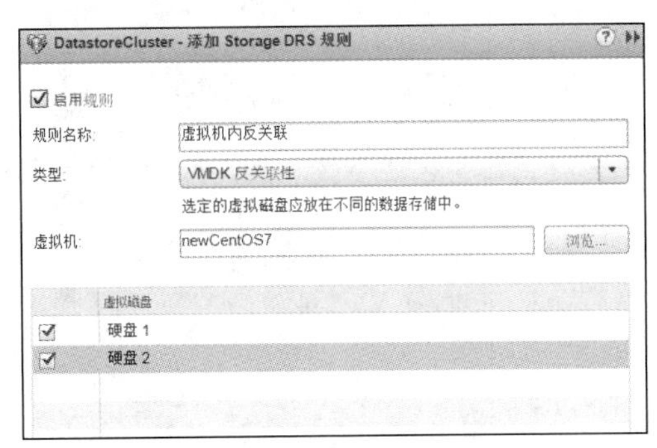

图 8-55 创建虚拟机内反关联性规则

3. 替代 VMDK 关联性规则

对于数据存储群集中的所有虚拟机，默认情况下启用 VMDK 关联性规则（又称聚集 VMDK，见图 8-44，默认选中“默认情况下聚集 VMDK”），表示特定虚拟机的所有虚拟磁盘位于数据存储群集中的同一数据存储上。将数据存储添加到启用 Storage DRS 的数据存储群集时，如果在该数据存储上拥有虚拟磁盘的虚拟机还在其他数据存储上有虚拟磁盘，则 VMDK 关联规则将被禁用。

可以替代数据存储群集或单个虚拟机的默认设置。切换到数据存储群集“配置”选项卡，单击“配置”节点下面的“虚拟机替代项”，单击“添加”按钮，再单击“+”按钮弹出相应对话框，选择要设置的虚拟机并关闭该对话框，再从“聚集 VMDK”下拉列表中选择“否”，如图 8-56 所示，单击“确定”按钮。

还可以在单个虚拟机的编辑设置对话框中查看和添加 Storage DRS 规则，如图 8-57 所示。

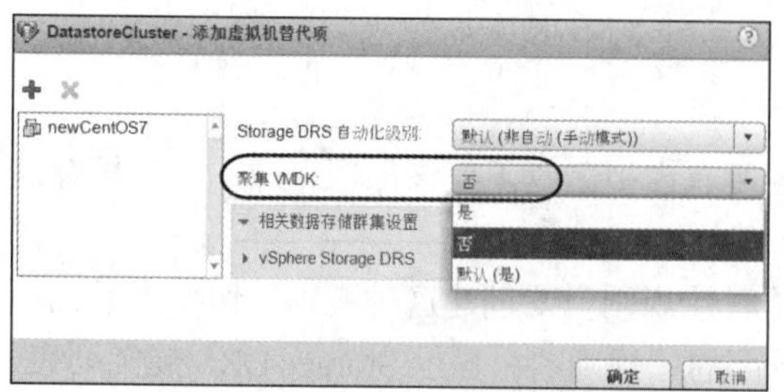

图 8-56　替代 VMDK 关联性规则

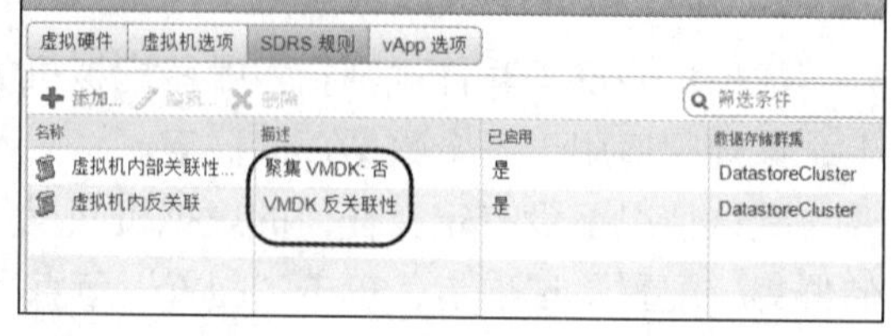

图 8-57　查看和添加虚拟机的 Storage DRS 规则

8.5.7　设置 Storage DRS 的非工作时间调度

可以通过创建一个调度任务来更改数据存储群集的自动化级别和激进程度。例如，在性能优先级高峰时段，可能会将 Storage DRS 配置为运行较少，以尽量减少存储迁移的发生。在非高峰时段，可以将它设置为以更积极的方式运行，并且可以更频繁地被调用。

（1）切换到数据存储群集的“配置”选项卡，单击“服务”下面的“Storage DRS”，再单击“调度 Storage DRS”按钮打开相应的对话框。

（2）选择“Storage DRS 设置”，如图 8-58 所示，展开“Storage DRS 自动化”，设置相应选项，根据需要设置 I/O 衡量指标及高级选项。此处设置的是要应用的 Storage DRS 的相关选项。

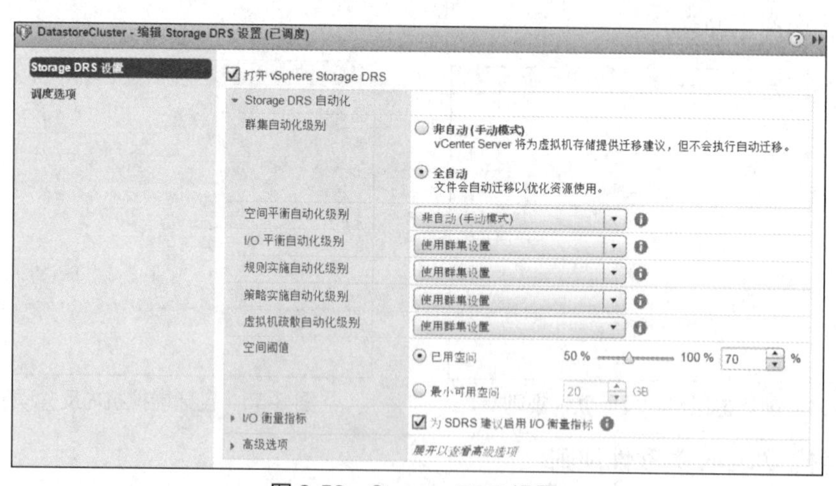

图 8-58　Storage DRS 设置

（3）选择“调度选项”，如图 8-59 所示，为任务命名，单击“配置的调度程序”项中的“更改”按钮，弹出图 8-60 所示的对话框，选择要运行任务的时间安排并单击“确定”按钮。回到“调度选项”页面，还可以指定一个电子邮件地址，用于接收任务完成时的通知邮件，最后单击“确定”按钮，完成计划任务的设置。这里设置的是何时应用上述 Storage

DRS选项设置。

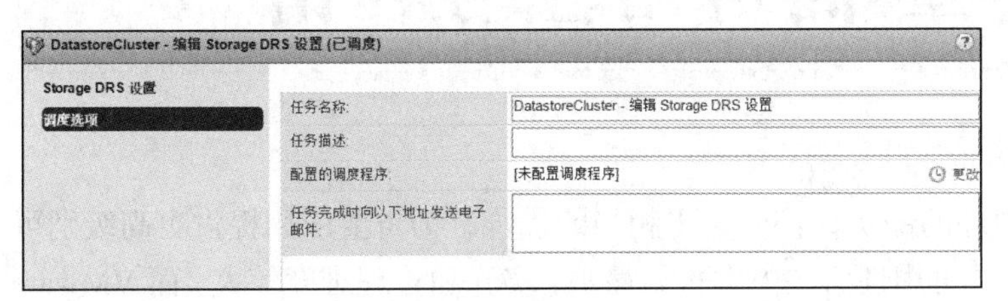

图 8-59　设置调度选项

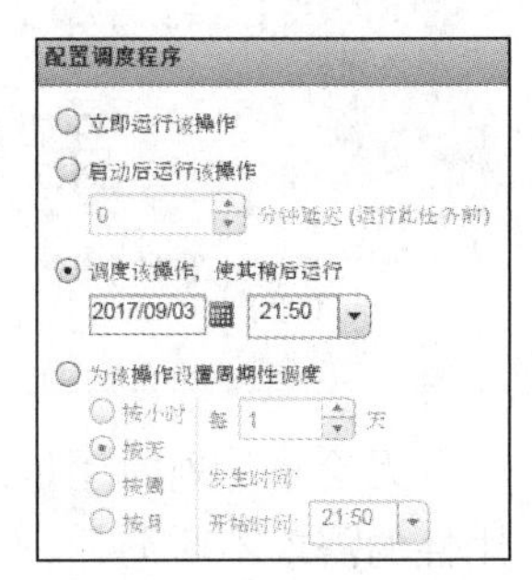

图 8-60　配置调度程序

8.6 习题

1．解释资源提供者与资源消费者的概念。

2．简述DRS的主要功能。

3．DRS自动化级别有哪几种？各有什么特点？

4．简述DRS迁移建议。

5．简述EVC模式。

6．vSphere如何实现电力资源管理？

7．DRS规则有哪几种？各有什么作用？

8．简述Storage DRS与DRS的不同点。

9．什么是数据存储群集？

10．参照8.3.2小节的讲解，改进DRS群集实验环境，并创建一个DRS群集。

11．参照8.4.1小节和8.4.3小节的讲解，将两台现有主机加入DRS群集，并测试DRS基本功能。

12．参照8.4.4小节的讲解，配置两条DRS虚拟机-虚拟机关联性规则，分别让两台虚拟机在同一台主机运行和不在同一台主机上运行。

13．参照8.5.3小节和8.5.4小节的讲解，创建一个数据存储群集，并将两个iSCSI存储加入该群集。

14．参照8.5.5小节的讲解，测试Storage DRS功能。

第⑨章 高可用性与容错

无论是计划内还是计划外的停机，都要付出相当的代价，为重要应用提供更高级别可用性的需求不断上升。传统的可用性解决方案价格昂贵，实施和管理难度较大。而 VMware vSphere 基于虚拟化架构的高可用性解决方案更经济，并且部署更灵活，操作更简单。避免计划内停机可由 vSphere 的 vMotion 和 Storage vMotion 功能来实现，这在第 7 章已经讲解过。高级别的可用性就是要防止计划外停机，保持业务连续性，vSphere 的解决方案包括 vSphere HA（High Availability，高可用性）和 vSphere FT（Fault Tolerance，容错）。vSphere HA 通过在主机出现故障时重新启动虚拟机为虚拟机提供基本级别的保护，即从中断中快速恢复业务运行，尽可能减少停机时间。vSphere FT 提供的可用性级别更高，可对任何虚拟机提供保护，以防止主机发生故障时丢失数据、事务或连接，保证业务运行的连续可用性。本章在概述 vSphere 可用性的基础上，重点讲解 vSphere HA 和 vSphere FT 的技术及实施方法。

9.1 vSphere 可用性概述

使用 vSphere 可以为所有应用程序提高可用性级别，能提供以下主要的可用性功能。

- 提供独立于硬件、操作系统和应用程序的高可用性。
- 减少常见维护操作的计划停机时间。
- 在发生故障的情况下提供自动恢复功能。

首先对 vSphere 的可用性做总体介绍。

9.1.1 避免计划停机与非计划停机

可用性主要包括两个方面，一是减少计划停机时间，二是防止非计划停机。其目的是保持业务连续运行。

1. 减少计划停机时间

计划停机时间通常占数据中心停机时间的 80%以上。硬件维护、服务器迁移和固件更新都要求物理服务器有一定的停机时间。

vSphere 可以大大减少计划停机时间。因为在 vSphere 环境中无须停机或中断服务，就可以将工作负载动态转移到不同的物理服务器，所以能在不需要应用程序和服务停机的情况下进行服务器维护。具体体现在以下 3 个方面。

- 避免常见维护操作的停机。
- 排除计划维护时间段。
- 无须干扰用户和服务，随时执行维护。

使用 vSphere 的 vMotion 和 Storage vMotion，工作负载无须中断服务即可动态移动到不同的物理服务器或存储器，这可有效减少计划停机时间。管理员可以快速而完整地执行透明的维护操作，无须强制安排不方便的时间段。

2. 防止非计划停机

ESXi 主机为应用程序的运行提供了强壮的平台，用户还必须防止由硬件或应用程序故障导致的非计划停机。为此，vSphere 在数据中心架构中集成以下重要功能。

- 共享存储。通过将虚拟机文件存储在共享存储上来消除单点故障。使用 SAN 镜像和复制功能将虚拟磁盘的更新副本保留在灾难恢复站点。
- NIC 组合。支持单个网卡故障的容错。
- 存储多路径。支持存储路径故障的容错。
- 高可用性。从中断中快速恢复业务运行，尽可能减少非计划停机时间。
- 容错。提供业务运行的持续可用性，避免非计划停机。

这些 vSphere 功能是虚拟基础架构的一部分，对在虚拟机中运行的操作系统和应用程序来说是透明的，这些功能可以由物理系统上的所有虚拟机配置和使用，从而降低提供更高级别可用性的成本和复杂性。

9.1.2 vSphere HA 提供快速恢复

vSphere HA 调配群集中的多个 ESXi 主机，为虚拟机中运行的应用程序提供中断的快速恢复和高性价比的高可用性。

1. vSphere HA 保护应用程序可用性的方式

- 通过重启群集中其他主机上的虚拟机来防范服务器故障。
- 通过持续监控虚拟机并在检测到故障的情况下对其重新设置以防范应用程序故障。
- 通过在仍能访问其数据存储的其他 ESXi 主机上重启受影响的虚拟机，以防范数据存储可访问性故障。
- 如果虚拟机所在的主机在管理网络或 vSAN 网络上被隔离，则可以通过重启这些虚拟机来防止虚拟机被网络隔离。即使网络已经分区，也会提供这种保护。

2. vSphere HA 与其他群集解决方案的不同之处

与其他的群集解决方案不同，vSphere HA 提供基础设施来保护所有工作负载。

- 无须在应用程序或虚拟机中安装特定的软件，所有工作负载都受到 vSphere HA 的保护。配置好 vSphere HA 后，不需要任何操作来保护新的虚拟机，它们会被自动保护。
- 可以将 vSphere HA 与 vSphere DRS 组合使用，这样可以防范故障，还可以在群集内的主机之间提供负载平衡。

3. vSphere HA 相对于传统故障切换解决方案的优势

- 最小化设置。设置好 vSphere HA 群集之后，无须额外配置，群集中的所有虚拟机都可以获得故障切换支持。
- 降低硬件成本和设置。虚拟机充当应用程序的移动容器，并能在主机之间移动，管理员避免在多台机器上进行重复配置。使用 vSphere HA 时，必须拥有足够的资源来支持要保护的主机的故障切换。但是，vCenter Server 系统会自动管理资源并配置群集。

- 提高应用程序的可用性。在虚拟机中运行的任何应用程序的可用性变得更高，因为虚拟机可以从硬件故障中恢复，所以开机时启动的所有应用程序都可以提高可用性而不必增加计算需求，即使该应用程序本身不是群集应用程序。通过监视和响应 VMware Tools 检测信号并重新启动不再响应的虚拟机，可防范客户机操作系统崩溃。
- 与 DRS 和 vMotion 集成。如果主机出现故障且虚拟机在其他主机上重启，则 DRS 可以提出迁移建议，或迁移虚拟机以实现平衡的资源分配。如果迁移的源和目标主机中的一个发生故障或两个都发生故障，则 vSphere HA 可以用来从该故障中恢复。

9.1.3 vSphere FT 提供连续可用性

vSphere HA 通过在主机故障的情况下重启虚拟机来对虚拟机提供基本级别的保护。而 vSphere FT 提供更高级别的可用性，防止任何虚拟机发生主机故障时丢失数据、事务或连接，确保业务运行不中断，保持连续可用性。

通过确保主虚拟机和辅助虚拟机的状态在虚拟机的指令执行中的任何时间点都相同，vSphere FT 能够提供连续的可用性。

如果运行主虚拟机的主机或运行辅助虚拟机的主机发生故障，则会立即进行透明的故障切换。正常运行中的 ESXi 主机无缝地成为主虚拟机的主机，而不会断开网络连接或正在处理的事务。使用透明的故障切换，不会丢失数据，并能够维护网络连接。发生透明故障切换后，将重新生成新的辅助虚拟机，并建立冗余。整个过程是透明和完全自动化的，即使 vCenter Server 不可用也会发生故障切换。

9.1.4 保证 vCenter Server 的可用性

除保护虚拟机之外，完整的 vSphere 可用性解决方案还包括 vCenter Server 的可用性。

1．使用 vCenter HA 保护 vCenter Server Appliance

vCenter HA 不仅可以防止主机和硬件故障，还可以防止 vCenter Server Appliance 故障。使用从主动到被动的自动故障切换，vCenter HA 支持高可用性，以使停机时间最小化。

vCenter HA 保护 vCenter Server Appliance。但是，平台服务控制器（Platform Services Controller，PSC）为 vCenter Server Appliance 提供身份验证、证书管理和许可证。因此，必须保证 PSC 的高可用性，有以下两种方案可供选择。

- 使用嵌入式 PSC 部署主动（Active）节点。作为克隆过程的一部分，PSC 及其所有的服务也被克隆。作为从主动节点到被动（Passive）节点同步的一部分，被动节点上的 PSC 被更新。当从主动节点到被动节点进行故障切换时，被动节点上的 PSC 可用，并且提供完整的可用环境。
- 至少部署两个 PSC 实例，并将它们置于负载平衡器后面。当从主动节点到被动节点发生故障切换时，被动节点继续指向负载均衡器。当其中的一个 PSC 实例不可用时，负载平衡器将请求引导到另一个 PSC 实例。

2. 使用 VMware Service Lifecycle Manager 保护 vCenter Server

vCenter Server 本身的可用性由 VMware Service Lifecycle Manager 提供。

如果 vCenter 服务失败，VMware Service Lifecycle Manager 会重新启动它。VMware Service Lifecycle Manager 监视服务的运行状况，并在检测到故障时采取预先配置的修复操作。如果多次修复尝试失败，则服务不会重新启动。

本章重点介绍 vSphere HA 和 vSphere FT 的原理与实现方案。

9.2 vSphere HA 基础

vSphere HA 群集使得若干 ESXi 主机作为一个集合一起运行。作为一个组，它们为虚拟机提供的可用性级别比 ESXi 主机单独提供的要高。计划创建和使用新的 vSphere HA 群集时，所选择的选项会影响群集对主机或虚拟机故障的响应方式。在创建和使用 vSphere HA 群集之前，应该了解 vSphere HA 工作原理和相关的概念。

9.2.1 vSphere HA 的工作原理

vSphere HA 通过将虚拟机及其驻留的主机集中到群集中来为虚拟机提供高可用性。群集中的主机都会受到监控，一旦发生故障，故障主机上的虚拟机将在备用主机上重启。

创建 vSphere HA 群集时，一个主机将被自动选举为首选主机。首选主机与 vCenter Server 通信，并监控所有受保护的虚拟机和从属主机的状态。如果发生不同类型的主机故障，首选主机必须检测并适当地处理故障。首选主机必须对发生故障的主机、位于网络分区中的主机和被网络隔离的主机进行区分，使用网络和数据存储检测信号来确定故障类型。

1. 首选主机和从属主机

将主机添加到 vSphere HA 群集时，将故障域管理器（Fault Domain Manger，FDM）代理上传到主机，并配置为与群集中的其他代理进行通信。FDM 代理的作用是与群集内的其他主机交流有关主机的可用资源和虚拟机状态的信息，负责检测信号机制、虚拟机定位、虚拟机重启。

vSphere HA 群集中的每台主机根据角色可分为首选主机和从属主机（或称辅助主机）两种类型。每个群集通常只有一个首选主机，而所有其他主机都是从属主机。

vSphere HA 群集所有活动的主机（未处于待机或维护模式，或者未断开连接）都参与选举群集的首选主机。挂载数据存储数量最多的主机在选举中具有优势。如果首选主机出现故障、关机或进入待机模式，或者从群集中被移除，则举行新的选举。

群集中的首选主机具有如下职责。

- 监控从属主机的状态。如果从属主机出现故障或无法访问，则首选主机确定哪些虚拟机必须重启。
- 监控所有受保护虚拟机的电源状态。如果一个虚拟机发生故障，则首选主机将其重启。使用本地放置引擎，首选主机还会决定在哪台主机上重启虚拟机。
- 管理群集主机和受保护虚拟机的列表。
- 充当群集的 vCenter Server 管理接口，并报告群集运行状况。

从属主机主要通过在本地运行虚拟机，监控其运行时状态，以及向首选主机报告状态更新，来对群集发挥作用。首选主机还可以运行和监控虚拟机。从属主机和首选主机均可实现虚拟机和应用程序监控的功能。

首选主机执行的一项功能是协调、重新、启动受保护的虚拟机。在 vCenter Server 观察到虚拟机的电源状态已从关机更改为上电，对用户操作做出响应后，该虚拟机受到首选主机的保护。首选主机将受保护虚拟机的列表保留在群集的数据存储中，新选的首选主机使用此信息确定要保护的虚拟机。

2. 主机故障类型

首选主机负责检测从属主机的故障，根据检测到的故障类型，主机上运行的虚拟机可能需要进行故障切换。可检测到的主机故障有以下 3 种类型。

- 故障（Failure）。主机停止运行。
- 隔离（Isolation）。主机与网络隔离。
- 分区（Partition）。主机失去与首选主机的网络连接。

主机监控群集中从属主机的活跃度，通过每秒钟交换一次网络检测信号（又称心跳信号）实现彼此沟通。当首选主机停止从从属主机接收这些检测信号时，它会在宣称该主机发生故障之前检查主机活跃度。首选主机执行的活跃度检查是要确定从属主机是否与其中的一个数据存储交换检测信号，这涉及数据存储检测信号机制。此外，首选主机检查该主机是否对发送到其管理 IP 地址的 ICMP ping 进行响应。

如果首选主机无法直接与从属主机上的代理进行通信，则从属主机不对 ICMP ping 进行响应。如果代理没有发出检测信号，它就被视为发生故障，主机的虚拟机在备用主机上重启。如果这样的从属主机与数据存储交换检测信号，则首选主机会假定从属主机位于一个网络分区中，或与网络隔离。因此，首选主机将继续监控主机及其虚拟机。

当主机仍在运行但无法再监视管理网络上的 HA 代理流量时，会发生主机网络隔离。如果主机停止监视此流量，则会尝试 ping 群集隔离地址。如果仍然失败，则主机声明它与网络隔离。

首选主机监控在隔离主机上运行的虚拟机。如果首选主机观察到虚拟机电源已关闭，首选主机对这些虚拟机负责，则会重启它们。

如果网络基础设施具备足够的冗余度，并且至少有一个网络路径始终可用，则不太可能发生主机网络隔离。

3. 主动式（Proactive）HA 故障

当主机组部件发生故障时，会出现主动式 HA 故障，这会导致冗余损失或非灾难性故障。但是，驻留在主机上的虚拟机的功能行为不会受到影响。例如，如果物理主机上的电源发生故障，但其他电源可用，那就属于主动式 HA 故障。

如果发生主动式 HA 故障，则可以自动执行 vSphere Web Client 的 vSphere 可用性部分提供的修复操作。现将受影响的主机上的虚拟机撤离到其他主机，再将主机置于隔离模式或维护模式。

群集必须启用 vSphere DRS 才能使主动式 HA 故障监视正常运行。

4. 主机故障的响应方式

如果主机出现故障并且必须重启其虚拟机，则可以使用虚拟机重新启动优先级设置来控制虚拟机重新启动的顺序。还可以使用主机隔离响应设置，来配置主机失去与其他主机的管理网络连接时 vSphere HA 的响应方式。vSphere HA 在发生故障后重启虚拟机时也会考虑其他因素。

在主机故障或隔离的情况下，以下设置适用于群集中的所有虚拟机。还可以配置特定虚拟机的异常，这种配置需要自定义单个虚拟机。

（1）主机隔离响应

主机隔离响应决定 vSphere HA 群集中的主机失去其管理网络连接但仍继续运行时的处置。可以使用隔离响应让 vSphere HA 关闭隔离主机上运行的虚拟机，并在非隔离主机上重启它们。主机隔离响应要求启用主机监控状态（Host Monitoring Status），如果禁用它，主机隔离响应也被挂起。当主机无法与其他主机上运行的代理进行通信并且无法 ping 通其隔离地址时，该主机确定被隔离，然后该主机执行其隔离响应。响应方式可以是“关闭虚拟机电源（Power off）再重启虚拟机”，也可以是“关闭（Shutdown）再重启虚拟机”。

如果禁用“虚拟机的重启优先级设置”，则不进行主机隔离响应。

要使用“关闭（Shutdown）再重启虚拟机”设置，必须在虚拟机的客户机操作系统中安装 VMware Tools。关闭虚拟机具有保存其状态的优点。虚拟机的关闭（Shutdown）操作优于电源关闭（Power off）操作，因为它不会刷新最近对磁盘或提交事务的更改，并且需要更长的时间才能完成故障切换。

（2）虚拟机依赖关系

可以在虚拟机组之间创建依赖关系，通过创建虚拟机组之间的重新启动依赖关系规则来实现。这些规则可以指定其他的、特定的虚拟机组就绪之前某些虚拟机组无法重启。

（3）虚拟机重启的考虑因素

发生故障后，vSphere HA 群集的首选主机要决定能够启动受影响的虚拟机的主机。当选择这样的主机时，首选主机会考虑以下因素。

- 文件可访问性。在虚拟机启动之前，必须能够从可通过网络与首选主机通信的某个活动群集主机中访问该虚拟机的文件。
- 虚拟机与主机的兼容性。如果有可访问的主机，虚拟机必须至少与其中一个兼容。为虚拟机设置的兼容性包括任何所需的虚拟机与主机关联性规则的影响。例如，如果规则仅允许一个虚拟机在两台主机上运行，则会考虑在这两台主机上进行放置。
- 资源预留。在虚拟机可以运行的主机中，至少有一台主机必须具有足够的未预留容量来满足虚拟机的内存开销和任何资源预留。考虑 4 种类型的预留：CPU、内存、vNIC

（虚拟网卡）和虚拟闪存。此外，必须有足够的网络端口才能启动虚拟机。

- 主机限制。一个虚拟机只能被放置在一台主机上，前提是这样不会违反所允许的虚拟机的最大数量或者正在使用的 vCPU 的数量。
- 功能限制。如果高级选项已设置为需要强制执行虚拟机-虚拟机反关联性规则，则 vSphere HA 不会违反此规则。此外，vSphere HA 不会违反容错虚拟机的每个主机限制的任何设置。

如果没有主机满足上述因素的要求，则首选主机会发布一个事件，指出 vSphere HA 没有足够的资源启动虚拟机，当群集条件已更改时再次尝试。例如，如果虚拟机不可访问，则主机在文件的可访问性更改后再次尝试。

5. 虚拟机和应用程序监控

如果在设置的时间内未收到 VMware Tools 检测信号，虚拟机监控（VM Monitoring）将重启特定的虚拟机。同样，如果未收到正在运行的应用程序的检测信号，则应用程序监控（Application Monitoring）可以重启虚拟机。可以启用这些功能，并配置 vSphere HA 监视无响应时的敏感度。

启用虚拟机监控时，虚拟机监控服务通过从客户机中运行的 VMware Tools 进程检查常规的检测信号和 I/O 活动，来评估群集中的每台虚拟机是否正在运行。如果没有收到检测信号或 I/O 活动，这很可能是因为客户机操作系统出现故障，或者没有给 VMware Tools 分配完成任务的时间。在这种情况下，虚拟机监控服务将确定虚拟机是否已发生故障，如果是，则重启虚拟机以恢复服务。

运行正常的虚拟机或应用程序偶尔会停止发送检测信号。为避免不必要的重置，虚拟机监控服务还监视虚拟机的 I/O 活动。如果在故障间隔内没有收到检测信号，则会检查 I/O 统计信息间隔（群集级属性）。I/O 统计时间间隔确定在前两分钟（120s）内虚拟机是否有任何磁盘或网络活动发生。如果没有，则虚拟机将被重置。

要启用应用程序监控，必须首先获取适当的 SDK（或使用支持 VMware 应用程序监控的应用程序），并使用它为要监视的应用程序设置自定义的检测信号。完成此操作后，应用程序监控以与虚拟机监控大致相同的方式工作。如果在指定时间内没有收到应用程序的检测信号，则其虚拟机将重启。

可以配置监控敏感度的级别。高度敏感的监测可以更快速地得出发生故障的结论。但是由于资源限制等原因没有收到检测信号，高度敏感的监控可能会错误地识别故障，而低灵敏度监控可能会导致实际故障和虚拟机恢复之间更长时间的服务中断。为此，应选择一个有效折中的满足需求的选项。

6. 虚拟机组件保护

虚拟机组件保护（VM Component Protection，VMCP）用于检测数据存储可访问性故障，并为受影响的虚拟机提供自动恢复。发生数据存储可访问性故障时，受影响的主机将无法再访问特定数据存储的存储路径。vSphere HA 对此类故障的响应方式有多种，包括产生事件警报、在其他主机上重启虚拟机等。注意，VMCP 要求 ESXi 主机必须为 6.0 或更高版本。

数据存储可访问性故障类型有以下两种。

- PDL（Permanent Device Loss，永久设备丢失）。当存储设备报告该数据存储无法由主机访问时，会发生不可恢复的可访问性丢失，不关闭虚拟机就无法恢复此状态。
- APD（All Paths Down，全部路径异常）。表示I/O处理中短暂的或未知可访问性丢失，或任何其他未识别的延迟。这种可访问性问题是可以恢复的。

7. 网络分区（Network Partitions）

当vSphere HA群集发生管理网络故障时，群集中的一部分主机可能无法通过管理网络与其他主机进行通信，这样，一个群集中就可能会出现多个分区。已分区的群集会导致虚拟机保护和群集管理功能的降级，应尽快更正已分区群集。

- 虚拟机保护。vCenter Server允许虚拟机打开电源，但只有当虚拟机与负责它的首选主机运行在相同的分区时，才能对其进行保护。首选主机必须与vCenter Server通信。如果首选主机以独占方式锁定数据存储上的系统定义文件（包含虚拟机的配置文件），则该主机将负责虚拟机。
- 群集管理。vCenter Server可以与首选主机通信，但只能与从属主机的一部分进行通信。因此，影响vSphere HA的配置更改可能在分区解决后才能生效。此故障可能导致其中一个分区在旧配置下运行，而另一个则使用新配置。

8. 数据存储检测信号

当vSphere HA群集中的首选主机无法通过管理网络与从属主机进行通信时，首选主机将使用数据存储检测信号来判断从属主机是否发生故障，是否位于网络分区，是否处于网络隔离状态。如果从属主机已停止数据存储检测信号，则认为其发生故障了，其虚拟机在别处重启。

vCenter Server选择一组首选的数据存储进行信号检测。这种选择是为了使访问检测信号数据存储的主机数量尽可能多，并尽可能减少数据存储由同一个LUN或NFS服务器支持的可能性。

vSphere HA在用于数据存储检测信号和受保护虚拟机的每个数据存储的根目录创建一个目录，该目录的名称是.vSphere-HA，不要删除或修改存储在此目录中的文件。由于不止一个群集可能使用数据存储，因此将为每个群集创建此目录的子目录。root账号拥有这些目录和文件，只有root可以读写。vSphere HA使用的磁盘空间取决于几个因素，包括正在使用的VMFS版本，以及使用数据存储进行信号检测的主机数量。

vSphere HA限制可以在单个数据存储上拥有配置文件的虚拟机数量。如果在数据存储上放置的虚拟机数量超过此限制，并启动这些虚拟机，vSphere HA保护的虚拟机只能达到该上限。

一个VSAN数据存储无法用于数据存储检测信号。

9.2.2 vSphere HA 的准入控制

vSphere HA 使用准入控制（Admission Control）来确保在主机出现故障时为虚拟机恢复预留足够的资源。准入控制对资源使用进行限制，任何可能违反这些限制的操作都是不允许的。可能被禁止的操作包括打开虚拟机电源、迁移虚拟机、增加虚拟机的 CPU 或内存预留等。

vSphere HA 准入控制的基础是允许群集容忍多少主机故障仍然能够保证故障切换。主机故障切换容量可以通过 3 种方式进行设置：群集资源百分比、插槽策略（Slot policy）和专用故障切换主机。

虽然可以禁用 vSphere HA 准入控制，但是这样就无法保证故障发生后可以重启预期数量的虚拟机，因此不要永久禁用准入控制。

1. 群集资源百分比准入控制

可以配置 vSphere HA 通过预留特定百分比的群集 CPU 和内存资源来执行准入控制，以便从主机故障中恢复。通过这种类型的准入控制，vSphere HA 可确保为故障切换预留指定百分比的 CPU 和内存总资源。

（1）群集资源百分比可执行的准入控制

- 计算群集中所有已启动的虚拟机的总资源需求。
- 计算可用于虚拟机的主机资源总量。
- 计算群集的当前 CPU 故障切换容量（Current CPU Failover Capacity）和当前内存故障切换容量（Current Memory Failover Capacity）。
- 确定当前 CPU 故障切换容量或当前内存故障切换容量是否低于相应的配置故障切换容量（由用户提供）。如果低于配置，则准入控制将不允许操作。

vSphere HA 使用虚拟机的实际预留。如果虚拟机没有预留，则表示预留为 0，默认为 0MB 内存和 32MHz CPU。

（2）计算当前故障切换容量

已启动的虚拟机的总资源需求包括 CPU 和内存两个部分，vSphere HA 会计算这些值。

- CPU 组件值是对已启动虚拟机的 CPU 预留计算的总和。如果尚未为虚拟机指定 CPU 预留，则会为其分配默认值 32MHz。
- 内存组件值是对每个已启动虚拟机的内存预留（加上内存开销）计算的总和。

计算出主机的 CPU 和内存资源总和，从而得出虚拟机可使用的主机资源总量。这些值包含在主机根资源池中的总量中，而不是主机的总物理资源量，不包括用于虚拟化目的的资源。只有处于连接状态、未进入维护模式且没有 vSphere HA 错误的主机才被计算在内。

当前 CPU 故障切换容量是通过从主机 CPU 资源总数中减去总 CPU 资源需求量，并将结果除以主机 CPU 资源总量的计算结果。当前内存故障切换容量的计算方式与此类似。

（3）使用群集资源百分比准入控制的示例

下面通过一个示例（如图 9-1 所示）说明计算并使用这种准入控制策略的当前故障切换容量的方式。

假设群集由 3 台主机组成，每台主机具有不同数量的可用 CPU 和内存资源。主机 1 具有 9GHz 的可用 CPU 资源和 9GB 的可用内存，而主机 2 具有 9GHz 和 6GB，而主机 3 具有 6GHz 和 6GB。

群集中有 5 个已启动的虚拟机，具有不同的 CPU 和内存要求。虚拟机 1 和虚拟机 2 各需要 2GHz 的 CPU 资源和 1GB 的内存，虚拟机 3 需要 1GHz 和 2GB，虚拟机 4 和虚拟机 5 各需要 1GHz 和 1GB。

CPU 和内存的配置故障切换容量都设置为 25%。

已启动的虚拟机的总资源需求为 7GHz 和 6GB。虚拟机可用的主机资源总数为 24GHz 和 21GB。基于此，当前 CPU 故障切换容量约为 71%〔(24GHz-7GHz)/ 24GHz)×100%〕。同样，当前内存故障切换容量约为 71%〔(21GB-6GB)/21GB)×100%〕。

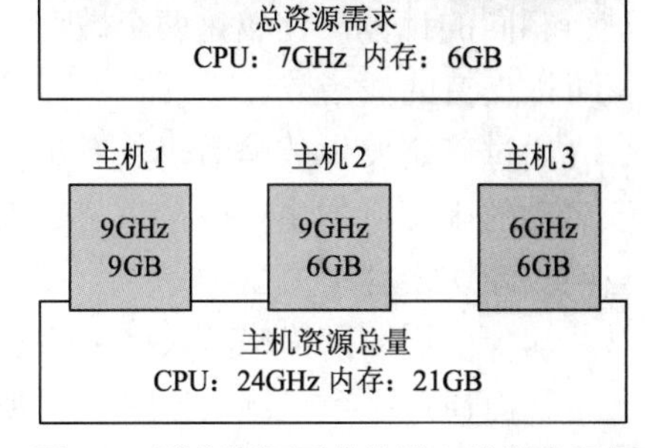

图 9-1 群集资源百分比准入控制的示例

由于将群集的配置故障切换容量设置为 25%，约群集总 CPU 资源的 46%和约群集内存资源的 46%仍可用于启动其他虚拟机。

2. 插槽策略准入控制

使用插槽策略选项，vSphere HA 准入控制可确保当指定数量的主机出现故障时，群集中仍有足够的资源支持从这些主机将所有虚拟机进行故障切换。

（1）插槽策略执行准入控制的方式

- 计算插槽大小。插槽是内存和 CPU 资源的逻辑表示。默认情况下，其大小可满足群集中任何已启动虚拟机的要求。
- 确定群集中的每台主机可以容纳多少个插槽。
- 确定群集的当前故障切换容量（Current Failover Capacity）。这是出现故障后仍然有足够的插槽来满足所有已启动的虚拟机的主机数量。
- 确定当前故障切换容量是否低于配置的故障切换容量（由用户提供）。如果低于配置，则准入控制将不允许操作。

（2）插槽大小计算

插槽大小由 CPU 和内存两个组件的值组成。vSphere HA 通过获取每个已启动的虚拟机的 CPU 预留并选择最大值来计算 CPU 组件的值。如果没有为虚拟机指定 CPU 预留，则系统会为其分配一个默认值 32MHz。通过获取每个已启动的虚拟机的内存预留及内存开销，并选择最大值来计算内存组件的值。需要注意的是，内存预留没有默认值。

如果群集内虚拟机的预留值大小不一致，则会影响插槽大小的计算。为避免出现这种情况，可以使用 das.slotcpuinmhz 或 das.slotmeminmb 高级选项分别指定插槽大小的 CPU 或内存组件的上限。

（3）使用插槽计算当前的故障切换容量

在计算出插槽大小后，vSphere HA 会确定每个主机的可用于虚拟机的 CPU 和内存资源。这些值包含在主机根资源池中的总量中，而不是主机的总物理资源量，不包括用于虚拟化目的的资源。只有处于连接状态、未进入维护模式且没有 vSphere HA 错误的主机才会被计算在内。

然后确定每台主机可以支持的最大插槽数量。为此，将主机的 CPU 资源量除以 CPU 组件的值，并将结果保留整数。对主机的内存资源量进行相同的计算。比较这两个数字，较小的数字是主机可以支持的插槽数。

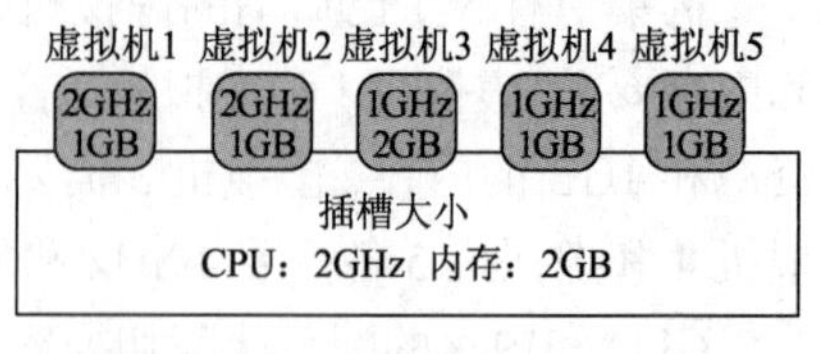

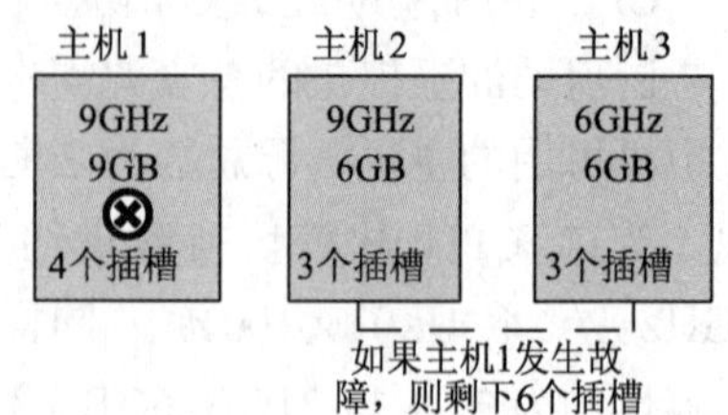

图 9-2 插槽策略准入控制的示例

通过确定发生故障后仍然有足够的插槽满足所有已启动的虚拟机的主机数量（从最大值开始）来计算当前故障切换容量。

（4）使用插槽策略准入控制的示例

下面通过一个示例（如图 9-2 所示）来说明插槽大小的计算和插槽策略准入控制的使用。例中的资源同上面的群集资源百分比准入控制示例，只是将群集允许的主机故障数目设置为 1。

插槽大小是通过比较虚拟机的 CPU 和内存要求并选择最大需求进行计算的。最大的 CPU 需求为 2GHz（虚拟机 1 和虚拟机 2 都是这个值），而最大的内存要求为 2GB（虚拟机 3 为此值）。基于此可得出插槽大小为 2GHz CPU 和 2GB 内存。

确定每台主机可支持的最大插槽数。主机 1 可以支持 4 个插槽，主机 2 可以支持 3 个插槽（这是 9GHz/2GHz 和 6GB/2GB 两个值中较小的），主机 3 也可以支持 3 个插槽。

计算当前故障切换容量。最大的主机是主机 1，如果发生故障，群集中仍然有 6 个插槽，插槽数量对于所有 5 个已启动的虚拟机而言都是足够的。如果主机 1 和主机 2 都出现故障，只剩下 3 个槽，就不够用了。因此，当前故障切换容量是一个。

群集有一个可用插槽，即主机 2 和主机 3 上的 3 个插槽减去 5 个使用的插槽。

3. 专用故障切换主机准入控制

配置 vSphere HA 时，可以将特定主机指定为故障切换主机。

使用专用故障切换主机准入控制，当主机发生故障时，vSphere HA 会尝试在任何指定的故障切换主机上重新启动其虚拟机。如果无法重新启动虚拟机，如故障切换主机出现故障或资源不足，则 vSphere HA 会尝试重新启动群集中其他主机上的那些虚拟机。

要确保故障切换主机上的备用容量可用，否则将无法启动虚拟机或使用 vMotion 将虚拟机迁移到故障切换主机。此外，DRS 不使用故障切换主机进行负载平衡。

如果使用这种准入控制并指定多个故障切换主机，则 DRS 不会强制为在故障切换主机上运行的虚拟机执行虚拟机关联规则。

9.2.3 vSphere HA 互操作性

vSphere HA 可以与许多其他功能进行互操作。在配置 vSphere HA 之前，应该了解其与其他功能或产品的互操作性的规则。

1. 将 vSphere HA 与 DRS 一起使用

这种组合将自动故障切换与负载平衡相结合，可以将虚拟机移动到不同的主机以形成资源更加平衡的群集。

当 vSphere HA 执行故障切换并重启不同主机上的虚拟机时，其首要的选项是所有虚拟机的即时可用性。虚拟机重新启动后，已启动虚拟机的主机可能会负载过重，而其他主机则相对较轻。vSphere HA 使用虚拟机的 CPU 与内存预留和开销内存来确定主机是否有足够的备用容量来容纳虚拟机。

在启用了 DRS 和 vSphere HA 准入控制的群集中，虚拟机可能不会从进入维护模式的主机撤离。这种现象的发生是由于为重启虚拟机而保留的资源出了问题，这样就必须使用 vMotion 从虚拟机手动迁移虚拟机。

如果为群集创建 DRS 关联性规则，则可以指定 vSphere HA 在虚拟机故障切换期间应用该规则的方式。以下两种规则用于指定 vSphere HA 故障切换行为。

- 虚拟机-虚拟机反关联性规则强制指定的虚拟机在故障切换操作期间保持分开。
- 虚拟机-主机关联性规则在故障切换操作期间，将指定的虚拟机放置在特定主机或特定的主机组的成员上。

编辑 DRS 关联性规则时，可以选中为 vSphere HA 强制执行所需故障切换行为的复选项。

2. 将 vSphere HA 与 vSAN 配合使用

可以使用 vSAN 作为 vSphere HA 群集的共享存储，vSAN 将主机上可用的指定本地存储磁盘聚合到所有主机共享的单个数据存储中。要组合使用 vSphere HA 与 vSAN，必须了解这两个功能互操作性的某些注意事项和限制。

（1）组合使用 vSphere HA 与 vSAN 的 ESXi 主机要求

- 所有群集的 ESXi 主机必须是版本 5.5 或更高版本。
- 群集必须至少有 3 台 ESXi 主机。

（2）vSphere HA 与 vSAN 的网络差异

vSAN 有自己的网络，如果对同一群集启用了 vSAN 和 vSphere HA，则 HA 代理流量将流过该存储网络而不是管理网络。vSphere HA 仅在禁用 vSAN 时才使用管理网络。如果在主机上配置了 vSphere HA，则 vCenter Server 会选择适当的网络。

如果更改 vSAN 网络配置，则 vSphere HA 代理不会自动选择新的网络设置。要更改 vSAN 网络，必须在 vSphere Web Client 中执行以下步骤。

① 禁用 vSphere HA 群集的主机监控。

② 使 vSAN 网络更改。

③ 右击群集中的所有主机，然后选择“重新配置 vSphere HA”命令。

④ 重新启用 vSphere HA 群集的主机监控。

表 9-1 显示了是否使用 vSAN 的 vSphere HA 网络差异。

表 9-1 是否使用 vSAN 的 vSphere HA 网络差异

	启用 vSAN	禁用 vSAN
vSphere HA 使用的网络	vSAN 存储网络	管理网络
检测信号数据存储	挂载到一台以上主机的任何数据存储，但不是 vSAN 数据存储	挂载到一台以上主机的任何数据存储
声明隔离的主机	隔离地址不可 ping 通，vSAN 存储网络不可访问	隔离地址不可 ping 通，管理网络无法访问

（3）容量预留设置

使用准入控制策略为 vSphere HA 群集预留容量时，必须将此设置与相应的 vSAN 设置进行协调，以确保发生故障时可以访问数据。具体而言，vSAN 规则集中允许的容错设置数不能低于 vSphere HA 许可控制设置保留的容量。

3. 其他 vSphere HA 互操作性问题

要使用 vSphere HA，还必须了解以下额外的互操作性问题。

（1）虚拟机组件保护

- VMCP 不支持 vSphere Fault Tolerance。
- VMCP 不检测或响应位于 vSAN 数据存储上的文件的可访问性问题。
- VMCP 不检测或响应位于虚拟卷数据存储上的文件的可访问性问题。
- VMCP 不能防止不可访问的裸设备映射（RDM）。

（2）IPv6

- 群集仅包含 ESXi 6.0 或更高版本的主机。
- 群集中所有主机的管理网络必须配置为与 IPv6 或 IPv4 相同的 IP 版本。vSphere HA 群集不能同时包含两种类型的网络配置。
- vSphere HA 使用的网络隔离地址必须与群集管理网络使用的 IP 版本相匹配。
- 不能在使用 vSAN 的 vSphere HA 群集中使用 IPv6。
- 环回地址类型不能用于管理网络。

9.3 创建和使用 vSphere HA 群集

要使用 vSphere HA 实现业务运行中断的快速恢复，必须创建 vSphere HA 群集。vSphere HA 在 ESXi 主机群集的环境中运行。创建一个群集后，使用主机进行填充，并配置 vSphere HA 设置，然后才能建立故障切换保护。建立群集后，可以使用高级选项自定义其行为，并优化其性能。

9.3.1 vSphere HA 群集的要求

在创建和使用 vSphere HA 群集之前必须注意以下要求。

- 所有主机必须获得 vSphere HA 许可。
- 群集必须至少包含两台主机。

● 所有主机必须配置静态 IP 地址。如果正在使用 DHCP，则必须确保每台主机的地址在重新启动时仍然存在。

● 所有主机必须至少有一个共同的管理网络。最好的做法是至少有两个共同的管理网络。应该使用启用了管理流量复选框的 VMkernel 网络。网络必须彼此可访问，并且 vCenter Server 和主机必须在管理网络上彼此可访问。

● 要确保任何虚拟机可以在群集中的任何主机上运行，所有主机都必须具有访问相同虚拟机网络和数据存储的权限。类似的，虚拟机必须位于共享的而不是本地的存储上，否则在主机发生故障的情况下它们不能被故障切换。

vSphere HA 使用数据存储检测信号区分分区，隔离失败的主机。因此，如果某些数据存储在环境中更可靠，应配置 vSphere HA 以优先选择。

● 要使虚拟机监控（VM Monitoring）工作，必须安装 VMware Tools。

● vSphere HA 支持 IPv4 和 IPv6。

● 要使虚拟机组件保护工作，主机必须启用所有路径下降（APD）超时功能。

● 要使用虚拟机组件保护，群集必须包含 ESXi 6.0 主机或更高版本。

● 只有包含 ESXi 6.0 或更高版本主机的 vSphere HA 群集才能用于启用 VMCP。

● 如果群集使用虚拟卷数据存储，则在启用 vSphere HA 时，vCenter Server 会在每个数据存储上创建一个配置虚拟卷。在这些容器中，vSphere HA 存储用于保护虚拟机的文件。如果删除这些容器，则 vSphere HA 无法正常工作。每个虚拟卷数据存储只创建一个容器。

9.3.2 创建一个 vSphere HA 群集

1. 创建 vSphere HA 群集的准备工作

创建和配置 vSphere HA 群集之前，做好以下准备工作。

● 确定群集的节点。这些节点是提供资源支持虚拟机的 ESXi 主机，并且用于故障切换保护。vSphere HA 群集必须至少包含两台主机。注意，要加入 HA 群集的主机上的所有虚拟机都要禁用虚拟机启动和关闭（自动启动）功能，因为与 vSphere HA 配合使用时，不支持虚拟机自动启动。这些虚拟机应安装 VMware Tools 软件以支持 vSphere HA 检测。

● 准备虚拟网络。除了提供虚拟机端口组和其他网络功能外，还应重点考虑用于 vSphere HA 通信的网络。vSphere HA 使用管理网络进行检测信号和其他 vSphere HA 通信，本身要求网络具有冗余配置，尤其是管理网络没有冗余，会给出配置错误提示。

● 准备共享存储。虚拟机必须位于共享的而不是本地的存储上，否则在主机发生故障的情况下它们不能被故障切换。

2. 创建 vSphere HA 群集

要使群集可用于 vSphere HA，必须首先创建一个空群集。在将主机添加到群集之前，可以启用和配置 vSphere HA，但是没有主机成员的群集不能完全运行，并且某些群集设置不可用。例如，在出现可以指定为故障切换主机的主机之前，专用故障切换主机准入控制策略不可用。在计划群集的资源和网络体系结构之后，使用 vSphere Web Client 将主机添加到群集。下面不再介绍空群集的创建过程和主机的添加，而是直接利用上一章中创建的 DRS 群集 DRS-HA_Cluster，而且已经添加了两个主机成员。

3. vSphere HA 群集的基本配置

（1）在 vSphere Web Client 界面中浏览到该群集，切换到“配置”选项卡，单击“vSphere 可用性”，默认没有启用 vSphere HA，如图 9-3 所示。

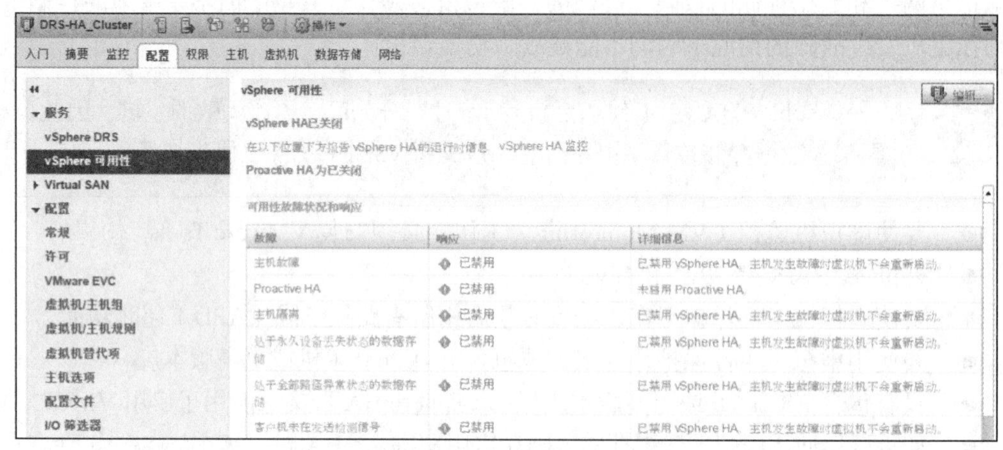

图 9-3 “vSphere 可用性”页面

（2）单击“编辑”按钮，打开图 9-4 所示的界面，选中“打开 vSphere HA”复选框以启用 HA 功能；选中“启用 Proactive HA”复选框以启用主动式 HA 故障功能，该功能需要在群集上启用 DRS 功能作为前提条件（这里，该群集已经启用 DRS）。

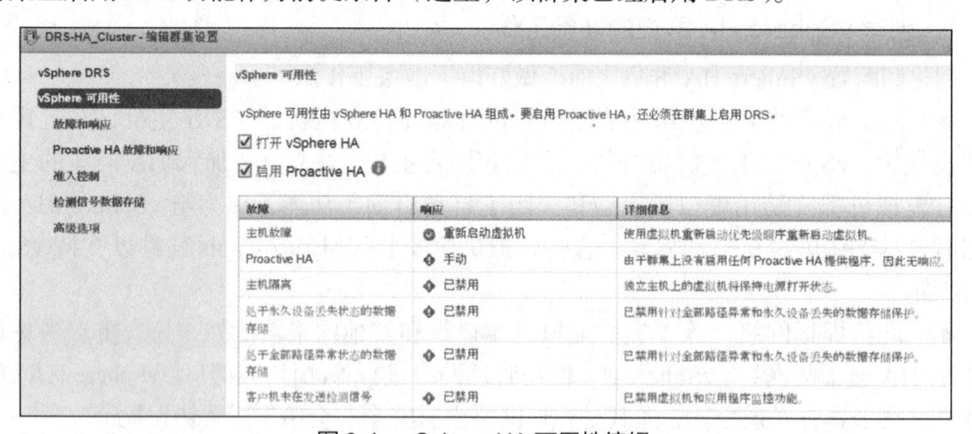

图 9-4 vSphere HA 可用性编辑

（3）单击“故障和响应”节点，如图 9-5 所示，选中“启用主机监控”复选框，让群集中的主机可以交换网络检测信号，vSphere HA 可以在检测到故障时采取措施。

（4）默认禁用虚拟机监控。见图 9-5，这里从“虚拟机监控”下拉列表中（默认选择“已禁用”）选择“仅虚拟机监控”，表示如果在设置的时间内没有收到某个虚拟机的检测信号，则重启该虚拟机，也可以选择“虚拟机和应用程序监控”来启用应用程序监控。

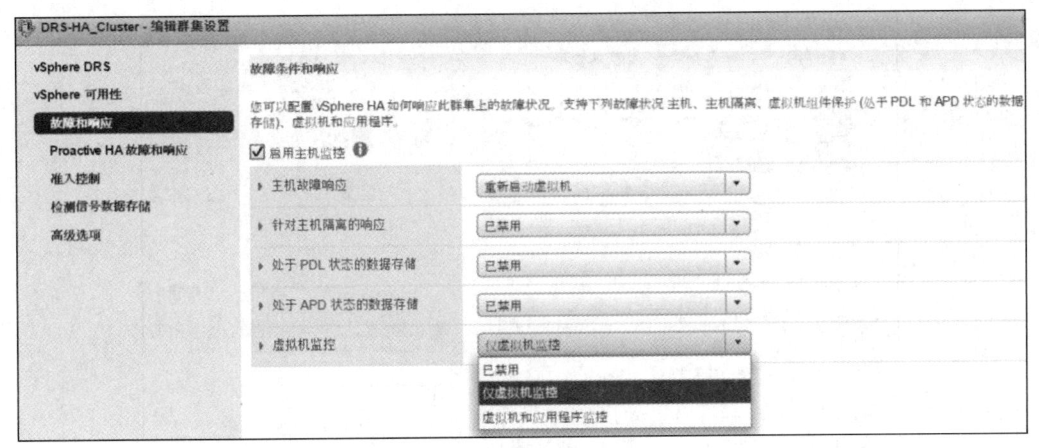

图 9-5　设置故障和响应

（5）单击“确定”按钮，系统开始配置 vSphere HA，可在“近期任务”窗格中查看配置进度，如图 9-6 所示。

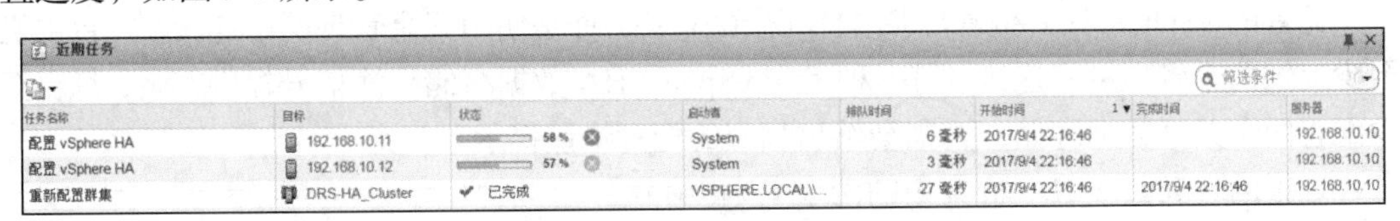

图 9-6　vSphere HA 配置进度

配置完成后，出现一个具备基本功能的 vSphere HA 群集，可以进一步查看它的主机成员信息。如图 9-7 所示，例中的首选主机为 ESXi-A（192.168.10.11），摘要信息包括网卡数量、虚拟机数量、硬件信息、vSphere HA 状况等。状态信息显示为“正在运行（主要）”，说明正在运行的是首选主机，负责监控其他主机。

例中另一台主机 ESXi-B（192.168.10.12）的摘要信息如图 9-8 所示，状态信息显示为“已连接（从属）”，说明处于连接状态的是从属主机。

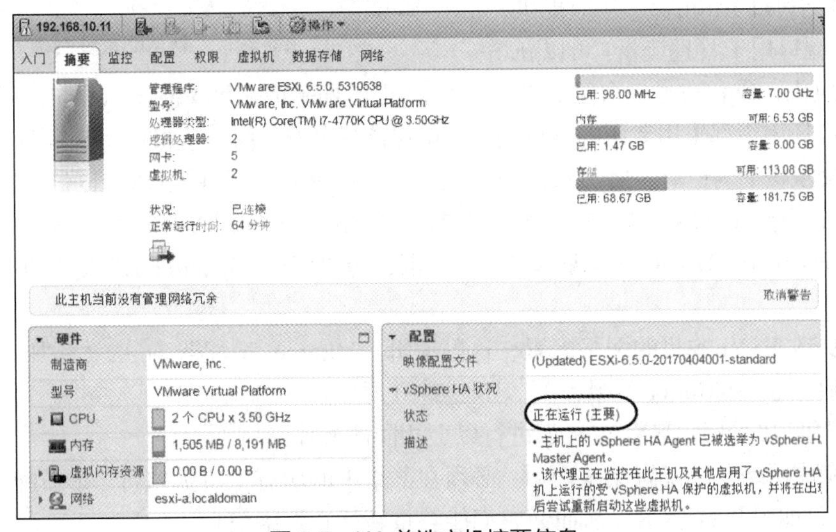

图 9-7　HA 首选主机摘要信息

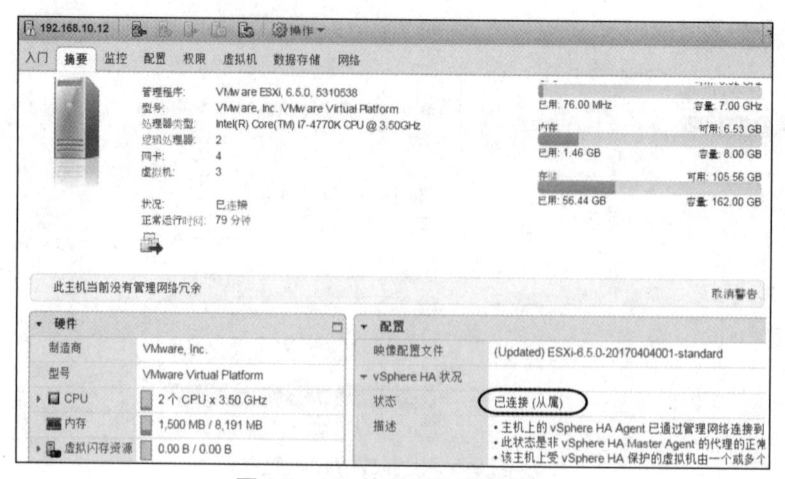

图 9-8 HA 从属主机摘要信息

4. 完善 vSphere HA 群集的冗余配置

完善的 vSphere HA 群集要求两种冗余配置：一种是使用冗余管理网络连接，每台主机至少提供两个管理网络连接；另一种是为 vSphere HA 数据存储检测信号提供冗余，每台至少配置两个共享数据存储，否则会给出相应的配置错误提示。

这里的 vSphere HA 群集中的两个主机给出“此主机当前没有管理网络冗余”的警告信息，见图 9-7 和图 9-8。在群集中的 ESXi 主机上，默认情况下，vSphere HA 通信通过 VMkernel 网络进行传输。查看例中主机的 VMkernel 适配器配置，vmk0 已启用“管理”服务，作为默认管理网络，如图 9-9 所示。

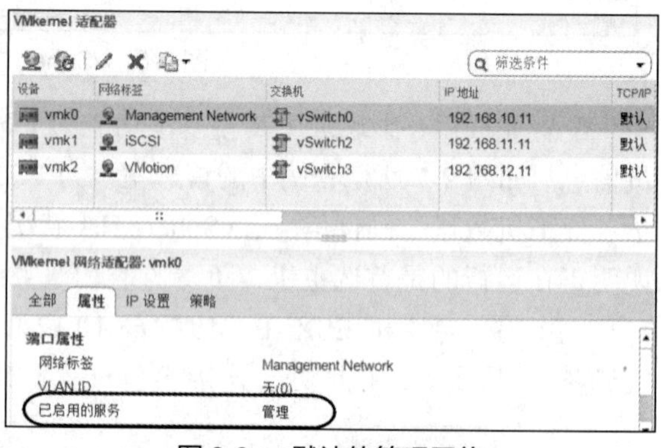

图 9-9 默认的管理网络

要提供管理网络冗余，还应提供一个 VMkernel 端口用于管理流量。可以新增一台虚拟交换机，或者在另一台已有的虚拟交换机上再配置一个 VMkernel 端口用于管理流量。在生产环境中都采用专用的管理网络以确保流量分离，由于这里仅用于实验，因此在已有的虚拟交换机上为已有 VMkernel 端口添加“管理”服务，例中与 vMotion 服务共用端口。

（1）在 vSphere HA 群集中的 ESXi 主机上更改网络连接配置时需要先挂起（禁用）主机监控，在 vSphere HA 可用性编辑界面中取消选择“打开 vSphere HA”复选框，单击“确定”按钮。

（2）更改 ESXi 主机的网络配置，这里编辑 VMkernel 适配器 vmk2，添加“管理”服务（原来启用了“vMotion”服务），如图 9-10 所示。

HA 群集中的每台 ESXi 主机都进行以上相同的操作。

（3）完成网络连接配置更改之后，必须在群集中的所有主机上执行“重新配置 vSphere HA”命令，如图 9-11 所示，从而使它们能够重新检查网络信息。

（4）在 HA 群集上重新启用主机监控功能。

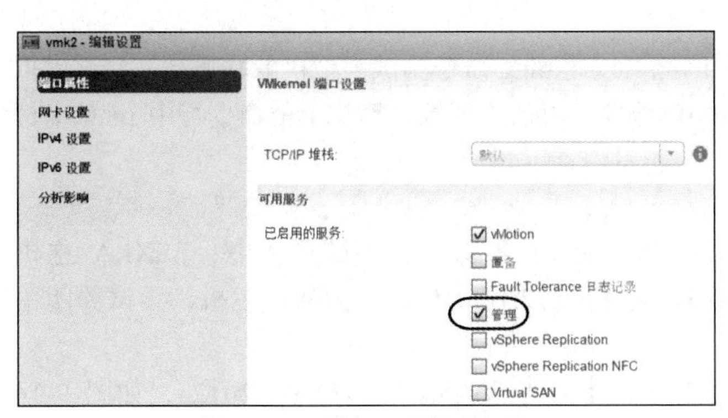

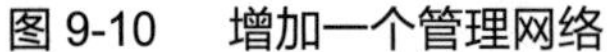
图 9-10　增加一个管理网络

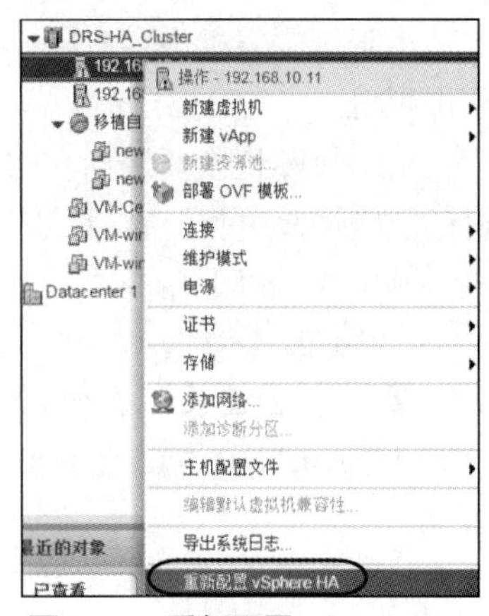

图 9-11　重新配置 vSphere HA

完成上述配置操作之后，关于没有管理网络冗余的警告就没有了。不过，又会显示“该主机的 vSphere HA 检测信号数据存储数目为 0，少于要求数目：2”的警告信息，如图 9-12 所示，这说明 vSphere HA 检测信号数据存储没有冗余，这个问题留待 9.3.7 小节解决。

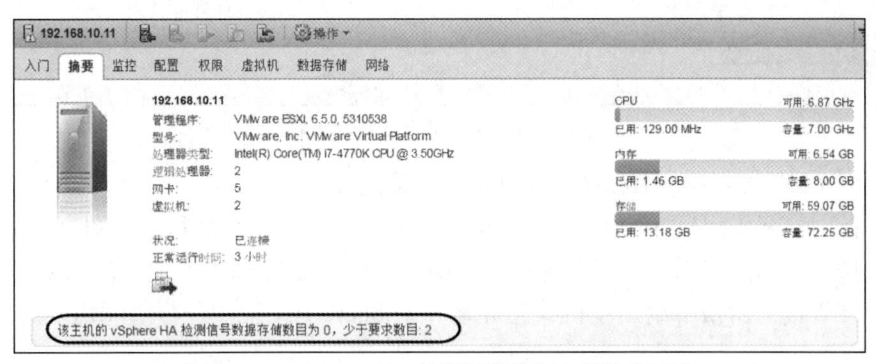

图 9-12　vSphere HA 检测信号数据存储没有冗余

9.3.3　vSphere HA 功能测试

下面对以上创建的 HA 群集进行基本功能测试。

为方便测试，先禁用准入控制。打开 vSphere HA 可用性编辑界面，单击“准入控制”节点，如图 9-13 所示，从“主机故障切换容量的定义依据”下拉列表中选择“已禁用”，单击“确定”按钮。

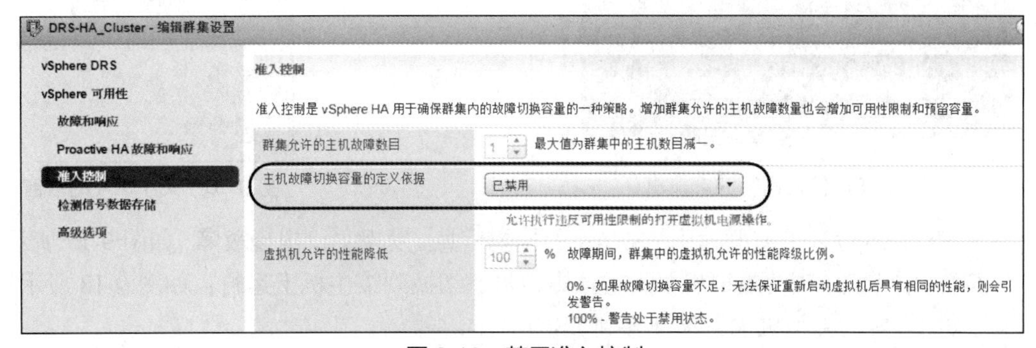

图 9-13　禁用准入控制

由于例中主机内存有限，可以考虑删除一个虚拟机（这里是 newCentOS7），只保留 3 个虚拟机。

由于故障切换要用到实时迁移，因此可以用 ping 命令测试虚拟机的联通性来测试虚拟机的故障恢复过程。查看该虚拟机的 IP 地址，再从管理端计算机上的命令行中 ping 虚拟机，例中执行以下命令：

```
ping 192.168.1.136 -t
```

接下来通过关闭主机模拟主机故障，测试故障切换。测试环境中，ESXi-A 主机（192.168.10.11）为首选主机，ESXi-B 主机（192.168.10.12）为从属主机，尝试关闭主机 A。

（1）例中在 ESXi-A 主机（192.168.10.11）启动虚拟机 VM-win2012a，如图 9-14 所示。

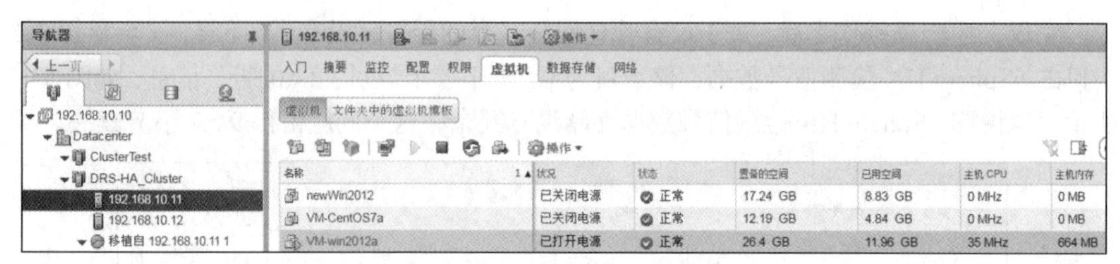

图 9-14　在主机上运行虚拟机

（2）对 ESXi-A 主机（192.168.10.11）执行关机命令。

（3）此时打开虚拟机 VM-win2012a 的控制台，发现它仍然运行，如图 9-15 所示。稍后控制台中会显示“控制台已断开连接”的提示信息，说明此时已不能访问该虚拟机。

（4）“警报”窗格中给出主机状态异常和 vSphere HA 正在进行故障切换的提示，如图 9-16 所示。

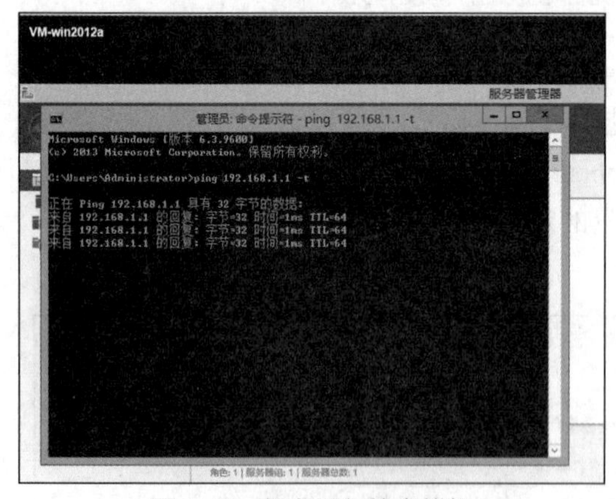

图 9-15　仍在运行的虚拟机

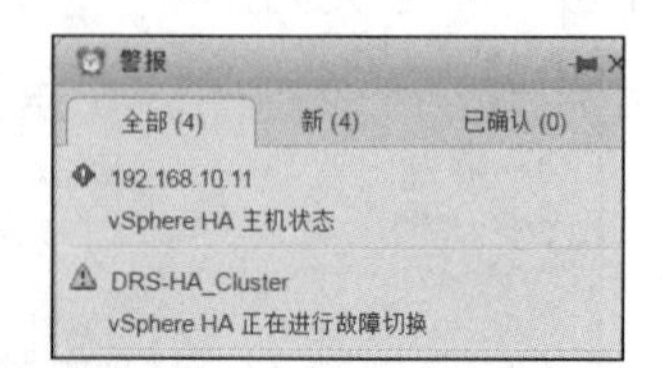

图 9-16　关于 HA 的警告

（5）查看 vSphere HA 群集中 ESXi-A 的摘要信息，发现主机出现故障，如图 9-17 所示。

（6）查看 ESXi-B 的虚拟机，发现该虚拟机已切换到该主机上运行，如图 9-18 所示。其他已关闭电源的虚拟机也自动迁移到 ESXi-B 上。

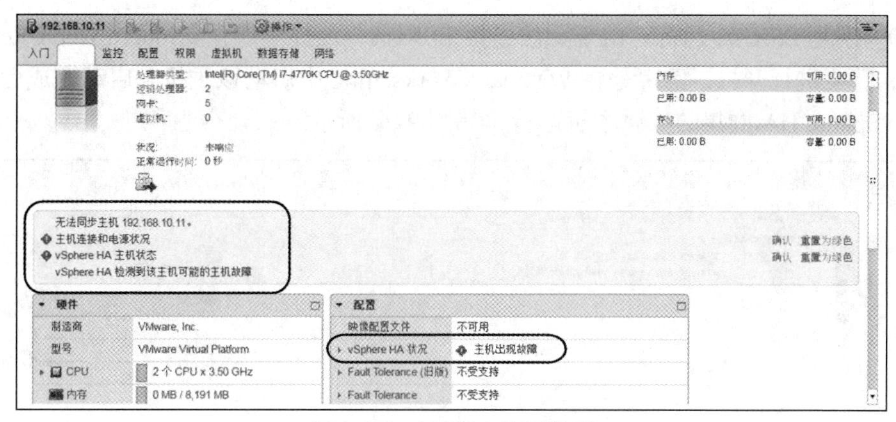

图 9-17　ESXi-A 出现故障

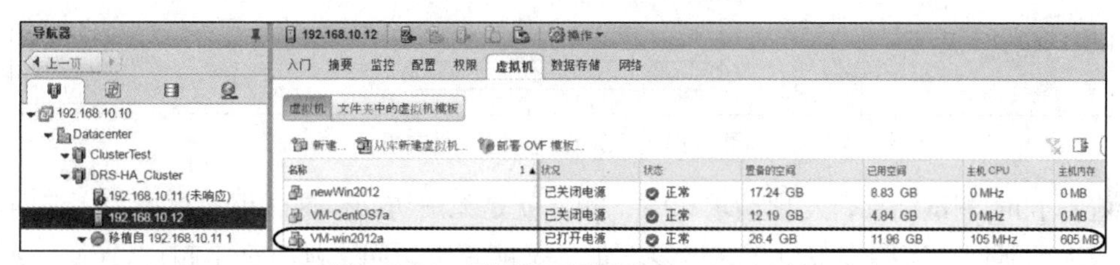

图 9-18　虚拟机已经迁移到 ESXi-B 上

（7）重新连接该虚拟机的控制台，发现其恢复运行。

（8）查看 ESXi-B 的摘要信息，发现该主机已成为首选主机，如图 9-19 所示。

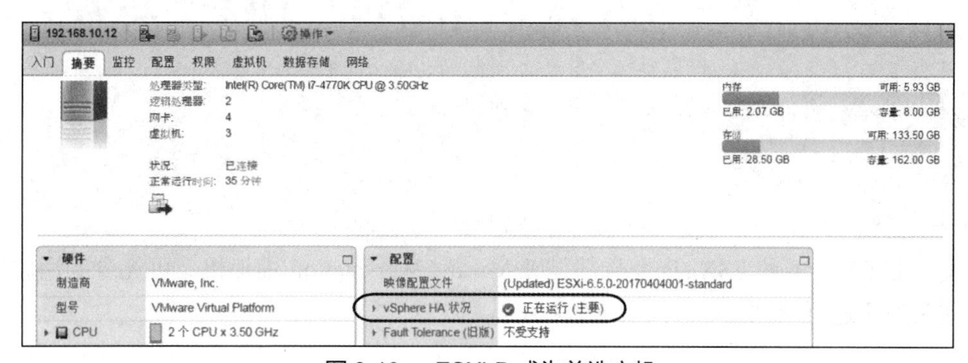

图 9-19　ESXi-B 成为首选主机

（9）切换到 vSphere HA 群集的“监控”选项卡，进入“vSphere HA”页面，单击“配置问题”，可以发现当前 vSphere HA 群集的问题所在，主要是 ESXi-A 还有问题，如图 9-20 所示。

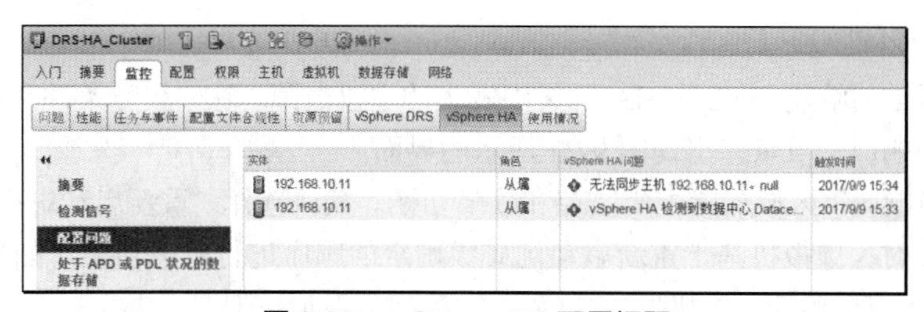

图 9-20　vSphere HA 配置问题

（10）恢复 ESXi-A 运行，由于无法连接 ESXi-A，因此不能在 vSphere Web Client 界面中操作，需要进行开机，例中是在 WMware Workstation 中启动该主机。启动完成后，它重新作为 vSphere HA 群集的从属主机运行，如图 9-21 所示。

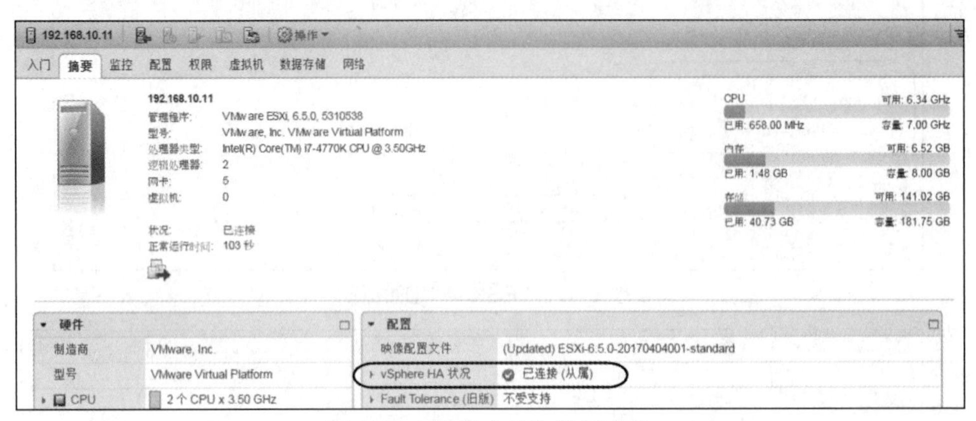

图 9-21　ESXi-A 变为从属主机

查看 ping 测试结果，发现请求超时，接着就是无法访问，这时虚拟机被关闭。而后有一个较大的延时，表明虚拟机正在恢复。最后又能正常访问，延时都不超过 1ms，说明恢复成功。下面给出部分关键的测试结果。

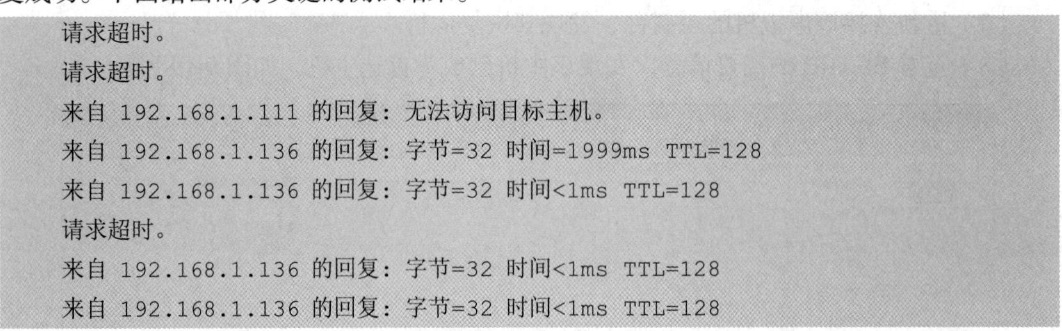

```
请求超时。
请求超时。
来自 192.168.1.111 的回复: 无法访问目标主机。
来自 192.168.1.136 的回复: 字节=32 时间=1999ms TTL=128
来自 192.168.1.136 的回复: 字节=32 时间<1ms TTL=128
请求超时。
来自 192.168.1.136 的回复: 字节=32 时间<1ms TTL=128
来自 192.168.1.136 的回复: 字节=32 时间<1ms TTL=128
```

例中的 ESXi-A 和 ESXi-B 本身都是 WMware Workstation 虚拟机，可充分利用虚拟机的挂起和恢复进行测试。

9.3.4　配置 vSphere HA 故障响应

故障和响应配置就是要确定遇到问题时 vSphere HA 群集的响应方式。打开 vSphere HA 可用性编辑界面，单击“故障和响应”节点，进入“故障条件和响应”页面，可以执行的配置任务说明如下。

1. 主机故障响应

这是设置如何响应 vSphere HA 群集中发生的主机故障。在“故障条件和响应”页面展开“主机故障响应”节点，出现图 9-22 所示的界面。

在“故障响应”区域配置主机监控和故障切换。默认选择“重新启动虚拟机”，表示检测到主机故障时，虚拟机基于重新启动优先级确定的顺序进行故障切换。如果选择“已禁用”，则会关闭主机监控，主机发生故障时不会重新启动虚拟机。

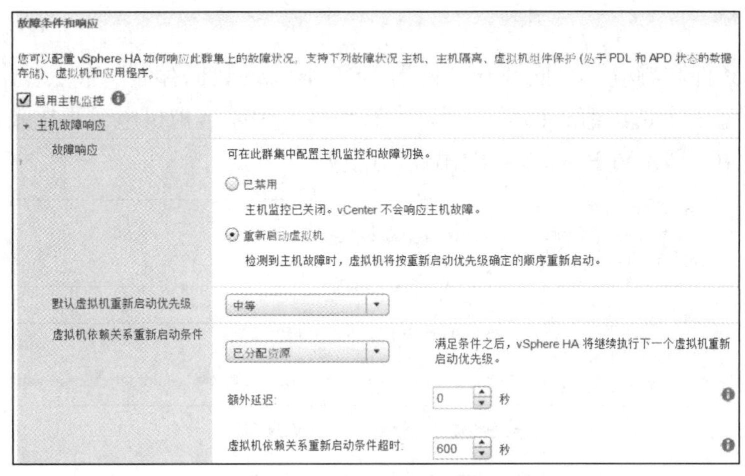

图 9-22　设置主机故障响应

从“默认虚拟机重新启动优先级”下拉列表中选择优先级，共有 5 个优先级，即最低、低、中等、高、最高，默认设置为中等。重新启动优先级用于确定主机发生故障时虚拟机的重新启动顺序，这里设置的是默认优先级，即未设置虚拟机替代项的虚拟机的重新启动优先级。首先启动优先级最高的虚拟机，然后是那些低优先级的虚拟机，直到重新启动所有虚拟机，或者没有更多的可用群集资源为止。如果主机故障数目或重新启动的虚拟机数目超过了准入控制所允许的数目，则系统可能会等到有更多资源可用时再重新启动优先级较低的虚拟机。VMware 建议为提供最重要服务的虚拟机分配较高的重新启动优先级。

在“虚拟机依赖关系重新启动条件”区域设置 vSphere HA 下一个虚拟机重新启动优先级必须满足的条件，共有 4 个选项值，即已分配资源、已打开电源、已检测到客户机检测信号、已检测到应用检测信号，默认值为已分配资源。下面两个下拉列表分别用于设置所允许的额外延迟时间和超时限制。

2. 主机隔离响应

下面设置如何响应 vSphere HA 群集中发生的主机隔离。在“故障条件和响应”页面展开“主机隔离响应”节点，出现图 9-23 所示的界面。

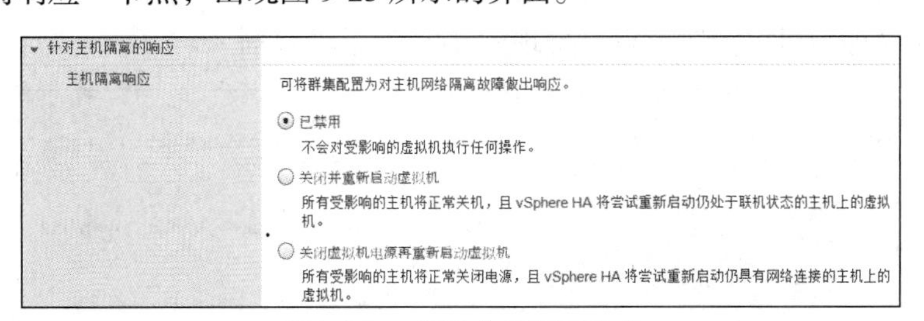

图 9-23　设置主机隔离响应

该界面中共有 3 个选项值，即已禁用、关闭并重新启动虚拟机、关闭虚拟机电源再重新启动虚拟机，默认选择已禁用，即不对主机隔离做出任何响应。

3. 配置 VMCP 响应

配置 VMCP 响应，指当数据存储遇到 PDL 或 APD 故障时，虚拟机组件保护所采取的响应。

在“故障条件和响应”页面展开“处于 PDL 状态的数据存储”节点，出现图 9-24 所示的界面。共有 3 个选项值，即已禁用、发布事件、关闭虚拟机电源再重新启动虚拟机，默认选择已禁用，即不对 PDL 故障做出任何响应。

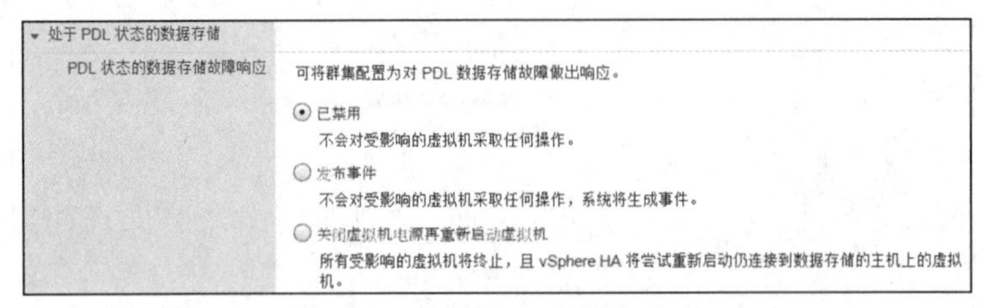

图 9-24　设置 PDL 故障响应

展开“处于 APD 状态的数据存储”节点，出现图 9-25 所示的界面。共有 4 个选项值，即已禁用、发布事件、关闭虚拟机电源并重新启动虚拟机-保守的重新启动策略、关闭虚拟机电源并重新启动虚拟机-激进的重新启动策略，默认选择已禁用，即不对 APD 故障做出任何响应。还可以设置响应恢复，即 VMCP 进行操作之前等待的时间。

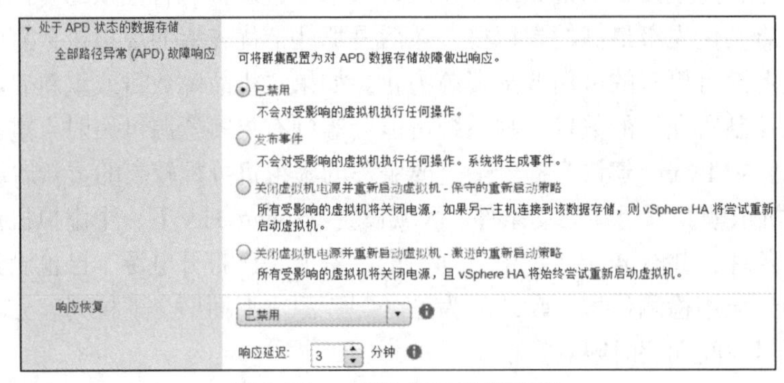

图 9-25　设置 APD 故障响应

4. 设置虚拟机监控

打开虚拟机和应用程序监控，设置 vSphere HA 群集的监控敏感度。在“故障条件和响应”页面展开“虚拟机监控”节点，出现图 9-26 所示的界面。

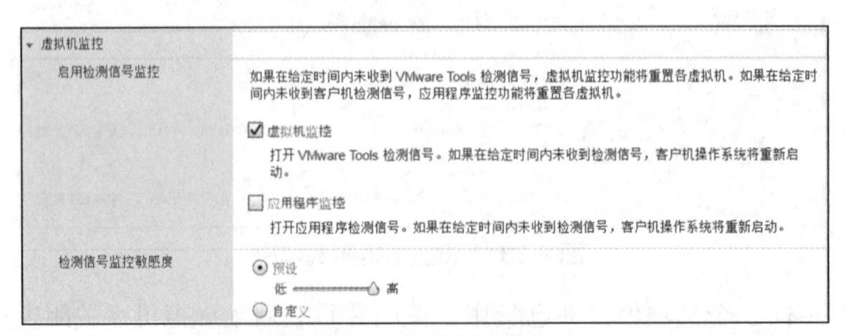

图 9-26　设置虚拟机监控

一般需要选中“虚拟机监控”复选框，启用 VMware Tools 检测信号。根据需要选中“应用程序监控”复选框，启用应用程序检测信号。

还可以设置检测信号监控敏感度，在低值和高值之间移动滑块，或者提供自定义设置。

9.3.5 配置主动式 HA

可配置当提供程序通知 vCenter 其运行状况降级（表示主机出现部分故障）时主动式 HA 的响应方式。

打开 vSphere HA 可用性编辑界面，确认选中“启用 Proactive HA”复选框，再单击“Proactive HA 故障和响应”节点打开相应的页面，依次展开“自动化级别”和“修复”，如图 9-27 所示，配置其中的选项。

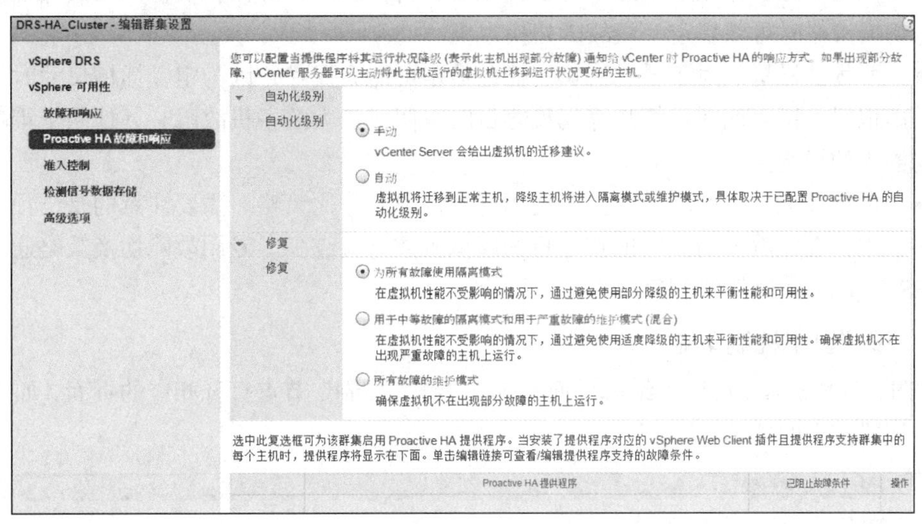

图 9-27　设置主动式 HA 故障和响应

在“自动化级别”区域设置主机隔离或维护模式和虚拟机迁移时是给出建议还是自动执行。默认选择“手动”，vCenter Server 会给出虚拟机的迁移建议。如果选择“自动”，则虚拟机将自动迁移到正常主机，降级的主机将进入隔离或维护模式。

在“修复”区域设置对部分降级的主机所执行的操作，共有以下 3 个选项值。

- 为所有故障使用隔离模式。在虚拟机性能不受影响的情况下，通过避免使用部分降级的主机来平衡性能和可用性。这是默认选择。
- 用于中等故障的隔离模式和用于严重故障的维护模式（混合）。在虚拟机性能不受影响的情况下，通过避免使用适度降级的主机来平衡性能和可用性，确保虚拟机不在出现严重故障的主机上运行。
- 所有故障的维护模式。确保虚拟机不在出现部分故障的主机上运行。

9.3.6 配置准入控制

创建群集后，可以配置准入控制，以指定虚拟机违反可用性限制时是否可以启动它们。群集会预留资源，以便在指定数量的主机上对所有正在运行的虚拟机进行故障切换。

1. 选择准入控制策略

应当基于可用性需求和群集的功能选择准入控制策略。选择准入控制策略应考虑以下因素。

● 避免资源碎片。当有足够的资源用于虚拟机故障切换时，会产生资源碎片。由于虚拟机一次只能在一台 ESXi 主机上运行，这些碎片化的资源位于多个主机且不可用。使用群集资源百分比策略不能解决资源碎片问题，而选用专用故障切换策略则不会出现资源碎片。对于插槽策略，将插槽尺寸定义为虚拟机最大预留值，使用“群集允许的主机故障数目”策略的默认设置即可避免资源碎片。

● 故障切换资源的灵活性。为故障切换保护预留群集资源时，准入控制策略所提供的控制力度会有所不同。“群集允许的主机故障数目”策略可设置多台主机用于故障切换级别。而群集资源百分比策略最多可设置 100%的群集 CPU 和内存资源用于故障切换，指定故障切换策略时可以指定一组故障切换主机。

● 群集的异构。对于异构群集，插槽策略可能太保守，因为定义插槽尺寸时仅考虑最大的虚拟机预留，而在计算故障切换容量时也假定最大的主机故障。其他两个策略则不受异构群集的影响。

● 运行环境。生产环境中推荐使用群集资源百分比策略。需要注意的是，预留的资源越多，主机在非故障切换时能够运行的虚拟机数量就越少。专用故障切换策略通常用于备用 ESXi 主机的大中型环境。

2. 设置基本控制策略

打开 vSphere HA 可用性编辑界面，单击“准入控制”节点打开相应的页面，如图 9-28 所示，配置其中的选项。

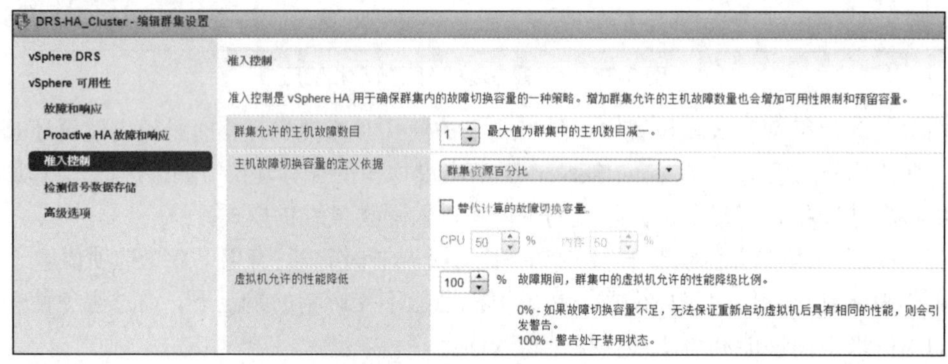

图 9-28 设置准入控制

在“群集允许的主机故障数目”区域选择一个数字。该数字表示群集能够进行恢复或者确保进行故障切换所允许的最大主机故障数。例中只有两台 ESXi 主机，最多只能选择一台。

在“虚拟机允许的性能降低”区域设置百分比。此设置确定故障期间群集中的虚拟机允许的性能降低百分比，可以指定配置问题的发生次数。例如，默认值为 100%，不会产生任何警告；如果降至 0%，则群集使用率超过可用容量时就会生成警告；如果降至 20%，可以允许的性能降低量按性能降低值=当前使用量 × 20%方式计算。当前使用量减去性能降低量的值超过可用容量时，将发出配置通知。

最重要的是“主机故障切换容量的定义依据”设置，共有 4 个选项，其中“已禁用”表示禁用准入控制，并允许在违反可用性限制时打开虚拟机电源。

3. 选择群集资源百分比

该设置指定为支持故障切换而作为备用容量保留的群集 CPU 和内存资源的百分比。可在“准入控制”页面中，从“主机故障切换容量的定义依据”下拉列表中选择“群集资源百分比”，见图 9-28，单击“确定”按钮。这种准入控制策略需要关注整个群集资源的占用情况，切换到该群集的“摘要”选项卡，右上角显示群集当前已用和可用的 CPU 及内存。展开“vSphere 可用性”，可进一步查看为故障切换预留的 CPU 和内存百分比（默认均为 50%），如图 9-29 所示。

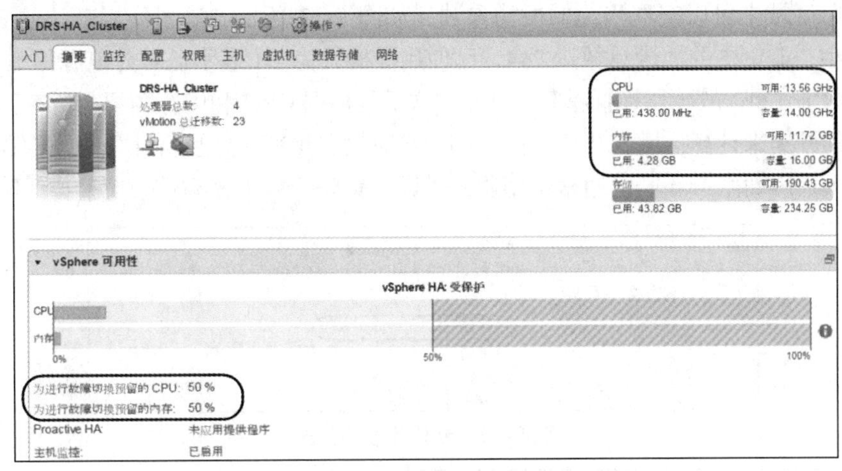

图 9-29　HA 群集的摘要信息

切换到“准入控制”页面，选中“替代计算的故障切换容量”复选框，如图 9-30 所示，将 CPU 和内存百分比从默认的 50%改为 20%，单击“确定”按钮。再切换到该 HA 群集的“摘要”选项卡，可以发现有配置资源不足的警告信息，如图 9-31 所示，这说明预留的资源不足。

再次将上述百分比改回 50%，然后进行故障切换测试。这里，newWin2012 虚拟机在 EXSi-A（192.168.10.11）运行，关闭该主机以模拟主机故障，会发现触发故障切换，该虚拟机从 EXSi-B（192.168.10.12）上恢复启动运行。

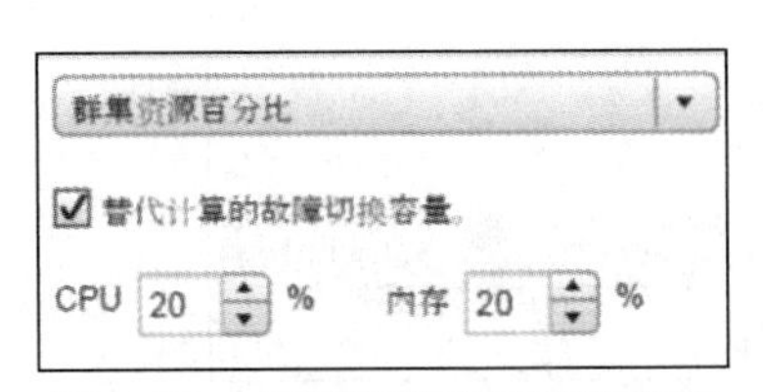

图 9-30　调整预留资源的百分比

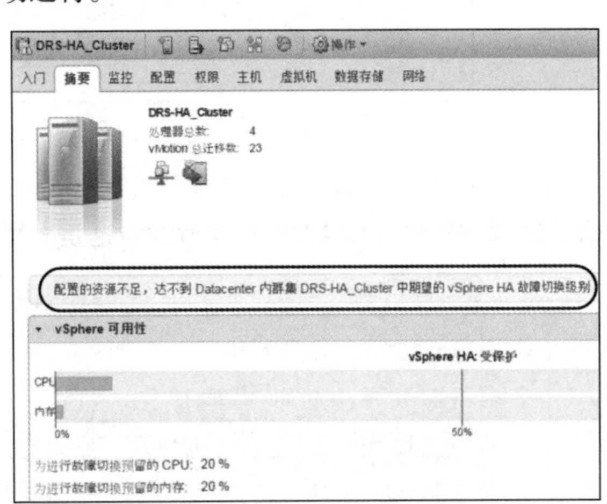

图 9-31　提示配置的资源不足

4. 选择插槽策略

可为所有打开电源的虚拟机或固定大小的插槽选择策略，还可以计算有多少个虚拟机需要多个插槽。

在“准入控制”页面中从“主机故障切换容量的定义依据”下拉列表中选择“插槽策略（已打开电源的虚拟机）”，如图 9-32 所示，默认选择“涵盖所有已打开电源的虚拟机”，这是默认的插槽策略。

切换到该群集的“监控”选项卡，单击“vSphere HA”，再单击“摘要”，在“高级运行时信息”区域中可以查看当前的插槽参数，如图 9-33 所示。这里使用默认的 32MHz 作为插槽大小，群集中的插槽总数达 244，已使用插槽数为 2（表示已打开电源的虚拟机数），可用插槽数为 120，故障切换插槽数为 122。这里是根据 CPU 和内存预留与所有已打开电源的虚拟机的开销来计算插槽大小的，由于例中没有设置预留，并且所计算的插槽数和实际数据差距太大，因而生产环境中通常不使用这种默认策略。接下来举例说明插槽策略调整。

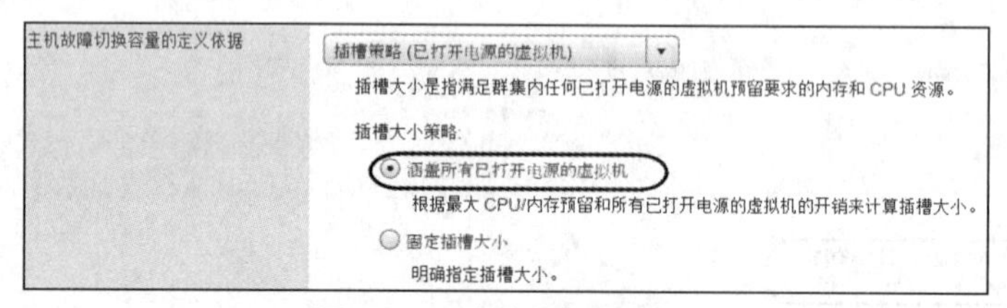

图 9-32　默认的插槽策略

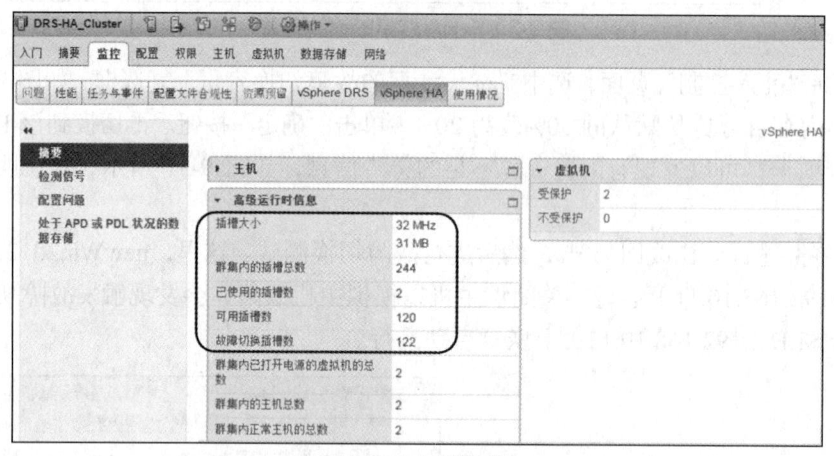

图 9-33　插槽参数

（1）切换到该 HA 群集的“虚拟机”选项卡，找出 CPU 和内存资源占用最多的虚拟机，例中为 newWin2012，如图 9-34 所示。这是根据插槽大小计算原则所得到的。

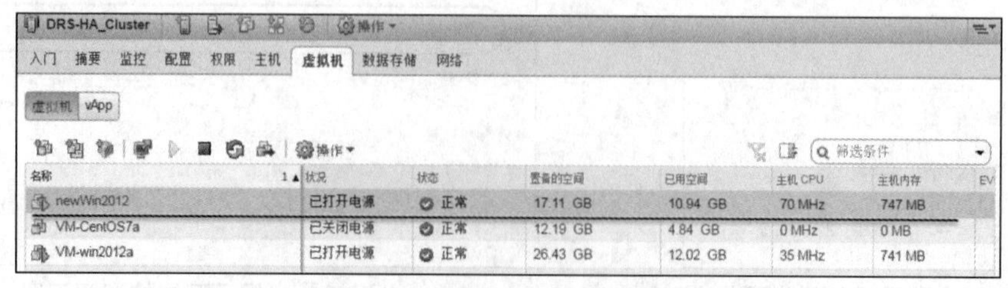

名称	状况	状态	置备的空间	已用空间	主机 CPU	主机内存
newWin2012	已打开电源	正常	17.11 GB	10.94 GB	70 MHz	747 MB
VM-CentOS7a	已关闭电源	正常	12.19 GB	4.84 GB	0 MHz	0 MB
VM-win2012a	已打开电源	正常	26.43 GB	12.02 GB	35 MHz	741 MB

图 9-34　找出 CPU 和内存资源占用最多的虚拟机

（2）依据该虚拟机的 CPU 和内存资源占用量调整插槽大小策略。例中选中“固定插槽大小”策略，将 CPU 和内存固定插槽大小调整为 256MHz 和 1024MB，如图 9-35 所示。

（3）再次打开该 HA 群集的 vSphere HA 摘要界面，在“高级运行时信息”区域中可以看到当前的插槽参数已经改变，如图 9-36 所示。例中 CPU 和内存插槽大小为 256MHz 和 1024MB，群集中的插槽总数只有 8 个，已使用插槽数仍然为 2（表示已打开电源的虚拟机数），可用插槽数变为 2（表示群集大致还可以运行两台虚拟机），故障切换插槽数变为 4。

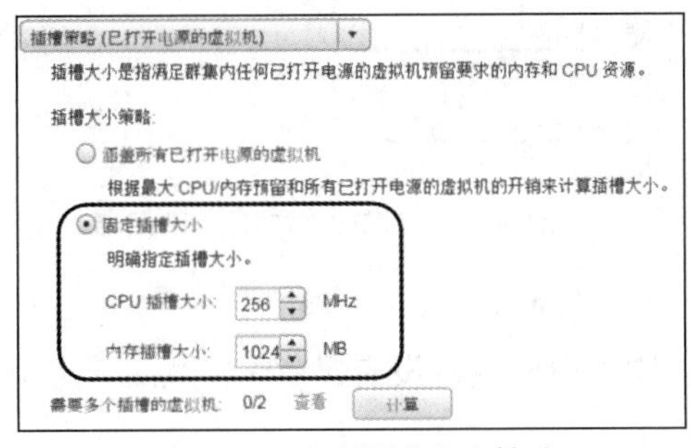

图 9-35　更改插槽大小策略

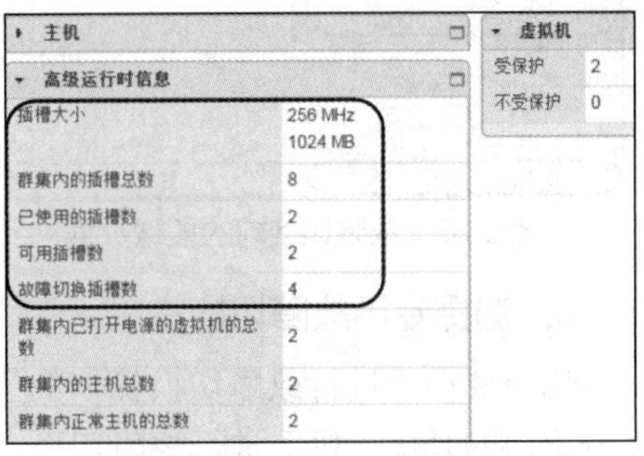

图 9-36　调整后的插槽参数

（4）尝试调整前述虚拟机 newWin2012 的预留资源，通过编辑虚拟机的设置实现，这里将其 CPU 预留调整为 512MHz，如图 9-37 所示。

（5）在插槽大小策略界面中单击“计算”按钮可以计算出需要多个插槽的虚拟机数量，如图 9-38 所示。这里的 1/2 表示共有两台打开电源的虚拟机，其中一台虚拟机需要多个插槽，再单击“查看”按钮，可以发现虚拟机 newWin2012 需要两个插槽。

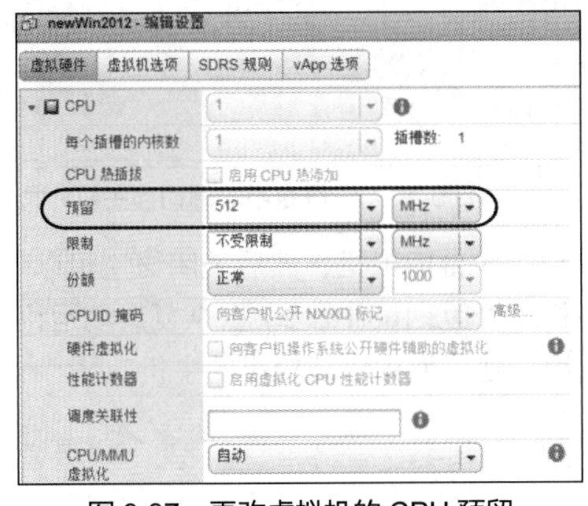

图 9-37　更改虚拟机的 CPU 预留

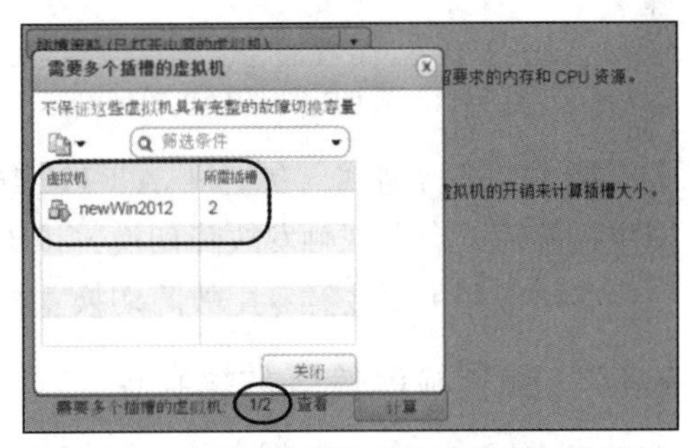

图 9-38　计算和查看需要多个插槽的虚拟机

（6）打开该 HA 群集的 vSphere HA 摘要界面，在“高级运行时信息”区域中可以查看当前的插槽参数又一次发生了改变，如图 9-39 所示。这里由于 newWin2012 增加了一个插槽，已使用插槽数变为 3（表示已打开电源的虚拟机数），可用插槽数变为 1，故障切换插槽数仍为 4。

（7）测试故障切换。例中 newWin2012 虚拟机在主机 A（192.168.10.11）运行，然后关闭该主机以模拟主机故障，会发现触发故障切换，该虚拟机从主机 B（192.168.10.11）上恢复启动运行。

（8）再一次查看当前插槽数据，如图 9-40 所示，群集中的插槽总数变为 4，已使用插槽数为 3，可用插槽数变为 0，故障切换插槽数变为 1，此时只有一台正常运行的主机。

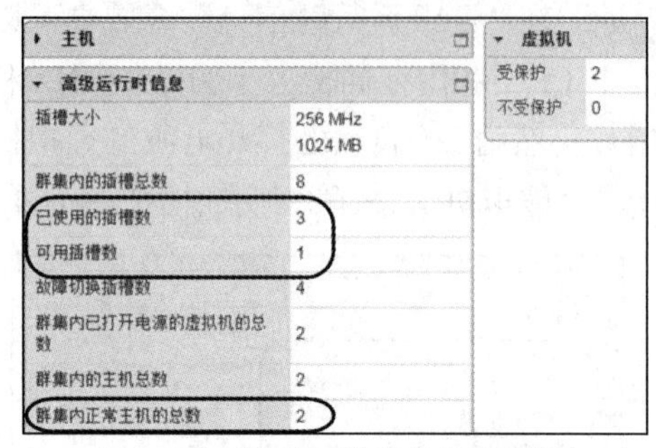

图 9-39　故障切换前的插槽数据

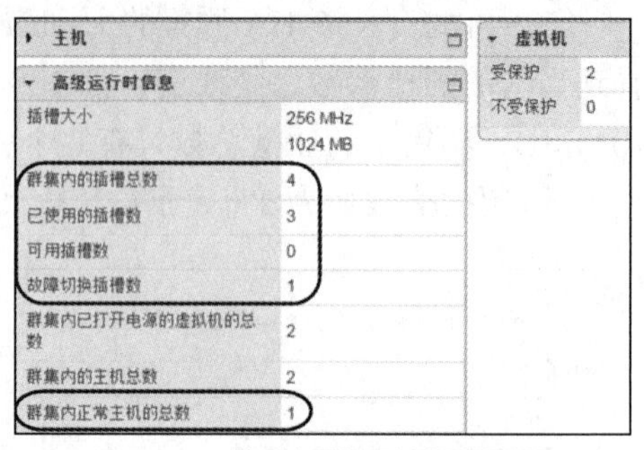

图 9-40　故障切换后的插槽数据

5. 选择专用故障切换主机

选择要用于进行故障切换操作的主机。当默认故障切换主机没有足够的资源时，仍可在群集内的其他主机上进行故障切换。

在“准入控制”页面中从“主机故障切换容量的定义依据”下拉列表中选择“专用故障切换主机”，单击“+”按钮弹出图 9-41 所示的对话框，从列表中选择要用于切换的主机，这里将主机 B（192.168.10.12）作为专用故障切换主机，单击“确定”按钮，该主机已加入故障主机列表中，如图 9-42 所示，再单击“确定”按钮。

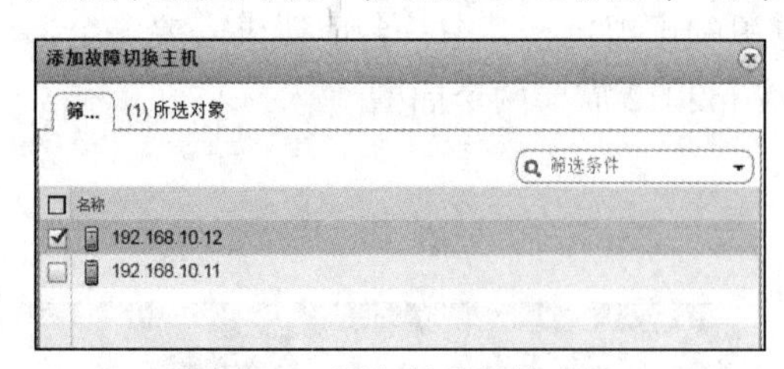

图 9-41　添加故障切换主机

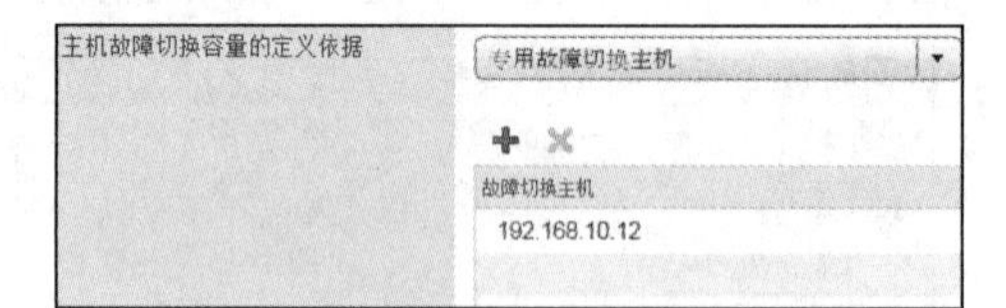

图 9-42　设置专用故障切换主机

接下来进行测试，在主机 A（192.168.10.11）运行一台虚拟机，然后关闭该主机以模拟主机故障，会发现触发故障切换，该虚拟机从主机 B（192.168.10.12）上恢复启动运行。

实际应用中要注意专用故障切换主机的负载情况，建议使用负载较小的主机。

9.3.7　配置检测信号数据存储

vSphere HA 使用数据存储检测信号区分出现故障的主机和位于网络分区上的主机。利用数据存储检测信号，当发生管理网络分区时，vSphere HA 可以监控主机并继续响应故障。可以指定要用于数据存储检测信号的数据存储。

打开 vSphere HA 可用性编辑界面，单击“检测信号数据存储”节点打开相应的页面，如图 9-43 所示，配置其中的选项。

首先选择检测信号数据存储选择策略，从以下选项中选择。

- 自动选择可从以下主机访问的数据存储。
- 仅使用指定列表中的数据存储。
- 使用指定列表中的数据存储并根据需要自动补充。

此处选择第 3 个选项。

在“可用检测信号数据存储”区域选择要用于检测信号的数据存储，列出的数据存储由 vSphere HA 群集中的多个主机共享。这里将两个 iSCSI 存储都选上，为 vSphere HA 数据存储检测信号提供冗余。

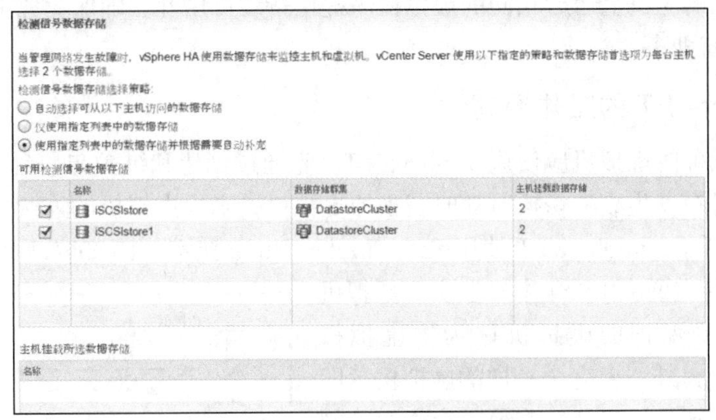

图 9-43　设置检测信号数据存储

9.3.8 通过设置替代项来自定义个别虚拟机的 HA 设置

与上一章介绍的使用虚拟机替代项实现 DRS 自动化级别的个性化类似，在 vSphere HA 群集中也可以设置虚拟机替代项来自定义单个虚拟机，覆盖群集的 vSphere HA 默认设置，如虚拟机重新启动优先级、主机隔离响应、虚拟机组件保护和虚拟机监控等设置。

切换到 vSphere HA 群集的“配置”选项卡，展开“配置”节点，单击“虚拟机替代项”，右侧出现“虚拟机替代项”列表。单击“添加”按钮，弹出相应的对话框，再单击“+”按钮，从列表中选择一个或多个虚拟机，单击“确定”按钮。

如图 9-44 所示，针对列表中的虚拟机进行个性化设置。各个设置的默认值都是“使用群集设置”，可从下拉列表中选择具体的设置项。

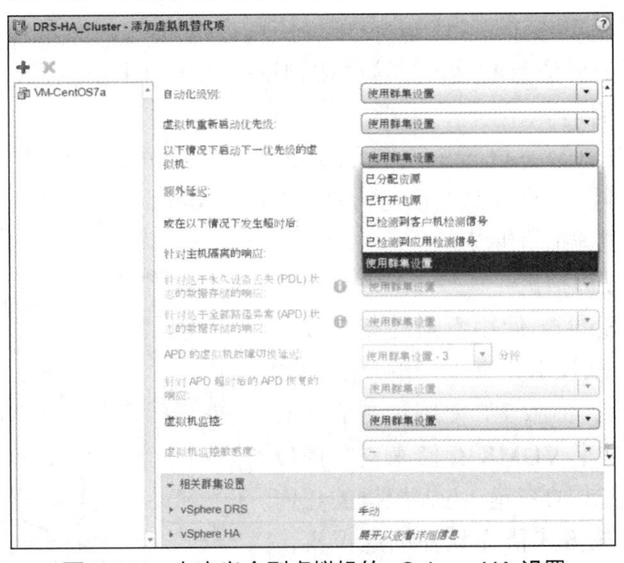

图 9-44　自定义个别虚拟机的 vSphere HA 设置

9.4 vSphere FT 基础

要实现更高级别的可用性和数据保护，确保业务运行的连续性，就需要使用 vSphere Fault Tolerance（FT）技术。vSphere FT 基于虚拟化架构构建低成本、易管理的双机热备系统。通过在不同的主机上运行相同的虚拟机来提供持续可用性，确保业务不中断，vSphere FT 特别适合关键业务。

9.4.1 vSphere FT 的工作原理

执行关键任务的虚拟机应使用 vSphere FT。它通过创建和维护与一台虚拟机相同的另一台虚拟机，可在发生故障切换时随时替换原虚拟机，确保虚拟机的连续可用性。

如图 9-45 所示，vSphere FT 使用 Fast Checkpointing 技术、10Gbit/s 网络和各自不同的 VDMK 存储支持在两台 ESXi 主机上实现虚拟机容错。其中，受保护的虚拟机称为主虚拟机（Primary VM）。另外一台完全一样的虚拟机，即辅助虚拟机（Secondary VM），在另一台主机上创建和运行。两者统称容错虚拟机。由于辅助虚拟机与主虚拟机的执行方式相同，并且辅助虚拟机无须中断就可在任何时点接管主虚拟机，因此可以提供容错保护。

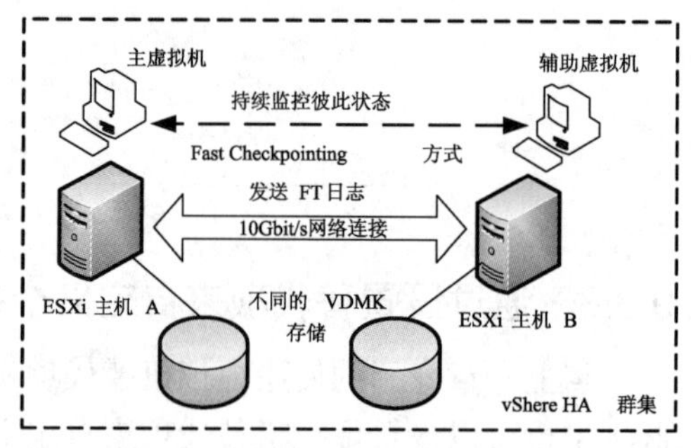

图 9-45 vSphere FT 的工作原理

主虚拟机和辅助虚拟机会持续监控彼此的状态以维持容错。如果运行主虚拟机的主机发生故障，系统将会执行透明故障切换，此时会立即启用辅助虚拟机来接替主虚拟机，启动新的辅助虚拟机，并自动重建容错冗余。如果运行辅助虚拟机的主机发生故障，则该主机也会立即被替换。在任一情况下，用户都不会遭遇服务中断和数据丢失。

主虚拟机和辅助虚拟机不允许在同一主机上运行，这种限制的作用是确保主机故障不会导致两台虚拟机都失效。当然，也可以使用虚拟机-主机关联性规则确定要运行指定虚拟机的主机。需要注意的是，受这种规则影响的任何主虚拟机，其关联的辅助虚拟机也受这些规则影响。

容错可避免“裂脑”（split-brain）情况的发生，此情况可能会导致虚拟机从故障中恢复后存在两个活动副本。共享存储上锁定的原子文件（Atomic File）用于协调故障切换，以便只有一端可作为主虚拟机继续运行，并由系统自动重新生成新辅助虚拟机。

早期版本的 vSphere 使用不同的 FT 技术（现称为旧版 FT），该技术具有不同的要求和特性。如图 9-46 所示，旧版 FT 使用录制播放技术、1Gbit/s 网络和共享 VDMK 存储来支持虚拟机在两台 ESXi 主机上的容错。主虚拟机的任何操作会通过录制播放方式传递到辅助虚拟机，以确保两者的状态完全相同，不过两者之间存

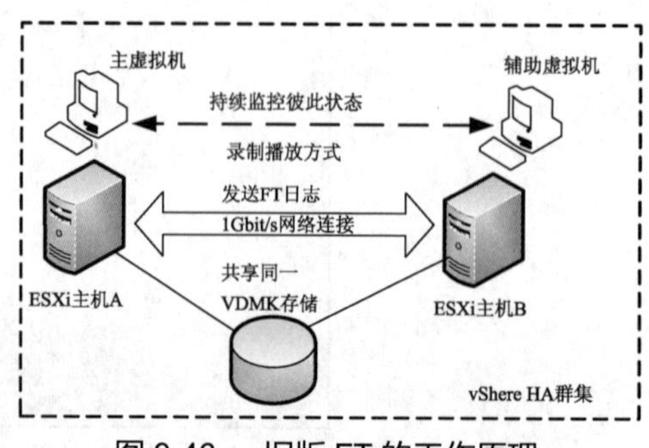

图 9-46 旧版 FT 的工作原理

在一定的时间差（称为 vLockstep Interval）。时间差值取决于 ESXi 主机的整体性能，多数情况下基本可以忽略不计。如果有必要与这些早期版本的要求相兼容，可以改用旧版 FT，但是这样会涉及每台虚拟机的高级选项设置。除非技术上需要旧版 FT，否则应避免使用。本章不对旧版 FT 做进一步介绍。

9.4.2 vSphere FT 的应用场合

vSphere FT 可提供比 vSphere HA 更高级别的业务持续性，并增加状态信息和数据保护功能。当辅助虚拟机用来替换主虚拟机时，辅助虚拟机会立即取代主虚拟机的角色，并会保存该虚拟机的整个状态。此时应用程序已在运行，并且内存中存储的数据无须重新加入或重新加载。而 vSphere HA 提供的故障切换将重新启动受故障影响的虚拟机，主要目的是从业务中断中快速恢复。vSphere FT 可用于以下情形。

- 需要始终可用的应用程序，尤其是用户希望在硬件故障期间保持持久客户端连接的应用程序。
- 不能通过任何其他方式实现群集功能的自定义应用程序。
- 可以通过自定义群集解决方案提供高可用性，但这些解决方案太复杂，很难进行配置和维护。
- 按需容错（On-Demand Fault Tolerance）。可以在关键时间段使用按需容错保护虚拟机，然后在非关键运行期间转回正常状态。在这种情形下，虚拟机在正常操作期间受到 vSphere HA 的充分保护。在某些关键期间，可能要增强虚拟机的保护。例如，可能正在执行季末报表，如果发生中断，则可能会延迟关键信息的可用性。此时可以在运行此报表之前通过 vSphere FT 保护此虚拟机，然后在生成报表之后关闭或挂起 vSphere FT。

9.4.3 vSphere FT 互操作性

1. FT 不支持的 vSphere 功能

- 快照。在虚拟机上启用 FT 之前必须移除或提交快照。此外，不能对已启用 FT 的虚拟机执行快照。
- Storage vMotion。不能为已启用 FT 的虚拟机调用 Storage vMotion。要迁移存储，应当先暂时关闭 FT，然后执行 Storage vMotion 操作。在完成迁移之后，可以重新打开 FT。
- 链接克隆。不能在链接克隆的虚拟机上使用 FT，也不能从启用 FT 的虚拟机创建链接克隆。
- 虚拟机组件保护（VMCP）。如果群集已启用 VMCP，则会为容错虚拟机创建替代项来关闭此功能。
- 虚拟卷数据存储。
- 基于存储的策略管理。
- I/O 筛选器。

2. 与 FT 不兼容的功能和设备

- 物理裸磁盘映射（RDM）。
- 由物理或远程设备支持的 CD-ROM 及虚拟软盘设备。

- USB 和声音设备。
- 网卡直通（NIC Passthrough）。
- 热插拔设备。要添加或移除热插拔设备，必须临时关闭 FT。完成热插拔操作之后再重新启用 FT。使用 FT 时，如果要在虚拟机正在运行过程中更改虚拟网卡的设置，则该操作即为热插拔操作，因为它要求先拔出网卡，然后重新插入。这种情况必须首先关闭 FT。
- 串行或并行端口。
- 启用了 3D 的视频设备。
- 虚拟 EFI 固件。安装客户机操作系统之前，确保将虚拟机配置为使用 BIOS 固件。
- 虚拟机通信接口（VMCI）。

3. 将 FT 功能与 DRS 配合使用

仅当启用 EVC（增强型 vMotion 兼容性）功能时，才可将 vSphere FT 与 DRS 配合使用，这将使容错虚拟机受益于更好的初始放置位置。DRS 将为容错虚拟机提出初始放置位置建议，并允许管理员为主虚拟机分配 DRS 自动化级别（辅助虚拟机始终采用与其配对的主虚拟机相同的设置）。

如果群集禁用 EVC，vSphere FT 将为容错虚拟机指定 DRS 自动化级别“已禁用”。这样仅可在注册的主机上打开每个主虚拟机的电源，并且将自动放置其辅助虚拟机。

如果将关联性规则用于一对容错虚拟机，则虚拟机-虚拟机关联性规则仅适用于主虚拟机，虚拟机-主机关联性规则适用于主虚拟机及其辅助虚拟机。如果为主虚拟机设置虚拟机-虚拟机关联性规则，则 DRS 会尝试解决故障切换（即主虚拟机移至新的主机）后出现的任何冲突。

9.5 配置和使用 vSphere FT

在使用 vSphere FT 实现虚拟机容错功能之前，必须为每台主机配置好网络，创建 vSphere HA 群集并将主机添加到该群集中。

9.5.1 vSphere FT 的要求

vSphere FT 的要求涉及网络、群集、主机和虚拟机等多个方面。

1. vSphere FT 的网络要求

- 运行容错虚拟机的每台主机上必须配置两个不同的网络交换机，分别用于 vMotion 流量和 FT 日志记录流量。这两种流量必须分开。
- 建议每台主机最少使用两个物理网络适配器，一个专门用于 FT 日志记录，另一个则专门用于 vMotion。可以使用 3 个以上网络适配器来确保可用性。
- 将专用的 10Gbit/s 网络用于 FT 日志记录，并确认网络滞后时间非常短。

2. vSphere FT 的群集要求

- 创建 vSphere HA 群集并启用 HA 功能。
- 为确保冗余和最大程度的容错保护，群集中应至少有 3 台主机。如果发生故障切换情况，这样可确保有主机可以容纳所创建的新辅助虚拟机。

3. vSphere FT 的主机要求

- 主机必须使用受支持的 CPU。CPU 必须与 vMotion 兼容或使用 EVC 进行改进。此外，还需要 CPU 支持硬件 MMU 虚拟化（Intel EPT 或 AMD RVI）。所支持的 CPU 包括 Intel Sandy Bridge 或更高版本（不支持 Avoton）、AMD Bulldozer 或更高版本。
- 主机必须获得 FT 的许可。
- 主机必须已通过 FT 认证。
- 配置每台主机时都必须在 BIOS 中启用硬件虚拟化（HV）。

VMware 建议将用于支持容错虚拟机的主机的 BIOS 电源管理设置为“最高性能”或“受操作系统管理的性能”。

4. vSphere FT 的虚拟机要求

- 没有不受支持的设备连接到虚拟机。
- 不兼容的 vSphere 功能一定不能与容错虚拟机一起运行。
- 虚拟机文件（VMDK 文件除外）必须存储在共享存储中。可接受共享的存储解决方案包括光纤通道、iSCSI、NFS 和 NAS。如果要使用 NFS 访问共享存储，使用至少具有 1Gbit/s 网卡的专用 NAS 硬件，以获取 FT 功能正常工作所需的网络性能。
- 开启 FT 功能后，容错虚拟机的预留内存设置为虚拟机的内存大小，确保包含容错虚拟机的资源池拥有大于虚拟机内存大小的内存资源，否则可能没有内存可用作开销内存。

5. vSphere FT 的限制

- 群集中的主机上允许的最大容错虚拟机（包括主虚拟机和辅助虚拟机）数量值默认为 4；跨主机上所有容错虚拟机聚合的最大 vCPU 数量值默认为 8。
- 单个容错虚拟机支持的 vCPU 数量，vSphere Standard 和 Enterprise 最多允许两个，而 vSphere Enterprise Plus 最多允许 4 个。
- 每个容错虚拟机最多使用 16 个虚拟磁盘。

9.5.2 为支持 FT 的 ESXi 主机配置网络

按照前述的 FT 要求，每台主机上必须配置两个不同的虚拟交换机，分别用于 vMotion 和 FT 日志记录，以便主机支持 FT。

这里已经有一个标准交换机用于 vMotion 流量，如图 9-47 所示，该交换机名称为 vSwitch3，VMkernel 适配器名称为 vmk2。

接下来创建一个用于 FT 日志记录流量的标准交换机。注意，如果在 vSphere HA 群集中的主机上更改网络连接配置，需要先挂起（禁用）主机监控，完成之后再开启主机监控。例中即为这种情况。

这里已经准备一个空闲的物理网络适配器 vmnic4，在充当 ESXi 主机的 VMware Workstation 虚拟机中，该网络连接使用的是“仅主机模式”。因实验条件限制，该网卡仅支持 1Gbit/s 带宽，而不支持 10Gbit/s 带宽。

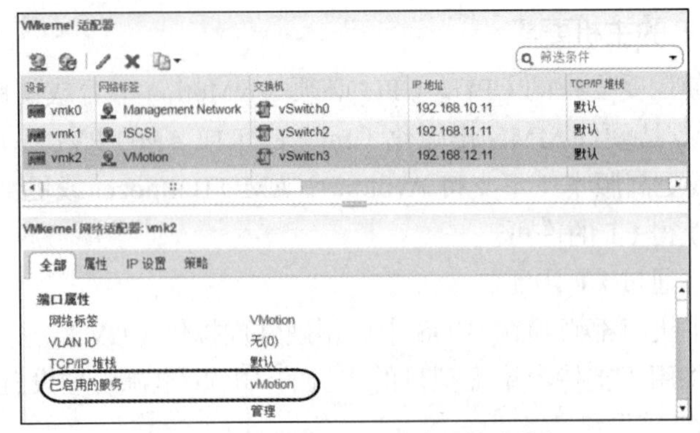

图 9-47　用于 vMotion 流量的交换机

（1）参见第 5 章创建标准交换机的步骤，启动添加网络向导，连接类型选择“VMkernel 网络适配器”，单击“下一步”按钮。

（2）进入“选择目标设备”界面，选择“新建标准交换机”并单击“下一步”按钮。

（3）进入“创建标准交换机”界面，将物理网络适配器（例中为 vmnic4）添加到新建的标准交换机，单击“下一步”按钮继续。

（4）如图 9-48 所示，设置端口属性。设置网络标签为“FT”，从“可用服务”列表中选择该端口要启用的服务“Fault Tolerance 日志记录”，单击“下一步”按钮继续。

（5）如图 9-49 所示，配置 IP，这里配置 IPv4，为该连接分配静态 IP 地址（例中为 192.168.11.201）和子网掩码，单击“下一步”按钮继续。

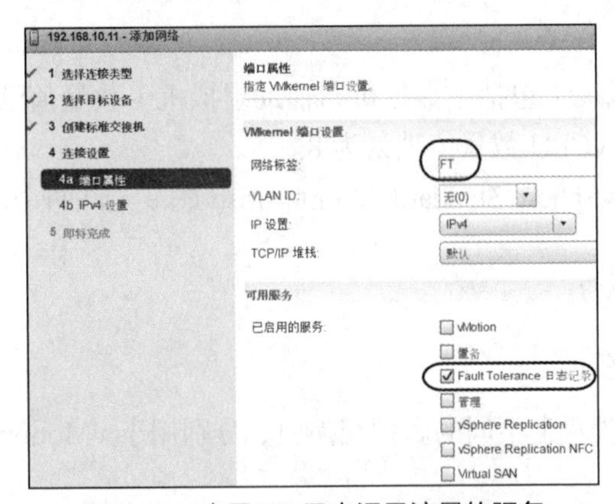

图 9-48　启用 FT 日志记录流量的服务

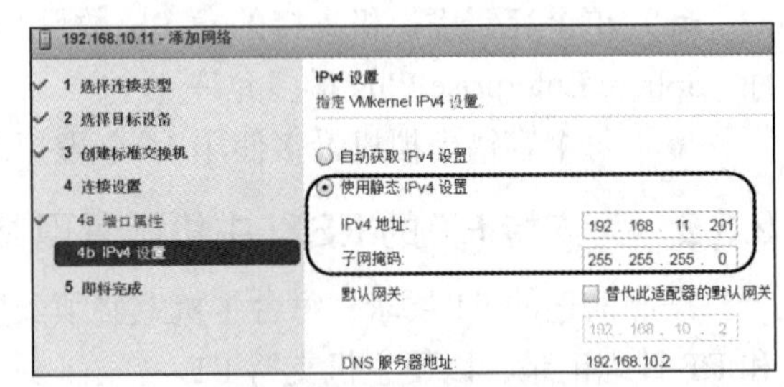

图 9-49　设置 IP 地址

（6）在“即将完成”界面中显示网络设置摘要信息，确认后单击“完成”按钮。

参照上述步骤在另一台主机上创建相同的标准虚拟机。

也可以在现有交换机上启用FT日志记录流量，只要该交换机不用于vMotion流量即可，但这并不适合生产环境，因为生产环境必须使用专用的网络传输 FT 日志记录。

9.5.3　创建 vSphere HA 群集

vSphere FT 必须在 vSphere HA 群集环境中使用，也就是说，运行容错虚拟机的 ESXi 主机必须是同一 vSphere HA 群集的成员。为每台主机配置网络连接后，创建 vSphere HA 群集并向其中添加主机。这里使用之前已创建好的 vSphere HA 群集（名为 DRS-HA_Cluster）。

9.5.4　为虚拟机启用 FT 功能

准备好主机网络和 HA 群集之后，即可对要容错的虚拟机开启 FT 功能。在开启 FT 功能后，vCenter Server 会重置虚拟机的内存限制，并将内存预留值设置为虚拟机的内存大小。当 FT 功能保持打开状态时，不能更改内存预留、大小、限制、vCPU 数量或份额，也不能添加或移除虚拟机磁盘。在关闭 FT 功能后，已更改的任何参数均不会恢复到其原始值。

1. 虚拟机启用 FT 的前提条件

对照之前的 FT 虚拟机要求，检查虚拟机是否符合要求。如果符合下列任一情况，则打开 FT 的选项不可用（以灰色显示）。

- 虚拟机所驻留的主机并未获得使用该功能的许可证。
- 虚拟机所驻留的主机处于维护模式或待机模式。
- 虚拟机已断开连接或被孤立（无法访问其.vmx 文件）。
- 用户没有打开此功能的权限。

如果用于打开 FT 的选项可用，则此任务仍然必须进行验证，并且在未满足某些要求时可能会失败。

2. 启用 FT 功能的过程

（1）在 vSphere Web Client 界面中导航到要启用 FT 功能的虚拟机，这里为 VM-win2012a。

（2）右击该虚拟机并选择“Fault Tolerance”→“打开 Fault Tolerance”命令。

（3）系统对该虚拟机进行检查，由于未满足要求，例中弹出图 9-50 所示的 FT 兼容性问题提示，不能启用 FT 功能。

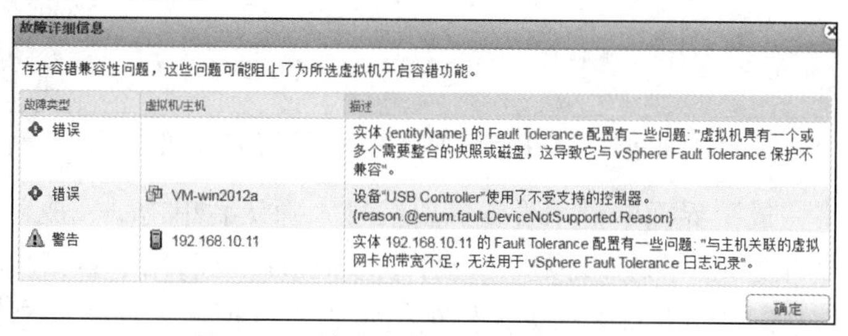

图 9-50　检查出来的 FT 兼容性问题

例中第一个错误是因为虚拟机拥有快照，将其快照删除即可；第二个错误是因为使用 USB 设备，将该设备断开。再次执行“打开 Fault Tolerance”命令，仍然出现图 9-51 所示的警告信息。

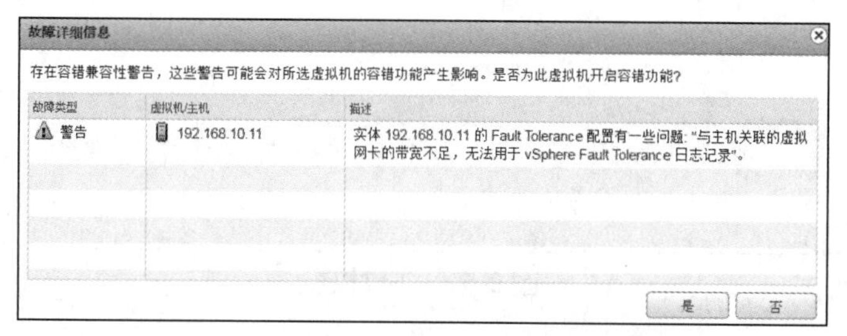

图 9-51　再次检查出来的 FT 兼容性警告

这是因为例中的虚拟机用于 FT 日志记录流量的网卡带宽没有达到 10Gbit/s 的要求，对于实验环境可以忽略，单击“是”按钮。

如果读者的实验所用虚拟机符合 FT 要求，则不会有上述错误或警告，直接跳到下一步。

（4）出现图 9-52 所示的对话框，选择用于放置辅助虚拟机文件的数据存储。这里将其置于与主虚拟机所在的不同的一个共享存储（iSCSIstore1）上，可以进一步提高容错能力。当然，也可以与主虚拟机位于同一存储上，然后单击“下一步”按钮。

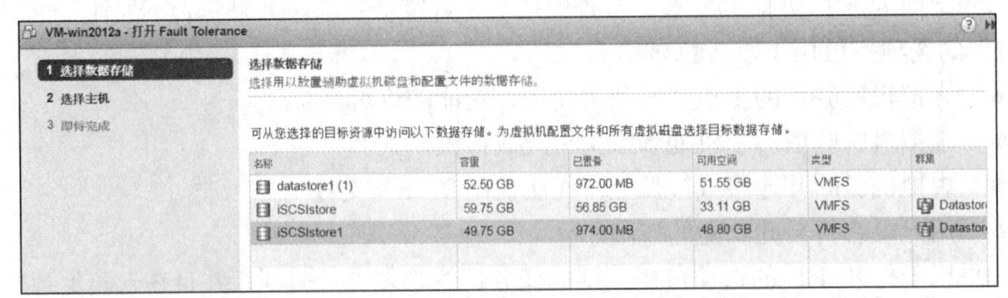

图 9-52　选择用于放置辅助虚拟机文件的数据存储

（5）出现图 9-53 所示的对话框，选择要放置辅助虚拟机的 ESXi 主机。例中只有两台主机，只能选择另一台主机（192.168.10.12），然后单击“下一步”按钮。

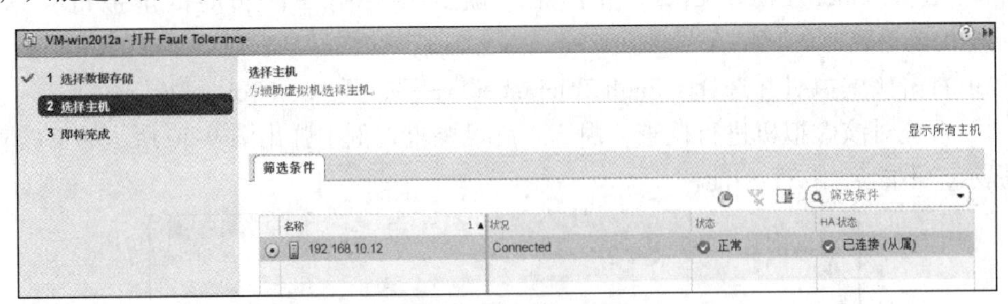

图 9-53　选择用于放置辅助虚拟机的主机

（6）在“即将完成”界面中显示设置摘要信息，确认后单击“完成”按钮。

至此，该虚拟机变成了两台虚拟机，这样主虚拟机就已启用了容错功能。如图 9-54 所示，位于主机 A（192.168.10.11）的虚拟机被指定为主虚拟机；如图 9-55 所示，在主机 B（192.168.10.12）创建一台同名同配置的辅助虚拟机。还可以发现，导航器中只显示一个虚拟机，并不标示主、辅助虚拟机，也就是说它对外还是一台虚拟机。

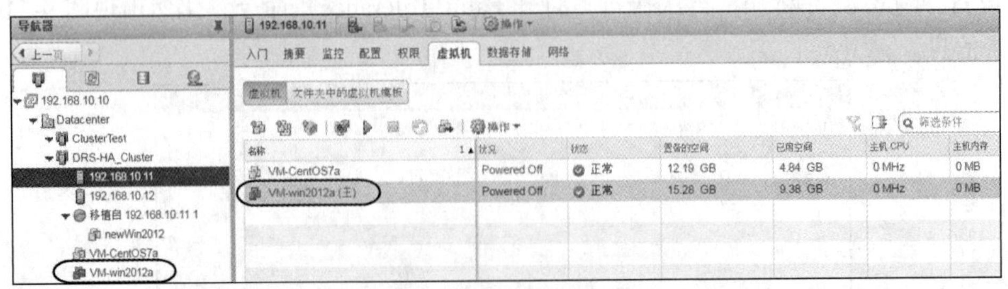

图 9-54　主虚拟机

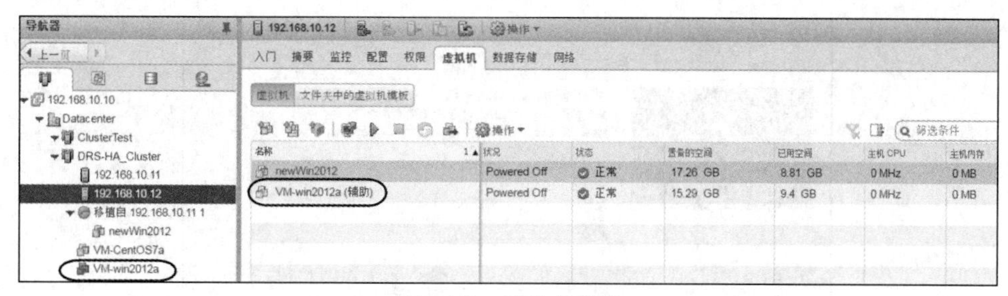

图 9-55　辅助虚拟机

可以在 vSphere HA 群集中同时查看主、辅助虚拟机，如图 9-56 所示。

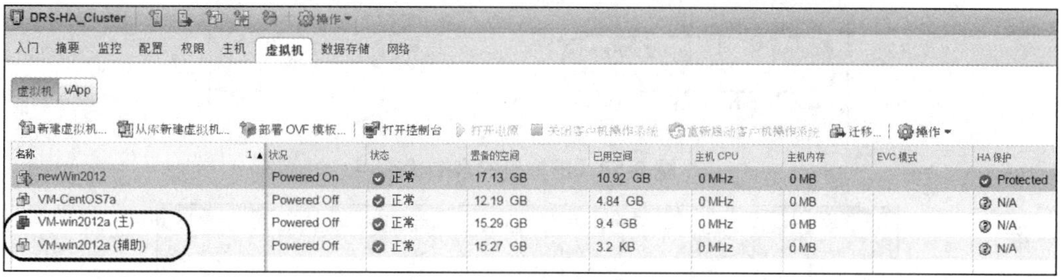

DRS-HA_Cluster

入门　摘要　监控　配置　权限　主机　虚拟机　数据存储　网络

虚拟机　vApp

新建虚拟机...　从库新建虚拟机...　部署 OVF 模板...　打开控制台　打开电源　关闭客户机操作系统　重新启动客户机操作系统　迁移...　操作

名称	状况	状态	置备的空间	已用空间	主机 CPU	主机内存	EVC 模式	HA 保护
newWin2012	Powered On	正常	17.13 GB	10.92 GB	0 MHz	0 MB		Protected
VM-CentOS7a	Powered Off	正常	12.19 GB	4.84 GB	0 MHz	0 MB		N/A
VM-win2012a (主)	Powered Off	正常	15.29 GB	9.4 GB	0 MHz	0 MB		N/A
VM-win2012a (辅助)	Powered Off	正常	15.27 GB	3.2 KB	0 MHz	0 MB		N/A

图 9-56　HA 群集中的虚拟机

系统重置虚拟机的内存限制，并将内存预留值设置为虚拟机的内存大小，如图 9-57 所示。

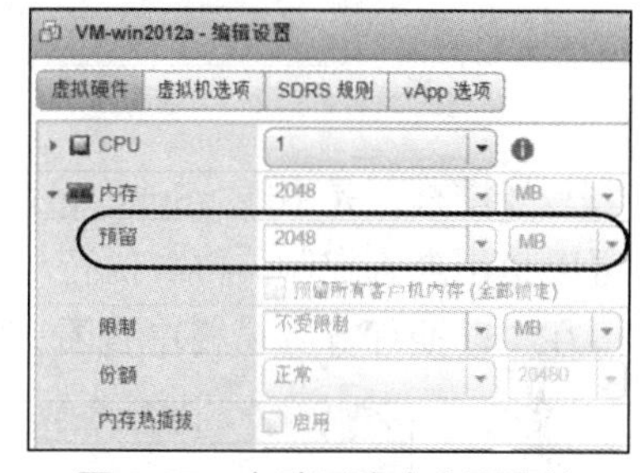

图 9-57　自动更改内存预留值

3. 辅助虚拟机放置

为虚拟机启用 FT 功能时将创建一台对应的辅助虚拟机。辅助虚拟机的放置位置和即时状态取决于执行“打开 Fault Tolerance”命令时主虚拟机是否已打开电源。

（1）主虚拟机已打开电源

- 将复制整个主虚拟机的状态，创建辅助虚拟机，并将其放置在单独的兼容主机上，而且会在通过准入控制时打开辅助虚拟机的电源。
- 虚拟机的容错（Fault Tolerance）状态显示为受保护。

（2）主虚拟机已关闭电源

- 将立即创建辅助虚拟机并在群集的主机中注册（打开该虚拟机电源时，可能会在更合适的主机上重新进行注册）。
- 辅助虚拟机在主虚拟机打开电源之后打开电源。
- 虚拟机的容错状态显示为不受保护，虚拟机未运行，如图 9-58 所示。

例中就是在主虚拟机已关闭电源的情况下启用 FT 功能的。

4. 启动容错虚拟机

辅助虚拟机随主虚拟机的启动而启动，也随主虚拟机的关闭而关闭。

在 vSphere Web Client 导航器中右击容错虚拟机，选择“启动”→“打开电源”命令，弹出图 9-59 所示的对话框，显示“资源不足，无法满足配置的 vSphere HA 故障切换级别”。的错误信息，单击“确定”按钮关闭该对话框。

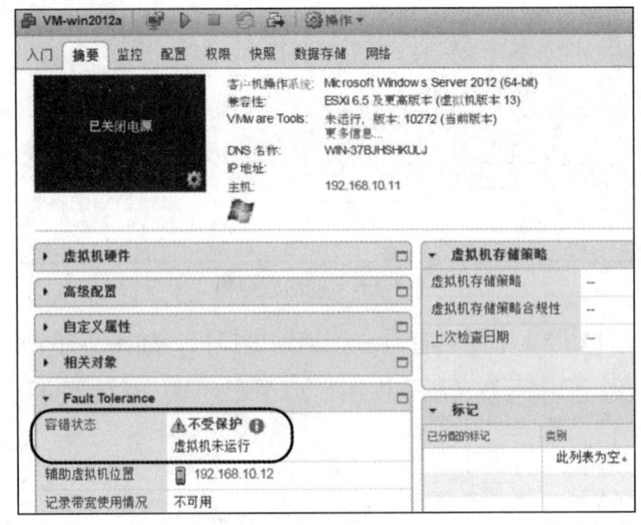

图 9-58 虚拟机的容错状态

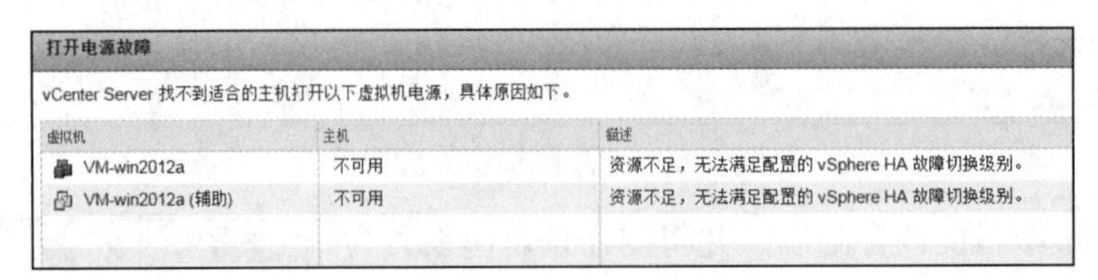

图 9-59 打开电源故障

经排查，是由于 vSphere HA 群集准入控制采用群集资源百分比选项造成的资源不足，可以禁用准入控制。再次执行“打开电源”命令开始启动主虚拟机，然后启动辅助虚拟机，可在“近期任务”窗格中查看，如图 9-60 所示。

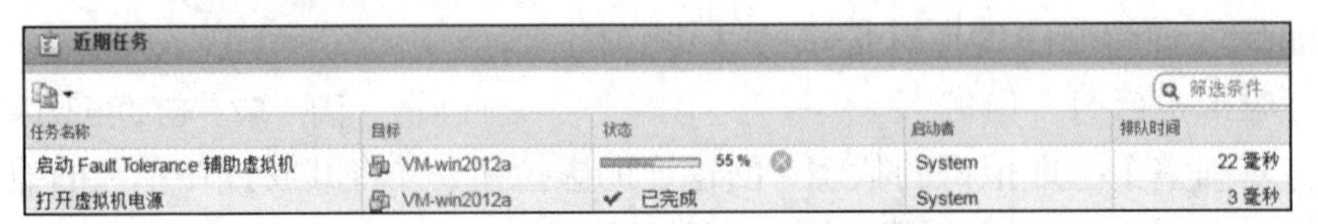

图 9-60 先后启动主虚拟机和辅助虚拟机

启动完毕，可以发现主虚拟机和辅助虚拟机已经加电运行，如图 9-61 所示。

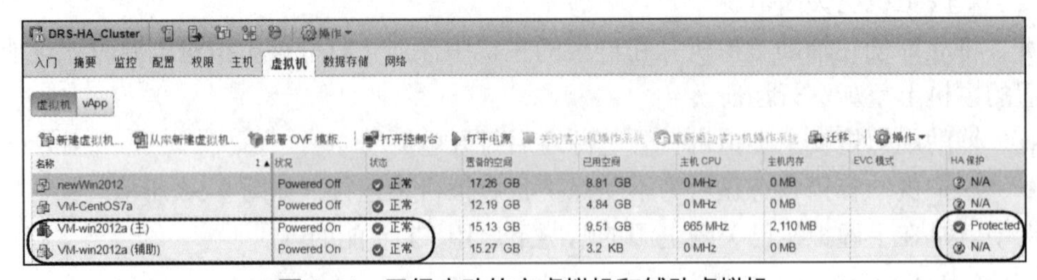

图 9-61 已经启动的主虚拟机和辅助虚拟机

分别右击主虚拟机和辅助虚拟机，打开菜单，如图 9-62 和图 9-63 所示，可以看到，主虚拟机可以操作，而辅助虚拟机则不允许操作。主虚拟机的操作等同于导航器中的容错虚拟机操作。

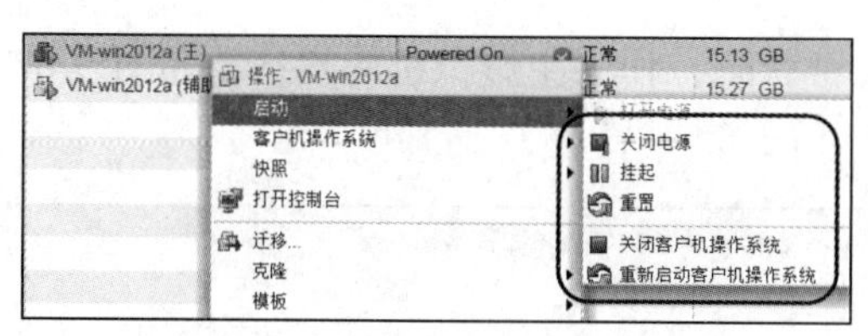

图 9-62 主虚拟机的操作菜单

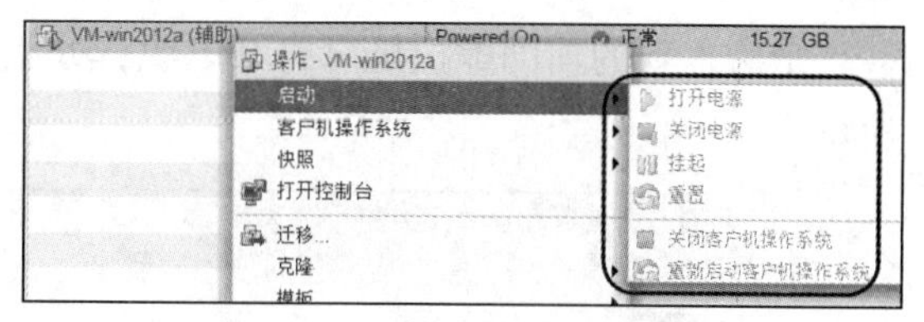

图 9-63 辅助虚拟机的操作菜单

9.5.5 测试虚拟机的 FT 功能

可以利用 vSphere FT 提供的故障切换和重新启动辅助虚拟机测试功能，也可以通过模拟主机故障进行 FT 功能实测。

1. 测试故障切换

可以通过触发主虚拟机的故障切换测试 FT 保护功能，前提是该虚拟机已打开电源。

在 vSphere Web Client 导航器中右击要测试的容错虚拟机，选择“Fault Tolerance”→“测试故障切换”命令，触发主虚拟机的故障来确保辅助虚拟机能够替换主虚拟机。

首先辅助虚拟机替换主虚拟机，转变成主虚拟机运行并接管其所有任务。例中主机 B（192.168.10.12）上的辅助虚拟机变成主虚拟机，如图 9-64 所示。

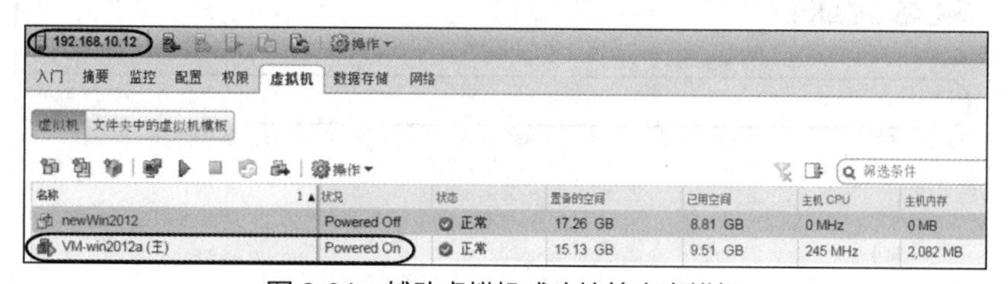

图 9-64 辅助虚拟机成功接管主虚拟机

与此同时，原主虚拟机变为辅助虚拟机，已断开连接，处于未知状态，例中情形如图 9-65 所示。

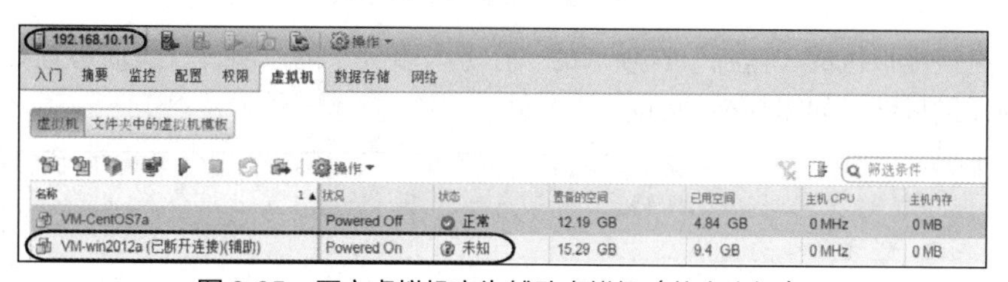

图 9-65 原主虚拟机变为辅助虚拟机（状态未知）

由于新的辅助虚拟机尚未打开电源，因此给出警示，如图 9-66 所示。

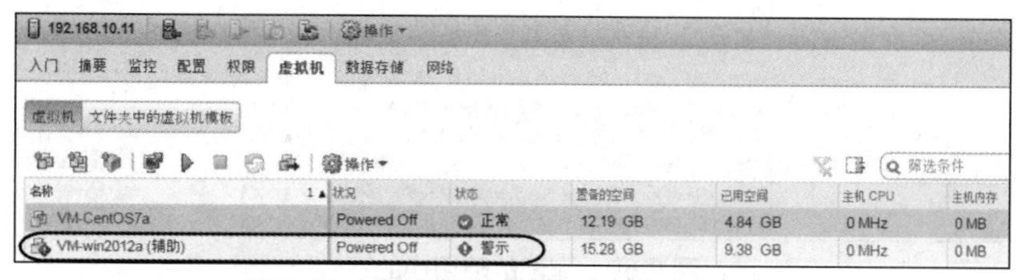

图 9-66 新的辅助虚拟机（未打开电源）

最后，新的辅助虚拟机已打开电源，处于正常状态，作为主虚拟机的热备，如图 9-67 所示。

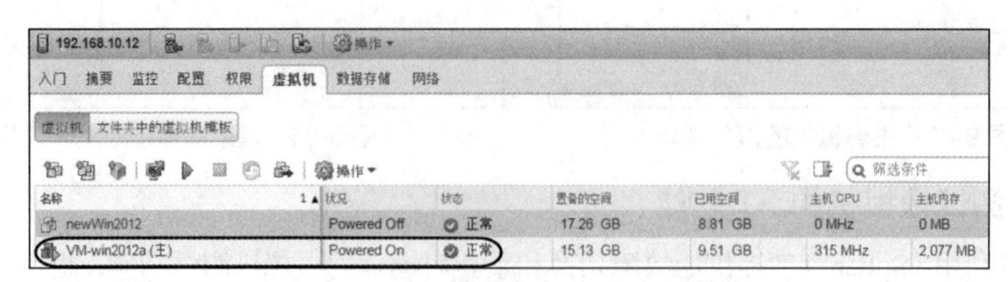

图 9-67 新的辅助虚拟机（已打开电源）

至此，整个故障切换完成。主虚拟机将置回受保护状态，如图 9-68 所示。该虚拟机带有警示标记，例中显示的是虚拟机内存使用情况，单击“重置为绿色”按钮即可去除该标记。

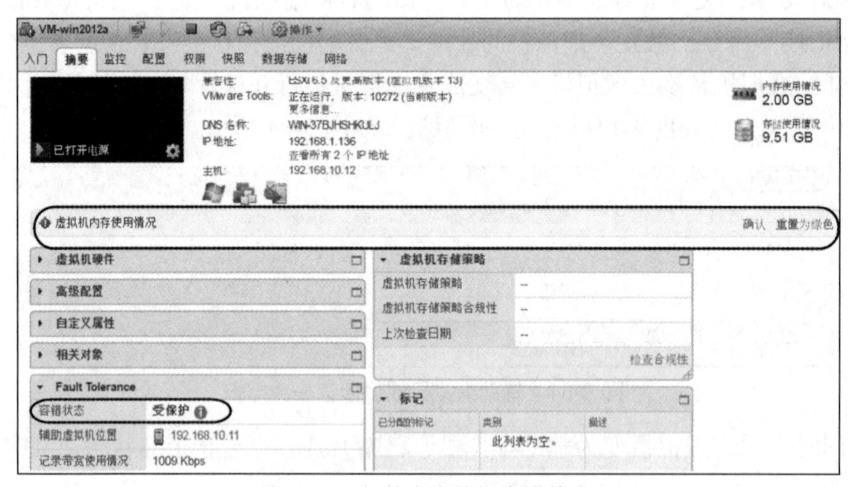

图 9-68 新的主虚拟机容错状态

可以在该虚拟机的“监控”选项卡的“任务与事件”的“事件”页面中查看整个过程所涉及的详细事件，如图 9-69 所示。

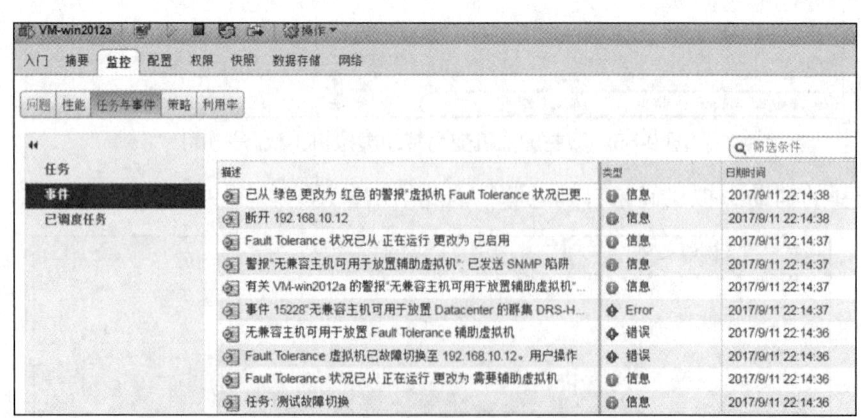

图 9-69 测试故障切换的事件

2．测试重新启动辅助虚拟机

可以通过触发辅助虚拟机发生故障测试主虚拟机提供的 FT 功能，前提是该虚拟机已打开电源。

在 vSphere Web Client 导航器中右击要测试的容错虚拟机，选择“Fault Tolerance”→“测试重新启动辅助虚拟机”命令，触发辅助虚拟机的故障。首先会导致辅助虚拟机终止运行，主虚拟机有关联的虚拟机支持，处于不受保护状态。随后辅助虚拟机恢复运行，而主虚拟机也将重回受保护状态。这个过程不会发生辅助虚拟机接管主虚拟机的情况。

3．实际测试 FT 功能

下面模拟主虚拟机所驻留的主机发生故障来测试虚拟机的 FT 保护功能。

（1）测试准备

由于实验条件限制，为减少影响因素，这里将 HA 群集的其他虚拟机迁移到辅助虚拟机所在的主机（例中为主机 A），以减少故障切换时产生自动迁移，如图 9-70 所示。

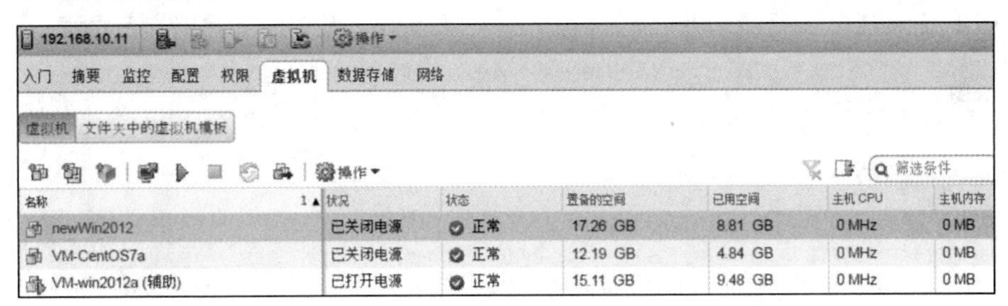

图 9-70　调整虚拟机放置

这样，主虚拟机所在的主机（例中为主机 B）只运行该虚拟机，确认已打开电源，如图 9-71 所示。

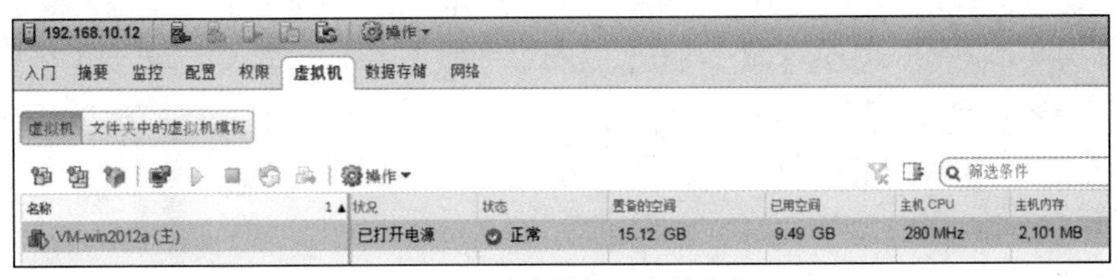

图 9-71　主虚拟机所在的主机

用 ping 命令测试虚拟机的联通性来测试该虚拟机的可访问性是否中断。这里该虚拟机的 IP 地址为 192.168.1.136，且允许 ping 命令的 ICMP 回显。从管理端计算机上的命令行中持续 ping 虚拟机，例中执行以下命令：

```
ping 192.168.1.136 -t
```

为更好地测试虚拟机运行中不中断，这里对该虚拟机执行“启动 Remote Console”命令（如图 9-72 所示），打开其远程控制台，这里可在 VMware Worksation 界面中对该虚拟机进行操作，如图 9-73 所示，同时打开命令行窗口以执行 ping 命令。

（2）模拟主机故障

这里通过关闭主机来模拟故障。主虚拟机运行在主机 B 上，在 VMware Worksation 控制台将该主机挂起。

首先辅助虚拟机替换主虚拟机，并接管其所有任务，如图 9-74 所示。

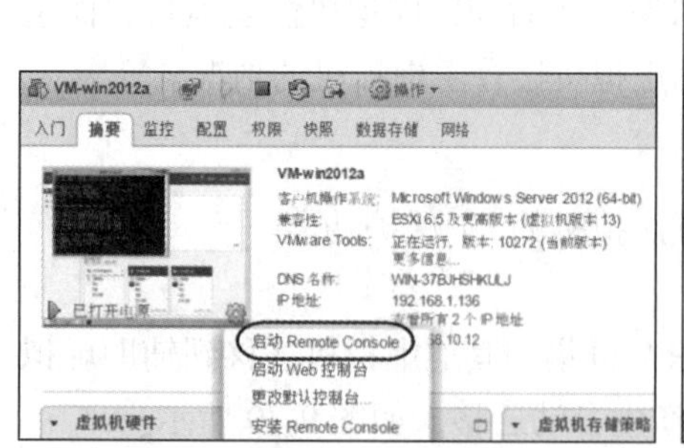

图 9-72　启动虚拟机远程控制台

图 9-73　虚拟机的远程控制台界面

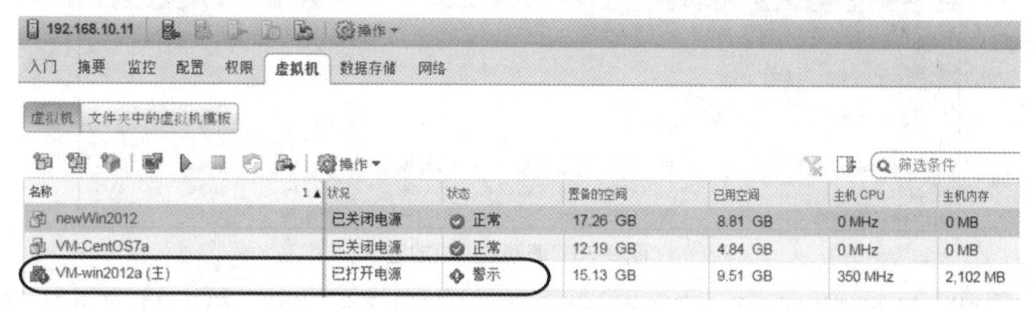

图 9-74　辅助虚拟机接管主虚拟机

与此同时，原主虚拟机变为辅助虚拟机，已断开连接，显示已打开电源，但处于未知状态，如图 9-75 所示。这是因为它所在的主机已经断开连接，无法获知进一步信息。

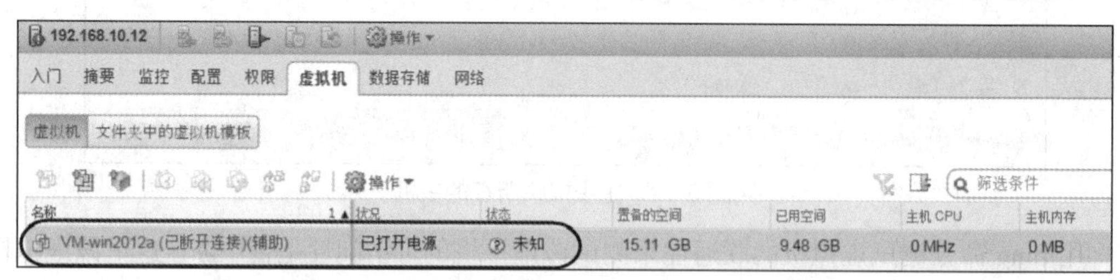

图 9-75　原主虚拟机变为辅助虚拟机（状态未知）

此时，由于主机 B 没有恢复运行，主虚拟机始终带有警示标记，可以查看它的摘要信息。如图 9-76 所示，发现是因为其 FT 状况更改，而且没有相应的辅助虚拟机支持，无法受到容错保护。

查看 ping 测试结果，发现只有有限的几次网络延时较大，还有一次请求超时，其他延时都不超过 1ms，这说明整个故障切换期间的网络连接比较稳定，没有中断虚拟机运行。不过，比虚拟机实时迁移的延时波动更大一些，这是因为双机热备消耗的资源更多。下面给出部分关键的测试结果。

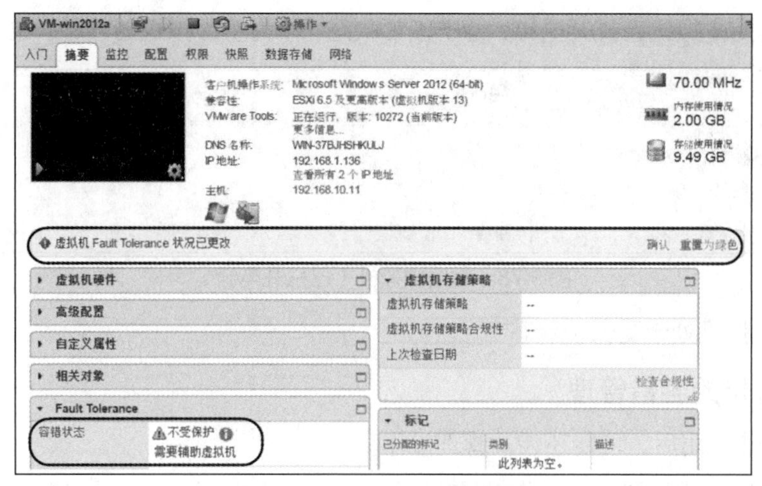

图 9-76　虚拟机 FT 状况更改

```
来自 192.168.1.136 的回复: 字节=32 时间=7ms TTL=128
来自 192.168.1.136 的回复: 字节=32 时间=8ms TTL=128
来自 192.168.1.136 的回复: 字节=32 时间=49ms TTL=128
来自 192.168.1.136 的回复: 字节=32 时间=32ms TTL=128
请求超时。
来自 192.168.1.136 的回复: 字节=32 时间=552ms TTL=128
来自 192.168.1.136 的回复: 字节=32 时间<1ms TTL=128
来自 192.168.1.136 的回复: 字节=32 时间=1ms TTL=128
来自 192.168.1.136 的回复: 字节=32 时间=1ms TTL=128
来自 192.168.1.136 的回复: 字节=32 时间<1ms TTL=128
来自 192.168.1.136 的回复: 字节=32 时间<1ms TTL=128
来自 192.168.1.136 的回复: 字节=32 时间=1ms TTL=128
来自 192.168.1.136 的回复: 字节=32 时间=2ms TTL=128
来自 192.168.1.136 的回复: 字节=32 时间<1ms TTL=128
来自 192.168.1.136 的回复: 字节=32 时间=76ms TTL=128
来自 192.168.1.136 的回复: 字节=32 时间<1ms TTL=128
```

在远程控制台中，基本可以流畅地持续运行应用，只是在切换时有极其短暂的停顿，这是由于实验条件限制的。

（3）恢复故障主机

将挂起的主机 B 恢复运行，由于连接恢复正常，该主机上的辅助虚拟机的“已断开连接”信息消失，电源已关闭，状态已正常，准备启动，如图 9-77 所示。

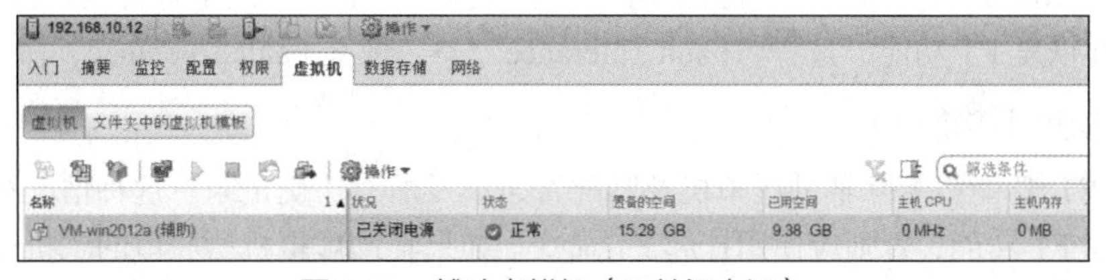

图 9-77　辅助虚拟机（已关闭电源）

最后，辅助虚拟机已打开电源，处于正常状态，作为主虚拟机的热备，如图 9-78 所示。

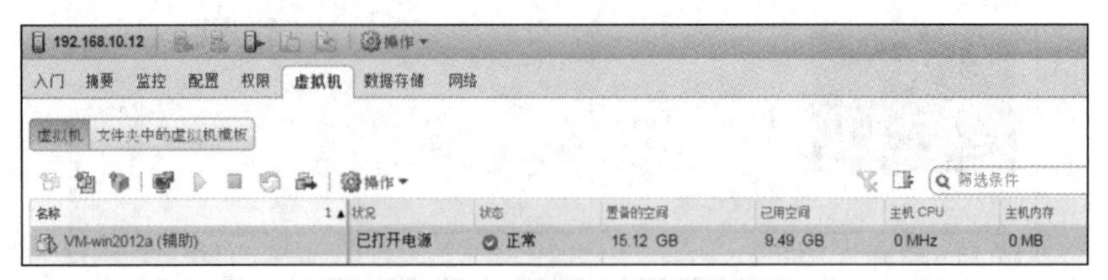

图 9-78 辅助虚拟机（已打开电源）

至此，虚拟机处于受保护状态。

9.5.6 虚拟机的容错管理

在 FT 功能启用后，可能还涉及管理操作。

1. 迁移辅助虚拟机

为主虚拟机启用 FT 功能之后，可以迁移其关联的辅助虚拟机。在 vSphere Web Client 导航器中右击要操作的容错虚拟机，选择“Fault Tolerance”→“迁移辅助虚拟机”命令，弹出图 9-79 所示的对话框，只能迁移计算机资源，不能迁移存储。

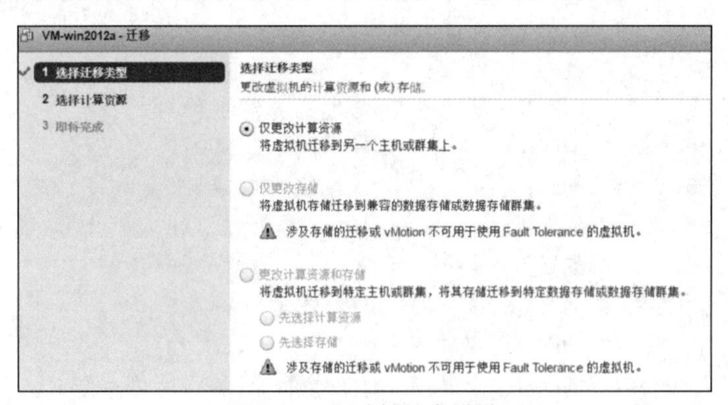

图 9-79 迁移辅助虚拟机

HA 群集中至少需要 3 台主机才能完成辅助虚拟机的迁移，因为主虚拟机与辅助虚拟机不能位于同一台主机上。

2. 挂起 FT 功能

挂起虚拟机的 FT 功能也将挂起 FT 保护，但会保留该虚拟机的辅助虚拟机、配置和所有历史记录。这种操作临时停用 FT，便于在将来快速恢复 FT 保护。

在 vSphere Web Client 导航器中右击要操作的容错虚拟机，选择“Fault Tolerance”→“挂起 Fault Tolerance”命令，弹出图 9-80 所示的提示对话框，决定是否执行该操作。

以后要恢复 FT 功能，选择“Fault Tolerance”→“恢复 Fault Tolerance”命令即可。

3. 关闭 FT 功能

关闭 FT 功能将删除辅助虚拟机及其配置，以及所有历史记录。这种情况适合不再打算重新启动 FT 功能，否则应使用挂起 FT 命令。如果辅助虚拟机所驻留的主机处于维护模式，以及已断开或不响应状态，则不能执行此功能，只能挂起，然后将其恢复。

在 vSphere Web Client 导航器中右击要操作的容错虚拟机，选择“Fault Tolerance”→“关闭 Fault Tolerance”命令，弹出图 9-81 所示的提示对话框，决定是否执行该操作。

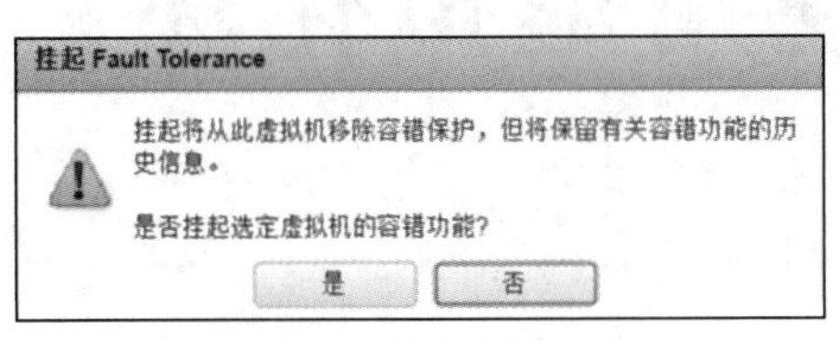

图 9-80 挂起 FT 功能

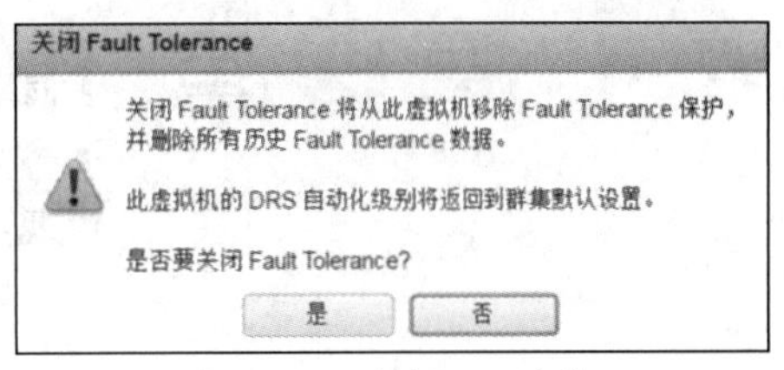

图 9-81 关闭 FT 功能

9.6 习题

1．vSphere 如何避免计划停机与非计划停机?

2．与传统故障切换解决方案相比，vSphere HA 有哪些优势?

3．比较 vSphere HA 与 vSphere FT 的功能。

4．在 vSphere HA 群集中，首选主机和从属主机各有哪些职责?

5．在 vSphere HA 群集中，主机故障有哪几种类型?主机故障响应方式又有哪些?

6．简述数据存储检测信号。

7．vSphere HA 的准入控制有哪几种策略?

8．简述 vSphere FT 的工作原理。

9．vSphere FT 有哪些应用场合?

10．参照 9.3.2 小节和 9.3.3 小节的讲解，配置一个 vSphere HA 群集，并进行功能测试。

11．参照 9.5 节的讲解，首先为支持 FT 的 ESXi 主机配置网络，然后为虚拟机启用 FT 功能并进行测试。

第10章 配置和使用虚拟化环境监控

对于管理员来说，完成 vSphere 虚拟化环境的搭建和配置之后，最主要的任务就是虚拟化环境监控，这也是数据中心管理员的日常工作职责。VMware vSphere 本身提供多个监控工具，如性能图表、事件和警报子系统，可帮助管理员找到潜在问题和当前问题的原因所在。对于大中型虚拟化环境，VMware 还提供了企业级的监控管理工具 vRealize Operations Manager，可以用来预测分析和智能警示，主动识别和解决新出现的问题，能够集中进行全面监控，从而确保物理、虚拟和云基础架构中系统资源的最佳性能和可用性。本章重点介绍这些监控工具的配置和使用。

10.1 使用 vSphere 监控工具

vSphere 自身集成的监控工具有多种，下面介绍最常用的性能图表、事件和警示工具的使用。

10.1.1 使用性能图表监控 vSphere 清单对象

性能图表可用于查看多种系统资源（包括 CPU、内存、存储等）的性能数据。这些数据是由 vSphere 统计信息子系统收集、处理并归档到 vCenter Server 数据库中的。可以通过查看 vSphere Web Client 中的性能图表访问统计信息，也可以使用像 resxtop 和 esxtop 这样的命令行监控实用程序，命令行工具这里不做介绍。

1. 性能监控基础

（1）性能图表类型

性能衡量指标可在不同类型的图表中显示，主要图表类型有线形图（Line Chart）、柱形图（Bar Chart）、饼图（Pie Chart）和堆叠柱形图（Stacked Chart），具体取决于衡量指标类型和对象。

（2）数据计数器（Data Counters）

每个数据计数器都包括多个属性，用于确定所收集的统计值。主要属性介绍如下。

- 测量单位：测量统计信息数量的标准。如千字节/秒（KB/s）、兆赫兹（MHz）。
- 描述（Description）：数据计数器的文本描述。
- 统计类型：在统计间隔期间使用的测量，这与测量单位相关。如比率（Rate）表示与当前统计间隔的比值，变化量（Delta）是指与之前的统计间隔相比的变化量。
- 汇总类型：在统计间隔期间累计数据所用的计算方法，用于确定计数器返回的统计值类型，如平均值（Average）、最小值（Minimum）、最大值（Maximum）、合计（Summation）、最新值（Latest）。

- 集合级别（Collection Level）：用于收集统计信息的数据计数器的数量。集合级别的范围为1～4，4表示具有最多的计数器。

（3）衡量指标组

数据计数器定义个别性能衡量指标。性能衡量指标是基于对象或对象设备使用逻辑组进行组织的。在一个图表中可以显示一个或多个衡量指标的统计信息。

衡量指标组包括群集服务（DRS、HA群集的性能统计信息）、CPU（每个主机、虚拟机、资源池或计算资源的CPU利用率）、数据存储、磁盘、内存、网络、电源、存储适配器、存储路径、系统、虚拟磁盘、虚拟闪存、虚拟机操作（群集或数据中心内的虚拟机电源和管理操作）、vSphere Replication（虚拟机复制的统计信息）。

（4）数据收集时间间隔

收集时间间隔用于确定统计信息汇总、计算、累计和存档的持续时间。收集时间间隔和集合级别可以共同确定收集并存储在vCenter Server数据库中的统计数据有多少。

例如，收集时间间隔为一周，收集频率为30min，默认表示1d的统计信息在累计时每隔30min创建一个数据点。因此每天可以创建48个数据点，每周有336个数据点。

（5）数据集合级别

每个收集时间间隔都有一个默认的集合级别，用于确定收集的数据量，以及可用于在图表中显示的计数器。集合级别也称为统计级别。

例如，级别1涉及的衡量指标有群集服务、CPU平均值、磁盘平均值、内存平均值等。级别2包括级别1的所有衡量指标，还包括CPU空闲和预留等。级别3又包括级别1和级别2指标，还包括设备衡量指标。以此类推，共有4个级别。

2. 查看性能图表

vCenter Server的统计信息设置、所选对象的类型，以及所选对象上启用的功能决定了图表中显示的信息数量。图表按视图形式组织，可以选择某个视图以在一个屏幕上同时查看相关数据，还可以指定时间范围或数据收集时间间隔，持续时间从所选时间范围扩展至当前时间。基本操作步骤如下。

（1）在vSphere Web Client界面中选择一个有效的清单对象（这里选择一个主机），切换到“监控”选项卡，然后选择“性能”。

（2）默认显示的是概览图标，所提供的视图（往往有多个）取决于对象类型。单击其中的图表可显示当前的图表内容，如图10-1所示。

如果在多个页面上分别显示图表，则可以使用箭头按钮在各个页面之间进行导航。

概览图表在一个面板中显示多个数据集以评估不同的资源统计信息，并显示子对象的缩略图图表。此外，还显示父对象和子对象的图表。这里查看主机的性能，也可以查看该主机上的虚拟机性能，此时虚拟机就是子对象。

（3）从“查看”下拉列表中可选择要查看的对象，从“时间范围”下拉列表中可选择报表的时间范围，还可以自定义时间范围。

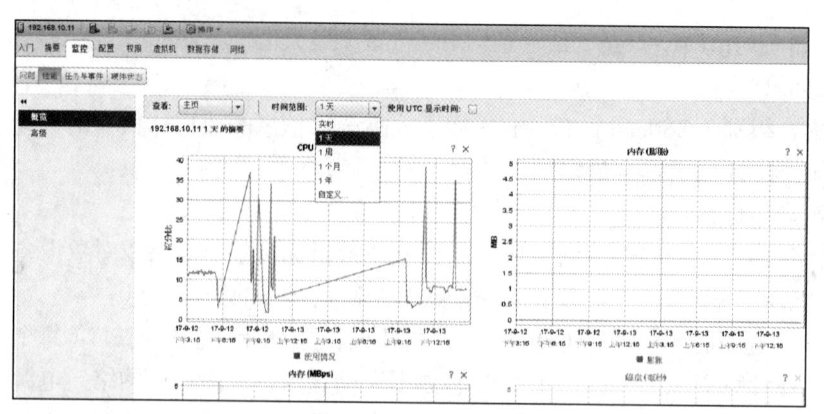

图 10-1　概览图表

（4）可根据需要查看高级图表，如图 10-2 所示。高级图表可比概览图表显示更多的信息，而且可以对高级图表进行配置、打印或导出。要查看不同的图表，可从“查看”下拉列表中选择一个衡量指标，默认显示的是 CPU 统计信息。

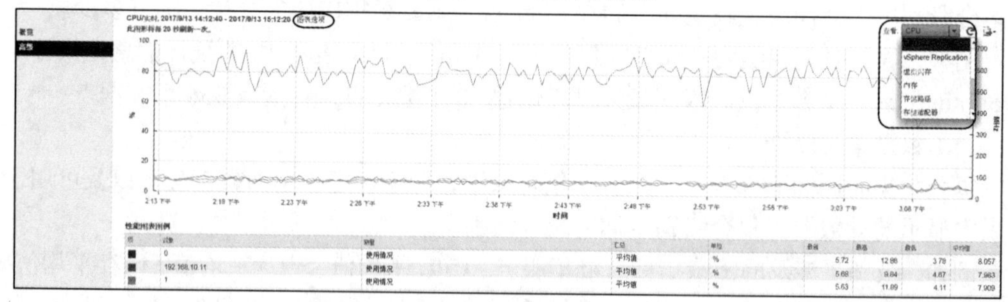

图 10-2　高级图表

（5）要更改高级图表设置，可单击“图表选项”，弹出图 10-3 所示的对话框，从“图表衡量指标”列表中选择图表的衡量指标，再选择时间跨度（范围）和图表类型，从“目标对象”列表中选择要在图表中显示的清单对象，最后在“为该图表选择计数器”列表中选择要在图表中显示的数据计数器。单击“确定”按钮，高级图表将以定制的方式显示。

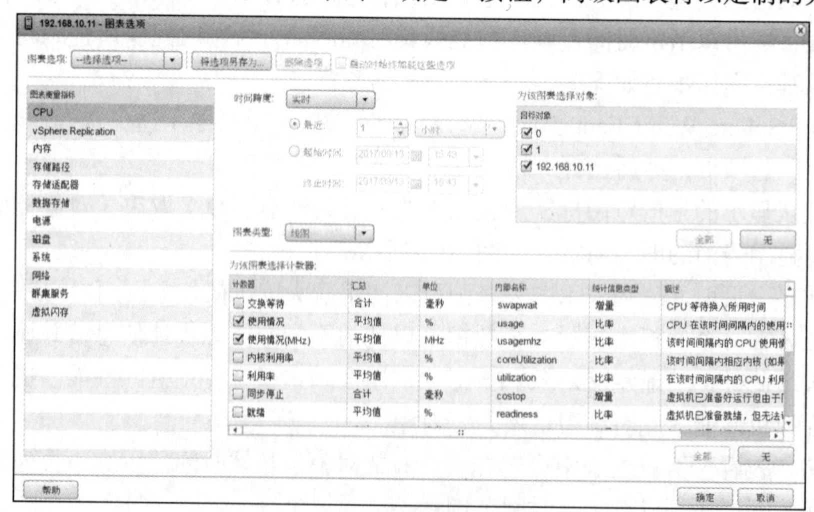

图 10-3　设置图表选项

也可创建自定义高级图表，打开图表选项对话框，自定义图表设置，单击“将选项另存为”按钮，通过保存自定义的图表设置来创建自己的图表。新图表将添加到视图菜单，且仅当显示所选对象的图表时，该菜单才会显示这些新图表。

要删除自定义的图表视图，在图表选项对话框选择一个图表，然后单击“删除选项”按钮，图表将删除，并将从视图菜单中移除。

3. 根据性能检测结果排除故障和提高性能

查看性能图表的目的是要解决问题。下面列出部分常见性能问题的解决方案。

（1）持续较高 CPU 使用情况的解决方案

可以使用 CPU 性能图表监控主机、群集、资源池、虚拟机和 vApp 的 CPU 使用情况。CPU 使用情况中的临时高峰表示 CPU 资源的使用情况最佳。持续较高的 CPU 使用情况表示可能存在问题。遇到这个问题，可以按照以下提示进行检查和改进。

- 验证是否在主机的每个虚拟机上都安装了 VMware Tools。
- 将主机上或资源池中其他虚拟机的 CPU 使用情况与此虚拟机的 CPU 使用情况进行比较。主机的虚拟机视图上的堆栈条形图显示主机上所有虚拟机的 CPU 使用情况。
- 确定虚拟机较高的就绪时间（虚拟机想要运行但无法获取 CPU 资源的总等待时间）是否导致其 CPU 使用时间达到 CPU 限制设置。如果出现这种情况，应增加虚拟机上的 CPU 限制。
- 增加 CPU 份额以给予虚拟机更多机会运行。
- 增加分配给虚拟机的内存量。这样会减少所缓存应用程序的磁盘或网络活动。
- 将虚拟机上的虚拟 CPU 数目减少到执行工作负载所需要的数目。
- 如果主机不在 DRS 群集中，则将它添加到一个群集中。如果主机在 DRS 群集中，则增加主机数，并将一个或多个虚拟机迁移到新主机上。
- 如有必要，在主机上升级物理 CPU 或内核。
- 使用最新版本的管理程序软件并启用 CPU 节省功能。

（2）内存性能问题的解决方案

主机内存是客户机虚拟内存和客户机物理内存的硬件备份。主机内存必须至少稍大于主机上虚拟机总的活动内存大小。虚拟机的内存大小必须稍大于客户机内存平均使用大小。增加虚拟机内存大小可导致更多内存使用开销。可以按照以下提示进行检查和改进。

- 验证是否在每个虚拟机上都安装了 VMware Tools。
- 验证是否启用了虚拟增长驱动程序。
- 如果内存太大，则在虚拟机上减少内存空间，并更正缓存大小。这将为其他虚拟机释放内存。
- 如果虚拟机的内存预留值设置大大高于活动内存设置，则减少预留设置，以便回收空闲内存供主机上的其他虚拟机使用。
- 将一个或多个虚拟机迁移到 DRS 群集中的主机上。
- 将物理内存添加到主机。

（3）存储性能问题的解决方案

数据存储表示虚拟机文件的存储位置。存储位置可以是 VMFS 卷、网络连接存储上的目录或本地文件系统路径。数据存储独立于平台和主机。

不再需要快照时，可考虑将快照整合到虚拟磁盘。整合快照，删除重做日志文件，并从 vSphere Web Client 用户界面移除快照。要尽可能为数据存储置备更多空间，也可以将磁盘添加到数据存储中或使用共享数据存储。

10.1.2 配置和使用 vSphere 事件监控

vSphere 事件和警报子系统跟踪 vSphere 内发生的事件，并将数据存储在日志文件和 vCenter Server 数据库中。

1. vSphere 事件概述

事件是 vCenter Server 中的对象上或主机上所发生的用户操作或系统操作的记录。可能记录为事件的操作有许可证密钥过期、打开虚拟机电源、用户登录虚拟机、断开主机连接等。

事件数据包括事件的详细信息，如生成事件的对象、事件发生的时间，以及事件的类型。有 3 种类型的事件：信息（Information）、警告（Warning）和错误（Error）。

2. 查看 vSphere 事件

可以查看与单个对象关联的事件或查看所有 vSphere 事件。所选清单对象的事件列表包括与子对象关联的事件。vSphere 会将有关任务和事件的信息保留 30 天。

（1）在 vSphere Web Client 界面中选择一个有效的清单对象（这里选择一个群集），切换到“监控”选项卡，然后单击“任务与事件”。

（2）单击“事件”，显示事件列表。如图 10-4 所示，选择一个事件，将在事件列表下方显示该事件的详细信息。

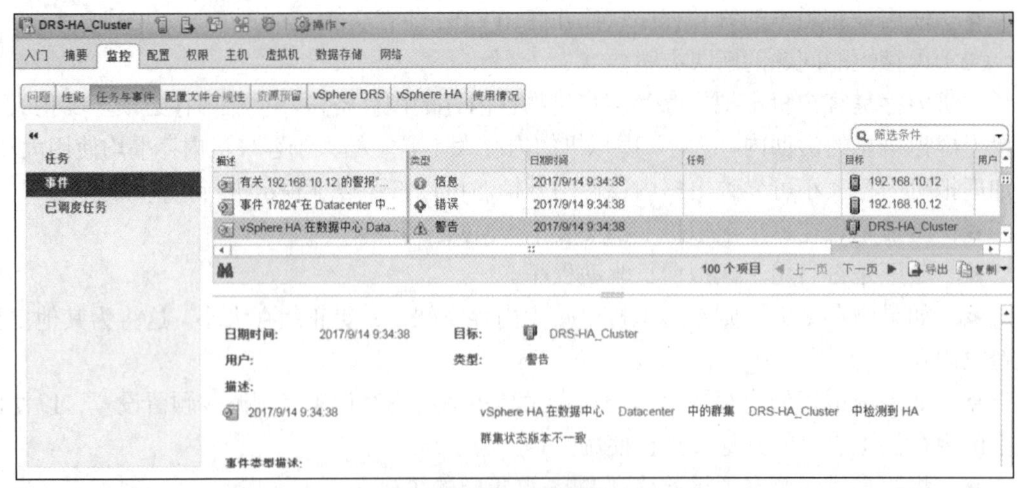

图 10-4 查看事件

（3）在事件列表中单击某一列标题，将按该标题对列表进行排序，首次单击标题按升序排列（如图 10-5 所示），再次单击标题将按降序排列。

（4）要筛选列表，使用列表上方的筛选器控件，如图 10-6 所示。

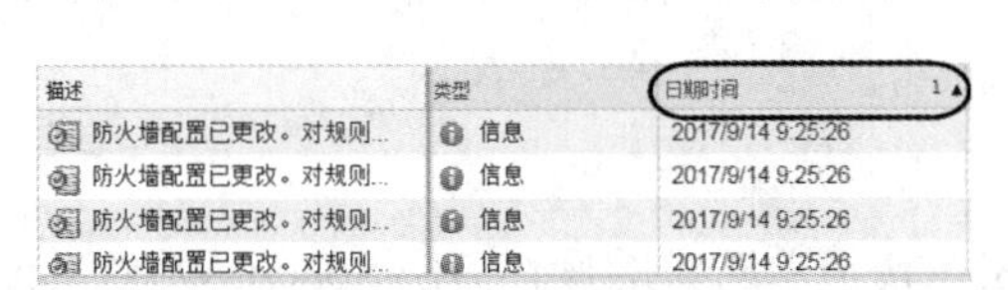

图 10-5 事件排序

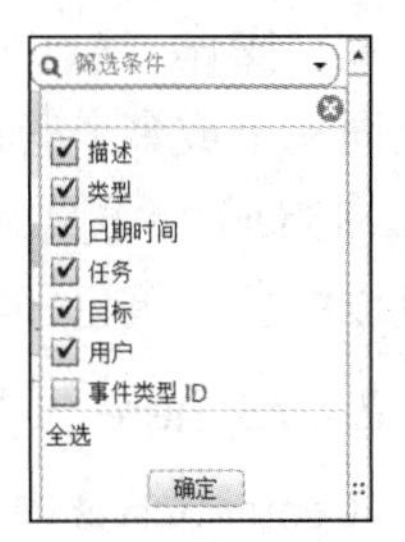

图 10-6 筛选器控件

（5）可以将事件导出，单击导出图标弹出图 10-7 所示的对话框，从中可指定要导出哪些类型的事件信息，单击“生成 CSV 报告”按钮，将其保存到文件中即可。

图 10-7 导出事件

10.1.3 配置和使用 vSphere 警报

vSphere 事件和警报子系统可以指定警报（Alarms）在哪些条件下触发。当系统条件发生变化时，警报状况可能会从轻微警告更改为更严重的警示，还可能触发自动警报操作。如果希望在特定清单对象（或对象组）上发生特定事件或触发特定条件以接到通知或立即执行操作，那么警报功能非常有用。

1. vSphere 警报概述

警报是对一个事件、一组条件或一个清单对象的状态做出反应而激活的通知。警报包含以下元素。

- 名称和描述：提供标识用的标签和描述信息。
- 警报类型：定义所监控对象的类型。
- 触发器（Triggers）：定义触发警报的事件、条件或状态，以及通知的严重性级别。
- 容限阈值（报告）：提供对条件和状态触发器阈值的其他限制，只有超出该阈值才能触发警报。注意，阈值在 vSphere Web Client 中不可用。

- 操作（Actions）：定义为响应已触发的警报而做出的操作。例如，当警报触发时，可以向一个或多个管理员发送电子邮件通知。

vSphere 警报具有 3 个级别：正常（Normal）、警告（Warning）和警示（Alert）。它们分别以绿色、黄色和红色来显示。

2. vSphere 预配置的警报

vCenter Server 内置一组常用警报，可监控 vSphere 清单对象的操作。在 vSphere Web Client 界面中选择一个有效的清单对象，切换到“监控”选项卡，单击“问题”，再单击“警报定义”，可查看已定义的警报列表。例中查看的是 vCenter Server 的内置警报定义，如图 10-8 所示。它所定义的警报多达 191 条，基本涵盖了所有的监控项目。选择一条警报，右侧给出其详细定义，单击“编辑”按钮打开图 10-9 所示的对话框，可以对该警报定义进行编辑修改。对于内置警报的定义，通常要添加警报操作。

图 10-8　查看内置警报定义

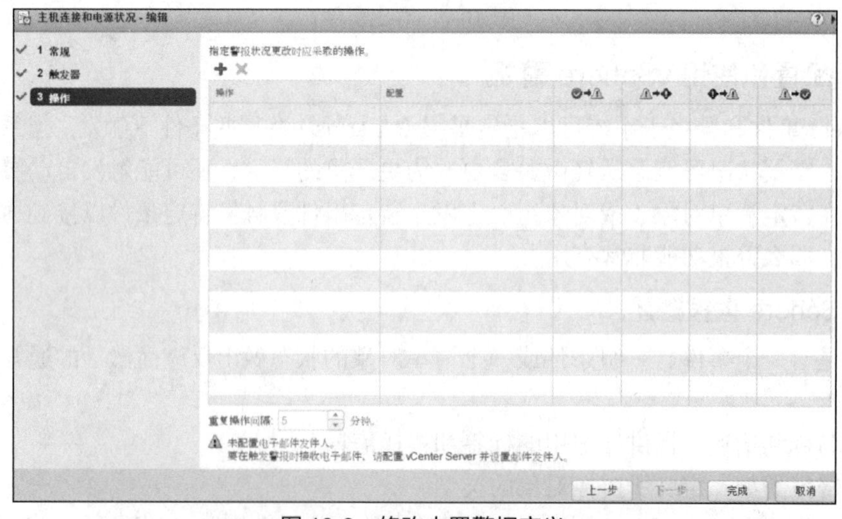

图 10-9　修改内置警报定义

注意

某些警报是无状态的，无状态警报由其名称旁边的星号表示。vCenter Server不会保留无状态警报上的数据，而且既不会计算也不会显示其状态。无法确认或重置无状态警报。

vCenter Server、数据中心、群集、ESXi 主机、虚拟机等不同层次的 vSphere 清单对象的警报定义存在包含关系，上一层次包含下一层次。

3. 设置警报

可以通过对清单对象设置警报对警报进行监控。设置警报涉及选择要监控的清单对象类型，定义警报触发的时间和时长，以及定义因触发警报而要执行的操作。

可通过警报定义向导来创建自定义警报。下面介绍操作步骤。

（1）启动新建警报定义向导。

可以在 vSphere Web Client 界面中选择一个有效的清单对象，切换到“监控”选项卡，单击“问题”，再单击“警报定义”，右击警报列表并选择“新建警报定义”命令，或者直接单击添加按钮“+”。

也可以在 vSphere Web Clien 对象导航器中右击清单对象，然后选择“警报”→“新建警报定义”命令。这里为一台虚拟机添加警报定义。

（2）如图 10-10 所示，首先要输入名称，从“监控”下拉列表中选择该警报监控的清单对象的类型；在“监控对象”区域选择该警报监控的活动的类型。默认选中“启用此警报”复选框，该警报创建后将立即启用。然后单击“下一步”按钮。

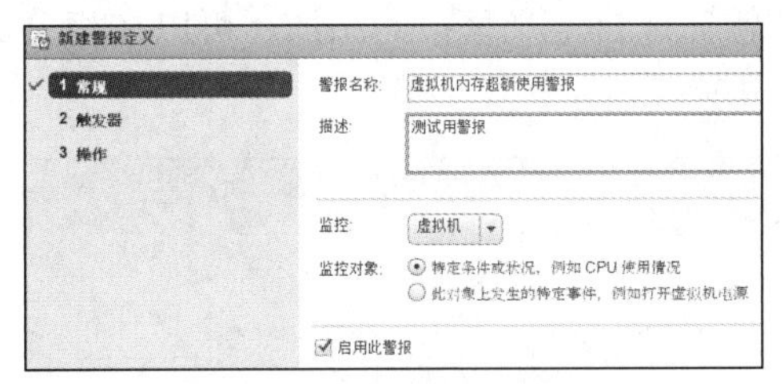

图 10-10　警报常规定义

（3）如图 10-11 所示，配置警报的触发器。单击添加按钮“+”新增一条触发器定义，单击“触发器”栏的下拉按钮，然后从下拉列表中选择选项，这里选择“虚拟机内存使用情况”，依次从“运算符”“警告条件”“严重条件”栏中选择选项或设置阈值。然后单击“下一步”按钮。

触发器的定义取决于不同的对象。

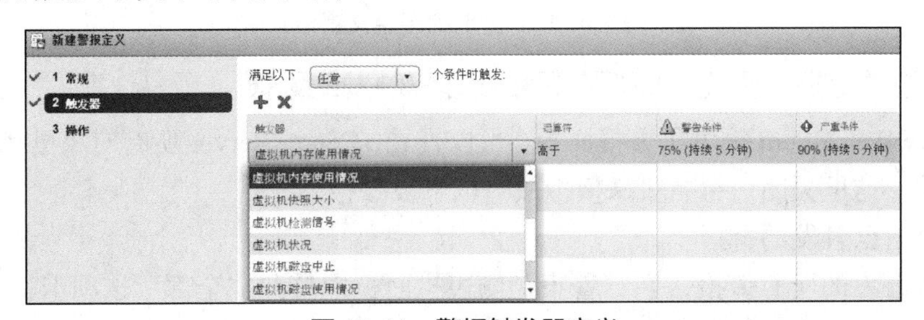

图 10-11　警报触发器定义

（4）如图 10-12 所示，配置警报操作。单击添加按钮“+”新增一条警报操作定义，单击“操作”栏的下拉按钮，然后从下拉列表中选择选项，此处选择“发送电子邮件通知”；在“配置”栏中输入需要配置的信息，对于发邮件操作需要设置邮件地址；后面几栏设置每个警报状态更改时是否应触发警报，以及是否重复触发。

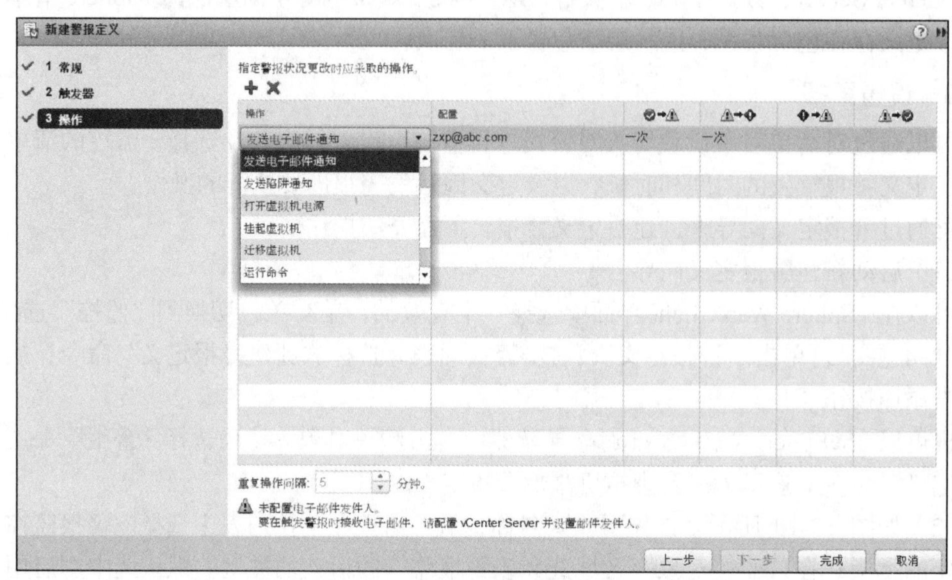

图 10-12　警报操作定义

（5）单击“完成”按钮完成自定义警报的添加。可以在相关对象的“监控”选项卡中查看新增加的警报，如图 10-13 所示。

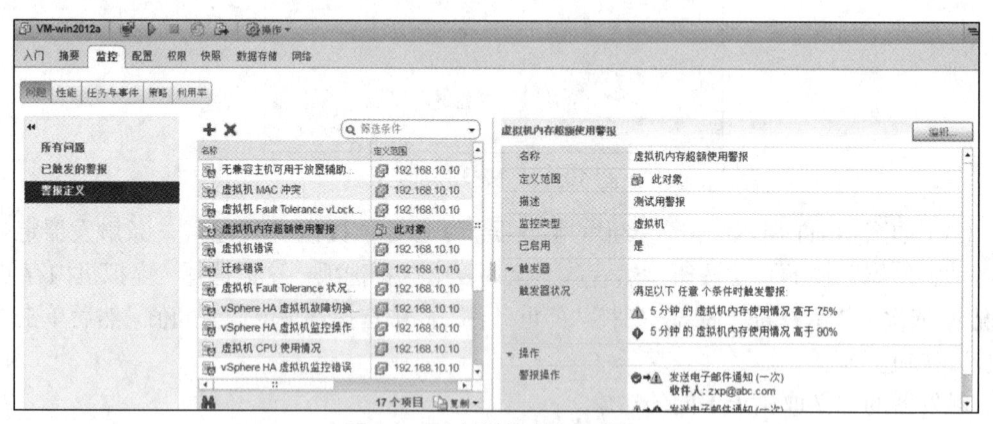

图 10-13　新增的自定义警报

4．通过“警报”侧边栏面板查看和处理已触发的警报

vSphere Web Client 提供了警报面板，可以查看 vCenter Server 所有对象已触发的警报。为便于实验，这里关闭一台主机来模拟故障以触发警报。

（1）查看已触发的警报

要查看触发的所有警报，在“警报”侧边栏面板中打开“全部”选项卡，如图 10-14 所示。默认该面板中的警报列表每 120s 刷新一次。

要查看新触发的警报，在“警报”侧边栏面板中打开“新”选项卡，如图 10-15 所示。默认该面板中显示最新的 30 个最严重的警报。

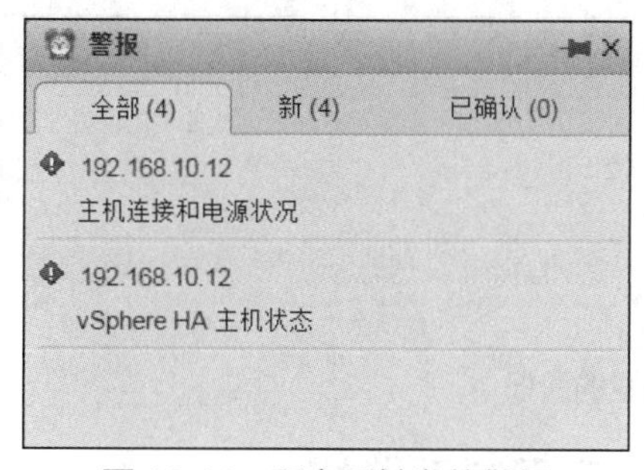

图 10-14 所有已触发的警报

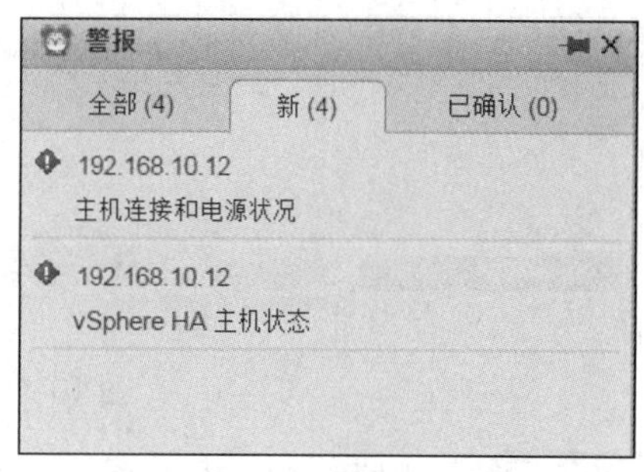

图 10-15 最新触发的警报

单击警报左侧的标记符号，可弹出相应的对话框，查看该警报的详细信息，如图 10-16 所示。

（2）确认已触发的警报

确认警报可以让其他用户了解到正着手解决此问题，例如，主机设置了警报以监控 CPU 使用情况。触发警报时，它会向管理员发送一封电子邮件。主机 CPU 使用情况达到高峰时将触发警报，该警报会向主机的管理员发送电子邮件。管理员确认已触发的警报以便让其他管理员了解正在解决此问题，并防止警报发送更多电子邮件消息。

在 vSphere Web Client 中确认警报后，不再继续执行其警报操作。确认警报后，警报不会清除或重置。可以在“警报详细信息”对话框（参见图 10-16）中对该警报进行确认操作，也可以右击该警报，然后选择“确认”命令。已确认的警报将出现在“警报”侧边栏面板的“已确认”选项卡中，如图 10-17 所示。

图 10-16 查看警报详细信息

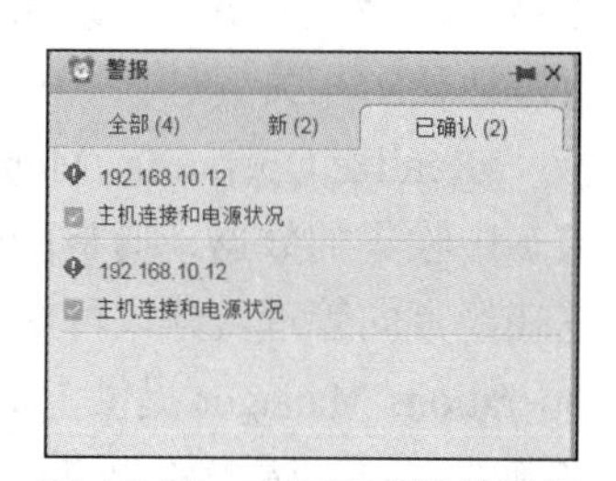

图 10-17 查看已确认的警报

（3）重置已触发的警报

如果 vCenter Server 无法检索可识别正常条件的事件，则由事件触发的警报可能无法重置为正常状态。在这种情况下，需要手动重置警报以恢复正常状态。在“警报详细信息”对话框中选择“重置为绿色”，或在“警报”侧边栏面板中右击警报，然后选择“重置为绿色”命令。

5. 通过对象的“监控”选项卡查看和处理已触发的警报

要查看针对所选清单对象触发的警报，需切换到某对象的“监控”选项卡，依次单击

“问题”和“已触发的警报”，如图 10-18 所示，列出所选对象的已触发警报。可以进一步查看警报的详细信息，确认警报，或者重置警报。

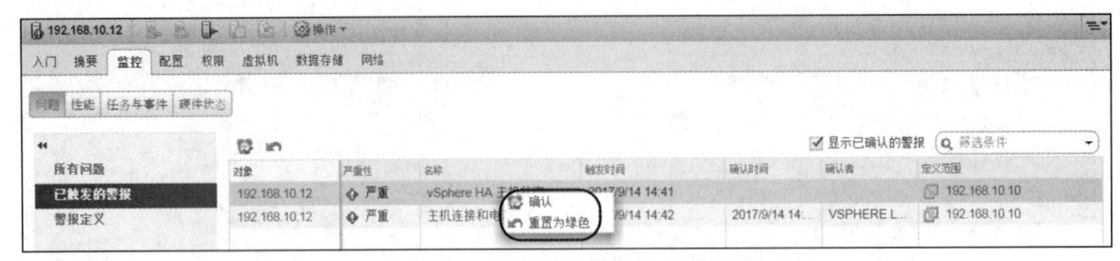

图 10-18　查看和处理已触发的警报

10.2 部署 vRealize Operations Manager 实现自动监控

vRealize Operations Manager 是 VMware 云环境管理软件，提供跨物理、虚拟和云基础架构的智能操作管理，以及从应用程序到存储的可见性，能够实现关键过程的自动化并提高 IT 效率。它的功能非常强大，配置和管理比较复杂，下面只介绍基本部署和使用。

10.2.1 vRealize Operations Manager 基础

VMware 将两个组件 vSphere 和 VMware vRealize Operations 标准版组合成一个名为 vSphere with Operations Manager 的产品。这里介绍的是单独的 vRealize Operations Manager 软件。

1. 功能和特性

vRealize Operations Manager 提供一个由第三方管理包支持的可扩展开放平台，让管理员能够在一个位置跨应用程序、存储和网络设备进行全面监控。

vRealize Operations Manager 与 VMware vSphere 紧密集成，能从底层的物理组件（服务器、存储、网络）及其他管理工具中收集数据，并通过仪表盘以一种简单、实用的方式直观地显示相关信息。

vRealize Operations Manager 能够感知和管理 VMware 虚拟化系统，利用从系统资源（对象）中收集的数据，通常能够在客户注意到问题之前识别任何被监控系统组件中的问题。它还经常向管理员建议可用来立即修复问题的纠正措施。对于更具挑战性的问题，vRealize Operations Manager 提供了丰富的分析工具，使管理员可以复查和处理对象数据，以便揭示隐藏的问题，调查复杂的技术问题，识别趋势，或向下追溯以评估单个对象的运行状况。

此外，vRealize Operations Manager 还通过预安装及可自定义的策略简化关键过程，同时保持完全控制，从而提高效率。

2. vRealize Operations Manager 的 vApp

vSphere vApp 是对应用程序进行打包和管理的格式，是用于存储一个或多个虚拟机的容器。在 vApp 上执行的任何操作都会影响 vApp 容器中的所有虚拟机。vRealize Operations Manager 是一种安装在 ESXi 主机上的 vApp，早期版本包含两个虚拟机，而最新版本仅包含一个虚拟机。

3. vRealize Operations Manager 群集节点

作为企业级产品，为整合监控能力，vRealize Operations Manager 以群集形式部署。此群集是它自身的群集，不同于 vSphere 群集。每个 vRealize Operations Manager 虚拟设备都作为一个群集成员，也就是节点。节点和 vApp 基于 Linux 的系统。

所有 vRealize Operations Manager 群集都由主节点、高可用性的可选副本节点、可选数据节点和可选远程收集器节点组成。这些节点类型代表不同的角色。

- 主节点（Master Node）：vRealize Operations Manager 中所必需的初始节点。所有其他节点都将由主节点管理。在单节点安装过程中，主节点对自身进行管理，在该节点上安装适配器并执行所有数据收集和分析工作。
- 数据节点（Data Node）：在更大规模的部署中，其他节点可安装适配器并执行收集和分析工作。
- 副本节点（Replica Node）：要使用 vRealize Operations Manager 高可用性（HA），群集要求将数据节点转换为主节点的副本。

HA 为 vRealize Operations Manager 主节点创建副本，并且保护整个分析群集以防止节点丢失。借助 HA，存储在主节点上的数据在副本节点上始终有一个完全备份。要启用 HA，除主节点外还必须至少部署一个数据节点。

上述 3 种节点组成 vRealize Operations Manager 分析群集（Analytics Cluster），又称分析节点。

- 远程收集器节点（Remote Collector Node）：分布式部署可能要求一个远程收集器节点，该节点可以通过防火墙连接远程数据源，减少数据中心之间的带宽，或减轻 vRealize Operations Manager 分析群集上的负载。远程收集器只是一个收集器角色，仅将对象收集到清单中，而不存储数据或执行分析。此外，与群集其他节点不同，可以将远程收集器节点安装在不同的操作系统上。

注意

远程收集器节点是 vRealize Operations Manager 群集的成员，但不是分析群集的组成部分。

4. vRealize Operations Manager 的解决方案

vRealize Operations Manager 支持 VMware 解决方案或第三方的可选解决方案。解决方案决定其监控功能，包括内容和适配器。

这里的内容是指 vRealize Operations Manager 所使用的视图、报告、仪表板、警示、小组件等。适配器是指 vRealize Operations Manager 管理与其他产品、应用程序和功能的通信与集成时所使用的一种工具。当安装了管理包并配置了解决方案适配器时，可以使用 vRealize Operations Manager 分析和警示工具管理环境中的对象。

对于 vSphere 虚拟化环境来说，VMware vSphere 解决方案最为重要。它用于配置 vRealize Operations Manager 连接到一个或多个 vCenter Server 实例，便于 vRealize Operations Manager 从 vCenter Server 实例中收集数据和衡量指标，对它们进行监控，并在其中执行操作任务。

用于将 vRealize Operations Manager 连接到 vCenter Server 实例的 vCenter Server 凭据（用户账号和密码）可确定 vRealize Operations Manager 能够监控的对象，因为 vCenter Server 凭据决定 vCenter Server 对象的访问权限。

5. vRealize Operations Manager 的部署流程

vRealize Operations Manager 在一个集群中包含一个或多个节点。vRealize Operations Manager 的安装过程包括对每个群集节点部署 vRealize Operations Manager OVF 软件包或安装程序，根据群集节点角色对其进行设置，以及进行登录系统配置安装。整个部署流程如图 10-19 所示。

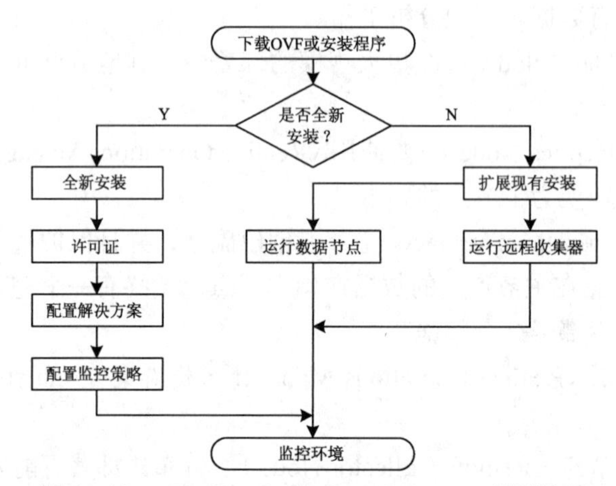

图 10-19 vRealize Operations Manager 部署流程

首先要下载 vRealize Operations Manager 安装包，官方网站提供两种形式，一种是 OVF 模板文件，另一种是安装程序包，两种形式都有 60 天的试用版。接下来介绍使用 vRealize Operations Manager vApp 部署来创建无角色的节点。创建节点并获得其名称和 IP 地址之后，再根据其角色使用管理界面对其进行配置。

10.2.2 部署 vRealize Operations Manager

vRealize Operations Manager 对硬件的要求非常高，尤其是 CPU，生产环境中至少使用 8 台物理 CPU 双插槽主机，建议使用 12 台或更多的物理 CPU 双插槽主机。安装的每个节点是一个 Linux 系统，小型配置就要求 4 个虚拟 CPU 和 16GB 的虚拟内存。考虑到实验环境限制，这里选择超小型配置，仅部署一个节点，要求两个虚拟 CPU 和 8GB 的虚拟内存。

这里在安装之前将目前的所有虚拟机迁移到 ESXi 主机 A，空出 ESXi 主机 B 来安装 vRealize Operations Manager 节点。对于初学者来说，通过部署 OVF 创建节点更为方便，只需使用 OVF 文件部署 vRealize Operations Manager 虚拟机即可。下面以此进行介绍。

1. 通过部署 OVF 创建节点

（1）将 vRealize Operations Manager.ova 文件下载到 vSphere 管理端可访问的位置。例中下载的是 vRealize-Operations-Manager-Appliance-6.5.0.5097674_OVF10.ova。

（2）在 vSphere Web Client 界面中右击数据中心，选择“部署 OVF 模板”启动相应的向导。如图 10-20 所示，选中“本地文件”，单击“浏览”按钮选择提前准备好的 vRealize Operations Manager 的 OVA 模板文件，然后单击“下一步”按钮。

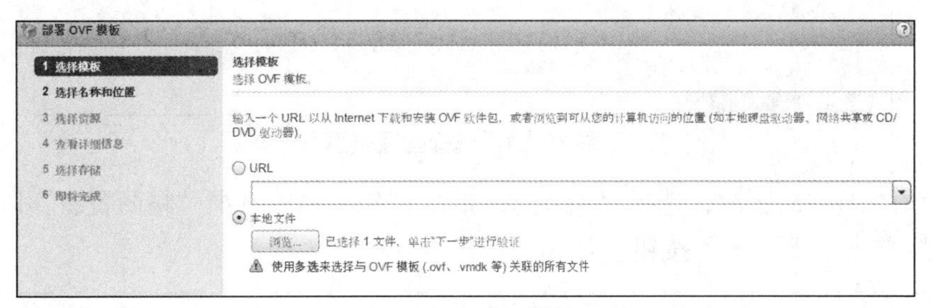

图 10-20　选择模板

（3）如图 10-21 所示，为要部署的模板设置名称并选择部署位置，这里将位置设置为默认的数据中心，然后单击“下一步”按钮。

（4）如图 10-22 所示，为要部署的虚拟机选择要安装的位置，例中选择主机 B（192.168.10.12），然后单击“下一步”按钮。

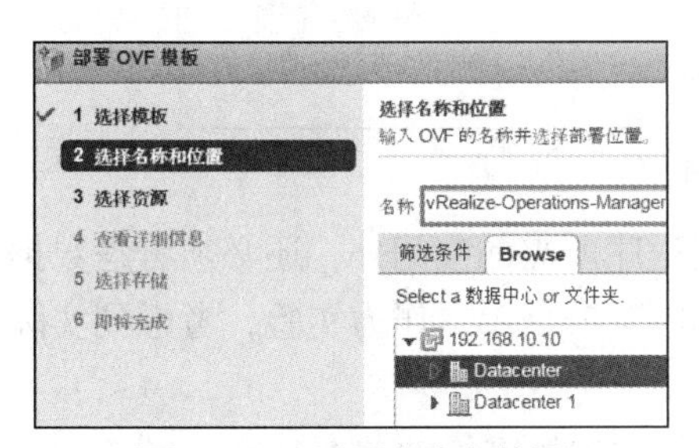

图 10-21　设置名称和位置

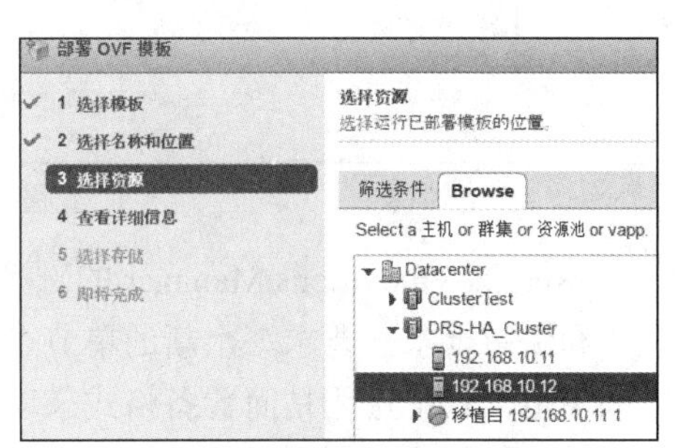

图 10-22　选择安装设置

（5）安装程序开始验证，之后给出模板的详细信息，如图 10-23 所示，单击“下一步”按钮。

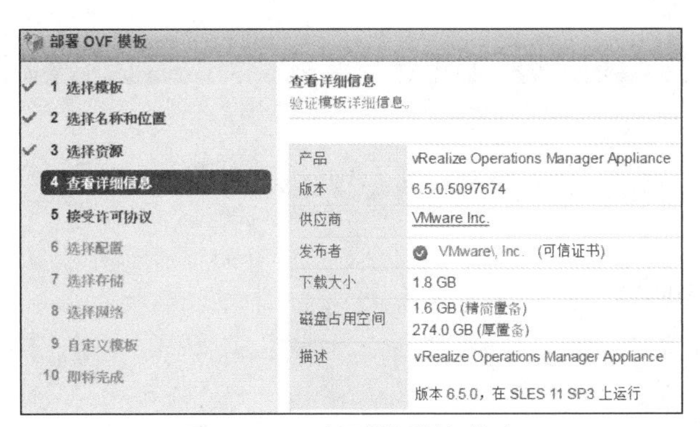

图 10-23　验证模板详细信息

（6）出现“接受许可协议”页面，单击“接受”按钮，再单击“下一步”按钮。

（7）如图 10-24 所示，选择配置类型，由于实验条件限制，这里选择“超小型”，然后单击“下一步”按钮。

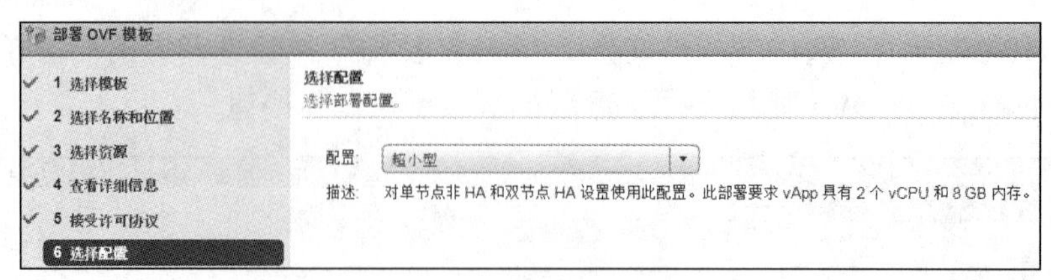

图 10-24 选择配置类型

（8）如图 10-25 所示，选择存储，这里的虚拟磁盘格式选择“精简置备”以节约磁盘空间，然后单击“下一步”按钮。

图 10-25 选择存储

vRealize Operations Manager 的磁盘空间除了应用程序所需的空间外，还必须考虑数据收集和保留要求。要求一个新的单节点群集的默认磁盘为 250GB。作为实验，考虑到实际空间不足，这里选用精简置备格式来动态使用空间。

（9）如图 10-26 所示，选择网络，这里选择默认的虚拟机网络“VM Network”（它与管理网络位于同一子网），使该虚拟机与 vCenter Server 服务器位于同一网络。这一点非常重要，如果是其他网络，要有路由配置以确保能够访问 vCenter Server 服务器，然后单击“下一步”按钮。

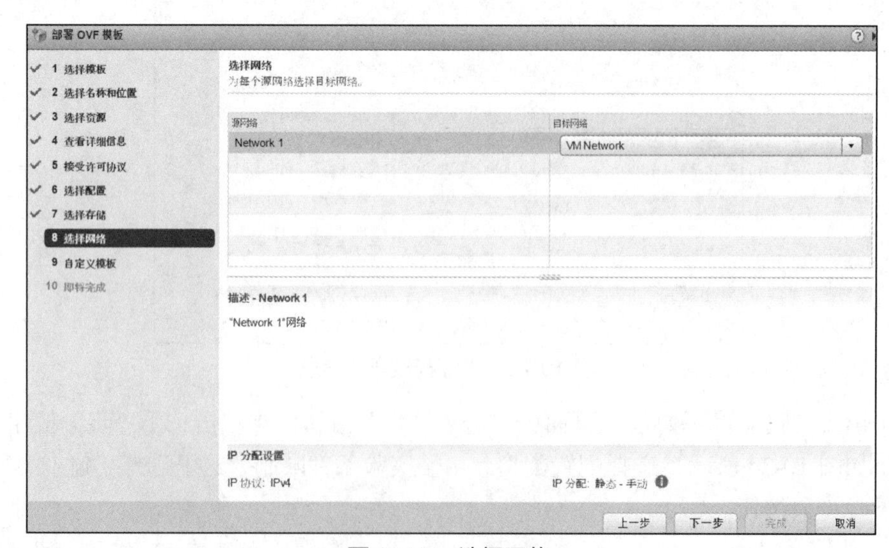

图 10-26 选择网络

（10）如图 10-27 所示，自定义模板，重点是设置该虚拟机的 IP 地址和子网掩码。单击“显示下一个”，设置时区和 IPv6 选项，保持默认设置即可，然后单击“下一步”按钮。

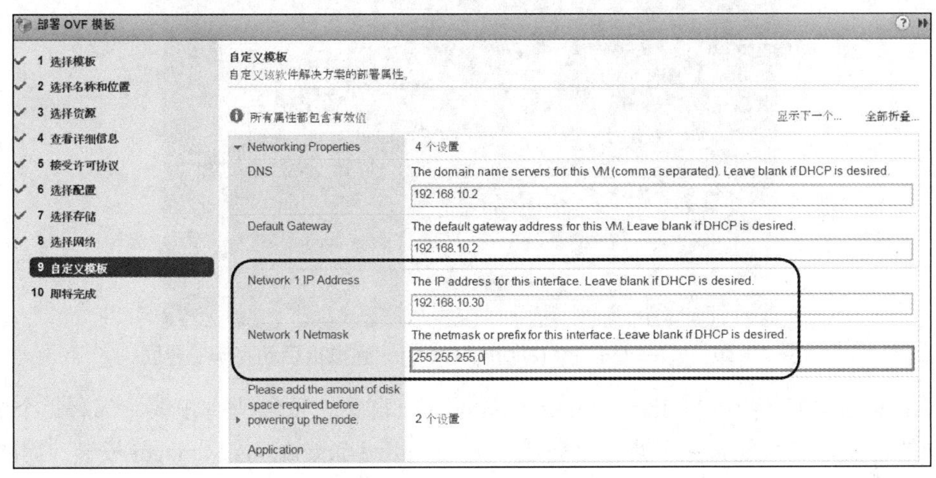

图 10-27 自定义模板

（11）在“即将完成”页面显示设置的选项，确认后单击“完成”按钮。

系统基于 OVA 模板文件生成一台 vRealize Operations Manager 虚拟机，例中该虚拟机的摘要信息如图 10-28 所示，其运行的是 SLES（SUSE Linux Enterprise Server）操作系统。对该虚拟机执行编辑设置，可发现已经启用了 vApp，如图 10-29 所示。

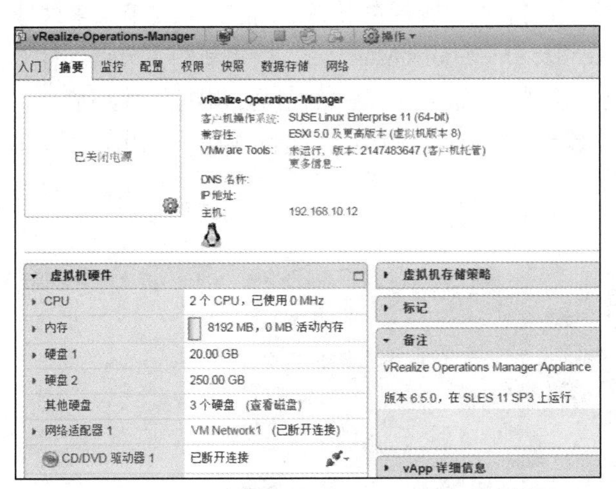

图 10-28 vRealize Operations Manager 虚拟机的摘要信息

图 10-29 启用 vApp

（12）启动 vRealize Operations Manager 节点。

对 vRealize Operations Manager 虚拟机执行“打开电源”命令，该机开始启动，从虚拟机控制台查看启动完毕的界面，如图 10-30 所示，给出访问该虚拟机的 URL 地址。

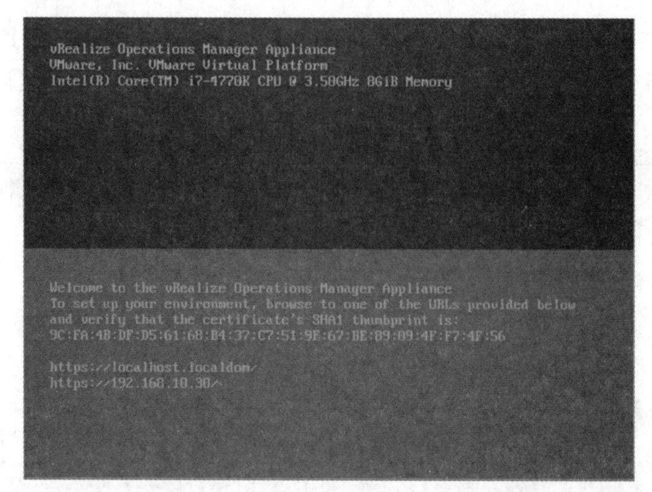

图 10-30　vRealize Operations Manager 虚拟机启动完毕的界面

如果要创建多节点 vRealize Operations Manager 群集，重复所有步骤，部署每个节点。接下来的首要任务是配置主节点。要完成新的 vRealize Operations Manager 安装，需要登录并完成一个一次性流程，以获得本产品的授权，并为要监控的各种对象配置解决方案。

2．vRealize Operations Manager 初始设置

安装 vRealize Operations Manager 并启动该虚拟机之后，需要进行初始设置。使用浏览器访问前面给出的 URL 地址（例中为 https://192.168.10.30/），出现图 10-31 所示的开始界面，选择安装类型。vRealize Operations Manager 支持以下 3 种安装类型。

● 快速安装：即以管理员身份安装，使用默认证书，主要由开发人员或管理员使用。主要任务是设置管理员密码，这种安装方式可节省时间。

● 新安装：创建一个节点并将它配置为主节点，或者在群集中创建一个主节点来处理额外数据。这种类型适合用户首次安装 vRealize Operations Manager，创建新的主节点。有了主节点之后，就可以添加更多节点来形成一个群集，而后定义一个完整的虚拟监控环境。

● 扩展现有安装：向现有群集添加节点。在已有一个主节点的前提下，用于部署并配置额外的节点以支持大型环境。

考虑到实验目的，这里执行快速安装，弹出初始设置窗口。

图 10-31　vRealize Operations Manager 开始界面

如图 10-32 所示，首先显示新建群集提示界面，指示新建群集的步骤，单击“下一步”按钮。

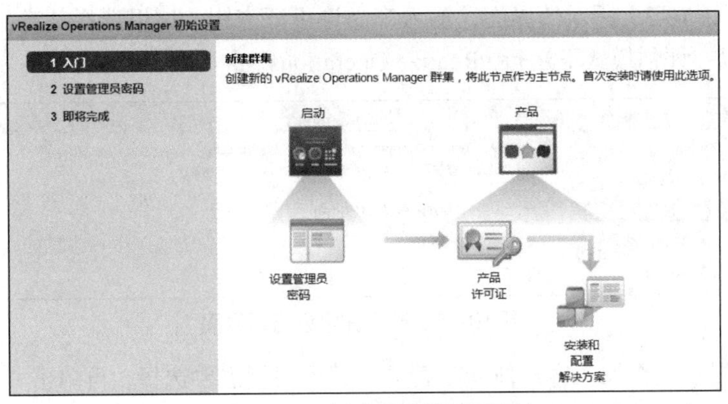

图 10-32　新建群集提示界面

出现图 10-33 所示的界面，按要求设置管理员密码，单击“下一步”按钮。

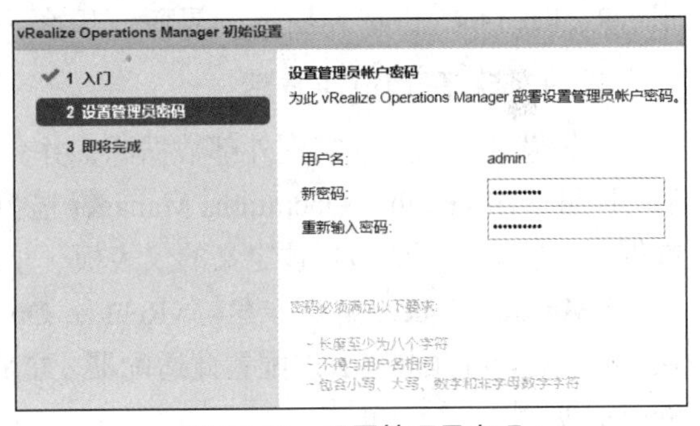

图 10-33　设置管理员密码

出现“即将完成”界面，为“设置管理员密码”打上标记，表示已完成。单击“完成”按钮，系统显示正在准备第一次使用 vRealize Operations Manager，这个过程需要几分钟时间。该群集启动需要 10 ~ 30min，具体取决于部署环境。群集启动期间，切勿对群集的节点执行任何更改或操作。

准备完成后，将弹出登录界面。当群集完成启动后，屏幕上显示产品登录页面，再次输入管理员用户名和密码，登录即可。

3. 添加产品许可证

（1）成功登录后，将弹出 vRealize Operations Manager 配置窗口。图 10-34 所示为欢迎界面，指示配置过程，并标明已完成“初始设置”环节，单击“下一步”按钮。

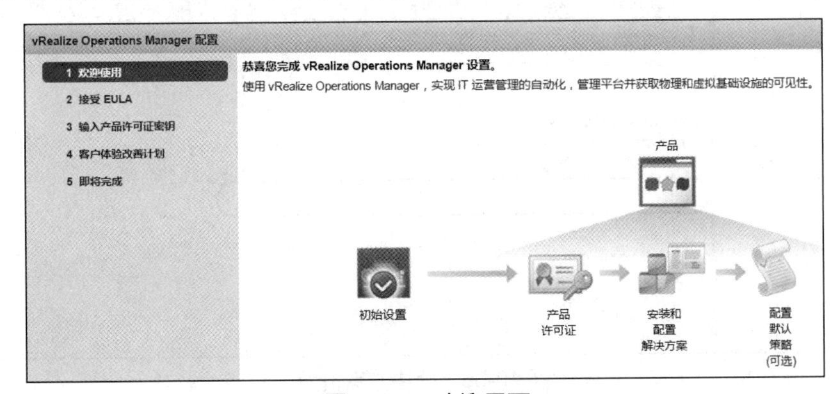

图 10-34　欢迎界面

（2）出现协议许可界面，阅读最终用户许可协议并选中“我接受本协议条款”复选框，然后单击“下一步”按钮。

（3）出现图 10-35 所示的界面，输入产品许可证密钥，这里选择“产品评估（不需要任何密钥）”以在评估模式下运行 vRealize Operations Manager，单击“下一步”按钮。

图 10-35　产品许可证密钥界面

（4）系统提示是否加入客户体验改善计划，可根据需要选择，再单击“下一步”按钮。

（5）在“即将完成”界面上标明已完成“产品许可证”环节。单击“完成”按钮，显示 vRealize Operations Manager 界面，开始下一环节，即安装和配置解决方案。

4．安装和配置解决方案

配置解决方案以连接到外部数据源，并分析环境中来自外部数据源的数据。连接成功后，即可使用 vRealize Operations Manager 监控和管理环境中的对象。解决方案可能只是与数据源连接，也可能包括预定义的仪表板、小组件、警示和视图。

VMware vSphere 解决方案与 vRealize Operations Manager 一同安装。该解决方案提供 vCenter Server 适配器。必须配置此适配器才能将 vRealize Operations Manager 连接到 vCenter Server 实例。

（1）接之前的操作步骤，完成“产品许可证”环节后将进入 vRealize Operations Manager 解决方案页面，如图 10-36 所示，从解决方案列表中选中“VMware vSphere”，然后单击工具栏上的配置按钮。

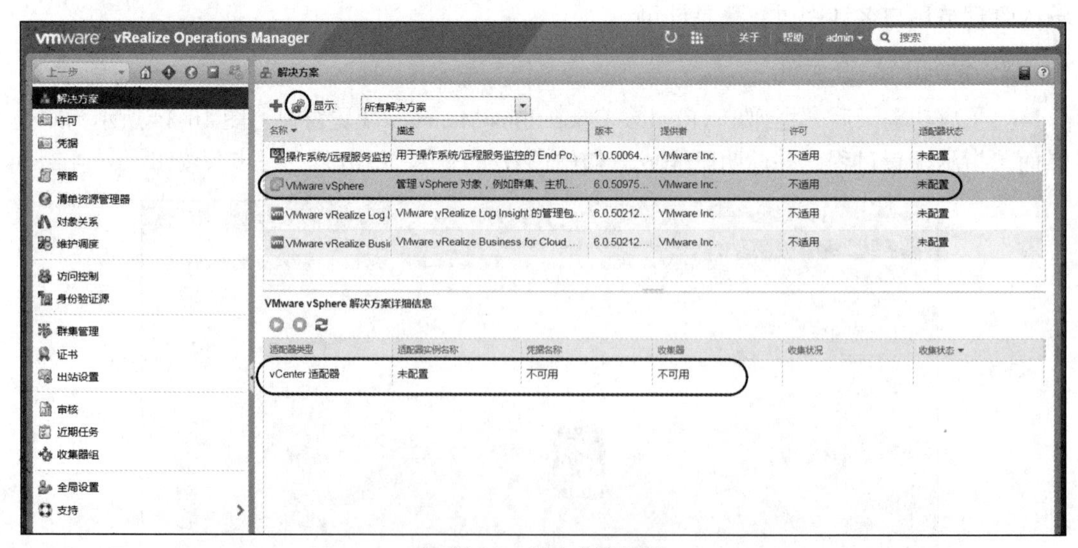

图 10-36　解决方案页面

（2）弹出管理解决方案窗口，如图 10-37 所示，输入适配器实例的显示名称和描述信息。在 vCenter Server 文本框中输入要连接到的 vCenter Server 实例的域名（FQDN）或 IP 地址，要确保 vRealize Operations Manager 虚拟机（节点）能够访问该域名或 IP 地址。

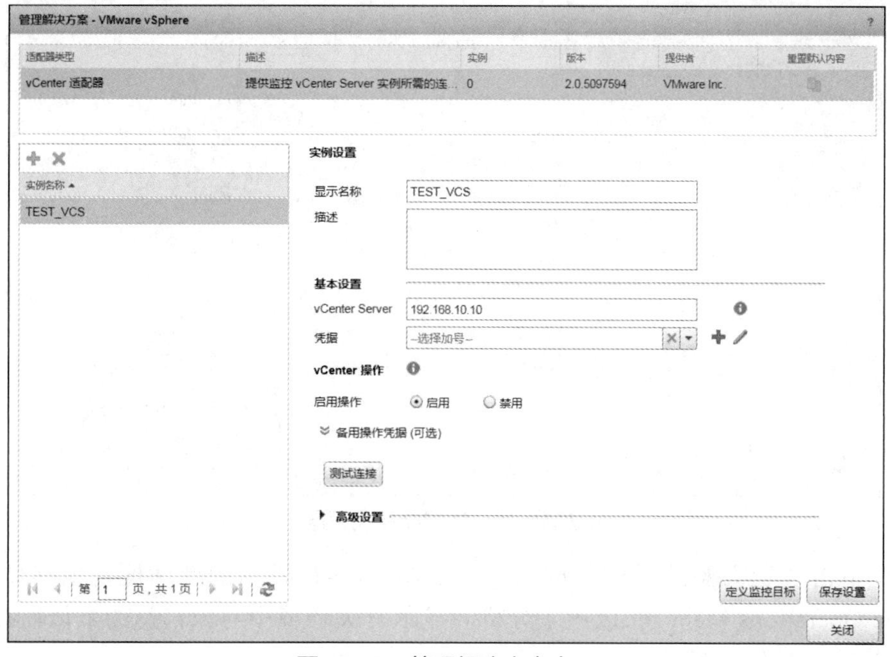

图 10-37　管理解决方案窗口

（3）单击添加图标“+”弹出图 10-38 所示的对话框，输入访问该 vCenter Server 实例的凭据（用户名和密码），单击“确定”按钮关闭该对话框。

（4）回到管理解决方案窗口，该凭据已加入，确认选中下面的“启用”单选按钮。

（5）单击“测试连接”按钮以验证与 vCenter Server 实例的连接，出现“检查并接受证书”对话框，如图 10-39 所示，可以检查证书信息，单击“确定”按钮。

验证成功将弹出“测试成功”提示对话框，单击“确定”按钮即可。

（6）单击“保存设置”按钮，将当前定义的适配器实例添加到列表中。此时弹出“适配器实例成功保存”提示对话框，单击“确定”按钮即可。

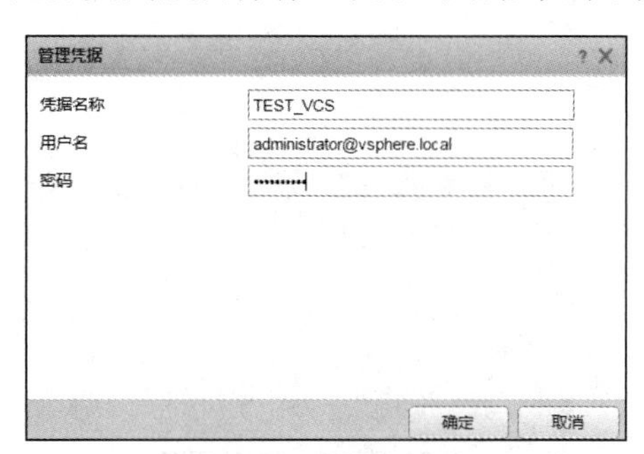

图 10-38　管理凭据

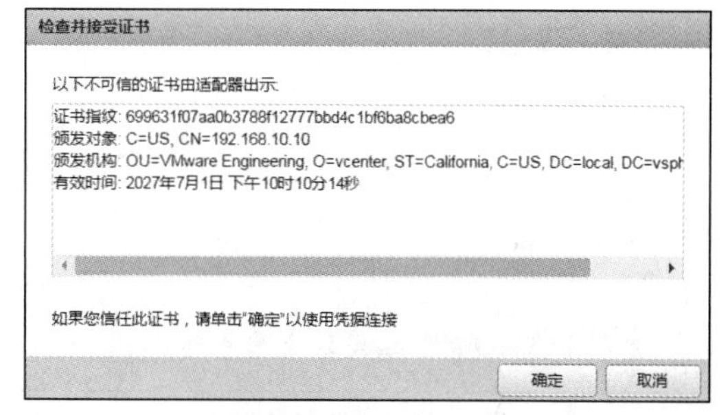

图 10-39　检查证书信息

（7）回到管理解决方案窗口，如图 10-40 所示，可以根据需要继续进行高级设置。

图 10-40　适配器高级设置

（8）单击“定义监控目标”按钮，弹出图 10-41 所示的对话框，根据需要调整 vRealize Operations Manager 以用于分析和显示有关环境中对象信息的默认监控策略，完成后单击“保存”按钮。

（9）如果要进一步管理 vCenter 实例的注册，则单击“管理注册”按钮，弹出图 10-42 所示的对话框，可以提供备用凭据，或者选中“使用收集凭据”复选框，以便在配置此 vCenter Server 适配器实例时使用指定的凭据。

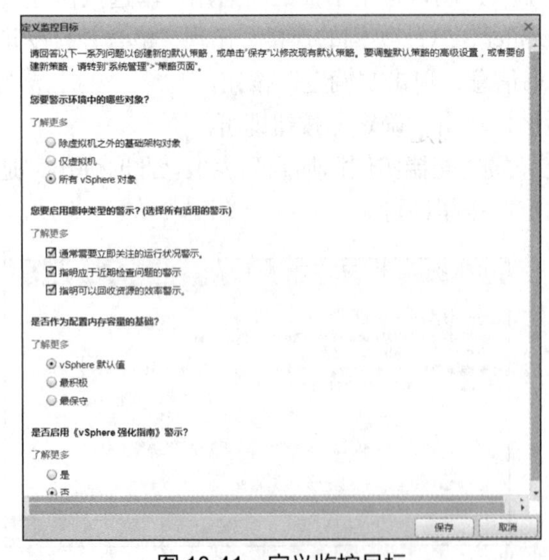

图 10-41　定义监控目标

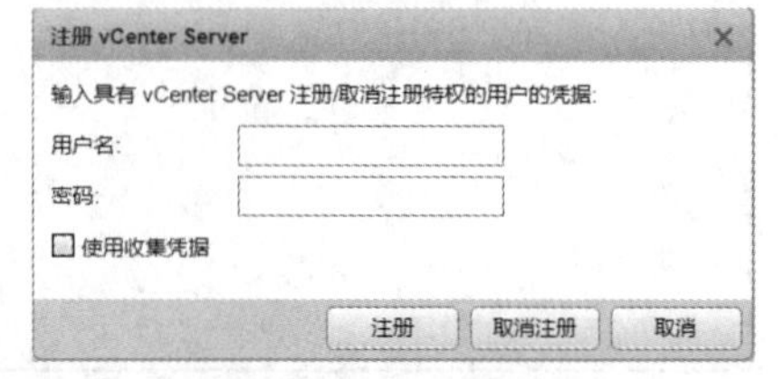

图 10-42　管理注册

（10）完成设置之后，单击“关闭”按钮，回到解决方案页面，如图 10-43 所示，可以发现 vCenter 适配器正在收集数据，且处于数据接收中。

vRealize Operations Manager 开始从 vCenter Server 实例中收集数据。根据受管对象的数量，初始收集可能需要多个收集周期。每 5min 开始一个标准收集周期。

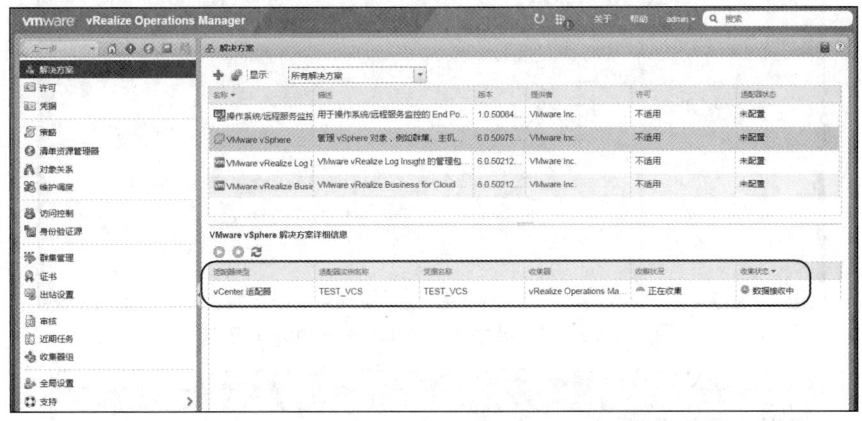

图 10-43　vCenter 适配器处于数据接收中

10.2.3　使用 vRealize Operations Manager 执行监控

vRealize Operations Manager 的监控功能非常强大，下面简单介绍基本操作。

1. 进入主界面

首先登录 vRealize Operations Manager 使用页面，使用浏览器访问 vRealize Operations Manager 节点的 URL 地址，如图 10-44 所示，输入用户名和密码，通常身份验证源选择“本地用户”，单击“登录”按钮。

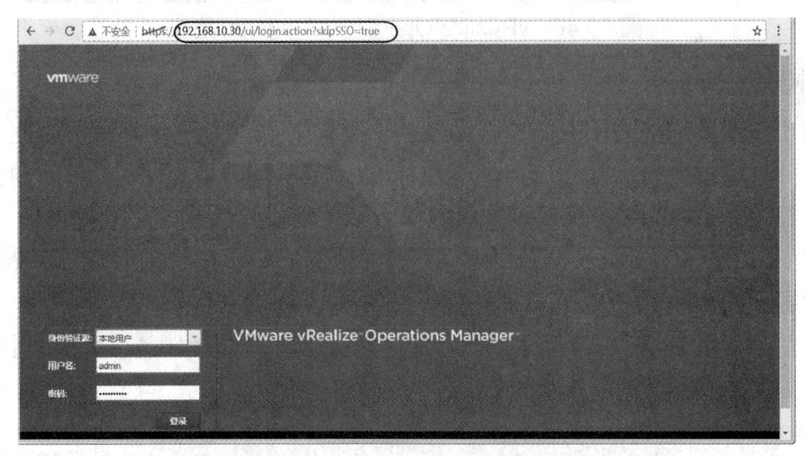

图 10-44　vRealize Operations Manager 登录界面

进入图 10-45 所示的 vRealize Operations Manager 主界面，即主页。左侧是导航窗格，共有 7 个一级栏目，右侧是详细信息窗格。

主页部分显示 vRealize Operations Manager 概览，提供多个选项卡。例如，“建议”选项卡给出对其所管理对象的运行状况、风险和效率的总体评估和建议，如图 10-46 所示。

图 10-45　vRealize Operations Manager 主页

图 10-46　vRealize Operations Manager 建议

2. 监控和响应警示

警示用于指示环境中的问题。生成警示后，会向管理员显示触发情况，便于评估环境中的对象，并提供解决警示的建议。通过监控和响应警示，可以持续了解问题并及时做出回应。这里关闭 ESXi 主机 A 来模拟主机故障，以便测试警示。

（1）在 vRealize Operations Manager 界面的左侧窗格中单击“警示”图标，或者从主页中单击“警示”节点。

（2）在左侧窗格中单击“运行状况”，显示警示列表，如图 10-47 所示。运行状况警示是需要立即关注的警示。

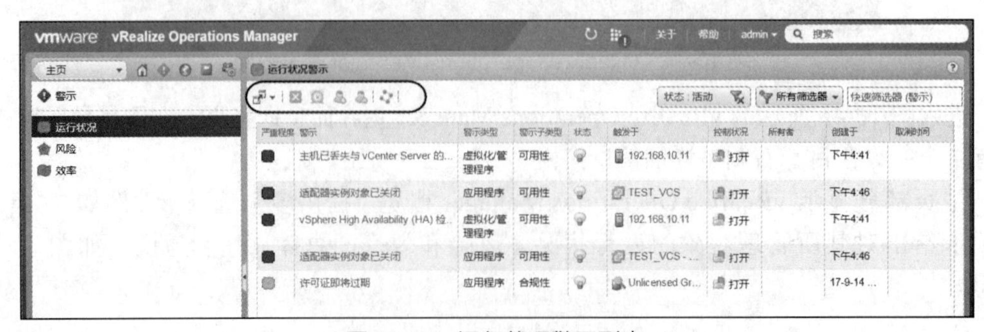

图 10-47　运行状况警示列表

（3）在警示列表中可以通过单击标题对警示进行排序，通过添加筛选器过滤警示。

（4）选中一个警示，使用列表上面的一组操作按钮对其进行操作，如取消警示，挂起警示，获取所有权或释放解释权。

（5）单击警示名称将显示该警示的详细信息，如图 10-48 所示。

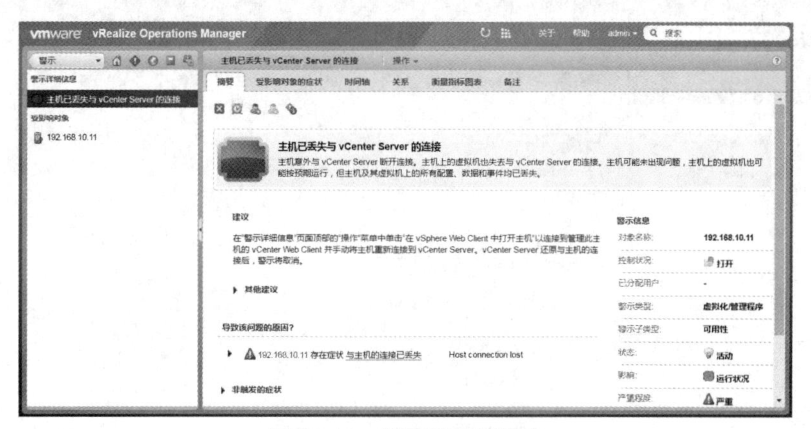

图 10-48　警示的详细信息

3. 监控和响应问题

vRealize Operations Manager 的选项卡和及其选项的设置可提供一个内置工作流，供管理员处理环境中的对象时使用。

“摘要”“警示”“分析”等选项卡可提供所选对象不同程度的详细信息。当从高层级的“摘要”和“警示”选项卡处理问题时，会看到对象的常规状态。监控环境中的对象时，将会发现调查问题时所需信息的选项卡。通常从一级栏目“环境”导航到不同层级的监控对象。

（1）在 vRealize Operations Manager 界面的左侧窗格中单击“环境”图标，或者从主页中单击“环境”节点进入环境概览页面。

（2）在左侧窗格中展开“vSphere 主机和群集”，出现“vSphere World”的摘要页面，如图 10-49 所示。vSphere World 实际上是一个预定义的组对象。

图 10-49　vSphere World 的摘要页面

（3）继续展开“vSphere World”，例中展开至“Datacenter”（vCenter Server 默认的数据中心），切换到“分析”选项卡。该选项卡用于汇总衡量指标，查看对象状态的更多详细信息，如图 10-50 所示。

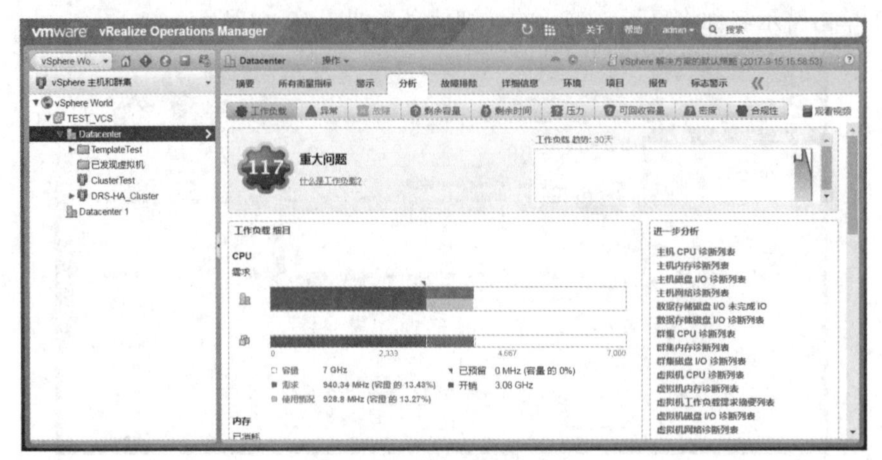

图 10-50 “分析”选项卡

（4）切换到“故障排除”选项卡，其中提供的数据对于调查问题的根本原因非常有用，如图 10-51 所示。

（5）切换到“详细信息”选项卡，给出特定的数据视图，如图 10-52 所示。

图 10-51 “故障排除”选项卡

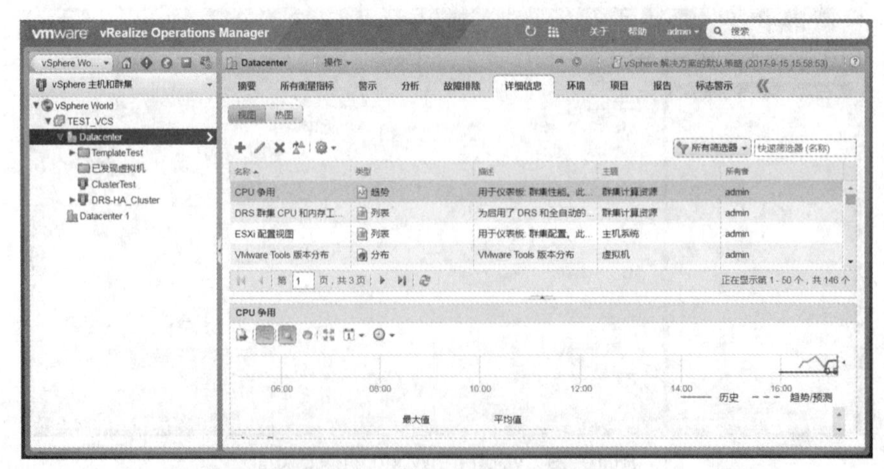

图 10-52 “详细信息”选项卡

4. 执行操作任务

除了监控对象之外，在 vRealize Operations Manager 中还可以直接对受监控的 vCenter Server 对象执行操作。通过这些操作可以回收浪费的空间，调整内存或节省资源。

在 vRealize Operations Manager 界面中选择环境清单中的对象，或选择列表视图中的一个或多个对象，这里进一步展开“Datacenter”直至具体虚拟机，单击工具栏中的“操作”按钮弹出相应的操作菜单，如图 10-53 所示，根据需要选择要执行的命令。

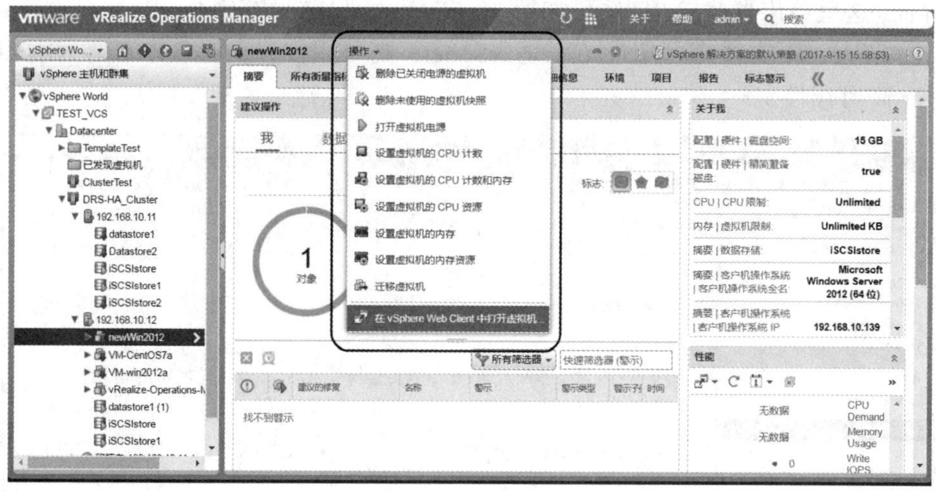

图 10-53　操作菜单

5. 内容配置

使用内容配置，可在 vRealize Operations Manager 中配置对象、警示、操作、策略、仪表板和报告，以实现有效监控。例如，可以定制“建议”仪表板要显示的内容及其外观。

在 vRealize Operations Manager 界面左侧窗格中单击“内容”图标，或者从主页中选择“内容”，左侧窗格中列出要配置的项目，右侧窗格给出相应的配置操作界面，如图 10-54 所示。

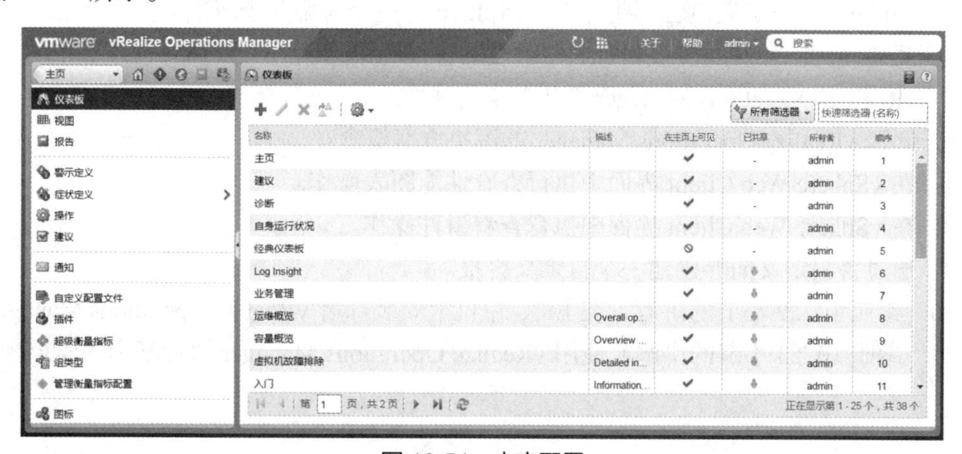

图 10-54　内容配置

6. 系统管理

系统管理包括解决方案、策略和管理设置，用来配置 vRealize Operations Manager 监控环境。管理设置包括许可证、维护调度、用户和访问控制、密码和证书、群集管理等。

在 vRealize Operations Manager 界面左侧窗格中，单击“系统管理”图标，或者从主页中选择“系统管理”，左侧窗格中列出要配置的项目，右侧窗格给出相应的配置操作界面。这里给出群集管理界面，如图 10-55 所示，目前只有一个 vRealize Operations Manager 节点，不支持高可用性（不是 vSphere 高可用性，而是 vRealize Operations Manager 高可用性）。

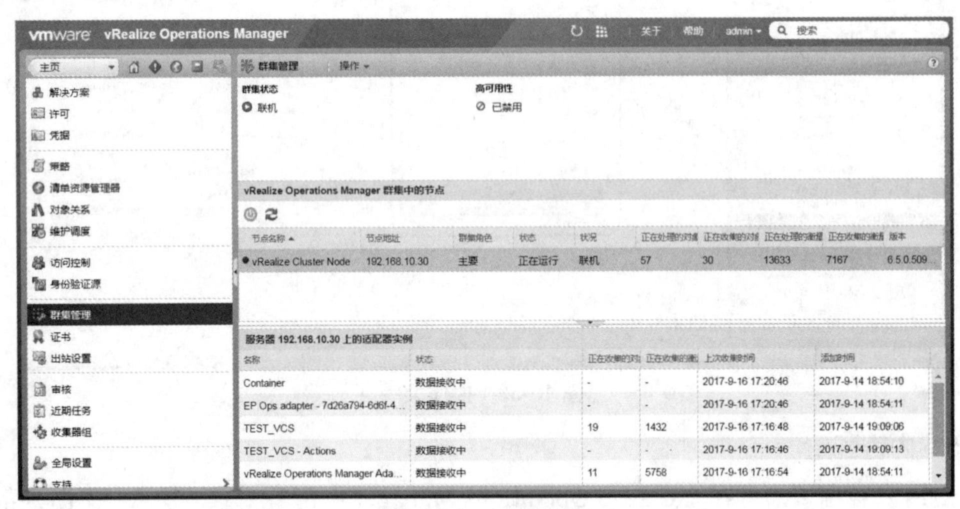

图 10-55 系统管理

10.3 习题

1. vSphere 性能图表有什么作用？
2. 什么是 vSphere 事件？它分为哪几种类型？
3. vSphere 警报定义包含哪些元素？vSphere 警报分为哪几个级别？
4. 简述确认已触发的警报和重置已触发的警报的用途。
5. vRealize Operations Manager 群集节点有哪些？
6. 解释 vRealize Operations Manager 的解决方案概念。
7. 在 vSphere Web Client 界面中执行查看性能图表操作。
8. 在 vSphere Web Client 界面中执行查看事件操作。
9. 通过警报定义向导创建一个自定义警报。
10. 参照 10.2.2 小节的讲解，在 ESXi 主机上安装部署 vRealize Operations Manager。
11. 参照 10.2.3 小节的讲解，使用 vRealize Operations Manager 执行基本的监控操作。